# 轻松掌握电镀技术

刘仁志 编 著

金盾出版社

# 内 容 提 要

本书针对电镀技术初学者和爱好者,深入浅出地全面介绍了电镀技术与工艺。主要内容包括:电镀技术基础,电镀场所和设备,电镀前处理,防护性电镀,装饰性电镀,功能性电镀,合金电镀和复合镀,化学镀,阳极氧化和转化膜,非金属电镀,电镀层的退除,电镀检测与试验,电镀质量与标准,电镀安全与环境保护等。

本书适合与电镀相关的技术人员使用,也可作为现代制造技术中电镀类的普及读物,适合具有初中及以上文化程度的读者阅读。

**图书在版编目(CIP)数据**

轻松掌握电镀技术/刘仁志编著 . —北京:金盾出版社,2014.2
ISBN 978 - 7 - 5082 - 9077 - 5

Ⅰ.①轻…  Ⅱ.①刘…  Ⅲ.①电镀—基本知识  Ⅳ.①TQ153

中国版本图书馆 CIP 数据核字(2013)第 307481 号

---

**金盾出版社出版、总发行**
北京太平路 5 号(地铁万寿路站往南)
邮政编码:100036  电话:68214039  83219215
传真:68276683  网址:www. jdcbs. cn
封面印刷:北京精美彩色印刷有限公司
正文印刷:北京万友印刷有限公司
装订:北京万友印刷有限公司
各地新华书店经销
开本:705×1000  1/16  印张:21.75  字数:500 千字
2014 年 2 月第 1 版第 1 次印刷
印数:1~4 000 册  定价:55.00 元
(凡购买金盾出版社的图书,如有缺页、
倒页、脱页者,本社发行部负责调换)

# 前　言

　　电镀技术是至今仍然残留有中世纪炼金术式神秘性的少数现代技术之一。说它神秘，不仅是因为它不像车、铣、刨、磨等机械加工和水、电、木工那样人尽皆知，而且是因为它仍然是将制件从装有五颜六色水的、传统的盆盆罐罐中取出，就会带有亮闪闪、金灿灿的镀层，化腐朽为神奇，与炼金术有异曲同工的效果。说它现代，是因为现代工业即使发展到了所谓"后工业化时代"，信息技术占了主导地位，我们仍然离不开电镀技术，不能没有电镀技术，这也是我们仍然需要学习电镀技术的原因。

　　编写这本《轻松掌握电镀技术》，不是说学问可以轻松获得。任何再肤浅的技术，也都需要下工夫才能学到。我们所说的轻松，是指"准入"的条件很轻松，不需要什么大学本科之类，只要是上过初中的读者，就可以轻松读下去，逐步深入，引入胜景，一门新的技术就在掌握之中了。

　　首先，电镀技术本身不需要复杂的高等数学计算，所涉及的技术理论只要认真阅读和思考也都很容易理解。至于电镀工艺，则基本上是规范化的文件，有许多共性，而所需要的化学知识从我们的生活常识入手，在初中化学知识基础上，也不难重新掌握。加上对新的知识的好奇和对技能的追求，更增添了学习新知识的信心和能力，这样一来，学习也就真的成了一件轻松的事情。

　　当然，完全掌握一门技术，需要实践经验的积累。实践出真知，这是千真万确的真理。因此，准备从事这项工作的读者，应通过书本的学习获得基础知识后，在工作实践中去观察和体会，一定会有更多的收获。即使是不做这项技术的实践者，通过容易入门却又深入浅出的读物了解电化学制造技术，提高对机械、电子产品的全面认识，也是有益的，对现代产品制造技术的掌握，多了一份认知能力和信心。

　　开卷有益，就让读者开始轻松的阅读之旅吧。

作　者

# 前　言

## 本书责任编辑联系卡

亲爱的读者朋友们：

　　非常感谢您关注我们的图书，并希望通过愉快的阅读学习让您了解和掌握一门专业技术。您在读书的过程中无论有任何难解的问题，都可以通过电子邮件或电话与我联系，我将竭尽全力帮助您解决难题。

E-mail：jdcbs_lxw@163.com

电话：010-66886188 转 6719

真诚希望能够通过书使我们成为朋友！

金盾出版社工业交通图书出版中心李编辑

# 目　　录

# 1 电镀技术基础

## 1.1 概　　述

### 1.1.1 从克铬米说起

如果你随便问一个人，知不知道电镀，答案会是五花八门的。其中有些人可能会说："你说的是镀克铬米吧？"

确实，很长一个时期，克铬米曾经是电镀的代词。那克铬米是什么呢？

克铬米是铬的英语单词 chromium 的音译。金属铬作为金属制品的装饰性镀层，经久不衰，至今仍在大量使用。特别是在日常生活和各种常见的金属设备、制品中，那明晃晃发出白亮金属光泽的部位，大多数是电镀了光亮铬。

特别是在 20 世纪 50～90 年代，从手表到自行车，从钢笔套到钢制家具，从摩托车到汽车，钢制、铜制金属制品的装饰外观，大部分采用了镀光亮铬的技术，以致人们认为所谓电镀，就是镀铬。

就拿手表来说，早期的手表大都是"半钢"表，即需要电镀铬而成为全光亮的表壳。全钢即不锈钢在当时是较为贵重的材料。当然现在已经没有所谓半钢手表了，而是用塑料表壳电镀铬后，制作低端的或儿童玩具表。但镀铬手表曾经在一个时期很流行，反映出当时的技术和经济状态。即使是一些高档的用铜合金做表壳的手表、挂表，也采用了镀铬作为装饰。当然也有镀金手表（图 1-1）。

还有我们平常很熟悉的自行车，与镀铬更是有不解之缘，如上海的凤凰、永久自行车（图 1-2），天津的飞鸽自行车，青岛的金鹿自行车等，所有这些自行车的龙头、车圈，全都是镀着闪闪发光的装饰铬。

图 1-1　镀金手表

图 1-2　永久自行车

再说缝纫机（图 1-3），尽管现在已经淡出了大部分家庭，但在 20 世纪 70～80 年代，是结婚陪嫁的重要物品。在那沉重的钢铸机座上挺立的机头，从手轮到盖板，都闪着白亮的金属光泽，这也是镀铬。

图 1-3　缝纫机

至于镀克铬米的伞杆、镀克铬米的钢椅、镀克铬米的收音机天线等，都是人们生活中常见的镀铬制品。说镀铬与人们的生活有着紧密的联系一点也不过分，人们将镀铬等同于电镀，也就不奇怪了。而为什么铬可以保持持久的光亮而不易生锈，很多人是不知道的。对应该如何保养铬镀层的光亮使之能更加持久，也是不清楚的。对于铬层是怎么样镀到金属表面的，就更不知道了。

更重要的是，电镀绝对不仅是一种外观装饰加工工艺，而且是一种重要的和常用的防腐蚀工艺。

## 1.1.2　电镀的防腐蚀作用

我们对生锈并不陌生，但是生锈有多大的危害就不一定了解了。生锈是金属腐蚀的通俗说法。

腐蚀是自然界中所有物体都要面对的消损破坏现象，不仅消耗资源、污染环境，甚至危及人类的安全和健康。而发生腐蚀最普遍、最严重的是金属材料制品，特别是大量使用的钢铁材料的制品。当然不只是金属会发生腐蚀，动植物、无机物包括人们认为异常坚硬的山石，也会发生腐蚀。对于这类材料的腐蚀，通常用侵蚀一词。而对于有机物则多用腐败一词。

所谓腐蚀，通俗地说是物质氧化的过程，严格地说是构成物质的分子或原子失去电子的过程，是物质从高能状态向低能状态变化的过程，就像水往低处流一样，是一个自发的过程。只要环境中有导致物质特别是金属物质氧化的条件，如潮湿（离子移动的环境）、盐类微粒（电解质）、物质界面（电子交换的场所），腐蚀就会发生。而现在这样的环境到处可见，因此腐蚀随时都在发生。

由于腐蚀具有普遍性、隐蔽性、渐进性的特点，虽然可以控制，但是却难以根除，加上腐蚀控制效益的滞后性、间接性，使得大多数人对其视而不见，不以为然。

电镀，正是金属防腐蚀的一种常用的和重要的手段。例如，曾经有人统计，一台解放牌汽车上各种零件镀锌的面积达 $10m^2$，像高压线塔、高速公路护栏、各种日用钢制品，都要用到电镀技术。

我们常用的螺钉，也就是人们所说的紧固件，如果没有电镀层的保护，不仅很快会生锈，而且会影响到被联接件的使用寿命与安全。生锈的紧固件也难以装拆，因此，绝大多数的紧固件是电镀过的。紧固件主要采用的是镀锌，也有因特别需要而镀镍或发黑的，这些电镀后的紧固件有效地延长了使用寿命。

同时，我们还可以看到，电镀技术不只是用于材料的防腐蚀和金属产品的外观装饰，而且还有许多其他的功能，已成为现代制造业不可或缺的重要加工技术。

## 1.1.3　我国的电镀产业

20 世纪 90 年代，随着改革开放的深入发展，电镀企业布局发生了相应的变化。一些缺少资金和技术的原乡镇企业在环境保护的压力下开始关闭或转业。同时一批以技术服务和原材料供应为特色的民间电镀原材料企业、设备制造企业得到稳定发展，特别是在江苏南部，许多乡镇企业很早就开始了电镀设备、辅助设备的制造和营销。我国也形成了以广东为代表的电镀业产业集中区域，随后有温州、昆山、重庆、天津、山东、东北等几个电镀相对集中的地区形成了各地的电镀工业园区，一些发达国家和地区也将其电镀产业外迁到中国沿海地区，以分享中国制造的低成本。这个时期我国电镀企业的总数仅两江地区就达近万家(珠江三角洲有 6000 多家、长江三角洲有 2300 多家)，电镀加工产值上百亿元人民币，这不包括电子电镀中的印制板制造等产业的产值，如果将印制板和微电子电镀的产值考虑进去，则有上千亿元人民币的产值。

从 20 世纪 90 年代末到 21 世纪以来，世界制造加工业中心已经基本转移到我国，同时，对环境问题的认识已经从地区性发展到全球性的概念。一损俱损的现实使电镀业等所有对环境有影响的工业，无论在什么地区，最终的受害者是全人类，而不止是哪一个国家或地区。于是，清洁生产的法规开始在全球兴起，我国现在也已经进入这个阶段。电镀业正在清洁生产的规范下，进入一个新的发展期。这个时期的电镀企业总数有所减少，但是其加工总量则有所增加。这与环境保护意识的加强和经济总量的增长是一致的。

进入 21 世纪的一个重要特征是全球化，而另一个重要特征则是网络化。现在，应该说几乎所有电镀企业都有了自己的网站或者电子信箱。但是，拥有网站和电子邮箱是一回事，使用网站和电子邮箱又是另一回事。电镀业离真正的网络营销还有相当的距离。即使如此，我们也可喜地看到，一些新的电镀业门户网站已经建立，并开始在电镀业的新生代中产生影响。

可以预言，随着资源节约和可持续发展全球性需要的增长，我国的电镀业还有一个新的发展机遇。重复走老路的发展模式，难以在地球的其他地区重演。越来越多的国家和人们已经认识到不能以牺牲环境和子孙们的资源为代价来谋取发展。跨地区、跨行业、跨国界的联系已经建立，信息的流量在剧增。而要让这些信息流与物流、人流相结合并发挥出最高的效率，那就要充分利用互联网的作用。现在无论是政府还是金融业等领先的企业都在充分利用互联网。很多操作离开互联网就会停止办理，如注册报名、各种查询、订单下达和确认、网上交易等，每时每刻都在发生着。只有掌握新兴工具的使用，才能跟上时代发展的步伐。

### 1.1.4 现代电镀漫谈

电镀是一种特殊电化学加工方法的简称，作为一种生产工艺，电镀加工与其他机械加工一样，是现代工业中的一个常用工种。只不过因为其特殊的技术要求和对生产场地的特殊要求，人们很少能直接见到电镀加工过程，不像机械加工和常见工业加工那样被人们所熟悉。但是现代制造不能离开电镀技术，市场对电镀技术特别是电镀技术人才的需要一直是一个热点。学习和掌握电镀技术大有用武之地。

#### 1. 以手机为例谈电镀

电镀可以镀出哪些金属呢？我们以现在人们最为常用的手机为例来加以说明。

目前手机的普及程度之快，令世界为之侧目。我国已经成为世界手机拥有量第一的国家，并且其总量还在不断增长。现在，品牌手机、国产手机、山寨手机充斥市场，很多人已经不止拥有一部手机，且更新换代之快，也是其他产品所不可企及的。但是，如果没有现代电镀技术，你也许难以用到一部手机。

我们手中的手机，有些款式用到了炫目的镀铬部件，如装饰条或框、金属商标、天线、屏幕书写笔；也有的镀层是金色，即所谓的白金版、黄金版，不只是指技术的升级，也确实配饰了镀金、镀铂等镀层。特别是一些塑料机壳的增强框，需要用到金属时，一定会有镀层。这既是为了装饰，更是为了防护（图 1-4）。

但手机与电镀的关系，远不止这些外观零件而已。打开手机的后盖，取出电池后，可以看到手机中电池两极的连接片是镀金的，这是为了保证其良好的导电状态。虽然镀银的导电性会更好，但是银镀层在现在的空气环境下极容易变色发黑，既影响外观，也难以保证导电良好。只有金镀层才有稳定的不变色性能，虽然导电性没有银好，但对于手机的使用，没有多大影响。再仔细看手机内部，就可以看到手机中的印制板（图 1-5），即手机的主板。

图 1-4　手机增强框镀铬

图 1-5　手机中的印制板

制造印制板是一个专门的行业。由于制作中要多次用到电镀技术，因此，印制板电镀成为电子电镀中的一个重要的也是主要的分支。没有印制电路板的电镀，就无法制作手机。因为手机印制板有两个特点：一是小型；二是要求有柔性，即在装配和使用中，允许印制板有变形而不影响性能。如果说其他电子产品没有印制板，还可以用分立元件在基板上一个一个用导线连接成线路（早期电子产品就是这样做的），那么对于手机来说是无法做到的。手机的空间太小，只能用集成电路技术和超小型印制板。如果没有这种技术，换言之，没有现代电子电镀技术，就没有袖珍手机，而只可能有像砖块一样大的对讲机。

手机对电镀技术的依赖还不止这些。我们知道手机的外壳、按键等都是塑料或乳胶等一次成形、大批生产的配件。还有一些更小的异形配件，都需要精密的模具才能加工完成，包括外壳上的纹理和一些细小的商标、触碰式开关的接点等。这些精细模具的制造，就是应用电镀技术中的另一个重要分支——电铸完成。

电铸是在预先用容易精密设计和制作的原型或称母型、模型上，用电镀的方法进行加厚电铸，然后将母型脱出，获得与母型外形完全一样的型腔模具的加工方法。这一方法是现代塑料制品模具制造大量采用的方法。手机特别得益于这一方法。对于更新换代极快速的产品，利用三维计算机设计技术获的产品外形，可以通过激光自动成型机快速获得手板(样品样板),对这种样板进行电铸,就可以从而很快获得一个模腔,从而很快就可以投入小批量试产。手机业就正是这样做的,从手机机壳到后盖,从按键(图1-6)到功能框,以及各种小配件,全部都是采用电铸法制造模具,然后大量生产。这也是在现代制造技术的支持下,山寨手机可以迅速跟随正版手机面市的原因。

图1-6 电铸模生产的按键

2. 现代电镀技术的应用

电镀技术发展到今天,已经成为非常重要的现代加工技术,电镀的功能性用途越来越广泛,尤其是在电子工业、通信、军工、航天等领域,大量采用了功能性电镀技术。电镀不仅仅可以镀出漂亮的金属镀层,还可以镀出各种二元合金、三元合金、四元合金;还可以制作复合镀层、纳米材料;可以在金属材料上电镀,也可以在非金属材料上电镀。这些技术的工业化应用是和电镀添加剂技术、电镀新材料技术在电镀液配方技术中的应用分不开的。

据不完全统计,现在可以获得的各种工业镀层已经达到60多种,单一金属镀层有20多种,几乎包括了所有的常用金属或稀贵金属。合金镀层有40多种,但是正在研究中的合金则达到240多种。合金电镀技术极大地丰富和延伸了冶金学里关于合金的概念。很多从冶金方法难以得到的合金,用电镀的方法却可以获得,并且已经证明电镀是获得纳米级金属材料的重要加工方法之一。除了合金镀层外,还有一些复合镀层也已经在各个工业领域中发挥着作用,如金刚石复合镀层用于钻具已经有很多年的历史了。现在,不仅是金刚石,碳化硅、氧化铝和其他新型硬质微粒也可以作为复合镀层材料而获得以镍、铜、铁等为载体的复合镀层。同时,除了硬质材料可以作为复合镀层材料,自润滑复合镀层也已开发成功,如聚四氟乙烯复合镀层、石墨复合镀层、二硫化钼复合镀等都已经成功地应用于各种机械设备。已经储备或正在研制的非常规用复合镀层就更多了,其中包括生物复合材料镀层、发光复合材料镀层、纳米材料复合镀层等。

对电镀技术的研究开发也不仅仅限于镀液、配方和添加剂。在电源、阳极、自动控制等物理因素的开发方面也有很大进步。

脉冲电源已经普遍用于贵金属电镀,磁场、超声波、激光等都被用来影响电镀过程,以改变电镀层的性能。专用产品的全自动智能生产线也有应用。更加环保的技术和设备也不断有专利出现。镀液成分自动分析添加系统已经开发并有应用实例。光亮剂、阳极材料等的自动补加也早已经有成熟的技术可以应用。

所有这些都证明,电镀技术不仅仅在现代工业产品表面防护和装饰中起着重要的作用,而且在获取或增强产品的功能性方面也发挥着重要的作用。尽管存在的环境保护方面的问题使电镀技术的应用受到某些限制,但要完全取代或淘汰电镀技术至少在当前是不可能的。而今后随着表面技术的进一步发展,相信电镀技术本身能够以更多的环保型技术和产品来改变目前电镀业存在的对环境有所污染的问题。

3. 电镀能获得的镀层及分类

① 电镀能获得的镀层见表1-1。

表1-1　电镀能获得的镀层

| 类别 | 可获得的镀层 | | 备注 |
|---|---|---|---|
| 单金属镀层 | 铝、锌、镍、铁、镉、锡、铅、铜、铬、银、金、铂、钌、铑、钯、钴、钛、铟、铼、锑、铋、砷、汞等 | | 铝目前要在非水溶液中电镀 |
| 合金镀层 | 铜锌、铜锡、铜锡锌、锡钴、锡镍、镍铁、锌镍、锌铁、锌钴、锡锌、镉钛、锌锰、锌铬、锌钛、镉锡、锌镉、锡铅、镍钴、镍钯、镍磷、铬镍、铁铬镍、铬钼、镍钨、银镉、银锌、银锑、银铅、金钴、金镍、金银、金铜、金铋、金锡钴、金锡铜、金锡镍、金银锌、金银镉、金银铜、金铜镉银 | | |
| 复合镀层 | 载体镀层 | 复合材料 | 载体镀层也就是复合镀层的金属基质镀层，复合材料分散在镀液中，通过电镀与载体镀层共沉积，成为复合镀层 |
| | 镍 | 氧化铝、氧化铬、氧化铁、二氧化钛、二氧化锆、二氧化硅、金刚石、碳化硅、碳化钨、碳化钛、氮化钛、氮化硅、聚四氟乙烯、氟化石墨、二硫化钼等 | |
| | 铜 | 氧化铝、二氧化钛、二氧化硅、碳化硅、碳化钛、氮化硼、聚四氟乙烯、氟化石墨、二硫化钼、硫酸钡、硫酸锶等 | |
| | 钴 | 氧化铝、碳化钨、金刚石等 | |
| | 铁 | 氧化铝、氧化铁、碳化硅、碳化钨聚四氟乙烯、二硫化钼等 | |
| | 锌 | 二氧化锆、二氧化硅、二氧化钛、碳化硅、碳化钛等 | |
| | 锡 | 刚玉 | |
| | 铬 | 氧化铝、二氧化铈、二氧化钛、二氧化硅等 | |
| | 金 | 氧化铝、二氧化硅、二氧化钛等 | |
| | 银 | 氧化铝、二氧化钛、碳化硅、二硫化钼 | |
| | 镍钴 | 氧化铝、碳化硅、氮化硼等 | |

续表 1-1

| 类别 | 可获得的镀层 | | 备注 |
|---|---|---|---|
| 复合镀层 | 镍铁 | 氧化铝、氧化铁、碳化硅等 | 载体镀层也就是复合镀层的金属基质镀层，复合材料分散在镀液中，通过电镀与载体镀层共沉积，成为复合镀层 |
| | 镍锰 | 氧化铝、碳化硅、氮化硼等 | |
| | 铅锡 | 二氧化钛 | |
| | 镍硼 | 氧化铝、三氧化铬、二氧化钛 | |
| | 镍磷 | 氧化铝、三氧化铬、金刚石、聚四氟乙烯、氮化硅等 | |
| | 镍硼 | 氧化铝、氧化铬、二氧化钛、 | |
| | 钴硼 | 氧化铝 | |
| | 铁磷 | 氧化铝、碳化硅 | |

② 电镀层的分类见表1-2。

表 1-2 电镀层的分类

| 分类 | 电镀层 | 应用特点 |
|---|---|---|
| 机械类 | 硬铬、镍磷、镍碳化硅、镍氮化硼、钴碳化铬、镍碳化硼、镍磷碳化硅 | 耐磨损、耐摩擦 |
| | 镍-二硫化钼、镍氟化碳、银镉、锡铅、铜石墨、镍聚四氟 | 自润滑 |
| | 厚镍、硬铁 | 修复性 |
| | 镍-氧化铝、镍-二氧化钛、铁-氧化铝、镍铬 | 强化合金 |
| | 铜、镍、铁、铝、钨、钼、硼化钛、镍铁钴、金、银 | 电铸 |
| 电子类 | 塑料电镀、印制电路板、波导等用的镀铜、银、金、锡 | 导电性 |
| | 镀金、金钴、金镍、金碳化钛、金碳化钨、银铜、锡镍 | 电接触 |
| | 镀镍磷、镍硼、镍钴硼、镍钼硼、镍钼磷 | 电阻 |
| | 镀锡、锡铅、铟 | 可焊性 |
| | 镀铷、铷锆、铅铋 | 超导体 |
| 化学类 | 镀锌、镉、铅、锌合金、铬镍铁、锡镍、铂、铱、锇、铌 | 防护性(耐蚀性) |
| | 镀铜-镍-铬、锡镍、锡钴、金、银、仿金、枪色、缎面等 | 装饰性 |
| | 镀锌-环氧树脂、锌-ABS塑料等 | 有机物复合 |
| | 镍二氧化钛、镍氧化锆、镍硫、镍硼、镍磷、铂钽 | 电极材料 |

续表 1 – 2

| 类别 | 电镀层 | 应用特点 |
|---|---|---|
| 光学、热学 | 硫化镉、硅、锗、镉碲 | 光电转换 |
| | 镍荧光颜料、铬着色、锌着色等 | 彩色镀 |
| | 黑镍、黑铬、黑色铬钴、黑色化学镍等 | 太阳能吸收 |
| | 铬镍、镍钨、钴钨、镍钼、钴钼、铬镍铁 | 耐热性 |
| 磁性 | 镍铁、镍铁钴 | 软磁性 |
| | 钴磷、镍钴磷、钴铁磷 | 硬磁性 |

# 1.2　电镀化学基础

所谓化学是关于物质变化的学科。这里所说的物质变化，不是物质形态或大小的变化。将铁制成铁丝或铁片，仍然是铁；水结冰或成为蒸汽，仍然是水，这都不是化学变化。化学变化是物质从一种物质变成另外一种物质，如铁生锈成为氧化铁；水电解成为氢和氧等。氧化铁与铁相比，就完全是另一种物质，完全没有了铁的性质。同样氢和氧都是气体，与水是完全不同的物质。所有化学研究的变化，即化学变化，都是由一种物质变化为另一种物质。这些变化着的物质本身都有一定的特性，因此我们将这些化学研究的物质也称为化学物质。化学研究的最常见对象，可以归结为酸、碱、盐。清楚了酸、碱、盐的概念和变化的规律，就会对化学有一个大概的了解。

## 1.2.1　盐和离子、电解质、原子

虽然我们每天离不开盐，但是，对于盐，我们又知道多少呢？特别是要你说出盐的化学成分或化学性质时，尽管是中学化学课程中都已经讲过的内容，恐怕大多数人仍然说不清楚。

实际上，我们每天食用的盐，只是盐这种化学物质分类中的一种，正确的叫法应该是"食盐"。它的化学名称为"氯化钠"，用化学元素符号表示则是 NaCl。了解食盐与其他盐的区别是很重要的，有些人以为只要是"盐"，就能拿来炒菜做饭，这是极其错误而且非常危险的。已经有过多起民工误将"硝酸盐"当成食盐来炒菜，结果导致食物中毒的事故。即使是氯化钠，如果是工业级，也不能用来炒菜，只有食盐，即经过提炼去掉了有害杂质的氯化钠才能食用。由此，我们知道盐不止一种，也就是说不只是我们每天在食用的盐才称为盐。

盐是化学物质的一个重要类别，是一大类金属化合物的总称。那么，金属就是我们更熟悉的物质了，谁都可以说出金、银、铜、铁、锡等一大串金属的名称，我们每天也离不了各种各样的金属。从乘坐的汽车到家用的炊具，钢铁制品、铝合金制品、铜制品等，每天都会用到。但是所有这些金属，都可以变成盐就不是我们都知道的了。并且有一些金属，天生就只是以盐的形式存在于大自然中，只有经过人类的提炼，才能还原为金属。事实上，我们所使用的所有金属，基本上都是由金属的盐类提炼出来

的。这些盐常以矿石的形式存在于地壳中，当然大多数情况下是以混合物的状态存在的。

电镀的镀液，就是由各种各样的金属盐溶液配制出来的，没有金属盐就没有电镀技术。我们可以通过对盐的构成的分析，了解金属的性质，进而了解元素的性质，也就了解了化学研究对象的本质。

1. 盐的定义

在化学中，盐的定义是金属离子或铵根离子与酸根离子或非金属离子结合的化合物。

在知道了盐的定义以后，我们再来进一步了解离子、电解质和原子。

**(1)离子** 在盐的定义中说到了离子，而离子对电镀来说是很重要的一个概念。所谓离子，实质上是带有不同电荷的原子或原子团。化合物正是这类带不同电荷的原子相互吸引结合而成的。而盐就是这样的化合物中的一大类，其特征是在组成中一定含有金属离子或铵根，带正电；另一部分则多数是酸根离子，也有其他复杂配位离子，这些离子都带负电。两种离子所带的电荷量相等，因此，化合物都是电中性的，因而盐也是电中性的。我们都知道食盐可以溶于水中，这样做汤或做菜才有咸味。其实大多数盐都能溶于水，并且在水中带正电的金属离子与带负电的酸根离子等会离解成相对自由的离子，我们称之为水解。

**(2)电解质** 所有这种含有离解离子的水溶液都能导电，因此，我们将这种可以离解的化合物就称为电解质。

原子是由原子核和核外电子构成的，原子核带正电荷，绕核运动的电子则带相反的负电荷。原子的核电荷数与核外电子数相等，因此原子显电中性。如果原子从外部获得的能量超过某个壳层电子的结合能，那么这个电子就可脱离原子的束缚成为自由电子。一般最外层电子数小于 4 的原子或半径较大的原子，较易失去电子(一般为金属元素，如钾、钙等)达到相对稳定结构；而最外层电子数不少于 4 的原子(一般为非金属元素，如硼、碳等)则较易获得电子达到相对稳定结构。当原子的最外层电子轨道达到饱和状态(第一周期元素 2 个电子，第二、第三周期元素 8 个电子)时，性质最稳定，一般为稀有气体(氦除外，最外层有两个电子，性质也很稳定)。原子核外第一层不能超过 2 个电子，第二层最多排 8 个电子，第三层最多排 18 个电子，依此类推，第 $N$ 层最多排 $8N+2$ 个电子，但是最外层最多只能排 8 个电子。所有惰性气体的原子结构就是严格符合上述稳定结构的。

原子在组成分子时，其最外层或次外层电子将参与组成分子键，以保持分子的稳定性。但这个键在一定条件下会被打开或替换，从而使一种分子变化为另一种分子，这就是化学变化的实质：组成分子的原子重新组合，组成新的分子。

2. 盐的用途

盐在日常生活中有广泛的用途，除了食盐，还有一些其他的常用盐类。例如，消毒液主要成分为次氯酸钠，具有强氧化性，是强氧化剂，能杀死很多微生物；味精主要成分为谷氨酸钠，调味品之一；苏打主要成分为碳酸钠；小苏打主要成分为碳酸氢钠，可用来发面。矿泉水添加剂中的硫酸镁、氯化钾等也都属于盐类。

电镀工业要用到各种大量的盐类，其中电镀液的主角就是各种金属盐。很显然，需要什么镀层，就要用到含有这种镀层金属离子的盐，绝无例外。

镀锌要用到锌盐，而锌盐有很多种，如氯化锌、硫酸锌、氰化锌、焦磷酸锌、锌酸盐等。采用不同的锌盐，就构成了不同的镀锌工艺，如硫酸盐镀锌工艺、氯化物镀锌工艺、锌酸盐镀锌工艺等。其他镀种也基本如此，如镀铜有硫酸盐镀铜、焦磷酸盐镀铜、氰酸盐镀铜等。

因此，我们将电镀液中提供所镀镀种金属离子的盐称为主盐，也就是主要作用的盐类或者说担当主角的盐类。这样，用于电镀的主盐就相当多了。简单地说，有多少个镀种，就要用到多少种金属盐，而同一个镀种，又可以用到好多种不同酸根或配体的同一种金属的盐，这样就使仅仅用作镀液主盐的金属盐类，就有好几十种。如果加上各种辅助用盐、添加剂用盐、前后处理剂用盐等，可以说电镀的基本化工原料主要就是各种各样的盐。常用的电镀金属盐类见表 1-3。

表 1-3　常用的电镀金属盐类

| 金属盐 | 分子式 | 主要用途 | 备注 |
|---|---|---|---|
| 硫酸锌 | $ZnSO_4$ | 硫酸盐镀锌 | 没有标出结晶水（下同） |
| 氯化锌 | $ZnCl_2$ | 氯化物镀锌 | |
| 硫酸铜 | $CuSO_4$ | 酸性镀铜 | |
| 焦磷酸铜 | $CuP_2O_7$ | 焦磷酸镀铜 | 属于配（络）合物盐 |
| 硫酸镍 | $NiSO_4$ | 镀镍 | |
| 氯化镍 | $NiCl_2$ | 镀镍 | |
| 氯化钠 | $NaCl$ | 氯化物镀锌、镀镍等 | 工业级，不能食用 |
| 氯化钾 | $KCl$ | 氯化物镀锌 | 一种化肥 |
| 硝酸银 | $AgNO_3$ | 镀银、化学分析等 | |
| 硫酸亚锡 | $SnSO_4$ | 镀锡 | |
| 氯化亚锡 | $SnCl_2$ | 镀锡、塑料镀敏化等 | |
| 三氯化金 | $AuCl_3$ | 镀金 | |
| 氯化钯 | $PdCl_2$ | 镀钯、塑料镀活化 | |

## 1.2.2　醋和酸

在日常生活中用到的各种各样的食用醋，实际上是一种酸的水溶液，这种酸就是乙酸。其实食用醋中乙酸的含量只有 3%～9%，但人们仍然将乙酸俗称为醋酸。而醋酸从化学的角度看属于有机酸，也是重要的有机物。而在工业中大量使用的酸主要是无机酸，主要有硫酸、盐酸、硝酸、磷酸、氢氟酸等。电镀中常用的酸是盐酸、硫酸、硝酸。当然还有一些其他的酸，包括醋酸。

在我们的常识中，酸是很危险的东西，无论在什么时候，都应该对酸保持高度警惕，没有专业人员指导，没有相应的操作知识，绝对不能自己操作使用任何一种强酸。

1. 盐酸

盐酸的学名为氢氯酸，是氯化氢（化学式：HCl）的水溶液。盐酸是一种强酸，具有极强的挥发性，因此盛有浓盐酸的容器打开后能在上方看见酸雾，那是氯化氢挥发后与空气中的水蒸气结合产生的盐酸小液滴。纯净的盐酸溶液是无色透明的，而工业盐酸因为其中有杂质而呈烟黄色。在一般情况下，浓盐酸中氯化氢的质量分数在38%左右。同时，胃酸的主要成分也是盐酸。盐酸具有以下化学性质。

**(1) 与酸碱指示剂反应**

① 使紫色石蕊试剂与 pH 试纸变红色，无色酚酞不变色。

② 能和碱发生中和反应，生成氯化物和水：

$$HCl + NaOH == NaCl + H_2O$$

③ 能与活泼金属单质反应，生成氢气：

$$Fe + 2HCl == FeCl_2 + H_2 \uparrow \quad (铁去锈中的反应之一)$$

$$Zn + 2HCl == ZnCl_2 + H_2 \uparrow \quad (退除锌镀层的反应)$$

④ 能和金属氧化物反应，生成盐和水：

$$Fe_2O_3 + 6HCl == 2FeCl_3 + 3H_2O \quad (铁去锈的反应，去锈原理)$$

⑤ 能和盐反应，生成新酸和新盐：

$$2HCl + Na_2SO_3 == SO_2 \uparrow + H_2O + 2NaCl$$

盐酸在电镀中主要用于钢铁产品表面的除锈，也是退除铬镀层、锌镀层的退镀酸。活化、制取氯化物盐等也要用到盐酸。

**(2) 盐酸的危害**

① 健康危害。接触其蒸气或烟雾，可引起急性中毒，出现眼结膜炎、鼻及口腔黏膜有烧灼感、鼻衄、齿衄、气管炎等。误服可引起消化道灼伤，形成溃疡，有可能引起胃穿孔、腹膜炎等。眼和皮肤接触可致灼伤。长期接触，会引起慢性鼻炎、慢性支气管炎、牙齿酸蚀症及皮肤损害。

② 环境危害。对水体和土壤可造成污染。

③ 燃爆危险。该品不燃，具有强腐蚀性、强刺激性，可致人体灼伤。

2. 硫酸

硫酸（$H_2SO_4$）是一种无色、黏稠、高密度的强矿物酸，其盐为硫酸盐。硫酸具有非常强的腐蚀性，因此在使用时应非常小心并穿戴保护手套和衣物。硫酸的应用包括汽车铅酸蓄电池、肥料、炼油及化学合成剂。另外，很多酸性通渠水也含有高浓度硫酸。

硫酸是一种高沸点难挥发的强酸，易溶于水，能以任意比与水混溶。浓硫酸溶解时放出大量的热，因此浓硫酸稀释时应该"酸入水，沿器壁，慢慢倒，不断搅"。绝对不能搞错次序。若在浓硫酸中继续通入三氧化硫，则会产生"发烟"现象，浓度超过98.3%的硫酸称为发烟硫酸。

**(1)硫酸的性质**

① 吸水性。将一瓶浓硫酸敞口放置在空气中，其质量将增加，密度将减小，浓度降低，体积变大，这是因为浓硫酸具有吸水性。不过吸水性是浓硫酸的性质，而不是稀硫酸的性质。浓硫酸的吸水性是浓硫酸分子跟水分子强烈结合，生成一系列稳定的水合物，并放出大量的热：

$$H_2SO_4 + nH_2O == H_2SO_4 \cdot nH_2O,$$

故浓硫酸吸水的过程是化学变化的过程，吸水性是浓硫酸的化学性质。

浓硫酸不仅能吸收一般的游离态水（如空气中的水），而且还能吸收某些结晶水合物（如 $CuSO_4 \cdot 5H_2O$、$Na_2CO_3 \cdot 10H_2O$）中的水。

② 脱水性。脱水性是浓硫酸的化学特性，物质被浓硫酸脱水的过程是化学变化的过程。反应时，浓硫酸按水分子中氢氧原子数的比（2∶1）夺取被脱水物中的氢原子和氧原子。可被浓硫酸脱水的物质一般为含氢、氧元素的有机物，其中蔗糖、木屑、纸屑和棉花等物质中的有机物，被脱水后生成了黑色的炭（碳化）。

③ 强氧化性。常温下，浓硫酸能使铁、铝等金属钝化。加热时，浓硫酸可以与除金、铂之外的所有金属反应，生成高价金属硫酸盐，本身一般被还原成 $SO_2$。

$$Cu + 2H_2SO_4（浓）== CuSO_4 + SO_2\uparrow + 2H_2O$$

$$2Fe + 6H_2SO_4（浓）== Fe_2(SO_4)_3 + 3SO_2\uparrow + 6H_2O$$

在上述反应中，硫酸表现出了强氧化性和酸性。

热的浓硫酸可将碳、硫、磷等非金属单质氧化到其高价态的氧化物或含氧酸，本身被还原为 $SO_2$。在这类反应中，浓硫酸只表现出氧化性。

$$C + 2H_2SO_4（浓）== CO_2\uparrow + 2SO_2\uparrow + 2H_2O$$

$$S + 2H_2SO_4（浓）== 3SO_2\uparrow + 2H_2O$$

$$2P + 5H_2SO_4（浓）== 2H_3PO_4 + 5SO_2\uparrow + 2H_2O$$

**(2)硫酸、稀硫酸的化学性质小结**　可与多数金属（比铜活泼）氧化物反应，生成相应的硫酸盐和水；可与所含酸根离子氧化性比硫酸根离子弱的盐反应，生成相应的硫酸盐和弱酸；可与碱反应生成相应的硫酸盐和水；可与氢前金属在一定条件下反应，生成相应的硫酸盐和氢气；加热条件下可催化蛋白质、二糖和多糖的水解。

**3. 硝酸**

硝酸是一种有强氧化性、强腐蚀性的无机酸，常温下为无色液体。除了金、铂、钛、铌、钽、钌、铑、锇、铱以外，其他金属都能被它溶解。硝酸不仅是重要的化工原料，也是实验室必备的重要试剂，在工业中可用于制化肥、农药、炸药、染料、盐类等。

纯硝酸是无色、易挥发、有刺激性气味的液体。98％以上的浓硝酸在空气中由于挥发出 $HNO_3$ 而产生"发烟"现象，通常称为发烟硝酸。常用浓硝酸的质量分数大约为69％。

硝酸化学性质不稳定，很容易分解。纯净的硝酸或浓硝酸在常温下见光或受热就会分解。硝酸越浓，就越容易发生分解。有时在实验室看到的浓硝酸呈黄色，就是由于硝酸分解产生的 $NO_2$ 溶于硝酸的缘故。为了防止硝酸分解，在储存时，应该把它盛放在棕色瓶里，并储放在黑暗且温度低的地方。

硝酸是一种强氧化剂，几乎能与所有的金属(除金、铂等少数金属)发生氧化还原反应。硝酸与金属反应时，主要是 $HNO_3$ 中五价的氮得到电子，被还原成较低价的氮而形成氮的氧化物($NO_2$、$NO$)，而不像盐酸与较活泼金属反应那样放出氢气。

有些金属如铝、铁等在冷的浓硝酸中会发生钝化现象，这是因为浓硝酸把它们的表面氧化成一层薄而致密的氧化膜，阻止了反应的进一步进行。所以，常温下可以用铝槽车装运浓硝酸。

硝酸还能与许多非金属及某些有机物发生氧化还原反应。例如，硝酸能与碳反应，由于硝酸具有强氧化性，对皮肤、衣物、纸张等都有腐蚀性，所以使用硝酸(特别是浓硝酸)时，一定要格外小心，注意安全。一旦不慎将浓硝酸洒到皮肤上，应立即用大量水冲洗，再用小苏打水或肥皂洗涤。

浓硝酸和浓盐酸的混合物(体积比为 1∶3)称为王水，它的氧化能力更强，能使一些不溶于硝酸的金属如金、铂等溶解。

### 1.2.3 碱

#### 1. 烧碱(氢氧化钠)

人们对于碱，没有像对强酸那样恐惧。因为在人们的印象中，碱的性能比较温和，加上在洗衣等清洗过程中经常要用到碱，所以大家会自认为对碱是有所了解的。

烧碱的化学名称为氢氧化钠，分子式为 NaOH，固体溶于水放热，是常见的、重要的强碱。纯的无水氢氧化钠为白色半透明、结晶状固体。氢氧化钠溶解度随温度的升高而增大，溶解时能放出大量的热。它的水溶液有涩味和滑腻感，溶液呈强碱性，具有碱的一切通性。氢氧化钠水溶液由于浓度不同，可以生成含有 1、2、3.5、4.5 或 7 个水分子的水合物。

市售烧碱有固态和液态两种。纯固体烧碱呈白色，有块装、片状、棒状、粒状，质脆；纯液体烧碱为无色透明液体，在空气中易潮解并吸收二氧化碳。氢氧化钠易溶于乙醇、甘油，但不溶于乙醚、丙酮、液氨。固体氢氧化钠溶解或浓溶液稀释时放出热量。烧碱的腐蚀性很强，能灼伤人体皮肤等。烧碱也是制造肥皂的重要原料之一。氢氧化钠溶液与油，在比例合适时会发生反应，成为固体肥皂。烧碱还能够与玻璃发生缓慢的反应，生成硅酸钠，因而会使装有氢氧化钠的玻璃瓶与瓶塞粘起来。因此不宜用玻璃瓶装氢氧化钠，如果长时间盛放热 NaOH 溶液会令玻璃容器损坏，甚至破裂。

烧碱在电镀中大量用于除油，有些碱性镀液也要用到氢氧化钠，如无氰镀锌中的锌酸盐镀锌，就要用到氢氧化钠。

#### 2. 纯碱(碳酸钠)

除了氢氧化钠，电镀中常用的碱还有纯碱。但纯碱在化学分类中属于盐，只是由于其水溶液存在碱性而被当作碱使用。

碳酸钠俗称纯碱，无结晶水的工业名称为轻质碱，有一个结晶水的工业名称为重质碱，存在于自然界(如盐水湖)的碳酸钠称为天然碱。

纯碱口味发涩，有吸湿性。露置空气中逐渐吸收 1mol/L 水分(约 15%)，400℃时开始失去二氧化碳，遇酸分解并泡腾。溶于水(室温时 3.5 份，35℃时 2.2 份)和甘油，不溶于乙醇。水溶液呈强碱性，pH11.6。有刺激性，在空气中易风化。

碳酸钠也是电镀前处理除油剂中的常用原料。

### 3. 磷酸钠

磷酸钠又称磷酸三钠，是重要的十二水合物和无水物。无水物为白色结晶。十二水合物为无色立方结晶或白色粉末，加热到 100℃失去 12 个结晶水而成无水物，在干燥空气中易风化。两者均易溶于水，其水溶液呈强碱性。不溶于二硫化碳和乙醇。由磷酸与碳酸钠溶液进行中和反应制得。控制 pH 在 8～8.4，经过滤去滤饼残渣，滤液经浓缩后，加入液体烧碱使 Na/P 比达到 3.24～3.26，再经冷却结晶，固液分离，干燥后即为十二水合磷酸钠。无水物系将十二水合磷酸钠结晶溶于加热到 85℃～90℃的水(10%～15%)后，经脱水干燥制得。

磷酸钠可用作软水剂和洗涤剂，锅炉防垢剂，印染时的固色剂，织物的丝光增强剂，金属腐蚀阻化剂和金属防锈剂，搪瓷生产中的助熔剂和脱色剂，制革中的生皮去脂剂和脱胶剂等。食品级十二水合磷酸钠用作食品加工中的乳化剂、品质改良剂、营养增补剂，以及食品用瓶(罐)等的洗涤剂。电镀中也用作除油剂。

## 1.2.4　重要的化学概念

### 1. 中和反应

酸和碱反应生成盐和水，使原来的酸和碱的性质都消失，被中和了，所以称为中和反应。在电镀工艺中，也要利用这个反应的原理来调整镀液。完全的中和反应要求酸和碱的量是等摩尔(mol)的。如果只给少量的酸来中和碱，只能降低碱的浓度，相反，用少量碱来中和酸，也能降低酸的浓度。这样就可以用酸或碱来调节镀液的酸碱度。而酸碱度通常用 pH 来表示。

【例 1-1】　盐酸与烧碱中和，生成盐和水，这个盐就是我们常用的食盐：

$$HCl + NaOH = NaCl + H_2O$$

### 2. 氧化还原反应

氧化反应是指元素与氧反应生成氧化物的过程，即将在化学反应中发生电子转移时，失去电子的过程称为氧化，反之得到电子的过程就称为还原。有一类反应正好是参加反应的两种物质，一个失去电子发生了氧化，而另一个就得到对方失去的电子而还原，这种反应就称为氧化还原反应。是化学反应中最常见也很重要的一类反应。电镀过程也是一个氧化还原反应过程。只不过这个过程分别是在阳极和阴极上进行的。阳极上发生的是氧化反应，而阴极上发生的就是还原反应。因此，电镀的阳极会溶解(氧化)，而阴极上的产品获得镀层(还原)。

【例 1-2】　碳燃烧的反应就是典型的氧化反应，碳氧化成二氧化碳，并放出热量：

$$C + O_2 = CO_2$$

而氧化还原反应则是在反应物中同时发生了氧化和还原过程。

【例 1-3】　用还原法将铁矿石炼成铁，就是氧化还原反应：

$$Fe_2O_3 + 3CO = 2Fe + 3CO_2$$

氧化铁中的铁离子是+3价的，在高温下由一氧化碳还原为铁（0价），而一氧化碳中的碳则由原来的二价变化为二氧化碳中的四价。这时，我们说铁被还原了，而碳被氧化了。在氧化还原反应中，我们将能使别的物质还原的物质称为还原剂，而将能使别的物质氧化的物质称为氧化剂。在氧化还原反应中，参加反应的两种分子互为氧化剂和还原剂。例1-3中，一氧化碳就是还原剂，则氧化铁就是氧化剂。我们也可以说氧化剂在反应中被还原，还原剂在反应中被氧化。被还原的得到电子，化合价降低，被氧化的失去电子，化合价升高。

### 3. 置换反应

在化学反应中，一种元素将另一种元素从化学分子中替换出来，我们就称为置换反应。

【例1-4】 在街上用稀盐酸和锌块反应制氢来充气球并进行销售的，就是利用的置换反应：

$$Zn + 2HCl(稀) == ZnCl_2 + H_2 \uparrow$$

在这个例子中，锌将氢从盐酸中置换出来，锌变成化合物氯化锌，而氢离子则从盐酸分子中被置换出来（还原）成为氢气。显然，置换反应是氧化还原反应。

置换反应在电镀中有正、负两方面的作用，正面的是一些化学镀利用了置换镀的原理；负面的则是有些电镀过程在镀件进入镀液时不希望发生置换，否则会影响镀层的结合力，如钢铁零件在酸性镀铜时就是这样。

### 4. 化学反应的实质

当然，化学反应还有许多类型，如复分解反应、歧化反应等。并且化学反应过程都伴随有放热、析气、发光、发声、沉淀等物理现象，同时总有新的物质生成。这实质上是参加化学反应的分子中的原子重新组合而生成新的物质的过程，是参加反应的分子中的原子通过电子的得失或共享组成新的分子。重要的是，反应前后的所有物质的量是不变的，符合物质不灭和能量守恒的原理。

### 5. 摩尔（mol）

摩尔是用于表示物质的量的国际单位，简称摩，符号为mol。1mol是所含基本微粒个数与12g的碳中所含原子个数相等的一系统物质的量。该系统中所包含的基本单元数与12g碳中的原子数相等。在使用摩尔时应予以指明基本单元，它可以是原子、分子、离子、电子及其他粒子，或是这些粒子的特定组合。

根据科学实验的精确测定，知道12g相对原子质量为12的碳中含有的碳原子数约为$6.02 \times 10^{23}$个。科学上把含有$6.02 \times 10^{23}$个微粒的集体作为一个单位，称为摩尔，它是表示物质的量（符号是$n$）的单位，简称为摩，单位符号是mol。

1mol的碳原子含$6.02 \times 10^{23}$个碳原子，质量为12g。1mol的硫原子含$6.02 \times 10^{23}$个硫原子，质量为32g，同理，1mol任何原子的质量都是以克为单位，数值上等于该种原子的相对原子质量（式量）。同样我们可以推算出，1mol任何物质的质量，都是以克为单位，数值上等于该种物质的相对原子质量。

通常把1mol物质的质量，称为该物质的摩尔质量（符号是$M$），摩尔质量的单位是克/摩，读作"克每摩"（符号是"g/mol"），如水的摩尔质量为18g/mol，写成$M(H_2O)=$ 18g/mol。

物质的质量$(m)$、物质的量$(n)$与物质的摩尔质量$(M)$之间有以下关系：

$$n = m/M$$

化学方程式可以表示反应物和生成物之间的物质的量之比和质量之比，如氢和氧燃烧生成水的反应：

$$2H_2 + O_2 \xrightarrow{\text{点燃}} 2H_2O$$

系数之比是2：1：2，微粒数之比也是2：1：2，物质的量之比是2：1：2，质量之比是4：32：36。

从以上分析可知，化学方程式中各物质的系数之比就是它们之间的物质的量之比。

6. pH（酸碱度）

pH是用来定量地表示水溶液中氢离子或氢氧根离子浓度相对值的指数。水溶液中电离的氢离子和氢氧根离子的乘积是一个很小的常数，即$1.0 \times 10^{-14}$，并且这两种离子在纯水中离解出来的量是相等的，都是$1.0 \times 10^{-7}$。当在水中加入氢离子或氢氧根离子，两者间的平衡被打破，其中一种浓度增加，另一种浓度就会相应减少，以维持离子积为常数。不管其浓度如何变化，从数字上都是很小的数值，需要用10的负多次幂的形式表达，即$1.0 \times 10^{-n}$形式，给日常应用带来不便，也不容易进行比较。

为了解决这一问题，规定将水溶液中氢离子的浓度值取负对数，并以pH符号表示。这样就将指数形式的很小的浓度值化为了正整数值：

$$pH = -\lg[H^+]$$

当$[H^+] = 1.0 \times 10^{-7}$时，其$pH = -\lg[H^+] = 7$。显然，这就是纯水的pH。当水中的氢离子达到0.1mol/L的时候，即$[H^+] = 1.0 \times 10^{-1}$，这时溶液的$pH = -\lg 1.0 \times 10^{-1} = 1$。这表明溶液是强酸性的。

由此可知，在水的离子积范围内，pH的范围是1~14。pH大，表示溶液中氢氧根离子的浓度大，氢离子的浓度小，溶液呈碱性；pH小，表示溶液中的氢氧根离子的浓度小，氢离子的浓度大，溶液呈酸性。由于水中的氢离子和氢氧根离子相等，指数都是7，所以7表示中性。溶液的pH在7~14是碱性，数值越大，碱性越强；溶液的pH在7~1是酸性，并且数值越小，酸性越强。

由于pH的数字是对数的指数，因此，pH每变化1个值，溶液中离子浓度就变化10倍，如pH由6变到5，表明溶液中氢离子的浓度增加了10倍。有时也用pOH来表示溶液的酸碱度：

$$pOH = 14 - pH$$

7. 配合物（络合物）

电镀液是由水配制的，简称为镀液。镀液中溶解有要镀的金属的盐，这些盐并不是都能完全溶解在单纯的水中，有些甚至于不能溶解于普通的水中。为了使电镀用的金属盐类溶解性好，就要用到某些起助溶作用的物质。配合物（旧称络合物）就是这种助溶剂，它可使难以溶解的某些金属盐很好地溶解于水溶液中，如碱性镀铜用的主盐氰化亚铜，在纯水中是不能溶解的，但是加了配合物氰化钠以后，就能很好地溶解了。

配合物能够助溶是因为配合物以被溶解的金属盐的金属离子为中心，形成了与中心离子配位的结构，金属盐分子的结构由简单盐改变为配合物盐，分子变大，在电极上的行为也发生改变，这种改变往往有利于镀层结晶的改善，我们将这些与金属盐形成配合物的盐称为配位体。在配位体中，金属离子位于配位体的中心，称为中心离子（有的单元中也可以是金属原子）。配位体根据中心离子的电价数与之形成各种配位比的配合物。

配位体的组成有如下规律：

① 形成配位体的中心离子，常见的是过渡元素的阳离子，如 $Fe^{3+}$、$Fe^{2+}$、$Cu^{2+}$、$Ni^{2+}$、$Ag^+$、$Au^+$ 等。

② 配位体可以是分子，如 $NH_3$、$H_2O$ 等，也可以是阴离子，如 $CN^-$、$SCN^-$、$F^-$、$Cl^-$ 等。

③ 配位数是直接同中心离子（或原子）络合的配位体的数目，最常见的配位数是 6 和 4。

## 1.3 电化学基础

### 1.3.1 电解定律

与电镀相关的基础理论主要是电化学理论。当然，要想真正对电镀过程有完整的认识，在电镀技术开发中有所作为，仅仅有电化学知识是不够的。因为电镀是一门实践性很强的实验科学，又是一门边缘学科，除了电化学，要求从事电镀技术开发的人员对基础化学包括有机化学、络合物化学、分析化学、电工学、物质结构、金属学等都要有所了解。但是，最基本的还是电化学。

在奠定电化学基础理论方面最有贡献的人物是法拉第，他发现了电解定律，为了纪念他，电解定律也称为法拉第定律。电解定律至今仍然是电镀技术中最基本的和最重要的定理。这一著名的定律又分为两个子定律，即法拉第第一定律和法拉第第二定律。

**(1)法拉第第一定律** 电解过程中，阴极上还原物质析出的量与所通过的电流强度和通电时间成正比。可以用公式表示：

$$析出金属的质量＝比例常数×通过的电量$$
$$＝比例常数×通过电流的强度×通电时间$$

即

$$M＝KQ＝KIt \tag{1.1}$$

式中，$M$ 为析出金属的质量；$K$ 为比例常数，也称电化当量；$Q$ 为通过的电量；$I$ 为电流强度；$t$ 为通电时间。

**(2)法拉第第二定律** 电解过程中，通过的电量相同，所析出或溶解出的不同物质的摩尔数相同。也可以表述为电解 1mol 的物质，所需用的电量都是 1 个"法拉第"(F)，等于 96500 库仑(C)或者 26.8 安培小时(Ah)。

$$1F=26.8Ah=96500C$$

结合第一定律也可以说用相同的电量通过不同的电解质溶液时，在电极上析出（或溶解）的物质的质量与它们的摩尔质量成正比。所谓摩尔（mol）就是某物质的原子量（相对原子质量）与它在电极上反应时得到或失去的电子数之比：

$$1mol（某物质）=\frac{某物质的原子量}{电极反应时的电子得失数}$$

**【例1-5】** 镍的原子量是58.69，在电镀过程中，镍离子还原时每一个镍离子得到的电子数是2，则1mol的镍就是29.35g。也就是说，在电镀镍时，每通过26.8Ah的电量，就能得到29.35g的镍镀层。

我们由法拉第第一定律的公式还可以得知，比例常数 $K$ 实际上是单位电量所能析出的物质的质量：

$$由\ M=KQ，可得\ K=\frac{M}{Q}$$

因此，电化学中也将比例常数 $K$ 称为电化当量。由此我们可推算出镍的电化当量如下：

$$29.35g/96500C=0.304mg/C$$

需要提醒的是，电化当量的值因所选用的单位不同而有所不同，如同是镍，如果不以库仑为单位，而改用安培小时为单位，则电化当量的值就不同了：

$$29.35g/26.8Ah=1.095g/Ah$$

为了方便读者查对，现将常用金属元素的电化当量列于表1-4。

**表1-4　常用金属元素的电化当量**

| 元素名称 | 元素符号 | 原子价 | 相对原子质量 | 密度/(g/cm³) | 化学当量 | 电化当量 $K$ 值 /(mg/C) | /(g/Ah) |
|---|---|---|---|---|---|---|---|
| 金 | Au | | 1196.967 | 19.3 | 196.967 | 2.040 | 7.353 |
| | | 3 | | | 65.656 | 0.680 | 2.450 |
| 银 | Ag | 1 | 107.868 | 10.5 | 107.868 | 1.118 | 4.025 |
| 镉 | Cd | 2 | 112.400 | 8.642 | 56.200 | 0.582 | 1.097 |
| 锌 | Zn | 2 | 65.380 | 7.14 | 32.690 | 0.399 | 1.220 |
| 铬 | Cr | 6 | 51.996 | 7.20 | 8.666 | 0.0898 | 0.324 |
| | | 3 | | | 17.332 | 0.180 | 0.647 |
| 钴 | Co | 2 | 58.933 | 8.9 | 29.466 | 0.305 | 1.099 |
| 铜 | Cu | 1 | 63.546 | 8.92 | 63.546 | 0.658 | 2.371 |
| | | 2 | | | 31.733 | 0.329 | 1.186 |
| 铁 | Fe | 2 | 55.847 | 7.86 | 27.924 | 0.289 | 1.042 |
| （氢） | H | 1 | 1.008 | 0.0899 | 1.008 | 0.010 | 0.038 |

| 元素名称 | 元素符号 | 原子价 | 相对原子质量 | 密度/(g/cm³) | 化学当量 | 电化当量 K 值 | |
|---|---|---|---|---|---|---|---|
| | | | | | | /(mg/C) | /(g/Ah) |
| 铟 | In | 3 | 114.820 | 7.30 | 38.270 | 0.399 | 1.429 |
| 镍 | Ni | 2 | 58.700 | 8.90 | 29.350 | 0.304 | 1.095 |
| （氧） | O | 2 | 15.999 | 1.429 | 7.999 | 0.0829 | 0.298 |
| 铅 | Pb | 2 | 207.200 | 11.344 | 103.600 | 1.074 | 3.865 |
| 钯 | Pd | 2 | 106.400 | 11.40 | 53.200 | 0.551 | 1.990 |
| 铂 | Pt | 4 | 195.090 | 21.45 | 48.770 | 0.506 | 1.820 |
| 铑 | Rh | 3 | 102.906 | 12.4 | 34.302 | 0.355 | 1.280 |
| 锑 | Sb | 3 | 121.750 | 6.684 | 40.58 | 0.421 | 1.514 |
| 锡 | Sn | 2 | 118.690 | 7.280 | 59.34 | 0.615 | 2.214 |
| | | 4 | | | 29.67 | 0.307 | 1.107 |

## 1.3.2 电镀过程及其相关计算

电镀过程实际上是当直流电流通过在含有欲镀金属离子的电解质溶液中的电极时，金属离子在阴极上还原成金属的过程。这时的阳极通常是采用欲镀金属制成，阴极就是需要电镀的产品。其简单的电极反应式如下：

阳极：$M - ne = M^{n+}$（金属阳极板失去电子，成为金属离子进入镀液）

阴极：$M^{n+} + ne = M$（镀液中的金属离子从被镀产品即阴极表面获得电子还原为金属镀层）

副反应：$H_2O$（电解）$=== H^+$（阴极）$+ OH^-$（阳极）

$$2H^+ + 2e === H_2$$

$$2OH^- - 2e === O_2 + 2H^+$$

既然在电极上有副反应发生，那么通过电镀槽的电流就不可能全部用在金属的还原上，这就提出了电流效率的概念。

1. 电流效率的计算

所谓电流效率是指电解时，在电极上实际沉积或溶解的物质的量与按理论计算出的析出或溶解量之比，通常用符号 $\eta$ 表示。

$$\eta = \frac{M'_{\text{实}}}{M'_{\text{理}}} \times 100\% = \frac{M'_{\text{实}}}{KIt} \times 100\% \tag{1.2}$$

式中，$M'_{\text{实}}$ 为电极上实际析出或溶解的物质的量；$M'_{\text{理}}$ 为按理论计算出的应析出或溶解的物质的量；$K$、$I$、$t$ 为法拉第第一定律中已经出现过的物理量：电化当量、电流和电解时间。

由不同电镀液或不同镀种所获得的镀层的质量与理论值的比率可知，不同电镀液或镀种的电流效率有很大差别。常见电镀溶液的阴极电流效率见表 1-5。

### 表 1 - 5　常见电镀溶液的阴极电流效率

| 电镀溶液 | 电流效率(%) | 电镀溶液 | 电流效率(%) |
|---|---|---|---|
| 硫酸盐镀铜 | 95~100 | 碱性镀锡 | 60~75 |
| 氰化物镀铜 | 60~70 | 硫酸盐镀锡 | 85~95 |
| 焦磷酸盐镀铜 | 90~100 | 氰化物镀黄铜 | 60~70 |
| 硫酸盐镀锌 | 95~100 | 氰化物镀青铜 | 60~70 |
| 氰化物镀锌 | 60~85 | 氰化物镀镉 | 90~95 |
| 锌酸盐镀锌 | 70~85 | 铵盐镀镉 | 90~98 |
| 铵盐镀锌 | 94~98 | 硫酸盐镀铟 | 50~80 |
| 镀镍 | 95~98 | 氟硼酸盐镀铟 | 80~90 |
| 镀铁 | 95~98 | 氯化物镀铟 | 70~95 |
| 镀铬 | 12~16 | 镀铋 | 95~100 |
| 氰化物镀金 | 60~80 | 氟硼酸盐镀铅 | 90~98 |
| 氰化物镀银 | 95~100 | 镀镉锡合金 | 65~75 |
| 镀铂 | 30~50 | 镀锡镍合金 | 80~100 |
| 镀钯 | 90~95 | 镀铅锡合金 | 95~100 |
| 镀铼 | 10~15 | 镀镍铁合金 | 90~98 |
| 镀铑 | 40~60 | 镀锡锌合金 | 80~100 |

　　在测量电解过程的电流效率时，就是利用了有稳定的、接近 100%电流效率的硫酸盐镀铜电解槽，这种镀铜电解槽也被称为铜库仑计。将被测的镀液与之串联，在单位时间内电解后分别对镀铜阴极上的镀层和被测阴极上的镀层用减重法测出质量，它们的比值就是这种被测液的电流效率。

　　2. 镀层厚度的计算

　　由电流效率公式可以得到：

$$M' = KIt\eta \tag{1.3}$$

　　同时，所得金属镀层的质量也可以用金属的体积和它的密度计算出来：

$$M' = V\gamma = S\delta\gamma$$

式中，$V$ 为金属镀层的体积（$cm^3$）；$S$ 为金属镀层的面积（$cm^2$）；$\delta$ 为金属镀层的厚度（cm）；$\gamma$ 为金属的密度（$g/cm^3$）。

　　由于实际科研和生产中对镀层的量度单位都是用的微米（$\mu m$），而对受镀面积则都采用平方分米（$dm^2$）作为单位，这样，当我们要根据已知的参数来计算所获得镀层的厚度时，需要做一些换算。

　　由 $1dm^2 = 100cm^2$，$1cm = 10000\mu m$，电镀过程中是以电流密度为参数的，也就是

单位面积上通过的电流值。为了方便计算，根据电流密度的概念，$D=I/S$，可以将上式中的 $I/S$ 换成电流密度 $D$。而电流密度的单位是 $A/dm^2$，考虑到电镀是以分钟计时间的，代入后得：

$$\delta=\frac{KDt\eta\times100}{60\gamma} \tag{1.4}$$

这就是根据所镀镀种的电化学性质（电化当量和电流效率）和所使用的电流密度和时间进行镀层厚度计算的公式。

【例 1-6】　如果我们以 $1.5A/dm^2$ 的电流密度在锌酸盐镀锌槽中镀锌 45min，所得镀层的厚度是多少？已知锌酸盐镀锌的电流效率是 78%，锌的密度为 $7.14g/dm^3$，电化当量为 $1.22g/Ah$。经计算得到镀锌层的厚度如下：

$$\delta=\frac{KDt\eta\times100}{60\gamma}=\frac{1.22\times1.5\times45\times78\%\times100}{60\times7.14}\approx15(\mu m)$$

【例 1-7】　将一磨损轴的直径增加 0.30mm，在电流效率为 13% 的镀硬铬槽中以 $50A/dm^2$ 电镀，需要多少时间？

经查铬的密度为 $7.2g/dm^3$，电化当量是 $0.324g/Ah$。直径增加 0.3mm，也就是轴的镀层厚度为 0.3mm/2=0.15mm=150μm。将时间作为未知数而将镀层厚度作为已知数代入公式，可以求出所需要的时间：

$$t=\frac{60\gamma\delta}{KD\eta\times100}=\frac{60\times7.2\times150}{0.324\times50\times13\%\times100}\approx308(min)$$

### 1.3.3  电极电位及其计算

电极电位方程也称为奈恩斯特方程。

$$E=E^0+2.303\frac{RT}{nF}\lg a \tag{1.5}$$

式中，$E$ 为被测电极的（平衡）电极电位；$E^0$ 为被测电极的标准电极电位；$R$ 为气体常数，等于 $8.314J/(mol\cdot K)$；$T$ 为绝对温度，等于 237K；$n$ 为在电极上还原的单个金属离子得电子数；$F$ 为法拉第常数；$a$ 为电解液中参加反应离子的活度（有效浓度）。

电极电位是电化学中一个非常重要的概念，也是电镀技术研发过程中经常要用到的一个概念。我们在初中化学中学过的金属活泼顺序，就是按金属标准状态下的电极电位排出来的。这里所说的电极电位方程是用来计算电极在非标准状态下的实际电极电位，因为电极在实际工作中的状态很少是标准状态。特别是电镀过程，电镀液中除了被镀金属的主盐离子外，还添加了许多辅助剂和添加剂，有时温度达 60℃以上，电极的电位值肯定会偏离原来的标准电位。

但是，很多时候我们都是希望被镀电极的电位向我们需要的方向有一定的偏移，我们称之为极化。一定的极化对电镀是有利的。利用加入配位剂（络合剂）或其他添加剂，可以使两种标准电极电位相差较远的金属，在特定镀液中的电位相接近，从而可以共沉积为合金，这就是合金电镀的原理。

为了方便计算，电镀工程技术人员经常使用的电极电位方程是经过简化的，就是将几个基本固定的常数项先行计算合并化简为一个常数，并且将欲镀金属离子的浓度

代替活度。这样，将法拉第常数、理想气体常数和绝对温度（25℃）进行合并后得到常
数 0.0592，使奈恩斯特方程简化为

$$E=E^{\circ}+\frac{0.0592}{n}\times\lg C \tag{1.6}$$

【例 1-8】　普通镀镍，通过方程式（1.6）计算镍沉积时的平衡电位。镍的标准电极
电位为 -0.250V，普通镀镍中镍离子的浓度约为 1mol/L，每个镍离子还原为金属镍需
要 2 个电子，代入方程：

$$E=-0.250+\frac{0.0592}{2}\times\lg 1=-0.250(V)$$

由此可知，普通镀镍的平衡电位近似等于它的标准电极电位。

## 1.4　电镀工艺基础

### 1.4.1　电镀的原理

电镀是在外电场的作用下，镀液中的被镀金属离子在阴极上获得电能，在镀件上
还原为金属的过程。电镀的原理就是金属离子在电解槽体系中的电化学还原的过程。
镀液中金属离子的来源开始是配制镀液时加入的主盐，随后则依靠被镀金属制成的阳
极在电化学作用下的溶解补充。当使用不溶解性阳极时，则需要定期往镀液中添加主
盐来进行补充。

金属离子在电场作用下向阴极移动，在进入阴极区后在阴极双电层的扩散层排列，
如果是有配位体的离子，要摆脱掉配位体才能进入双电层内，获得电能后还原为金属。
镀层的质量在很大程度上受这个过程的控制。如果电流过大，涌入的金属离子过多，
镀层结晶来不及有序排列，镀层就会粗糙，表现为镀层结合力极差。如果在合适的电
流范围内，有序地还原和结晶，镀层就细致光滑。

因此，电镀过程就是控制离子在材料表面有序地还原为原子并组成金属晶体的过
程。这是一个微观过程，而所得的结果则是宏观的，看得见的。这与其他机械工艺的
宏观过程有很大不同。而控制这个微观过程的手段，则是通过控制电镀工艺参数实
现的。

### 1.4.2　电镀工艺与流程

电镀工艺是实施电镀的具体方案，包括电镀设备的配置、规格、数量；电镀液的
组成成分、含量；电镀过程的控制参数；电镀操作的指导等。电镀工艺是在成熟的电
镀技术支持下才可能实施的方案。不成熟或不完善的技术，会给工艺的制定和实施造
成困难。同时，工艺实施中发现的问题或改进，又可以促进电镀技术的发展和进步。

实施电镀工艺过程，是通过执行各种流程来体现的。针对不同的产品或镀种，有
不同的工艺流程。熟练掌握工艺流程，是学习电镀工艺操作的基本要求。电镀流程可
以根据电镀生产的全过程分为三大部分，即前处理流程、电镀流程、后处理流程。在
全自动电镀生产线上，这三个流程是组合在一起的；手工操作时，基本上都是分开进
行的。

**(1)前处理标准流程**

有机除油→清洗→化学除油→热水洗→水洗→酸蚀除锈→水洗→电解除油→热水洗→水洗→转电镀流程

实际操作中会因产品和镀种不同而有所调整，如钢铁制件基本上不采用有机除油，可省去，有些也不用电解除油。但对于有严格前处理要求的产品，还会增加超声波除油或除油前的磨光等工序。

关于水洗，虽然流程中只列出了一个工序，但具体操作时会反复地清洗，为了保证水洗的效果，在设备上也有一些措施，如双槽或三槽逆流漂洗、喷水洗、水刀洗等，后面的流程中的水洗都是这样。要求高的和难以清洗干净的制件要多下工夫。

**(2)电镀标准流程**

活化→水洗(或不水洗)→电镀→回收→热水洗→水洗→转后处理流程

镀前活化是必不可少的工序，所用的活化液多数是 $1\%\sim3\%$ 的稀硫酸，如果其后面电镀工艺用的是硫酸盐，如硫酸盐镀铜、镀锡、镀镍等，可以不用水洗就进入电镀槽电镀。

回收也是必需的工序，这是环境保护和资源节约的双重措施，应该定期集中收取回收液加以回收和出售给专业回收企业。

**(3)后处理标准流程**

水洗→后处理→水洗→热水洗→去离子水洗→干燥→转检验和包装流程

后处理流程中的后处理指钝化、防变色、防指纹处理，不包括涂装处理或电泳处理，虽然这两项也可以归于后处理中，但因为是另一种加工工艺流程，所以不列入电镀的标准后处理流程中。

一般的电镀工艺基本上都执行标准流程或简化流程，有特别工艺要求的流程都会有文件资料加以说明，我们在介绍电镀工艺时也会指出需要特别注意的操作要点或新增的流程。

## 1.4.3 电镀工艺参数

电镀工艺参数是控制电镀过程的量化指标，与电镀工艺流程一样，对于常用的镀种，也都有标准的工艺参数规范。并且对于好的电镀工艺，一个基本标准就是希望它有宽泛的工艺参数范围，从而在操作上易于控制。

需要控制工艺参数的电镀工艺项目包括镀液组成配方和含量、镀液的酸碱度(pH)、镀液温度、阳极材料与纯度、阴阳极电流密度、其他工艺要求等。

**(1)镀液配方和含量** 镀液配方含量是电镀工艺中最基本也是最重要的参数。在一定时期曾经是重要工业机密，现在对于某些特殊镀种也仍然存在保密的问题。至于镀液中所使用的添加剂，则仍然是各供应商的商业机密。

含量也很重要，即便你拿到配方的成分，如果不指出含量，靠自己试各成分的含量，可能几年时间也不一定能搞清楚。因为不是单一成分，而是多种成分的排列和组合，试验的工作量很大，这也是许多电镀专利中将所添加成分的用量范围说得很宽的原因，其实是一种保护策略。一个成熟的电镀工艺，要给出镀液配方和各成分的含量，这个含量通常都是一个范围，如酸性镀铜的硫酸铜，每升180至200克，表达为180～

200g/L。

控制镀液配方含量的方法是定期对镀液进行化学分析，根据分析所得的结果调整镀液到正常的含量范围内。

**(2)镀液 pH**　镀液的 pH 即镀液的酸碱度。有些镀液对 pH 的要求严格，超出其范围就会出现镀层质量问题，所以 pH 是重要的控制参数。控制的方法是通过 pH 试纸或 pH 计对镀液的酸碱度进行测量，根据测量结果来进行调整。

**(3)镀液温度**　不同电镀工艺的镀液对工作温度有不同的要求，最好是常温型或说室温型镀液，无需加温和降温措施就能工作。但是有许多电镀工艺对镀液温度有严格要求，不在工作温度范围的镀液，无法正常工作。所以这些镀种都配有加温或降温装置，连接有温度自动控制器，当镀液中的传感器检测到镀液温度超过设定的范围，就会指示加温或降温装置做出相应动作，开启或关闭热交换器。

**(4)阳极**　电镀虽然是在阴极上进行的，但与阳极是一个完整的电加工回路系统，没有阳极就不能进行电镀。电镀的阳极目前分为可溶性阳极、不溶性阳极和半溶性阳极，今后可能会出现功能性阳极。

对于多数电镀工艺，采用的是可溶性阳极，这也是理想阳极。它在保障电镀过程电流回路的同时，可以向镀液提供主盐的金属离子，也就是镀什么金属的镀层，就采用什么金属来作阳极，以便溶解出相应的金属盐，补充镀液中被消耗了的金属盐，保持镀液成分的稳定。

但并不是所有电镀工艺都能采用可溶性阳极，有些只能用不溶性阳极，因为这类镀液无法控制好镀液中金属离子的价态和浓度，只好用不溶性阳极，只起构成回路的导电作用，镀液中金属盐的补充靠化学分析后补加来维持。显然，这种镀液的稳定性较差，维护比较麻烦，但找到规律，采取相应措施，仍然可以很正常的工作，典型的如镀铬。

有些镀液中对金属盐的价态有严格要求，如果采用可溶性阳极，会因为溶解下来的离子的价态不符合要求而无法正常工作。这时可以通过控制阳极的溶解过程来实现半钝态的溶解。通常是让阳极发生极化，从而以较高的价态溶解出离子，如酸性镀铜中的铜阳极，我们只能让它溶解出二价铜，也就是与硫酸铜一样价态的铜离子。所以，不能用纯铜来作阳极了，而要用加了微量磷的铜阳极，以保证阳极在镀液中呈现一定的极化状态，以二价而不是一价铜离子形式溶解，一价铜离子在酸性镀铜中是有害的。

**(5)工作电流密度**　电镀加工中电流密度是一个每时每刻都要关注的参数。电流密度一般是指阴极电流密度，即要给产品通上多大的电流，是按产品的表面积来计算的一个参数——单位面积上的电流大小，单位为 $A/dm^2$，读作安（培）每平方分米。

阳极也有电流密度要求，不过电镀中除特别要求外，阳极的面积都要求是阴极的一倍左右。所以当给出了阴极的电流密度后，阳极的电流密度就由阳极的面积所确定，即为阴极参数的 1/2 左右。

工作电流密度也有一个范围，通常希望较宽为好，易于控制。有些需要有精确电流密度的镀种，则对阴极表面积的控制也很严格，起槽和下槽时阴极面积的波动，都会影响电镀质量。

**(6)其他工艺要求** 镀液的其他工艺要求主要是指有搅拌或连续过滤要求等。搅拌通常采用阴极移动，包括往复运动和旋转运动等方式，也可利用连续过滤作为搅拌模式。

有些产品因为结构特殊，存在难以镀到的内腔或深孔等，这时需要增加辅助的工装来进行电镀加工，这些辅助的工装称为辅助阳极或保护阴极，它们也是电镀工艺要求中的内容。还有一些更为特殊的电镀过程要求有超声波支持或激光照射等，也是属于电镀工艺要求的范畴，但不是常规的基本工艺，所以参数中一般没有列入。

# 2 电镀场所和设备

## 2.1 从事电镀加工的条件

### 2.1.1 资质和许可证

首要条件是获得从事电镀生产的许可，即获得资质。没有这种许可，是不能擅自开办电镀企业的。目前电镀资质的批准是要经过多个政府部门和行业协会共同审批的，并且已经实行总量控制和限制开办，审核极为严格。

电镀产业由于采用的是电化学工艺，同时有大量的污水排放，属于有污染的行业，因此，属于国家环境保护法律和法规严格管理的行业。电镀企业或部门的开办和设立，要经过环境评价并取得相应的资格。在环境评价通过和获得资质后，才能开始设立。在设立的过程中，要实行"三同时"，即电镀企业或部门的环境保护措施和设备要与企业或部门的整体建造同时设计、同时施工、同时验收。

从事电镀专业工作的人员要取得电镀职业技术培训的资质，实行持证上岗。对于已经设立的电镀企业，则要求在严格遵守环境保护法律和法规的同时，要根据企业实际情况制定各种改进方案并实施，使企业达到清洁生产的要求，还要持续改进，才能在电镀业立于不败之地。

### 2.1.2 场地的环境影响评价和环境保护措施

#### 1. 环境影响评价

从事电镀生产的必备条件是场所。电镀场所不是随便找一块地就可以开工的，要有全面和全盘的考虑，而首要的考虑就是环境影响，特别是周边的环境。

环境影响评价是指对规划和建设项目实施后可能造成的环境影响进行分析、预测和评估，提出预防或者减轻不良环境影响的对策和措施，并进行跟踪监测的方法与制度。

根据《中华人民共和国环境影响评价法》，环境影响评价报告书应当包括下列内容：

① 实施该规划对环境可能造成影响的分析、预测和评估。

② 预防或者减轻不良环境影响的对策和措施。

③ 环境影响评价的结论。

而针对电镀项目的环境影响评价，则要对所建电镀项目的规模，涉及的镀种，所有化学化工原料的使用、存储和管理，排放物的处理原理、方法等，从环境保护角度进行可行性论证。

电镀项目的环境影响评价报告还应该附有环境论证的各种调查和实验证据，包括地形环境、周边环境结构、供水和水质情况、排水管线和走向、污水去向等，对可能出现的意外的紧急处理预案等。要尽量详细清楚地说明在选定的地点进行电镀项目的环境保护可行性，不可以有存疑或不可预见的隐患。

2. 电镀操作现场的环保及安全防护

环境保护措施不只是注重对三废的处理，不仅仅只是针对排放口进行监测，而是要对整个生产过程加以控制，防止污染物对生产现场的污染，保障生产者的劳动卫生与安全。

对电镀操作者最有害的是操作现场的空气，在各种电镀生产线和车间、班组内，室内空气质量是不高的。电镀生产过程中的各种气体排放物，无论是阴极过程还是阳极过程，都不可避免的有电解产生的气体逸出，并且带有镀槽中的镀液微粒。加上酸碱等工作槽逸出的酸碱烟雾，在电镀车间内会形成混合型气体，这类气体对人体是极其有害的。

电镀废气排放和处理系统是在电镀生产环境设计和施工过程中预先完成的，由于一开工生产就要投入使用，因此，对气体处理系统要在投入使用前进行处理能力与效果测试。

电镀现场除了对气体要进行及时处理，对各种排放水也要进行分类收集送往废水处理中心集中处理。同时，这了保证电镀现场操作人员的安全，在操作现场的每一条电镀生产线的显眼和方便的位置，安置冲洗专用自来水龙头，并且不得挪用。以便万一发生酸碱溅到人身体部位，特别是不小心溅到眼睛时，可以尽快及时得到冲洗，减缓伤害。

电镀现场还要备有急救箱，将常用的化学烧伤急救外用药、冲洗药、中毒急救药、外伤用药等备齐，以便在发生工伤事故时可以用于现场的紧急抢救。

3. 电镀排放物的处理设备

电镀排放物包括电镀生产全过程中产生的废水、废气和固体废弃物，即常说的三废。对这三大类废弃物，不能不加处理地随便或随时排放，而是必须经过各种处理设备的处理后，达到符合国家排放标准的要求，才能排放。

(1)废水处理设备　废水处理设备按废水处理的方法和原理不同而有根本的不同。无论采用什么设备和处理工艺，都首先要有废水收集存放池(待处理池)，除了综合废水，对需要处理的废水也要分类分池存放，这就要求现场的废水要分别用专业的PVC类排水管引入到待处理池中的。收集到一定的处理量，即可开机进行处理。如果采用了多级处理设备，有一部分水可以达到回用的水平，则应配备回用水池，再用泵压入到回用水系统。

(2)废气处理设备　废气处理设备根据气体处理原理和模式不同，可分为活性炭吸收式处理、喷淋吸收式处理、气浮塔式处理等。

有些单位采用现场排风设备或高烟囱自然稀释排放气体，过去在距离居民区很远的地方尚可以，而从长远发展的角度是不可取的。不管在什么地方，对排放的废弃物进行处理并达标后才排放，是每个企业和从业人员的责任，并且是法律责任。

(3)固体废弃物处理设备　固体废弃物主要指的不是生产中产生的废品或垃圾类物品，因为这类物品可以通过废品回收部门收走。电镀固体废弃物主要指水处理中的沉淀污泥，它的干燥和处理，是一个比较困难的问题。现在比较流行的方式，是由具备一定处理能力的专业环保企业集中收回、集中处理，并且根据回收泥的组成而分为深埋、制砖、重金属和非铁金属提取等。

电镀现场用于固体废弃物处理的设备，主要有压滤设备、干燥装袋设备等。只有专业处理企业才有焚烧炉、提炼设备或综合利用设备。单一的电镀企业一般不具备自行处理固体废弃物的能力。

### 2.1.3　电镀场所的基本设施

电镀场所从规模上看，可以是一家大型制造企业的电镀生产部门，也可以是一家专业的电镀加工厂，或者是一个电镀车间，一个电镀实验室。从镀种角度看，可以是多镀种的综合性电镀部门，也可能是专业的电镀生产线，如镀锌专业生产线，或印制板电镀专业生产线等。

现在电镀场所的设计基本上由专业的设计部门进行，需方只要提供生产纲领、产品资料等，就可以有相应的厂房规模方案可供选择。但是，工艺的选择和相关工艺资料，得由需方提供。场所内的工艺布局、流程路径等都得有使用者确定，才能保证以后生产的效率和效果。

电镀场所一定都要具备水电等能源供应和环境保护设施。环境保护措施和设备也是电镀场所的必备条件。所有从事电镀生产、工艺开发和试验的场所，都必须具备环境保护能力，并获得许可才能投入使用。

#### 1. 电镀供电与配电

供电是实现电镀生产的先决条件，要根据电镀生产纲领和一定的发展增长幅度来安排供电和配置供电设备。

**(1)交流供电**　电镀场所的交流供电必须考虑整个场所的总供电容量，包括生产用电(整流电源、加热、搅拌、循环过滤、阴极移动、干燥器等)和管理用电(测试设备、计算机、照明等)。

要将所有用电设备分类列表进行统计，包括设备类别、名称、台数、用电方式(三相、单相、交流或直流)、单机功率等。在汇总了总用电功率后，再加上损耗因素和用电波动情况，适当放大容量，即可作为交流供电的总容量。

当有多台单相设备时，在供电分配上要注意三相负荷的平衡。所有进线都要通过防腐管线引入电镀场所，再通过配电箱或柜分出。较大规模的场所要有专门的配电房。

**(2)配电**　由于电镀生产场所存在化学腐蚀和环境潮湿的问题，在将电源分配到各用电器时，电路的安全十分重要。现在流行的配电方案是在设计前就确定好工艺布局，将用电设备的位置基本确定，然后用专用的配电槽或管线分配到各用电器，这样可以保证用电安全和维护方便。要预留一定的配电位，严禁在电镀场所临时拉线。

为了节约用电和延长设备使用寿命，对每一专业生产线都要安装电量计，统计和考核生产用电量，计入生产成本。对于时用时停设施要有自动断电装置，加温设施要有温度自动控制装置。正常工作的用电器要有断电和短路报警装置。

#### 2. 电镀供水与排水

**(1)供水**　电镀生产要用到大量的水。这不仅是因为所有镀液和各工序的处理液都是水溶液，更主要的是因为电镀生产过程中的每道工序之间都必须有充分的水洗。而水洗与电镀质量有很大的关系，充分的用水和合理的水洗工艺是实现电镀生产的基本要求。

一个小规模的电镀生产车间的平均用水量在 50t/d 左右，稍大一点规模就达每天数百吨。因此，电镀生产的用水量很大，一定要有专门的供水管线设计，并且要有用水量的估算和回用水的方案。以此来确定进水管径或是否配置加压设备(需要征得供水部门许可)。最好是建有备用蓄水塔和回用水处理装置(回用水进入回用水塔，用于前处理清洗和卫生间冲洗等)。

每一个可考核的用水线路要安装表，以统计用水量。清洗水喉最好有自动感应式开闭功能，只在工作时开启，没有镀件经过清洗槽时，自动停止流水。所有电镀场所的供水管线都要采用耐腐蚀的高强度塑料管，特别是在酸洗工序和电镀线上，不要采用钢铁水管。

**(2)排水** 排水与环境保护和水的回用有极大关联，现在电镀场所的排水已经基本上采用了分类分流管线输送的方式。除了某些老旧的电镀企业或车间，现在已经不采用沟式直接排放的方式。而是针对每一条生产线上不同水质的水槽，分别安装排放管线，让同种的水流入同一个管线送到相应的水处理设施。这种分类管式排水收集法，由于事先根据工艺布局在设备上做了统一安排，使现代电镀车间地面可以保持干燥。同时，可以在厂房设计时就布置好地沟安放管道，地面上基本上看不到管线，可以节约场地面积。

当然对于改造的场所，没有预设管线地槽的场所，现在也流行采用架高生产线，在槽下安置支架，形成地面管路，也是一种常见的方案。这种方案可适合任何地面的场所，只是需要有架高的工作走道，要求场所有较高空间(8m 以上)。

排水管也已经完全是塑料化的胶管，如 PVC 管，包括各种接头、直通、三通、弯头、阀式开关。管径也与金属管一样已经系列化。

**3. 采暖通风与照明设备**

**(1)电镀场所的通风** 电镀场所由于镀槽、水槽加温和工作液中酸、碱等挥发物的蒸发，所以需要强有力的排气和送风装置。有些电镀场所在需要的生产线安装有排气装置，但没有送风装置，在电镀场所容易形成负压，四周气流都可以流向电镀生产位置。如果有集中送风装置，并保持室内气压的基本稳定，有利于保持工作现场较好的空气环境。

对于北方等冬季较冷的地区，还要考虑电镀场所的采暖问题。通常也以集中供暖为好。传统上较大规模电镀生产单位，由于热水用量较大，都配备有锅炉，这样可以兼顾采暖。现在普遍使用的燃烧油或天然气的锅炉，利用太阳能的工业建筑也已经在试验中，可望在电镀场所得到利用。

**(2)电镀场所的照明** 电镀场所的照明由于与产品质量和安全生产都有极大关系，因此需要在设计时充分加以考虑。

国家标准 GB 50034—2004《建筑照明设计标准》对工业企业工作现场的照明有规定。对于照明程度进行测量的定量指标是照度。

电镀场所照明最低标准照度要求见表 2-1。

表 2-1　电镀场所照明最低标准照度要求

| 工作场所 | 识别对象尺寸/mm | 视觉作业等级 | 最低照度/lx |
|---|---|---|---|
| 抛光室 | $0.3 < d \leqslant 0.6$ | Ⅲ甲 | 150 |
| 检验、化验室 | $0.3 < d \leqslant 0.6$ | Ⅲ乙 | 100 |
| 生产线控制室 | $0.6 < d \leqslant 1.0$ | Ⅳ | 75 |
| 办公室、资料室 | | | 75 |
| 电镀生产线 | $1.0 < d \leqslant 2.0$ | Ⅴ | 50 |
| 挂具、维修间 | $1.0 < d \leqslant 2.0$ | Ⅴ | 50 |
| 仓库 | | | 50 |
| 休息室 | | | 50 |
| 酸洗、除油间 | $2.0 < d \leqslant 5.0$ | Ⅵ | 30 |
| 喷砂间 | $2.0 < d \leqslant 5.0$ | Ⅵ | 30 |
| 电源控制室 | $2.0 < d \leqslant 5.0$ | Ⅵ | 30 |

注：$d$ 为识别对象以直径或长度表示的大小值。

要注意表 2-1 中列举的是最低照度要求。根据电镀生产现场的实际情况，应该在最低要求基础上提高一个视觉级别，即表中最低级别为Ⅵ时，实际要按Ⅴ级配置。也就是说，电镀场所中最一般部位（电源控制室等）的照度，也要在 50lx 以上。

**(3)光源和灯具**　电镀场所的设计首先要考虑充分利用自然光，但也要避免阳光的直射。在使用灯具照明时，一般采用荧光灯、白炽灯或高强气体灯。从节能角度看，白炽灯已经在淘汰之列，最有前景的现代灯具将是 LED 灯。现在白色光（接近自然光）的 LED 灯具已经开发出来，在民用和工业照明中将会普遍采用。

# 2.2　电镀的设备

## 2.2.1　整流电源

电镀电源（图 2-1）有许多选择，从原理上，只要是能够提供直流电的装置，就可以拿来作电镀电源，从电池到交直流发电机，从硒堆到硅整流器，从可控硅到脉冲电源等，都是电镀可用的电源。其功率大小既可以由被镀产品的表面积来定，也可以由现有电源每槽可镀的产品多少来定。

当然，正式的电镀加工都会采用比较可靠的硅整流器，并且主要的指标是电流值的大小和可调范围，电压则由 0～15V 随电流变化而变动。根据功率大小而可选用单相或三相输入，要能防潮和散热。工业用电镀电源一般从 100A 到几千安不等，通常根据生产能力需要而预先设计确定。最好是

图 2-1　电镀电源

单槽单用，不要一部电源向多个镀槽供电。

如果只在实验室做试验，则采用5～10A的小型实验整流电源就行了。而从节电和高效的角度看，应该尽量选用先进的开关电源。

高频开关电源由于体积小，功率大，性能好，现在已经是电镀电源中较多采用的新型电源。高频开关电源电路原理如图2-2所示。

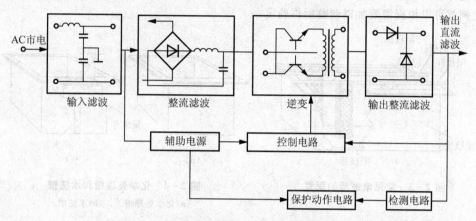

**图2-2 高频开关电源电路原理**

**(1)主电路** 主电路由以下几部分组成：

① 输入滤波器：其作用是将电网存在的杂波过滤，同时也阻碍本机产生的杂波反馈到公共电网。

② 整流滤波：将电网交流电源直接整流为较平滑的直流电，以供下一级变换。

③ 逆变：将整流后的直流电变为高频交流电，这是高频开关电源的核心部分，频率越高，体积、质量与输出功率之比越小。

④ 输出整流滤波：根据负载需要，提供稳定可靠的直流电源。

**(2)控制电路** 一方面从输出端取样，经与设定标准进行比较，然后去控制逆变器，改变其频率或脉宽，达到输出稳定，另一方面，根据测试电路提供的数据，经保护电路鉴别，提供控制电路对整机进行各种保护措施。

**(3)检测电路** 除了提供保护电路中正在运行中各种参数外，还提供各种显示仪表数据。

**(4)辅助电源** 提供所有单一电路的不同要求电源。

## 2.2.2 电镀槽

电镀用的镀槽也是有很大变通空间的设备。小到烧杯，大到水池都可以用来作镀槽。因为只要能将镀液装进去而不流失的装置，就可以作镀槽用。在实际电镀工业生产中所用的镀槽也是五花八门的，并没有统一的标准。一般只按容量来确定其大小，如500L、800L、1000L、2000L的镀槽都有，而其长宽和高度也由各厂家自己根据所生产的产品的尺寸和车间大小自己来确定。至于作镀槽的材料也是各种各样的，有用玻璃钢的，有用硬PVC的，有用钢板内衬软PVC的，还有用砖混结构砌成然后衬软

PVC，或在地上挖坑砌成的镀槽。甚至有用花岗岩凿成的镀槽。

镀槽的使用方式有按手工操作的工艺流程生产线直线排列，也有因地制宜的根据现场空间分开镀种排列。如果是机械自动生产线，则基本上是按工艺流程排列的。

常见电镀槽的配置如图2-3所示。化学处理处理槽和水洗槽如图2-4所示。这两种槽体的大小应根据生产线加工的最大产品尺寸和场地情况加以确定，且长、宽、高比例都可以根据需要加以调整后再确定。

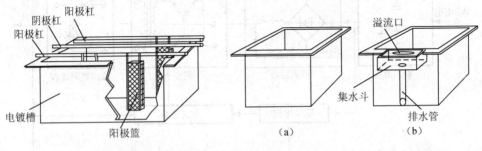

**图2-3　常见电镀槽的配置**　　　**图2-4　化学处理槽和水洗槽**

(a)化学处理槽　　(b)水洗槽

一般酸蚀或碱洗槽、热水槽都可以采用类似于化学处理槽的形式，但其材料有所不同。酸性液用槽只能是工程塑料，而热水槽和碱洗槽可以用钢铁或不锈钢制作。现在流行采用不锈钢槽。

### 2.2.3　辅助设备

要想按工艺要求完成电镀加工，光有电源和镀槽是不够的，还必须要有一些辅助设备，包括加温或降温设备、阴极移动或搅拌设备、镀液循环或过滤设备，以及电镀槽的必备附件，如电极棒、电极导线、阳极和阳极篮、电镀挂具等。

**(1)加温或降温设备**　由于电镀液需要在一定温度下工作，因此要为镀槽配备加温设备，如镀光亮镍需要镀液温度保持在50℃，镀铬需要的温度是50℃～60℃，而酸性光亮镀铜或光亮镀银又要求温度在30℃以下，对这些工艺要求需要用热交换设备加以满足。对于加温一般采用直接加热方式，就是采用不锈钢或钛质的电加热管，直接插到镀槽内，有些是固定安装到槽内不影响电镀工作的槽边或槽底。对于腐蚀较严重的镀液最好采用聚四氟乙烯管制的电加热器。有些工厂仍采用蒸汽间接加热。

降温方式有直接降温也有间接降温。在没有条件安装冷机的企业，有用冰块降温的，将冰块放到镀槽周围，这是不得已的办法。真正需要降温的镀种，还是应该采用冷机，交换器的管子也要和加热管一样采用可耐镀液腐蚀的材料。

**(2)阴极移动或搅拌设备**　有些镀种或者说大部分镀种，都需要阴极处于摆动状态。这样可以加大工作电流，使镀液发挥出应有的作用(通常是光亮度和分散能力)。并且可以防止尖端、边角镀毛、烧焦，如光亮镀镍、酸性光亮镀铜、光亮镀银等大多数光亮镀种，都需要阴极移动。阴极移动也是非标准设备。只要能使阴极做直线往返或垂直往返旋转的机械装置，都可以用来作为阴极移动装置。移动的幅度和频率一般要求在每分钟10～20次，每次行程根据镀槽长度在10～20cm。

有些镀种可以用机械或空气搅拌代替阴极移动。机械搅拌是用耐腐蚀的材料制作的搅拌机进行工作的，通常是电动机带动，但转速不可以太高。空气搅拌则采用经过滤去除了油污的压缩空气。

**(3)镀液循环或过滤设备**　为了保证电镀质量，镀液需要定期过滤。有些镀种还要求能在工作中不停地循环过滤。过滤机在化学工业中是常用的设备，因此是有行业标准，不过以企业自己的标准为主。可根据镀种情况和镀槽大小以及工艺需要来选用过滤机。通常的指标是每小时的流量，如5t/h、10t/h、20t/h等。

**(4)电镀槽必备附件**　电镀槽必须配备的附件包括阳极和阳极网篮或阳极挂钩、电极棒、电源连接线等。有些工厂为了节省投资，不用阳极网篮，用挂钩直接将阳极挂到镀槽中也可以，但至少要套上阳极套。

① 阳极篮或阳极挂钩。用阳极篮的好处是可以保证阳极与阴极的面积比相对稳定，有利于阳极的正常溶解。在阳极金属材料消耗过多而来不及补充时，仍然可以维持一定时间的正常电镀工作，同时有利于将溶解变小的阳子头等装入而充分加以利用。阳极套是为了防止阳极溶渣或阳极泥对镀液的污染。阳极篮大多数是采用钛材料制造，少数镀种也可以用不锈钢或钢材制造。

② 电极棒。电极棒是用来悬挂阳极和阴极并与电源相连接的导电棒，通常用紫铜棒或黄铜棒制成，比镀槽略长，直径依电流大小确定，但最少要在5cm以上。

③ 电源连接线。电源连接线的关键是要保证能通过所需要的电流，最好是采用紫铜板，也有用多股电缆线的，这时一定要符合对其截面积的要求。

**(5)挂具**　挂具是电镀加工最重要的辅助工具，它是保证被镀件与阴极有良好连接的工具。对电镀镀层的分布和工作效率有着直接影响。现在已经有挂具专业生产和供应商，提供行业中通用的挂具和根据用户需要设计和定做挂具。

挂具常用紫铜做主导电杆，黄铜做支杆。除了与导电阴极杠和产品直接连接导电的部位外，挂具的其他部分应该涂上挂具绝缘胶，这样可以保证电流有效地在产品上分布，防止挂具镀上金属镀层。

最简单的挂具是一只单一的金属钩子，而复杂的挂具则有双主导电杆和多层支杆，还可以带有辅助阳极的连接线等。一种电镀手工操作的单杆和双杆挂具如图2-5所示。

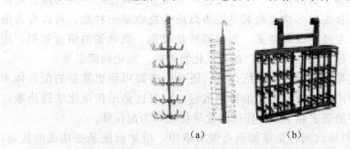

(a)　　　　　　　　(b)

**图2-5　电镀手工操作挂具**
(a)单杆挂具　　　(b)双杆挂具

有些电镀厂为了节约投入，采用铁丝做挂具，这是得不偿失的。也有的对非有效导电部分不涂绝缘涂料，结果浪费了金属材料和电能，产品质量还受到影响。因此应该按工艺要求配备合适的挂具，不能认为只要让电通过就可以了。

## 2.3　电镀的原材料

### 2.3.1　电镀液

电镀液是电镀加工的关键原料。电镀工艺的关键就是电镀液配方及其操作工艺条件。电镀加工的核心技术就是电镀液的配方技术。一个完整的电镀工艺配方包括如下要素：主盐、络合剂或其他配位体、辅盐、添加剂等。

**(1)主盐**　主盐是所要电镀出的镀层的金属的盐。这是电镀液中最主要的成分，没有这个成分就根本镀不出所要求的金属镀层，所以被称为主盐。电镀的奇妙之处之一，就是同一种镀层，可以从各种不同主盐的镀液中获得。因此，主盐又是区分同一个镀种的不同工艺的标志。

当然在有些金属盐不能溶于简单盐溶液中或其简单盐溶液不能镀出合格的金属镀层时，需要用重叠络合剂来使该金属盐溶解并在沉积时速度得到控制。这种采用了络合剂的电镀液就用所用络合剂的名称来命名。

我们以镀锌为例，当我们采用硫酸锌作为主盐配制成镀锌液，就称为硫酸盐镀锌。如果用氯化锌作主盐配制镀锌液，则称为氯化物镀锌。而当我们用氧化锌与氢氧化钠配制碱性镀锌液时，就被称为锌酸盐镀锌。由于不同的盐在溶液中的稳定性与 pH 有关，所以镀液又可以因不同的主盐而分为酸性镀液或碱性镀液。

同理，当我们用硫酸铜作主盐配制镀铜液时，这种镀铜工艺就称为硫酸盐镀铜。由此可以类推有焦磷酸盐镀铜、柠檬酸盐镀铜、氟硼酸盐镀铜等。

**(2)络合剂或其他配位体**　有些简单盐镀液镀出的镀层是没有工业价值的，甚至有些金属盐在简单盐状态根本不能溶解于水，这时就要用到络合剂。络合剂是指可以与简单金属盐离子结合生成复杂离子的化合物。通常是以简单的金属离子为中心(也称为络离子的形成体)，在它周围直接配位一些中性分子或带负电荷的离子，使难溶的金属离子变成络离子而可以溶解于水溶液中。采用络合物来络合金属盐后，这种络合物镀液的命名方法就改由用络合物的名称来命名了。当然络合物也是一种盐，可以称为络盐，因此实际上仍然是以主盐在命名镀液，如焦磷酸盐镀铜，就是说的络盐镀铜，用氰化钠来络合铜盐，就被称为氰化物镀铜，还有氰化物镀锌、氰化物镀银等。

有些更难溶的金属盐类，需要用到双络合剂。还有一些要用到更复杂的配位体来改善镀液的性能，这就要用到多种配位体的协同效应，有时这是用传统化学理论难以解释的现象。我们将这些加进去起了某种作用的化学物统称为配位体。

**(3)辅盐**　辅盐也称为辅助剂，是添加到电镀溶液中，增加镀液某些功能的盐类，如导电盐、抗氧化剂、阳极活化剂、pH 缓冲剂等。

导电盐的作用，就是增加镀液的导电性；抗氧化剂是为了防止低价的金属离子氧化为高价的，如二价锡容易氧化为四价锡，就要加入抗氧化剂，防止或减缓二价锡氧化成四价锡。因为电镀金属离子的价态也是很重要的参数，在酸性硫酸盐镀铜中，如果有一价铜出现(由阳极上溶解下来,因为低价离子的电化学溶解电位要低一些)。则会发生歧化反应,一部分生成硫酸铜的同时,另一部分还原出金属铜,这种金属铜以粉状形式出现,就会给镀层带来质量问题。这时需要加入的是氧化剂,如加入双氧水,将一价铜离子氧化成二价铜离子。

## 2.3.2 电镀阳极

电镀阳极的功能之一是导电。没有阳极与阴极形成的电场,就不可能有阴极过程。因此,导电是阳极首要的和必要的功能,这是任何阳极都必须具备的功能。阳极的另一个功能提供欲镀金属的离子,但是这并不是必须的功能,也就是说阳极也可以不提供阴极过程需要的金属离子,如不溶性阳极。电镀过程中常用的阳极有如下几类。

**(1)可溶性阳极** 可溶性阳极是在电沉积过程中,可以在工作液中正常溶解并消耗的阳极。在大多数络合剂型的工作液,或阳极过程能与阴极过程协调的简单盐溶液中使用的阳极,大多数是可溶性阳极。如所有的氰化物镀液、镀镍、镀锡等,都是采用可溶性阳极。并且,对于可溶性阳极来说,需要镀什么金属,就要采用什么金属作阳极,绝对不可以张冠李戴。曾经有某电镀企业因放错了阳极而使镀液金属杂质异常上升导致镀液报废的例子。

并不是任意金属材料都可以用作阳极材料的。对于可溶性阳极的材料,首先要求的是纯度,一般都要求其纯度在 99.9% 以上,有些镀种还要求其纯度达到 99.99%,即行业中所说的"四个九"。其次是其加工的状态,对于高纯度的阳极,多半是经过电解精炼了的。有些镀种要直接采用电解阳极,如氰化物镀铜的电解铜板阳极,镀镍的电解镍板阳极等。有时要求对阳极进行适当的加工,如锻压、热处理等,以利于正常溶解。

现在比较专业的做法是采用阳极篮装入经过再加工的阳极块或球,也有在阳极篮中使用特制的活性阳极材料,如高硫镍饼等。

除使用阳极篮外,可溶性阳极一般还需要加阳极套。阳极套的材料对于不同镀液采用不同的材料,通常是耐酸或耐碱的人造纺织品。

**(2)不溶性阳极** 不溶性阳极主要用于不能使用可溶性阳极的镀液,如镀铬。镀铬不能使用可溶性阳极的原因主要有两条:一是阳极的电流效率大大超过阴极,接近100%,而镀铬的阴极电流效率只有 13% 左右,如果采用可溶性阳极,镀液中的铬离子含量会很快超过工艺规范,镀液将不能正常工作;二是镀铬如果采用可溶性阳极,其优先溶解的一定是低阻力的三价铬,而镀铬主要是六价铬在阴极还原的过程,过多的三价铬会无法得到合格的镀层。

还有镀金,为了节约和安全上的考虑,一般不直接用金来作阳极,而是采用不溶性阳极。金离子的补充靠添加金盐。

再就是一些没有办法保持各组分溶解平衡的合金电镀,也要采用不溶性阳极,如镀铜锡锌合金等。

不溶性阳极因镀种的不同而采用不同的材料,不管是什么材料,其在电解液中要既能导电而又不发生电化学和化学溶解。可以用作不溶性阳极的材料有石墨、碳棒、铅及铅合金、钛合金、不锈钢等。

**(3)半溶性阳极** 对于半溶性阳极,不能从字面上去理解。实际上这种阳极还是可以完全溶解的。所谓半溶性是指这种阳极处于一定程度的钝态，使其电极的极化更大一些，这样可以让原来以低价态溶解的阳极变成以高价态溶解的阳极，从而提供镀液所需要价态的金属离子。例如，铜锡合金中的合金阳极，为了使合金中的锡以四价锡的形式溶解，就必须让阳极表面生成一种钝化膜，可以通过采用较大的阳极电流密度来实现。实践证明，镀铜锡合金的阳极电流密度在 $4A/dm^2$ 左右，即处于半钝化状态，这时阳极表面有一层黄绿色的钝化膜。如果电流进一步加大，则阳极表面的膜会变成黑色，阳极就完全钝化了。不再溶解，而只有水的电解，在阳极上大量析出氧。对于靠电流密度来控制阳极半钝化状态的镀种，要随时注意阳极面积的变化，因为随着阳极面积的缩小，电流密度会上升，最终导致阳极完全钝化。

另一种保持阳极半钝化的方法是在阳极中添加合金成分，使阳极的溶解电位发生变化，如酸性光亮镀铜用的磷铜阳极。这种磷铜阳极材料中含有 $0.1\%\sim0.3\%$ 的磷，使铜阳极在电化学溶解的电位提高，防止阳极以一价铜的形式溶解。因为一价铜会产生歧化反应而生成铜粉，危及镀层质量。

**(4)混合阳极**　混合阳极是指在同一个电解槽内既有可溶性阳极，又有不溶性阳极，也称为联合阳极。这是以不溶性阳极作为调整阳极面积的手段，从而使可溶性阳极的溶解电流密度保持在正常溶解的范围，同时也是合金电镀中常用的手段。当合金电镀中的主盐消耗过快时，可以采用主盐金属为阳极，而合金中的其他成分则可以通过添加其金属盐的方法来补充。实际上采用阳极篮的阳极就是一种混合阳极。由于阳极篮的面积相对比较固定，因此，在篮内的可溶性阳极面积有所变化时，由于有阳极篮承担导电任务，而使镀液能继续工作。

混合阳极还可以采用分开供电的方式，来使不同溶解电流效率的阳极都能在正常的状态下工作。

### 2.3.3　电镀添加剂

如果将电镀配方当作电镀核心技术的话，那实际上说的是电镀添加剂技术。因为很多电镀液的基本组成已经是公开的技术，但是电镀添加剂的配方则是技术机密。现在，电镀添加剂的研发和制造以及销售已经是一个持续发展和增长的行业，成为有机合成、精细化学和电化学等多学科支持的一个新兴的行业。其中一个很重要的分支就是电镀添加剂中间体的研制。电镀添加剂中最大的一族是光亮剂，其他还有走位剂、柔软剂、抗针孔剂、沙面剂等。

电镀添加剂的奇妙之处就在于，其用量非常少，每升镀液中只需加入几毫升，现在更有只加零点几毫升的。但是一旦加入，就有明显的作用。例如，我们用硫酸铜和硫酸配成镀铜液，如果不加入光亮添加剂，镀出的镀层是粗糙无光的，甚至是呈朱红色铜粉状的沉积物。但是，只要我们往这种镀液里每升加入 $1\sim2mL$ 光亮剂，再镀出的镀层就呈现出光亮细致的亮紫铜色。很多镀种，如镀镍、镀锌、镀锡、镀合金等，都有这种现象。再如，镀镍的脆性问题，如果不加入柔软剂，镀出的镀层会有内应力而发脆，有时会因太脆而开裂。但加入柔软剂后，就可以使内应力大大减少，甚至出现零应力状态。而其添加量则是很少的，只能是零点几至几毫升。如果加多了反而会产生另一个方向的应力。

所有这些微少量的添加剂之所以能起那么大的作用，主要是因为这些添加剂是在阴极区间的表面双电层内起作用的，有着类似表面活性剂的性质，只要单分子膜级别的添加剂进入双电层并干预金属离子在阴极还原的过程，就会使镀层的结晶发生改变，从而向着我们期待的结果变化。

如果说早期的电镀添加剂是利用一些现成的有机化学物质甚至天然的有机物，那么经过多年的开发和深入的研究，已经对能够影响电镀阴极过程的某些有机物基团有了认识，并可以进行合成和改进，对它们在不同的组合中发挥的作用有了定性和定量的认识。这就是前面说到的电镀添加剂中间体的研制和生产。这些已经被确定为可以用来配制成电镀光亮剂或添加剂的中间体，成为电镀添加剂开发商的重要原料。

① 常用电镀添加剂的作用见表 2-2。

**表 2-2 常用电镀添加剂的作用**

| 添加剂类别 | 用途 | 举例 |
|---|---|---|
| 光亮剂 | 获得全光亮镀层 | 镀镍光亮剂、酸性镀铜光亮剂、镀锡光亮剂、镀银光亮剂 |
| 半光亮剂 | 获得半光亮镀层 | 半光亮镀镍、半光亮镀锡 |
| 辅助光亮剂 | 与光亮剂共同使用，提高光亮剂的光亮效果 | 光亮镀镍、酸性光亮镀铜的辅助光亮剂 |
| 载体光亮剂 | 增加光亮剂在镀液中的溶解性和分散性 | 酸性镀锌光亮剂 |
| 整平剂 | 提高镀层微观整平性能 | 酸性镀铜添加剂 |
| 走位剂 | 改善低区性能，使镀层分布均匀 | 镀镍走位剂 |
| 柔软剂（应力调整剂） | 调整镀层内应力，降低镀层脆性 | 镀镍柔软剂（糖精等） |
| 抗针孔剂（润湿剂） | 降低镀液表面张力，减少针孔 | 镀镍润湿剂（十二烷基硫酸钠） |
| 抗杂剂 | 将镀液中的杂质沉淀去除或络合隐蔽消除其不良影响 | 镀镍、镀锌等抗杂剂 |
| 电位调整剂 | 调整镀层电位，使镀层之间的电位差符合技术要求；改变复合镀中微粒表面电位的添加剂也属于这一类 | 多层镍电位调整剂、复合镀微粒电位调整剂 |
| 稳定剂 | 稳定镀液中某种价态离子 | 辅助络合剂、还原剂 |

续表 2 - 2

| 添加剂类别 | 用途 | 举例 |
|---|---|---|
| 抗氧化剂 | 防止镀液中低价态离子氧化为高价态离子 | 如二价锡稳定剂 |
| 缎面剂(沙面剂) | 获得缎面(沙面)镀层 | 缎面镀镍、缎面镀铜 |
| 黑化剂(彩色电镀添加剂) | 获得技术要求的镀层颜色 | 镀黑镍、镀黑铬 |
| 功能性添加剂 | 为获得所要求的功能而添加的各种辅助添加剂,如获得难以共沉积的合金而添加的催化作用添加剂、改善镀层微观结构的添加剂等 | 微量合金元素、催化剂 |

② 常用电镀添加剂的类别及特点见表 2 - 3。

表 2 - 3　常用电镀添加剂的类别及特点

| 添加剂类别 | 添加剂或原料、中间体 | 作用特点 | 备注 |
|---|---|---|---|
| 无机添加剂 | 重金属盐如镉、铅、镍等 | 通过参与阴极过程改善镀层结晶过程使结晶细化,与金属镀层共沉积 | 由于重金属对人体和环境有严重不利影响,除极个别例外,现在已经不再采用这类添加剂 |
| 天然有机添加剂 | 明胶、蛋白、糖类、醇类等 | 在阴极表面形成阻挡层,影响金属离子的还原过程,有分解产物在镀层中夹杂 | 也有经过简单合成的天然有机添加剂,如磺化蓖麻油等 |
| 有机合成添加剂 | 商业光亮剂、柔软剂、走位剂、整平剂等 | 在阴极表面有特性吸附能力,有较强的极化作用;根据不同作用特点在镀液中起光亮作用、整平作用,提高镀层质量等 | 这类添加剂往往是用一种或几种有机物合成或复配而成;现在更多的是采用各种电镀添加剂间体复配而成 |
| 有机添加剂中间体 | 各种电镀添加剂中间体,如镀镍中间体PPS、ALS等 | 用来配制各种电镀添加剂,可以根据不同中间体的功能来配制各种性能的添加剂 | 已经成为现代电镀添加剂的主流原料 |

# 3　电镀前处理

## 3.1　电镀前处理工艺

### 3.1.1　电镀前处理工艺流程

如果要对整个电镀工艺流程的重要性进行评价，在行内有一句行话，就是三分电镀七分前处理。这句话充分表明电镀前处理在整个电镀工艺中的重要性。

前处理的标准工艺流程如下：

有机除油→清洗→化学除油→热水洗→水洗→酸蚀除锈→水洗→电解除油→热水洗→水洗→转电镀流程

在实际操作中会根据不同产品和镀种有一些调整，如现在钢铁制件基本上不用有机除油，可省去，有些也不用电解除油。但对于有严格前处理要求的产品，还会增加超声波除油或除油前的磨光等工序。

随着产品制造的精细化和材料变化，超声波除油的应用越来越多，而对于高档装饰要求的产品，机械打磨和抛光等由人工操作的传统工艺，仍然还在使用。

### 3.1.2　电镀前检验

电镀前检验包括镀前产品的接收和产品进入电镀流程前的检验。

① 对需要电镀的产品的接收，是加工方(电镀企业或单位，也称为供方)与委托方(拿产品来进行电镀加工的一方，也称为需方)之间的手续。这种交接关系产品的加工质量和加工方的经济效益。

首先应确定数量无误。根据行业或相关标准的规定，在电镀加工过程中难免会有损耗，称为工艺损耗，依产品的大小和量而有所不同，如细小的会有 0.5%～1% 的损耗率，而大件或少量的加工，则一个也不能少。重要的是对需方漏检的不良品，要尽量发现并剔除出来，交付时一并交还需方，以符合数量要求。

② 电镀前的质量检验不仅仅是发现对方漏检的缺陷产品，而主要是为了防止电镀前处理不合格就进入了电镀流程，造成电镀后才发现不合格而浪费了。从这个意义上说，电镀前的检验是七分前处理的重要组成流程。应该在电镀工艺文件中加以强调，并标注为重要岗位和工序。

### 3.1.3　除油

除油是金属表面处理不可缺少的第一道工序，无论其后要进行哪种表面处理，包括机械的或化学的、电化学的表面处理，所有的金属制件在电镀之前，首先都必须进行除油。

金属表面油污对电镀最主要和最直接的影响就是对镀层结合力的影响。由于油污所具有的黏度和成膜性能，金属表面一旦有油质污染，就不容易去掉，从而在金属表面形成一层油膜。这层油膜在金属表面的依层性极强，对于油污没有去除干净的金属表面，即使再对表面进行去除氧化物的处理，在氧化皮等锈渍去掉以后，油膜仍然会黏附在金属表面，无论其后经过哪些处理，只要是没有进行专业的除油处理，这层油膜都将存在，从而影响镀层与金属基体间的结合力。

油污影响结合力的原因，主要是这层极薄的油分子膜介于金属基体与析出的金属原子之间，使新生的金属晶格与基体的金属组织间有了一层隔离层，使得镀层的金属组织与基体的金属组织间的金属键合力大大削弱，严重的甚至没有了结合力。因此，除油不良的镀层可以整块地从基体上揭下来。

1. 有机除油

常规有机除油通常是作为整个除油工艺中的首道工序而采用的。其目的是粗除油或预除油，这对于油污严重或油污特别（如有较多的脂类）等情况是很有效的，可以提高其后化学除油的效率和延长化学除油液的使用寿命。

有机除油也可用作精细产品的预除油。这是因为有机溶剂除油的优点是除油速度快、操作方便、不腐蚀金属，特别适合于非铁金属。最大的缺点是溶剂多半是易燃和有毒的，且除油并不彻底且成本较高，同时，还需要进一步进行后续的除油处理。因此多数是作为对油污严重的金属制件特别是非铁金属制件的预除油处理。

进行有机除油应该在有安全措施的场所，有良好的排气和防燃设备。常用有机除油溶剂的性能见表3-1。

表 3-1　常用有机除油溶剂的性能

| 有机溶剂 | 分子式 | 相对分子质量 | 沸点/℃ | 密度/(g/cm³) | 闪点/℃ | 自燃点/℃ | 蒸气密度与空气比 |
|---|---|---|---|---|---|---|---|
| 汽油 | $C_{2\sim12}$ 烃类 | | 40～205 | 0.70～0.78 | 58 | | |
| 煤油 | $C_{9\sim16}$ 烃类 | 200～250 | 180～310 | 0.84 | 40 以上 | | |
| 苯 | $C_6H_6$ | 78.11 | 78～80 | 0.88 | −14 | 580 | 2.695 |
| 二甲苯 | $C_6H_4(CH_3)_2$ | 106.2 | 136～144 | | 25 | 553 | 3.66 |
| 三氯乙烯 | $C_2HCl_3$ | 131.4 | 85.7～87.7 | 1.465 | — | 410 | 4.54 |
| 四氯化碳 | $CCl_4$ | 153.8 | 76.7 | 1.585 | | | 5.3 |
| 四氯乙烯 | $C_2Cl_4$ | 165.9 | 121.2 | 1.62～1.63 | — | | |
| 丙酮 | $C_3H_6O$ | 58.08 | 56 | 0.79 | −10 | 570 | 1.93 |
| 氟里昂113 | $C_2Cl_3F_3$ | 187.4 | 47.6 | 1.572 | | | |

在有机溶剂中，汽油的成本较低，毒性小，因此是常用的有机除油溶剂，其最大的缺点是易燃，在使用过程中要采取严格的防火措施。作为替代，煤油也被用作常规有机除油溶剂。效果虽然没有汽油好，但是在防火方面优于汽油。

最有效的是三氯乙烯和四氯化碳，它们不会燃烧，可以在较高的温度下除油，但需要有专门的设备和防护措施才能发挥出除油的最佳效果和满足环境保护的要求。

易燃性溶剂除油只能采用浸渍、擦拭、刷洗等常温处理方法，工具简单，操作简便，适合于各种形状的制件。

不燃性有机溶剂除油，应用较多的是三氯乙烯和四氯化碳。这类有机氯化烃类有机除油剂除油效果好，但必须使用通风和密封良好的设备。三氯乙烯是一种快速有效的除油方法，对油脂的溶解能力很强，常温下比汽油大 4 倍，50℃时大 7 倍。

采用有机溶剂除油必须注意安全与操作环境的保护，特别是使用三氯乙烯作为除油剂时，应该有良好的通风设备，防止受热和紫外光照射，避免与任何 pH 大于 12 的碱性物接触，严禁在工作场所吸烟，防止吸入有害气体或引发火灾。

**2. 化学除油**

**(1)碱性化学除油**　不同的基体材料要用到不同的化学除油工艺。对于钢铁材料，主要以氢氧化钠为主的碱性除油液，但所用的浓度也不宜过高，一般在 50g/L 左右。考虑到综合除油作用，也要加入碳酸钠和表面活性剂，考虑到对环境的影响，现在已经不经常用磷酸盐。

对于非铁金属，采用碱性化学除油也称为碱蚀。这是因为对于锌、铝等两性元素，碱都有腐蚀作用。因此，对于铜合金的碱性除油，要少用或不用氢氧化钠。对于铝合金、锌合金制件则更要少用或不用氢氧化钠，防止发生过腐蚀现象而损坏产品。

对于含用水玻璃(硅酸钠)的除油液，在进行除油后一定要在热水中充分清洗干净，防止未能洗干净的水玻璃与酸反应后生成不溶于水的硅胶而影响镀层结合力。除油液的温度现在也已经趋于中低温度，可以节约能源和改善工作现场环境。但因为使用较多表面活性剂，排放水对环境也会有一定污染，要加以注意。

化学除油的原理是基于碱对油污的皂化和乳化作用。金属表面的油污一般有动植物油、矿物油等。不同类型的油污需要用不同的除油方案，由于表面油污往往是混合性油污，因此，化学除油液也应该具备综合除油的能力。

动植物油与碱有如下反应，也就是所谓的皂化反应：

$$CHOOCR + 3NaOH \rightarrow 3R\text{-}COONa + CH_2OH\text{-}CHOH\text{-}CH_2OH$$

由于生成的肥皂和甘油都是溶于水的的物质，因此能将油污从金属表面清洗掉。

矿物油与碱不发生皂化反应，但是在一定条件下会与碱液进行乳化反应，使不溶于水的油处于可以溶于水的乳化状态，从而从金属表面除去。由于肥皂就是一种较好的乳化剂，因此，采用综合除油工艺，可以同时除去动植物油和矿物油。

有些除油工艺中加入乳化剂是为了进一步加强除油的效果。但是有些乳化剂有极强的表面吸附能力，不容易在水洗中清洗干净，所以用量不宜太大，应控制在 1～3g/L 的范围内。

还需要注意的是，对于非铁金属材料制件，不能采用含氢氧化钠过多的化学除油配方。对溶于碱的金属，如铝、锌、铅、锡及它们的合金，则不能采用含有氢氧化钠的除油配方。氢氧化钠对铜特别是铜合金也存在使其变色或锌、锡成分溶出的危险。同时碱的水洗性也很差。

不同金属材料常规除油工艺规范见表 3-2。

表 3-2　不同金属材料常规除油工艺规范　　　　　　　　(g/L)

| 除油液组成 | 钢铁、不锈钢、镍等 | 铜及铜合金 | 铝及铝合金 | 镁及镁合金 | 锌及锌合金 | 锡及锡合金 |
|---|---|---|---|---|---|---|
| 氢氧化钠 | 20~40 | | | | | 25~30 |
| 碳酸钠 | 20~30 | 10~20 | 15~20 | 10~20 | 20~25 | 25~30 |
| 磷酸三钠 | 5~10 | 10~20 | | 15~30 | | |
| 硅酸钠 | 5~15 | 10~20 | 10~20 | 10~20 | 20~25 | |
| 焦磷酸钠 | | | 10~15 | | | |
| OP 乳化剂 | 1~3 | | | 1~3 | | 1~3 |
| 表面活性剂 | | | 1~3 | | 1~2 | |
| 清洁剂 | | 1~2 | | | | |
| 温度/℃ | 80~90 | 70 | 60~80 | 50~80 | 40~70 | 70~80 |
| pH | | | | | 10 | |
| 时间/min | 10~30 | 5~15 | 5~10 | | | |

　　除油过后清洗的第一道水必须是热水，因为所有的除油剂几乎都采用了加温的工艺。加温可以促进油污被充分地皂化和乳化。这些被皂化和乳化后的物质中难免还有反应不完全的油脂，一遇冷水，就会重新凝固在金属表面，包括肥皂和乳化物在冷水中也会固化而附着在金属表面，增加清洗的困难。如果不在热水中将残留在金属表面的碱液洗干净，在下面的流程中就更难以清洗而影响以后流程的效果，最终会影响镀层的结合力。有些企业对这一点没有加以注意，所有洗水都是采用冷水清洗，削弱了碱性除油的作用。

　　**(2)酸性化学除油**　　酸性除油适合于油污不是很严重的金属，并且是一种除油和酸蚀同时完成的一步法。用于酸性除油的无机酸多半是硫酸，有时也用盐酸，再加上乳化剂，不过这时的乳化剂用量都比较大。

　　① 钢铁材料的酸性除油工艺
　　　　硫酸　　　　　　　30~50mL/L
　　　　盐酸　　　　　　　900~950mL/L
　　　　OP 乳化剂　　　　 1~2g/L
　　　　乌洛托品　　　　　3~5g/L
　　　　温度　　　　　　　60℃~80℃
　　② 铜及铜合金的酸性除油工艺
　　　　硫酸　　　　　　　100mL/L
　　　　OP 乳化剂　　　　 25g/L
　　　　温度　　　　　　　室温
　　需要注意的是，当采用加温工艺时，同样要采用热水作为第一道水洗流程，再进行流水清洗，否则也会影响效果。

**(3)其他化学除油方法** 可用于金属制件除油的方法还有乳化液除油、低温多功能除油、超声波除油等，都是为了提高除油效果或节约资源。应该选用合适的而不一定是最好的工艺，尤其要将成本因素和环境保护因素都加以考虑。

① 擦拭除油。擦拭除油特别适合于个别制件或小批量异形制件的表面除油。这种除油方法实际上就是用固体或液体除油剂，以人工手拭的方式对制件表面进行除油处理。特别是个别较大或形状复杂的制件，用浸泡除油的方法可能效果不是很好，可以选用擦拭的方法进行除油。用于擦拭的除油粉有洗衣粉、氧化镁、去污粉、碳酸钠、草木灰等。有些在碱液中容易变暗的制件也常用擦拭的方法除油。

② 乳化除油。随着表面活性剂技术的发展，采用以表面活性剂为主要添加材料的乳化除油工艺也已经成为除油的常用工艺之一。乳化除油是在煤油或普通汽油中加入表面活性剂和水，形成乳化液。这种乳化液除油速度快，效果好，能除去大量油脂，特别是机油、黄油、防锈油、抛光膏等。乳化除油液性能的好坏主要取决于表面活性剂，常用的多数是 OP 乳化剂或日用洗涤剂。

3. 电化学除油

电化学除油也称为电解除油，将制件作为电解槽的中的一个电极，在特定的电解除油溶液中通电进行电解的过程。电化学除油的原理是利用电解过程中，在电极表面会生成大量气体而对金属(电极)表面进行冲刷，从而将油污从金属表面剥离，再在碱性电解液中被皂化和乳化。这个过程的实质是水的电解：

$$2H_2O \Longrightarrow H_2 + O_2$$

**(1)阴极电解除油** 当被除油金属制件作为阴极时，其表面发生的是还原过程，析出的是氢，称这个除油过程为阴极电解除油：

$$2H_2O + 2e \rightarrow H_2 \uparrow + 2OH^-$$

阴极电解除油的特点是除油速度快，一般不会对零件表面造成腐蚀。但是容易引起金属的渗氢，对于钢铁制件是很不利的，特别是对于电镀，这是很严重的缺点。另外，当除油电解液中有金属杂质时，会有金属析出而影响结合力或影响表面质量。

**(2)阳极电解除油** 当被除油的金属制件是阳极时，其表面进行的是氧化过程，析出的是氧，这时的除油过程被称为阳极电解除油：

$$4OH^- - 4e \Longrightarrow O_2 \uparrow + 2H_2O$$

阳极电解除油的特点是基体不会发生氢脆危险，并且能除去金属表面的浸蚀残渣和金属薄膜。但是除油速度没有阴极除油快，同时对于一些非铁金属，如铝、锌、锡、铜、铜及它们的合金等，在温度低或电流密度高时，会发生基体金属的腐蚀，特别是在电解液中含有氯离子时，更是如此。因此非铁金属不宜采用阳极除油。而弹性和受力钢制件不宜采用阴极除油。

**(3)换向电解除油** 对于单一电解除油存在的问题，最好的办法是采用换向电解除油法加以解决。换向电解除油也称为联合除油法。就是可以先阳极电解除油再转为阴极电解除油，也可以先阴极电解除油再转为阳极电解除油。可以根据制件的情况来确定具体工艺。一般最后一道除油宜采用短时间阳极电解，将阴极过程中可能出现的沉积物电解去除。

### 4. 超声波除油

将黏附有油污的制件放在除油液中，并使除油过程处于具有一定频率的超声波场作用下的除油过程，称为超声波除油。引入超声波可以强化除油过程、缩短除油时间、提高除油质量、降低化学药品的消耗量，尤其对复杂外形零件、小型精密零件、表面有难除污物的零件及有深孔、细孔的零件有显著的除油效果，可以省去费时的手工劳动，防止零件的损伤。

超声波的频率为 16kHz 以上高频声波，超声波除油是基于空化作用原理的。当超声波作用于除油液时，由于压力波（疏密波）的传导，使溶液在某一瞬间受到负应力，而在紧接着的瞬间受到正应力作用，如此反复作用。当溶液受到负压力作用时，溶液中会出现瞬时的真空，即空洞，溶液中的蒸气和溶解的气体会进入其中，变成气泡。气泡产生后的瞬间，由于受到正压力的作用，气泡受压破裂而分散，同时在空洞周围产生 $10^{12} \sim 10^{13}$ Pa 的冲击波，这种冲击波能冲刷零件表面，促使油污剥离。超声波强化除油就是利用了冲击波对油膜的破坏作用及空化作用而产生的强烈搅拌作用。

超声波除油的效果与零件的形状、尺寸、表面油污性质、溶液成分、零件的放置位置等因素有关，因此，最佳的超声波除油工艺要通过试验确定。超声波除油所用的频率一般在 30kHz 左右。零件体积小时，采用高一些的频率；零件体积大时，采用较低的频率。超声波是直线传播的，难以达到被遮蔽的部分，因此，应该使零件在除油槽内旋转或翻动，以使其表面上各个部位都能得到超声波的辐照，以得到较好的除油效果。另外超声波除油溶液的浓度和温度要比相应的化学除油和电化学除油低，以免影响超声波的传播，也可减少对金属材料表面的腐蚀。

### 3.1.4　除锈

金属制品在加工制造过程中和存放期间，都会不同程度地发生锈蚀，即使用肉眼看不出有锈蚀的金属表面，也会有各种氧化物膜层存在，这些锈蚀和氧化物对电镀是不利的，如果不去除，会影响镀层与基体的结合力，也影响镀层的外观质量。

除锈的方法可以分为三大类，即化学法、电化学法和物理法。不同除锈方法的方案和特点见表 3-3。

表 3-3　不同除锈方法的方案和特点

| 类别 | 方案 | 特点 |
|---|---|---|
| 化学法 | 酸浸蚀 | 最广泛采用的方法，存在过蚀和氢脆等问题 |
| | 熔融盐处理 | 用于去除厚的锈或氧化皮，但设备受限定且能耗较高 |
| 电化学法 | 阳极电解酸蚀法 | 没有氢脆，有一定抛光作用 |
| | 阴极电解酸蚀法 | 易生氢脆，有还原作用 |
| | 换向电解酸蚀法 | 提高去锈效率 |
| | 碱性电解法 | 适用于不能耐受酸处理的金属 |

续表 3-3

| 类别 | 方案 | 特点 |
|---|---|---|
| 物理法 | 磨轮打磨法 | 表面装饰效果好，但对复杂形状制件存在打磨不到的地方，无氢脆 |
| | 喷砂(丸)法 | 去锈效果好，无氢脆，但表面呈消光性，有粉尘污染 |
| | 湿式喷砂法 | 同上，可消除粉尘污染 |

1. 化学除锈

电镀件表面锈蚀需要以强酸加以去除，酸蚀的目的是去除钢铁材料表面的锈蚀和其他金属表面的氧化物、氢氧化物。

由于金属材料都多少含有一些合金成分，因此，强酸除锈往往采用的是混合酸，以针对金属材料的合金性能而获得较好的除锈效果。

① 常用酸蚀除锈工艺见表 3-4。

表 3-4  常用酸蚀除锈工艺

| 所用的酸 | 常规浓度 | 备注 |
|---|---|---|
| 硫酸 | 10%～20%(wt) | 最常用的去除锈工艺，适合于铁和铜，可在室温和加温条件下工作，成本低 |
| 盐酸 | 10%～30%(wt) | 使用较多的去锈工艺，室温下工作，有酸雾，需要排气设备 |
| 硝酸 | 各种浓度 | 主要用于铜及铜合金处理；腐蚀性极强，操作安全很重要；有强氮氧化物排出，现场排气很重要 |
| 磷酸 | 各种浓度 | 多用于酸蚀前的预浸处理，也用于配制混合酸用 |
| 混合酸 | 各种配比和浓度 | 两种或两种以上酸的混合物，用于强蚀去锈或抛光 |

② 常用除锈酸浓度与除锈时间见表 3-5。

表 3-5  常用除锈酸浓度与除锈时间

| 常用酸 | 浓度/(%)(wt) | 工作液温度/℃ | 除锈所需时间/min |
|---|---|---|---|
| 硫酸 | 2 | 20 | 135 |
| 盐酸 | 2 | 20 | 90 |
| 硫酸 | 25 | 20 | 65 |
| 盐酸 | 25 | 20 | 9 |
| 硫酸 | 10 | 18 | 120 |
| 盐酸 | 10 | 18 | 18 |

续表 3-5

| 常用酸 | 浓度/(%)(wt) | 工作液温度/℃ | 除锈所需时间/min |
|--------|------------|-------------|-----------------|
| 硫酸 | 10 | 60 | 8 |
| 盐酸 | 10 | 60 | 2 |

③ 市售常用酸的浓度参数见表 3-6。

表 3-6  市售常用酸的浓度参数

| 常用酸 | 浓度/(%)(wt) | 密度/(g/mL) | 波美度/Bé | 含量/(g/L) |
|--------|------------|------------|-----------|-----------|
| 硫酸 | 95 | 1.84 | 66 | 1748 |
| 硝酸 | 69 | 1.42 | 43 | 990 |
| 盐酸 | 37 | 1.19 | 23 | 450 |
| 磷酸 | 85 | 1.70 | 60 | |

④ 高碳钢的含碳量在 0.35% 以下，酸洗后由于表面铁的腐蚀会形成黑膜，如果不除掉，会影响镀层结合力。所以高碳钢不宜在强酸中进行除锈，可以在除油后用 1∶1 的盐酸除锈，然后经阳极电解后再进行电镀。

如果已经形成黑膜，可在以下溶液中退膜：

铬酸　　　　250~300g/L

硫酸　　　　5~10g/L

温度　　　　50℃~70℃

退尽后经盐酸活化，即可进行电镀。

**2. 超声波增强除锈**

超声波不仅用于强化除油，也可以用于增强除锈。超声波增强除锈效果比较见表 3-7。以除锈时间和析氢量的变化做定量比较。

表 3-7  超声波增强除锈效果比较

| 酸液 | 温度 | 缓蚀剂 | 超声波 | 除锈时间/min | 析氢量/[mL/(25cm² · h)] |
|------|------|--------|--------|-------------|------------------------|
| 3% 盐酸 | 室温 | 无 | 无 | 30 | 0.41 |
| | | | 有 | 15 | 检测不到 |
| | | 添加 | 无 | 120 | 检测不到 |
| | | | 有 | 40 | 检测不到 |
| 5% 盐酸 | | 无 | 无 | 20 | 0.90 |
| | | | 有 | 8 | 检测不到 |
| | | 添加 | 无 | 65 | 检测不到 |
| | | | 有 | 20 | 检测不到 |

续表 3-7

| 酸液 | 温度 | 缓蚀剂 | 超声波 | 除锈时间/min | 析氢量/[mL/(25cm² · h)] |
|---|---|---|---|---|---|
| 5% 硫酸 | 室温 | 无 | 无 | 65 | 2.20 |
| | | | 有 | 23 | 检测不到 |
| | | 添加 | 无 | 120 以上 | 检测不到 |
| | | | 有 | 40 | 检测不到 |
| | 50℃ | 无 | 无 | 5 | 21.3 |
| | | | 有 | 4 | 4.1 |
| | | 添加 | 无 | 10 | 0.59 |
| | | | 有 | 9 | 0.15 |

在室温条件下，超声波的增强作用是明显的，同时缓蚀剂也有明显的抑制氢析出的效果。但是需要注意的是，在加温条件下超声波的作用没有那么明显，但缓蚀剂的作用仍然很明显。

### 3.1.5 活化和水洗

#### 1. 弱浸蚀

弱浸蚀是采用弱酸对金属表面进行微腐蚀，使金属表面呈现活化状态，有利于电结晶从基体金属的结晶面上正常的生长。弱浸蚀也用于表面油污较少的制件，经精细除油后，直接进行弱酸蚀而避免强酸蚀对表面尺寸或粗糙度的改变。

不同金属的弱浸蚀液是有区别的，如钢铁材料、不锈钢、镍及镍合金弱浸蚀酸的浓度要适当高一些。不同金属材料的弱浸蚀工艺见表 3-8。

表 3-8 不同金属材料的弱浸蚀工艺

| | 不锈钢 | 镍及镍合金 | 铝合金 | 无铅易熔合金 | 含铅易熔合金 |
|---|---|---|---|---|---|
| 硫酸/(g/L) | 184~276 | 184~276 | 18~184 | | |
| 过硫酸铵/(g/L) | | | | 10~100 | |
| 硼酸/(g/L) | | | | | 10~100 |
| 温度/℃ | 室温 | 室温 | 室温 | 室温 | 室温 |
| 时间 | 2~5min | 2~5min | 1~3min | 2~5s | 2~5s |

#### 2. 活化

活化是电镀前的最后一道工序，用于除去镀件暴露在空气中时形成的氧化膜，让金属结晶呈现活化状态，从而可以保证电镀层与基体的结合力。

当酸性镀液中有同种离子的时候，经活化后的制件可以不经水洗而直接进入镀槽，如镀镍、酸性镀铜、酸性镀锡等，由于都用有硫酸盐，可用 1%~3% 的稀硫酸作为活化液，制件在浸入 2～3s 后，不用水洗就直接进入镀槽，以保证表面活化状态，同时可以补充镀液中在电镀过程中带出损失的硫酸。

弱腐蚀液的浓度不要超过 5%，通常可用 1% 的浓度，并且每天或每班都加以更换，以保证其有效性。

3. 水洗

水洗是电镀工艺中最为常见和许多流程都要反复用到的工序，但是，许多电镀质量的问题，往往就出在水洗上。

**(1)宏观干净与微观干净**　同样的水洗流程，由于操作习惯不同，镀件的水洗效果是完全不同的。同时，即使从宏观上看上去已经很干净的表面，我们用高倍放大镜观察，仍然可以发现并没有彻底清洗干净。在一些微孔内或角落部位，可以发现镀液中金属盐的微粒。正是这些从宏观上已经看不到的微粒，在电镀制品存放或使用过程中，受到潮湿等因素的影响，就会加速变色或泛出锈蚀点等。因此，充分的水洗对于电镀生产过程是十分重要的，不能认为经过了清水槽后，镀件表面就干净了。一定要保证清洗达到微观干净的效果。

**(2)热水洗与冷水洗**　从常识上也可以知道，热水的洗净能力比冷水要强得多，很多盐类在热水中的溶解度会增加。特别是对于碱性镀液，如果不用热水洗，要想将碱性物质洗干净是很困难的。这是因为碱性基团有较大分子距离，有类似胶体的结构，即使在热水中都很难一次洗干净，如果用冷水来洗，就更难以洗净了。但是，很多企业的碱性镀液的出槽清洗，大多数出于能源消耗的考虑而没有用热水，或者用了热水也不经常更换，使热水槽变成了碱水槽。这些都不利于对镀件表面的充分清洗。因此，一定要对从碱性工作槽中出来的制件进行热水清洗，并且要保持热水的干净。

**(3)逆流漂洗**　逆流漂洗是将两个以上的流动水洗槽连接起来，只用一个供水口，让镀件逆着水流动方向依次清洗，从而充分利用流动水的洗净能力，以保持上游水总是干净的清水，以保证清洗效果。要点是水必须是流动的，而在水中的清洗也要有一定时间和力度，否则仍然存在微观不干净的问题。

**(4)防止和去除水渍印的方法**　在全光亮或全哑光的表面，如果清洗水中有微量的盐类，就会在干燥过程中，在最后的蒸发点上留下水渍印。因此，要想在装饰性镀件表面不留水渍印，一定要保证清洗水的水质，特别是最后一道清洗水（通常是高温热水），一定要用去离子水，不能让水中有任何盐类杂质。

在使用过程中，水中会因镀件表面微观不净而带入杂质，因此，要经常更换最后一道清洗水。这是一些企业难以做到的，并非是节约导致这种结果，而是过程控制难以到位，操作者凭习惯操作，有一定惯性，往往只会在发现镀件表面出了水渍时，才记起要换水。如果想要从技术上加以防止，是有难度的，如用酒精做最后清洗，成本增高不说，用久了同样也会有污染，所以要在管理上下功夫。

对于已经出现水渍的镀件，一经发现可以重新在备用的纯净热水中清洗，不要用干布去擦，然后再浸入防指纹剂或防变色剂。

# 3.2 机械前处理与抛光

## 3.2.1 打磨与喷砂

### 1. 打磨

打磨也称为打砂，是在特制的打磨轮的外圆上黏附金刚砂等打磨材料，在高速旋转下对金属制品表面除去氧化皮的前处理加工方法。打磨在很多时候不只是作为表面除锈的方法，而是一种表面精饰的需要，如表面有镜面光亮，或者有某种金属纹理，如拉丝纹、刷光纹等。但是，当采用粗砂进行表面打磨时，主要就是去除表面的锈蚀而以利于其后的精饰加工。

**(1)轮式打磨** 打磨所用的设备类似于砂轮机，但又明显不同于砂轮机。其主要的差别就在所用的轮子上。砂轮机上的打磨轮是完全刚性的，有很强的切削力，经砂轮打磨的制件在尺寸上有较大改变。而电镀打磨轮是半柔性的，主要只用来去除氧化皮，制件的尺寸只有较小改变。

打磨轮通常是用多层旧布料叠加后用针线扎牢制成，厚度约为5cm。为了使其耐用，也有在扎紧布轮的双面最外层使用牛皮等较硬的材料。这种打磨轮由于基本靠手工制作，生产效率低且成本较高，现在已经有采用合成材料等成形的磨轮。

磨轮在使用前，先要在作为打磨工作面的外圆涂上一层明胶，然后根据需要在砂盘中滚粘上一定牌号的金刚砂。

常用的打磨材料有人造金刚砂、刚玉、金刚砂。金刚砂是磨料中应用最广的一种。它们的型号是按粒径来分的，标称值的数值越大，砂粒越细，常用的有80#、100#、120#、140#、160#、180#、300#、320#等。对于除锈打磨，基本是采用80~100#的粗磨砂料。

打磨加工需要操作者有一定的实践操作经验，能根据不同材料和不同产品表面状态选用不同直径磨轮和不同材料磨料，并合理选择转速。不同基材打磨转速选择见表3-9。

**表3-9 不同基材打磨转速选择**

| 基体材料 | 磨轮直径 /mm | | | | |
|---|---|---|---|---|---|
| | 200 | 250 | 300 | 350 | 400 |
| | 转速/(r/min) | | | | |
| 铸铁、钢、镍、铬 | 2800 | 2300 | 1800 | 1600 | 1400 |
| 铜及铜合金、银、锌 | 2400 | 1900 | 1500 | 1300 | 1200 |
| 铝及铝合金、铅、锡 | 1900 | 1500 | 1200 | 1000 | 900 |
| 塑料 | 1500 | 1200 | 1000 | 900 | 800 |

**(2)轮带式打磨** 为了提高效率和可操作性，在轮式打磨的基础上，发展了轮带式

打磨设备,如图 3-1 所示。

　　轮带上的磨料与轮式打磨一样,也是由粘合胶粘合上去的(图 3-2)。这种轮带式打磨设备有较灵活的加工面,可以在转轮部进行打磨,也可以在轮带平动的部位进行打磨,从而获得较好的打磨效果。

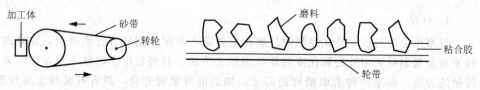

图 3-1　轮带式打磨设备　　　　　　　　图 3-2　轮带式打磨的磨料粘合

轮带式打磨的材料与转速见表 3-10。

表 3-10　轮带式打磨的材料与转速

| 被加工制品的材质 | 轮带转速/(转/min) |
| --- | --- |
| 热敏感材料 | 1200～6000 |
| 工具钢 | 1600～2400 |
| 高速钢、不锈钢、合金钢 | 3600～6000 |
| 碳素钢 | 6300～7500 |
| 铸铁 | 6000～9000 |
| 锌、黄铜、铜 | 6300～9000 |
| 轻合金(铝、镁合金) | 6300～11500 |

　　2. 喷砂

　　喷砂是以高压空气流将作为打磨料的砂粒吸入后集中喷打在制件表面的一种表面处理方法。这种方法采用压缩空气为动力,以形成高速喷射束将喷料(铜矿砂、石英砂、金刚砂、铁砂、海南砂等)高速喷射到需要处理的工件表面,使工件表面的状态或形状发生变化,从而对工件表面进行强力的处理。由于磨料对工件表面的冲击和切削作用,使工件表面获得一定的清洁度和不同的粗糙度,同时使工件表面的力学性能得到改善,因此提高了工件的抗疲劳性,也增加了它和镀层之间的附着力。

　　喷砂可以去除用化学法难以去除的陈旧氧化皮类的锈蚀,通常需要在去油后再进行,这样经喷砂处理的工件不用再经酸蚀即可以进入电镀流程。当然仍需要活化处理。

　　(1)喷砂方式　根据喷砂工作原理和方式不同可分为干式喷砂和湿式喷砂两大类。

　　① 吸入式干喷砂机。

　　组成:一个完整的吸入式干喷砂机一般由 6 个系统组成,即结构系统、介质动力系统、管路系统、除尘系统、控制系统和辅助系统。

　　工作原理:吸入式干喷砂机以压缩空气为动力,通过气流的高速运动在喷枪内形成的负压,将磨料通过输砂管吸入喷枪并经喷嘴射出,喷射到被加工表面,以达到预期的加工目的。在吸入式干喷砂机中，压缩空气机既是形成负压的供气设备，也是进行喷砂工作的动力。

② 压入式干喷砂机。

组成：一个完整的压入式干喷砂机工作单元一般由 4 个系统组成，即压力罐、介质动力系统、管路系统、控制系统。

工作原理：压入式干喷砂机以压缩空气为动力，通过压缩空气在压力罐内建立的工作压力，将磨料通过出砂阀压入输砂管并经喷嘴射出，喷射到被加工表面以达到预期的加工目的。在压入式干喷砂机中，压缩空气直接对砂粒产生动力。

③ 液体喷砂。液体湿式喷砂机相对于干式喷砂机来说，最大的特点就是很好地控制了喷砂过程中的粉尘污染，改善了喷砂操作的工作环境。

组成：一个完整的液体喷砂机一般由 5 个系统组成，即结构系统、介质动力系统、管路系统、控制系统和辅助系统。

工作原理：液体喷砂机是以磨液泵作为磨液的供料动力，通过磨液泵将搅拌均匀的磨液（磨料和水的混合液）输送到喷枪内。压缩空气作为磨液的加速动力，通过输气管进入喷枪，在喷枪内，压缩空气对进入喷枪的磨液加速，并经喷嘴射出，喷射到被加工表面达到预期的加工目的。在液体喷砂机中，磨液泵为供料动力，压缩空气为加速动力。

**(2)喷砂的工艺** 除了有特殊要求或规定以处，常规的喷砂工艺主要是对所采用的砂粒的粒度和压缩空气的压力做出规定。

喷砂的工艺根据产品的材料和结构而有所不同。对于较大或壁厚的制件，所采用的石英砂的粒度范围在 5～220 目。用目数表示砂粒的粗细（粒径大小）是行业习惯，目数的原意是砂粒能通过单位面积筛网的网格数目。砂粒目数与粒径的对照见表 3-11。

表 3-11 砂粒目数与粒径对照

| 目数 | μm | 目数 | μm | 目数 | μm | 目数 | μm |
|------|------|------|------|------|------|------|------|
| 2.5 | 6000 | 12 | 1250 | 50 | 300 | 300 | 50 |
| 3 | 5000 | 14 | 1100 | 60 | 250 | 400 | 38 |
| 4 | 3750 | 16 | 950 | 80 | 190 | 500 | 30 |
| 5 | 3000 | 20 | 750 | 100 | 150 | 600 | 25 |
| 6 | 2500 | 25 | 600 | 120 | 125 | 700 | 20 |
| 7 | 2150 | 30 | 500 | 150 | 100 | 800 | 18 |
| 8 | 1900 | 35 | 430 | 180 | 85 | 1000 | 15 |
| 9 | 1700 | 40 | 375 | 200 | 75 | 2500 | 6 |
| 10 | 1500 | 45 | 330 | 250 | 60 | 15000 | 1 |

现在规范的做法是以粗糙度来表示经喷砂等表面机械处理的表面状态，实际上表面粗糙度仍然与处理所用的磨料的粒径有关。对于喷砂表面粗糙度的要求，可以参见

GB/T 6060.3—2008《表面粗糙度比较样块 第 3 部分：电火花、抛（喷）丸、喷砂、研磨、锉、抛光加工表面》。

　　喷砂所需要的气源和压力由空气压缩机供给，为了保证被喷表面不被压缩空气污染，压缩空气在进入喷砂机前要先经过一个油水分离装置进行过滤处理，以将压缩空气中的的水分和油污去掉。

　　**3. 滚光**

　　滚光是借助滚桶的翻动力，再加上磨料的摩擦作用来对金属制件表面进行表面处理的过程。滚光通常是在湿式条件下进行的，个别场合也有用干式滚光的。

　　**(1)磨料**　磨料是滚光中主要的磨削材料，主要是与制件表面有机械作用的刚性材料。滚光磨料的种类见表 3-12。

表 3-12　滚光磨料的种类

| 磨料种类 | 磨料材质 | 磨料举例 |
|---|---|---|
| 天然磨料 | 天然石料 | 金刚砂、石英砂、石灰石、建筑用砂等 |
| | 天然有机磨料 | 锯末、糠壳、果壳等 |
| 人造磨料 | 金属 | 钢珠、铁钉等 |
| | 烧结料 | 碳化硅、氧化铝等 |
| | 塑料 | 定形或无定形颗粒 |
| | 陶瓷 | 定形或无定形颗粒 |

　　现在已经广泛采用定形的人工磨料，因为这些定形的人工磨料可以根据不同形状的磨料，配合适当的滚光液和一定转速，进而达到预期的表面效果。

　　常用人造定形磨料的形状有 6 种，即扁四方形、扁三角形、圆形、正三角楔形、锐三角楔形、长圆柱形等，如图 3-3 所示。

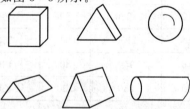

图 3-3　人造定形磨料的形状

　　**(2)滚光液**　滚光要用到滚光液。这主要是为了提高滚光的效果和保证制件在滚光中不受到损害。滚光时添加一定量的滚光液，可以起到分散、清洗和防腐蚀作用。根据不同表面处理需要，可以添加各种盐类、表面活性剂或碱、酸等。

　　考虑到碱性环境对钢铁材料的保护作用，大多数滚光液都偏碱性，也有根据需要而采用酸性添加液的。特别是铝材等不宜于采用碱性溶液的制件，需要用酸性溶液。不同金属滚光用添加液的分类和组成见表 3-13。

表 3 - 13 不同金属滚光用添加液的分类和组成

| 溶液分类 | 适合不同金属的溶液组成/(g/L) | | | |
|---|---|---|---|---|
| | 钢铁 | 铜及铜合金 | 锌合金 | 铝合金 |
| 碱性液 | 磷酸钠 20<br>OP 3<br><br>焦磷酸钠 35<br>亚硝酸钠 15<br><br>氢氧化钠 20 | | 焦磷酸钠 5 | |
| 酸性液 | | 硫酸 5 | 硫酸 1 | 磷酸 1 |
| 说明 | 所有滚光液中都可以适量加入表面活性剂(1~2mL/L) | | | |

**(3)操作条件** 滚光的操作条件主要包括滚桶的转速和工作时间。滚桶的转速与滚桶的直径有关。通常直径较大时,转速要低一些。可以通过以下经验公式来计算滚光的转速:

$$U = \frac{14}{D^{1/2}} \tag{3.1}$$

式中,$U$ 为滚桶转速(r/min);$D$ 为滚桶直径(m)。

由公式可知,如果滚桶的直径为1m,则滚桶的转速为14r/min。由于滚光的转速还与装载量、制件的材质以及滚光的时间等因素有关,因此,具体的滚桶转速要根据工艺需要调整。

滚光的时间至少为1h,常用的时间在3h左右,个别场合会在5h左右。同样,时间也与转速有关,当转速较高时,时间就要缩短。从效率上看,要取较高转速和尽量短的时间。但是,当转速较高时,滚光的作用会下降,所以要采用适中的转速和时间。

**(4)振动滚光** 有些制件出于结构形状的限制,不能或不宜于采用滚光处理,否则会对制件造成变形或磨损等损伤,如有锐角、针状结构的制件、框类、腔体等。对于这些不宜采用滚动滚光的制件,如果仍需要滚光处理,就要采用振动式滚光处理。振动滚光的主要影响因素是在设备方面,传递振动能量和同时具摩擦效果的是振动磨料,基本上与滚光是一样的。但所用多为细小一些的磨料,将被加工制件基体埋入其中,在各种振动模式中翻动摩擦,达到滚光效果。

## 3.2.2 研磨与抛光

对于需要全光亮精饰的金属表面,有时需要经过研磨和抛光才能达到要求。在没有电镀光亮剂以前,对于装饰性电镀,研磨和抛光是必不可少的工序。即使是对于光亮镀种,如一些高要求的装饰件,仍然需要有金属底材的研磨或抛光工艺。

### 1. 常用的研磨材料

这里所说的研磨是与前述轮式打磨是同样的加工方式,但是由于采用较细的材料和用到布料等软性材料进行磨光与抛光,因此属于精饰前处理。常用的研磨材料根据研磨加工的性质不同有两大类，即以切削为主的粗磨料和以磨削为主的细磨料。对于每一类磨料又分为天然磨料和人工磨料两大类。常用的方法是用与颗粒的粒径对应的目数来区分用于不同研磨需要的磨料。常用磨料的构成与应用参数见表 3 - 14。

**表 3 - 14　常用磨料的构成与应用参数**

| 磨料类别 | 磨料名称 | 主要成分 | 材料硬度/莫氏 | 常用粒度/目 | 应用实例 |
|---|---|---|---|---|---|
| 天然磨料 | 天然金刚砂 | $Al_2O_3$ 等 | 7～8 | 24～240 | 用于一般金属的磨光 |
| | 石英砂 | $SiO_2$ | 7 | 24～320 | 是通用的磨光材料 |
| | 硅藻土 | $SiO_2$ | 6～7 | 240 | 用于黄铜、青铜、铝、锌等金属的磨光 |
| | 浮石 | — | 6 | 120～320 | 用于软金属、塑料等材料的磨光 |
| 人工磨料 | 人造金刚砂 | SiC | 9 | 24～320 | 用于高强度钢等硬质材料的磨光与抛光 |
| | 人造刚玉 | $Al_2O_3$ | 9 | 24～280 | 用于铸铁、淬火钢及有一定韧性金属的磨光 |

**2. 常用的抛光材料**

抛光材料也称为抛光膏、抛光蜡，通常都是采用硬脂酸、油酸、石蜡等混合均匀后制成膏状，主要用于使研磨后的表面获得全光亮的效果。

① 氧化铬，是一种很硬的深绿色粉末，主要用作抛光硬度很高的铬镀层等，制成的抛光膏称为绿膏。

② 氧化铝，常用于铜及铜合金、镍、硬铝的抛光，制成的抛光膏称为白膏。

③ 氧化铁，主要用于钢铁制件的抛光，制成的抛光膏称为红膏。

**3. 研磨与机械抛光工艺**

对于需要研磨和抛光的制件，可以根据不同的材料选用以下工艺。

**(1)铸铁制件**　第一道粗磨，用 80～100# 的粗金刚砂磨轮磨光；第二道细磨，用 140～160# 的金刚砂磨轮；第三道走油砂，用 180～200# 的金刚砂磨光，是最后一道磨光。

**(2)热轧、冲压和切削钢制件**　第一道用 120～140# 的金刚砂轮磨削；第二道用 160～180# 的金刚砂轮磨光；第三道用 200～240# 的金刚砂轮进行最后的抛光。

**(3)冷轧的钢制件**　第一道用 160～180# 的金刚砂轮抛磨；第二道用 200～240# 的金刚砂轮抛光。

**(4)铜及铜合金、铝及锌合金等制件**　第一道用 120～140# 金刚砂磨轮；第二道用 160～180# 金刚砂磨光；第三道用布轮白膏抛光。

**(5)钢、铜合金的铸件**　第一道用 80～100# 金刚砂磨轮；第二道用 120～140# 金刚砂磨轮；第三道用 160~180$^\#$ 金刚砂磨光。

对于要求有镜面光泽的镀层，还要求在以上工序的基础上采用 300$^\#$ 以上的磨轮精磨。

由于研磨和抛光是表面精饰加工，人工和材料成本都较通常的表面处理工艺要高，加强成本管理是必要的。研磨抛光材料消耗平均定额见表 3-15，对于不同形状和大小的制件，实际消耗量会有所变化。

**表 3-15 研磨和抛光材料消耗平均定额**

| 材料名称 | 1m² 金属镀层上的消耗量 | | | | | |
|---|---|---|---|---|---|---|
| | 钢制件 | | 黄铜制件 | | 锌合金制件 | |
| | Cu+Ni+Cr | Cu+Ni | Ni+Cr | Ni | Cu+Ni+Cr | Cu+Ni |
| 金刚砂 80~100$^\#$/g | 72 | 72 | — | — | — | — |
| 120~140$^\#$ | 70 | 70 | — | — | 70 | 70 |
| 160~180$^\#$ | 108 | 108 | 108 | 108 | 108 | 108 |
| 200$^\#$ | 54 | 54 | 90 | 90 | 90 | 90 |
| 240$^\#$ | 36 | 36 | — | — | 150 | 150 |
| 木工胶/g | 100 | 100 | 92 | 92 | 92 | 92 |
| 抛光膏/g | 760 | 640 | 1000 | 900 | 1000 | 900 |
| 直径 350mm 布轮/m | 1.26 | 1.26 | 8.4 | 8.4 | 8.4 | 8.4 |
| 直径 300mm 布轮/m | 0.6 | 0.6 | — | — | — | — |

## 3.2.3 化学和电化学抛光

化学抛光是利用一定组成的化学溶液对微观不平表面的作用过程，使处在凸起部位的金属快速溶解，从而整平微观不平表面，使之达到光亮的效果。

化学抛光对非铁金属有明显的作用，因此常作为非铁金属制品的表面精饰处理手段之一。

1. 铝的化学抛光

铝是利用化学抛光处理最多的金属材料。由于铝的两性金属性质，用强酸性抛光液和强碱性抛光液都可以获得光亮效果。

① 传统的碱性高浓度抛光工艺如下：

氢氧化钠　　　　　　　450g/L

硝酸钠　　　　　　　　450g/L

亚硝酸钠　　　　　　　250g/L

磷酸钠　　　　　　　　200g/L

硝酸铜　　　　　　　　3g/L

温度　　　　　　　　　100℃~120℃

时间　　　　　　　　　15~120s

② 一种较好的酸性抛光工艺如下：

| | |
|---|---|
| 磷酸 | 85%（wt） |
| 醋酸 | 10% |
| 硝酸 | 5% |

每 100g 抛光液中加硝酸铜 0.2g

| | |
|---|---|
| 温度 | 80℃～100℃ |
| 时间 | 2～15min |

③ 一种较低工作温度的抛光工艺如下：

| | |
|---|---|
| 硝酸 | 13%（wt） |
| 氟化氢氨 | 16% |
| 水 | 71% |
| 温度 | 55℃～65℃ |
| 时间 | 15～30s |

④ 无黄烟酸性抛光。以上抛光液在工作中都会不同程度产生氮氧化物特有的棕黄色烟雾，对工作现场和环境造成污染。因此，开发和推广"无黄烟"抛光工艺是清洁生产的要求。

所谓无黄烟抛光剂主要是在酸性抛光液中添加某种化学物质，替代硝酸的作用。也有一种是仍可用到硝酸或硝酸盐，但添加了抑制氮氧化物逸出的添加剂，从而减少氮氧化物的排放。

一种无黄烟酸性抛光工艺如下：

| | |
|---|---|
| 磷酸 | 70%（wt） |
| 硫酸 | 25% |
| 铝离子 | 10g/L |
| 添加剂 | 10g/L |
| 温度 | 90℃～110℃ |
| 时间 | 1～3min |

2. 铜及铜合金的化学抛光

铜及铜合金的化学抛光基本上是在混合酸中进行的，因此也被称为光亮酸洗。几种常用的铜及铜合金的化学抛光液如下。

① 三酸抛光工艺如下：

| | |
|---|---|
| 硫酸 | 800g/L |
| 硝酸 | 100g/L |
| 盐酸 | 2.5g/L |
| 温度 | 30℃ |
| 时间 | 1～2min |

② 二酸二盐抛光工艺如下：

| | |
|---|---|
| 硫酸 | 75mL |
| 硝酸 | 75mL |

| | |
|---|---|
| 亚硝酸钠 | 3g |
| 氯化钠 | 1.5g |
| 水 | 140mL |
| 温度 | 30℃ |
| 时间 | 2～3min |

③ 铬酸型抛光工艺。本抛光工艺是应用较多的一种，因为添加了铬酸，对铜及铜合金的抛光效果更好(增加了保护性成膜能力)，但是铬酸的应用面临环保问题。

| | |
|---|---|
| 硫酸 | 80mL |
| 硝酸 | 20mL |
| 盐酸 | 1mL |
| 铬酸 | 60g |
| 水 | 200mL |
| 温度 | 室温 |
| 时间 | 1～3min |

对所有的铜及铜合金抛光工艺而言，抛光液的管理非常重要，有些操作者随意将水带入抛光液，导致成分比例变化，抛光效果就不好。因此要控制水分的带入，尽量不让水进入抛光液。另外，新配的抛光液一般都不好用，这时可以加入少许铜盐或放入废的铜屑，让抛光液老化后，效果就会显现。

**3. 钢铁材料的抛光**

钢铁材料制品有时也用到化学抛光处理，以获得表面光亮度，特别是对于形状不适合机械抛光的制件，只有采用化学抛光来处理。不锈钢则利用化学抛光较多。

① 低碳钢类的化学抛光工艺如下：

| | |
|---|---|
| 磷酸 | 60%(wt) |
| 硫酸 | 30% |
| 硝酸 | 10% |
| 铬酸 | 8g |
| 温度 | 120℃ |
| 时间 | 3～8min |

② 双氧水型抛光工艺如下：

| | |
|---|---|
| 双氧水 | 15g/L |
| 草酸 | 25g/L |
| 硫酸 | 0.1g/L |
| 温度 | 20℃ |
| 时间 | 30～60min(以表面光亮为准) |

注意不宜搅拌。

③ 不锈钢化学抛光工艺如下：

| | |
|---|---|
| 磷酸 | 200g/L |
| 盐酸 | 120g/L |

| 硝酸 | 60g/L |
| 氯烷基吡啶 | 3g/L |
| 缓蚀剂 | 2g/L |
| 温度 | 60℃～80℃ |
| 时间 | 1～3min |

也可在以下溶液中进行不锈钢化学抛光：

| 硝酸 | 200g/L |
| 氢氟酸 | 90g/L |
| 盐酸 | 80g/L |
| 冰醋酸 | 20g/L |
| 硝酸铁 | 25g/L |
| 柠檬酸饱和液 | 60mL/L |
| 磷酸氢二钠饱和液 | 60mL/L |
| 温度 | 50℃～60℃ |
| 时间 | 1～5min |

与铜制件的化学抛光一样，钢铁的化学抛光也要尽量避免水的混入，最好是干燥后再进行化学抛光，并且要冷却至与抛光液的温度接近再进行抛光处理，不可高温进入。

# 4  防护性电镀

## 4.1  电镀层的防护作用

电镀的作用不仅是为了装饰，更重要的是为了防止产品腐蚀，简单地说就是为了防止产品生锈。

### 4.1.1  电镀层的机械保护作用

在金属表面镀上一层或多层金属镀层，就像给金属产品穿上了一件或几件衣裳。这些穿在金属产品外的衣裳，就能像服装保护人体一样，起到保护金属产品的作用，使之不受到腐蚀环境的侵蚀。

金属制品上的镀层，只有完整时才能起到保护作用。我们将这种有完整镀层的保护作用，称为机械保护作用，即将各种侵蚀产品基体金属的有害物质，都挡在镀层外面。显然，如果镀层出现破损或缺陷，基体就有可能受到伤害。因此，对镀层的要求是完整和无缺陷。

### 4.1.2  电镀层的电化学保护作用

在大多数干燥或良好的使用环境中，完整的镀层是有机械保护作用的。而有些镀层，除了机械保护作用，还有一种特殊的保护作用，这就是我们所说的电化学保护作用。

金属在一定条件下会生锈，特别是铁制品，在潮湿条件下很容易生锈，由白亮金属铁，变成了棕黄色的铁锈。我们在学习化学时就已经知道，铁锈已经不是铁，而是铁的氧化物，是空气中的氧与铁结合生成了铁锈。但是在干燥的环境中，这种变化难以发生。为什么在潮湿条件下，铁容易生锈？这就要从腐蚀的原理说起。

腐蚀是指材料与环境间发生的化学或电化学作用而导致材料功能受到损伤的现象。金属的腐蚀是指金属与环境间的物理—化学相互作用，使金属性能发生变化，导致金属的构成和功能受到损伤的现象。

由于现代工业社会环境复杂，腐蚀呈现出多种类型形态。从环境角度可分为湿腐蚀和干腐蚀；从原理角度可分为化学腐蚀和电化学腐蚀；从腐蚀形态可分为均匀腐蚀和局部腐蚀；从微观角度可以分为应力腐蚀、晶间腐蚀等。

湿腐蚀指金属在有水存在条件下的腐蚀，干腐蚀则指在无液态水存在下的干气体中的腐蚀。由于大气中普遍含有水蒸气，各种生产生活环境中也经常需要用到各种水溶液，因此湿腐蚀是最常见的腐蚀形式。而从专业的角度看，所谓湿腐蚀，就是电化学腐蚀，是在发生腐蚀的部位，出现了腐蚀微电池。

**(1)腐蚀微电池**　金属与电解质溶液相接触，由电化学作用而引起的腐蚀，称为电化学腐蚀。形成腐蚀微电池是电化学腐蚀的特征。电化学腐蚀在常温下亦能发生，不仅发生在金属表面，而且会发生在金属组织的内部，因此，比化学腐蚀更快、更普遍。钢铁在潮湿空气中容易生锈，就是因为发生了电化学腐蚀。

钢铁中常含有石墨和碳化铁，它们的电极电位代数值相对于铁的电极电位为正。当钢铁暴露在潮湿空气中，表面吸附并覆盖了一层水膜，由于水电离出的氢离子，加上溶解于水的 $CO_2$ 或 $SO_2$ 所产生的氢离子，增加了电解质溶液中的 $H^+$ 浓度，也就是酸度。

$$CO_2 + H_2O \rightleftharpoons H_2CO_3 \rightleftharpoons H^+ + HCO_3^-$$

$$SO_2 + H_2O \rightleftharpoons H_2SO_3 \rightleftharpoons H^+ + HSO_3^-$$

因此，铁和石墨或杂质，与周围的电解质溶液形成了微型原电池。正是这种微电池的作用，使金属的局部成为阳极而发生电化学溶解，从而发生腐蚀。这里，铁为阳极，发生氧化反应；石墨（或杂质）为阴极，发生还原反应，腐蚀电流就在这两极间流动。但这种腐蚀电池与原电池不同，其所产生的电流是不能对外做功的，这种电流称为腐蚀电流，其只能导致金属材料的破坏。铁的电化学腐蚀原理如图 4-1 所示。

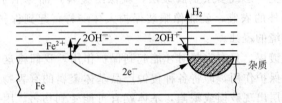

图 4-1　铁的电化学腐蚀原理

其电极反应如下。

阳极（铁）：$Fe - 2e \Longrightarrow Fe^{2+}$

阴极（石墨或杂质）：$2H^+ + 2e \Longrightarrow H_2 \uparrow$

氢气在杂质上的析出，促进了铁的不断腐蚀。这种腐蚀过程中因有氢气放出，故称为析氢腐蚀。铁的析氢腐蚀一般只在酸性溶液中发生。

一般情况下，由于水膜接近于中性，$H^+$ 浓度较小，这时在杂质上还原的不是 $H^+$ 而是溶解于水中的氧，因此，电极反应如下。

阳极（铁）：$2Fe - 4e \Longrightarrow 2Fe^{2+}$

阴极（在墨或杂质）：$O_2 + 2H_2O + 4e \Longrightarrow 4OH^-$

两极上的反应产物 $Fe^{2+}$ 和 $OH^-$ 相互结合成 $Fe(OH)_2$，然后 $Fe(OH)_2$ 被空气中氧气氧化成 $Fe(OH)_3$，进而形成疏松的铁锈。因此金属在含有氧气的电解质溶液中也能引起腐蚀，这种腐蚀称为吸氧腐蚀，其过程如图 4-2 所示。

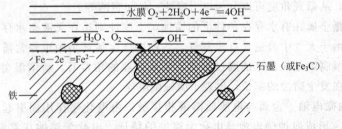

图 4-2　铁的吸氧腐蚀

由此可知，要想使铁制品在腐蚀环境中不发生腐蚀，从理论上说，就必须使用完全不含有任何杂质的纯铁，这显然是不现实的。另外，即使是纯铁，在使用中也会与其他材料接触，包括与其他金属材料的接触，这种接触也会产生电化学腐蚀。称为电偶腐蚀。由此可知，对于在一种金属材料上镀上另一种金属镀层的结构，一旦发生腐蚀，就会是电化学腐蚀，当然也可以称为电偶腐蚀。

**(2)阳极镀层**　镀层电极电位比基体电极电位负的镀层称为阳极镀层。

当金属镀层的电极电位比基体金属电位负时，使用过程中当镀层遇有腐蚀介质时，镀层先腐蚀而保护基体不受腐蚀，具有牺牲镀层保护基体的特点。这种镀层就是阳极镀层，典型的如钢铁上镀锌层等。

**(3)阴极镀层**　镀层电极电位比基体电极电位正的镀层称为阴极镀层。

显然，当金属基体的活泼性比金属镀层的大，也就基体的标准电位比镀层的标准电位负，使用时只有镀层完整地将基体包覆起来，才能起到保护基体的作用。如果镀层不完整或有孔隙、破损，当发生腐蚀的时候，基体会更快地受到腐蚀而损坏，这种镀层就是阴极镀层，如钢铁上铜镀层、镍镀层等。

由于阴极镀层只有完整和具有一定的厚度时才对基体有保护作用，因此从防护的角度考虑，应该尽量采用阳极镀层。如果要采用阴极镀层，则要求电镀层厚度、孔隙率等都要符合要求。因此，阴极镀层较少只用单一镀层，而是多采用组合的多层镀层，以增强其机械保护作用。有时也在组合中加入有牺牲作用的阳极镀层，起到第二防线的作用。

本章介绍的电镀工艺，对于钢铁产品来说都是阳极镀层，其不仅具有机械保护作用，而且具有电化学保护作用。

## 4.2　防护性电镀工艺

### 4.2.1　锌与镀锌

#### 1. 锌的性质

锌的元素符号为 Zn，是元素周期表中 IIB 族元素，原子序数 30，相对原子质量 65.38，熔点 419.5℃，密度 7.17g/cm³，电阻率 $5.916 \times 10^{-6}$ Ω·cm。锌的名称来源于拉丁文 Zincum，意思是"白色薄层"或"白色沉积物"，其英文名称是 Zinc。

锌金属组织为密排六方结构(hcp)，晶格常数 $a= 0.26649nm$，$c= 0.49470nm$，比率 $c/a = 1.856$。

锌为两性元素，与酸碱都可以发生氧化反应：

$$Zn + H_2SO_4 = ZnSO_4 + H_2 \uparrow$$

$$Zn + 2NaOH + 2H_2O = Na_2[Zn(OH)_4] + H_2 \uparrow$$

在潮湿空气中，锌将生成碱式盐：

$$4Zn + 2O_2 + CO_2 + 3H_2O = ZnCO_3 \cdot 3Zn(OH)_2$$

#### 2. 镀锌的应用

镀锌是钢铁制件的最常用防护性镀层，也是典型的阳极镀层，对钢铁基体有良好的电化学保护作用。同时，经钝化处理后的镀锌层又有较好的耐腐蚀性能，因此，电子产品的机壳、机架、机框和底板支架等钢铁结构件，大多数采用了镀锌工艺。因此，使镀锌的总量在所有电镀镀种中是最大的。镀锌是电镀行业中最基本和最普遍的镀种。

随着汽车制造、通信基站、采矿机械等工业产品在现代环境中的耐蚀性能要求的提高，对镀锌的耐蚀性能要求也有了提高，从而促进了镀锌合金技术的发展与进步。

对于用于严重腐蚀环境而需要较厚镀层的制件，采用热镀锌技术，如桥梁钢结构件、航海器件、海洋钻探和采油设备、公路护栏、高压线塔结构件等，大都采用热镀锌后，再进行表面涂装处理。

**3. 镀锌工艺类别**

① 以镀液的 pH 范围不同分类，可以分为碱性镀液、中性镀液和酸性镀液三大类。碱性镀液主要是氰化物镀锌和锌酸盐镀锌，还有焦磷酸盐镀锌等；中性镀锌主要是氯化铵镀锌，现在已经很少采用；酸性镀锌则有硫酸盐镀锌和氯化钾镀锌等。

② 以镀液主盐和络合剂不同分类，则有氰化物镀锌、锌酸盐镀锌、氯化物镀锌等。

③ 从广义的角度看，镀锌工艺还包括热镀锌工艺和热渗锌工艺。

在很长一个时期，大多数镀锌采用的是氰化物镀锌工艺。但随着无氰镀锌工艺技术的进步，使其正在取代氰化物镀锌工艺。

各种镀锌液的特点见表 4-1。

**表 4-1　各种镀锌液的特点**

| 镀锌类别 | 镀液特点 |
|---|---|
| 氰化物镀锌 | 应用较广的镀锌工艺，镀层光泽细致，分散能力好，但毒性极强，对环境影响较大 |
| 碱性锌酸盐镀锌 | 取代氰化物镀锌的工艺，依靠添加剂的作用，已经接近氰化物镀锌的水平，镀层脆性较大 |
| 氯化物镀锌 | 有氯化铵、氯化钾等不同类型，现在以氯化钾型为主，有极好的光亮性能，特别适合滚镀，耐蚀性能稍差 |
| 硫酸盐镀锌 | 沉积速度高，可获得光亮镀层，适合于高速连续电镀，如线材电镀等，是强酸性镀液，分散能力较差 |
| 焦磷酸盐镀锌 | 早期的无氰镀锌工艺，因成本偏高，且管理要求较高，已经不经常使用 |
| 硼氟化物镀锌 | 早期的高速电镀工艺，已经不经常使用 |
| 热镀锌 | 获得厚镀层和高耐蚀性镀层的工艺，镀液是高温熔融状，对设备要求较高，操作较电镀复杂，厚度难以控制 |

### 4.2.2 镀锌工艺

1. 氰化物镀锌工艺

氰化物镀锌由于分散能力好，镀层结晶细致，镀后钝化性能好而曾经是镀锌的主流工艺。然而，随着环境保护要求的日益严格而面临被无氰电镀工艺取代的命运。

**(1)典型的氰化物镀锌** 一种典型的氰化物镀锌工艺如下：

| | |
|---|---|
| 氧化锌 | 40g/L |
| 氰化钠 | 100g/L |
| 氢氧化钠 | 80g/L |
| $M$ | 2.7 |
| 温度 | 20℃～40℃ |
| 电流密度 | 2～5A/dm² |

$M$ 是氰化钠的量与锌含量的比值，一般控制在 $M$ 为 2.5～3.0。$M$ 值低于 2.5 时，镀液的分散能力下降；而高于 3.0 时，电流效率有所下降。氰化物镀锌时 $M$ 与光亮区电流密度范围的关系见表 4－2。

表 4－2　氰化物镀锌时 $M$ 与光亮区电流密度范围的关系

| $M$ | 光亮区电流密度范围/(A/dm²) |
|---|---|
| 2.25 | 3.7～9.3 |
| 2.5 | 1.8～9.3 |
| 2.7 | 0.9～9.3 |
| 3.0 | 0.5～7.5 |
| 3.2 | 0.3～7.5 |

镀液中的氰化钠与氢氧化钠的含量也有一定的比例要求，这是因为在氰化物镀锌中，锌离子与氰化物和氢氧化物存在以下平衡：

$$Na_2Zn(CN)_4 + 4NaOH \rightleftharpoons Na_2ZnO_2 + 4NaCN + 2H_2O$$

在这个化学平衡中，当氢氧化钠过量时，锌酸盐的量有所增加，而当氰化钠过量时，则生成较多的氰化锌络离子。表现在镀层上，则当氢氧化钠过量时，镀层变得无光泽或粗糙，而当氰化钠过量时，电流效率下降，镀层变薄。但是当氢氧化钠含量偏低时，则会使阳极溶解不正常，镀液的导电性能下降。

配制镀液时可先在容器内装入 1/2 的冷水，然后小心地溶入氢氧化钠，注意这个过程是放热的。然后溶入氰化钠，最后再将调成糊状的氧化锌溶入其中，加水至所需体积。最后加入计算结果为 0.075～0.15g/L 的硫化钠和 0.2g/L 的锌粉，充分搅拌后静置、过滤，即可以试镀。

氰化物镀锌的最大问题是络合剂氰化物的剧烈毒性问题，无论是对操作者和环境都存在着潜在的危险，因此，生产操作和排水处理，都必须严格遵守安全生产和环境保护的相关法规。

**(2)低氰镀锌工艺** 由于氰化物的剧毒性能，对环境和生产者都有很大威胁，因此降低氰化物和取消氰化物一直是电镀技术工作者努力的方向。在降低氰化物的研究中，已经有低氰镀锌工艺成功用于生产。一种典型的低氰镀锌工艺如下：

| | |
|---|---|
| 氧化锌 | 15g/L |
| 氰化钠 | 10g/L |
| 氢氧化钠 | 100g/L |
| 镀锌添加剂 | 5mL/L |
| 温度 | 20℃～40℃ |
| 电流密度 | 1.5～2A/dm² |

当然，这种镀锌工艺的缺点是电流效率较低，沉积速度较慢，属于将氰化物镀锌向锌酸盐镀锌转化的过渡性工艺，可以用于一般性要求的镀锌件的生产。

**(3)光亮氰化物镀锌**　随着镀锌添加剂技术的进步，全光亮的氰化物镀锌工艺也有了较多应用。

用作氰化镀锌光亮剂的主要有主光剂、载体光亮剂和辅助光亮剂。主光剂主要是锌离子在阴极电结晶的同时可以还原的有机物或无机物，并且还原电位略正于锌离子的放电电位，才可能有光亮作用。可用作主光剂的有机添加剂有甲醛、洋茉莉醛、对甲氧基苯甲醛(茴香醛)、邻氯苯甲醛、氨基苯甲醛、邻羟基苯甲醛、苯基硫代尿素、香豆素、苯乙酮、苄叉丙酮等。其用量为0.02～5g/L，有些还有更高的含量。

载体光亮剂又称为第一类光亮剂或次级光亮剂，用它能使镀层结晶明显细化，并使镀层显示出光亮性。但只有与主光剂配合使用才能产生全光亮镀层。可用作载体光亮剂的有天然或者人工合成的高聚物，如动物胶、糊精、阿拉伯胶、蛋白质、磺化蓖麻油、聚乙烯亚胺等。但由于胶类大多为面型聚合物，在电极表面的吸附性强，不易脱附，很容易在镀层中夹杂而增加镀层脆性。

为了解决这类添加剂的脆性问题，可以在聚合物中引入更多的亲水基团，如将环氧氯丙烷与氨或胺反应，所得化合物是含氧、氮等配位原子的环氧 胺缩聚物。

一种典型的光亮氰化物镀锌工艺如下：

| | |
|---|---|
| 氧化锌 | 40g/L |
| 氰化钠 | 90g/L |
| 氢氧化钠 | 80g/L |
| 硫化钠 | 1g/L |
| 钼酸钠 | 3g/L |
| 洋茉莉醛 | 2g/L |
| 温度 | 25℃ |
| 电流密度 | 1～2.5A/dm² |

光亮剂采用无机盐和醛类的组合方式，有较好效果。洋茉莉醛由于不溶于水，需要经磺化处理后加入。磺化的方法如下：将洋茉莉醛溶于60℃酒精中；在另外的容器内取质量为洋茉莉醛2倍的重亚硫酸钠，溶解为饱和溶液。在不断搅拌下将洋茉莉醛的酒精溶液溶于饱和的重亚硫酸钠溶液，生成洋茉莉醛的白色磺化物。可用热水溶解后与钼酸钠一起加入镀槽中。注意有机添加剂用量不可过多，否则会使镀层太亮且发脆。

**(4)氰化物镀锌的管理**

① 操作工艺管理。保持镀液在正常工艺规范内工作。对镀液温度、所用电流密度、每槽电镀时间等做好记录，以便于质量管理的可追溯性。

② 镀液成分的管理。主要通过镀液分析和霍尔槽试验进行。在氰化物镀锌的配方中，经常需要补充的是氰化钠，要维持其与氧化锌的正常比值。锌离子在阳极正常溶解的情况下，通常会偏高，可通过调整阳极加以控制，如适当挂入铁板等不溶性阳极，降低锌离子含量。

要经常分析镀液，了解镀液的组分变化情况，以便及时补充和调整。

③ 杂质的防止与去除。镀液中的金属杂质、有机物杂质或其他杂质对镀层质量有很大影响。杂质的来源主要是阳极和化工原料，因此要采用纯净的阳极，至少是 1 号锌板，最好是 0 号锌板。化工原料也要用电镀级，如果是一般工业原料，要经分析化验后再添加，或另备补充槽先溶解过滤后，再加入镀槽。这样可以从源头上防止杂质混入。

对于不可避免混入的杂质，可定期加入硫化钠和锌粉进行沉淀和置换处理。硫化钠可以每天都加一次，锌粉则根据霍尔槽试验补加。

对于有机杂质，可每三个月加入粉状活性炭处理一次，每次加入活性炭 $1\sim4g/L$，充分搅拌 2h，然后过滤。

氰化物镀种都有一个生成碳酸盐的问题，这是因为氰化钠和氢氧化钠与空气中的二氧化碳反应，会生成碳酸钠。一定量的碳酸钠对镀液是有利的，但是过量就会造成镀层发灰、粗糙，电流效率下降。对于氰化物镀锌，碳酸盐的含量不要超过 60g/L。过多碳酸盐可通过冷冻法结晶去除，没有冷冻设备可利用冬季进行去除。也可用化学法去除碳酸盐，原理是将碳酸盐转化为难溶的碳酸钙，沉淀后去除：

$$Ca(OH)_2 + Na_2CO_3 = CaCO_3 \downarrow + 2NaOH$$

**2. 无氰碱性镀锌工艺**

在取代氰化物镀锌的工艺中，以无氰碱性镀锌最为典型。无氰碱性镀锌也称为锌酸盐镀锌，是指以氧化锌为主盐，以氢氧化钠为配位剂的镀锌工艺，这种镀液在添加剂和光亮剂的作用下，已经可以镀出与氰化物镀锌一样良好的镀锌层。由于这一工艺主要是靠添加剂来改善锌电沉积的过程，因此，正确使用添加剂是本工艺的关键。

**(1)典型无氰碱性镀锌** 典型无氰碱性镀锌是以高浓度氢氧化钠来络合锌离子的，氧化锌与氢氧化钠的比值以 1:10 为最佳，由此得到的工艺配方和操作条件如下：

| | |
|---|---|
| 氧化锌 | $7.5\sim15g/L$ |
| 氢氧化钠 | $75\sim150g/L$ |
| 添加剂 | 适量 |
| 阴极电流密度 | $0.5\sim5\ A/dm^2$ |
| 阳极 | 纯锌板+不溶性阳极(铁板或镀镍铁板) |

无氰碱性镀锌的关键是采用了添加剂。如果没有添加剂，从这种镀液中镀出的锌层是粗糙和灰黑色镀层，加入添加剂以后，镀层就细致并且呈现出金属的白色直至光亮的镀层。

用于碱性镀锌的添加剂主要是与环氧氯丙烷反应的胺类，如二甲氨基丙胺、乙二胺等。这种镀锌工艺的最大缺点是镀层沉积速度慢且不宜镀厚。这是因为其电流效率较低(70%左右)，同时添加剂分解产物在镀层中夹杂较多，使镀层脆性较大且镀后处理(钝化)性能下降。这种工艺的另一个问题是阳极的问题。由于金属锌本身是两性金属，在碱性溶液中也会有化学溶解，这样锌阳极在镀液中无论是生产过程中还是停止工作时，都会发生电化学和化学溶解，从而使锌离子浓度增加，镀液失去平衡而导致无法正常工作。解决这一问题的方法是在镀槽中放入一定比例的不溶性金属阳极，有时甚至完全采用不溶性阳极，只在需要补加锌离子时才放入锌阳极，并且在不工作时，一定要取出锌阳极，从而防止锌离子的不正常增加。

还有一种方法是完全使用不溶性阳极，另外配置一个溶锌槽，定期通过流量管理系统根据分析信息自动往镀槽中补加锌离子，即所谓的双槽无氰镀锌。

**(2)新型无氰碱性镀锌**　典型无氰碱性镀锌一直存在的缺点是主盐浓度低和不能镀得太厚，如氧化锌的含量只能控制在8g/L左右，超过10g/L镀层质量就明显下降。随着电镀添加剂技术的进步，这个问题已经获得解决，这仍得益于在添加剂方面取得的突破，从而使主盐的浓度有较大提高。其工艺配方和操作条件如下：

| | |
|---|---|
| 氧化锌 | 6.8~23.4（滚镀 9~30）g/L |
| 氢氧化钠 | 75~150（滚镀 90~150）g/L |
| ZN-500 光亮剂 | 15~20 mL/L |
| ZN-500 走位剂 | 3~5（滚镀 5~10）mL/L |
| 温度 | 18℃~50℃ |
| 阴极电流密度 | 0.5~6 A/dm² |
| 阳极 | 99.9%以上纯锌板 |

其中 ZN-500 光亮剂是引进美国哥伦比亚公司的技术，由武汉风帆电镀技术有限公司生产和销售。这一新工艺的显著特点如下：

① 主盐浓度宽。氧化锌的含量在 7~24g/L 的范围都可以工作，镀液的稳定性提高。

② 既适合于挂镀，也适合于滚镀，这是其他碱性镀锌所难以做到的。这时的主盐浓度可以提高至 9~30g/L，管理方便。

③ 镀层脆性小。经过检测，镀层的厚度在 $31\mu m$ 以上仍具有韧性而不发脆，经 180°去氢也不会起泡。因此可以在电子产品、军工产品中应用。

④ 工作温度范围较宽。在 50℃时也能获得光亮镀层。

⑤ 具有良好的低区性能和高分散能力，适合于形状复杂的零件挂镀加工。

⑥ 镀后钝化性能良好，可以兼容多种钝化工艺，且对金属杂质如钙、镁、铅、镉、铁、铬等都有很好的容忍性。

很显然，这种镀锌工艺已经克服了以往无氰镀锌存在的缺点，使这一工艺与氰化物镀锌一样可以适合于多种镀锌产品的需要。

这种新工艺的优点还在于它与其他类碱性无氰镀锌光亮剂是基本兼容的，只停止加入原来的光亮剂，然后通过霍尔槽试验来确定应该补加的 ZN-500 光亮剂的量。初始添加量控制在 0.25 mL/L，再慢慢加到正常工艺范围，并补入走位剂。在杂质较多时，还应加入与 ZN-500 光亮剂配套的镀液净化剂。当对水质纯度不确定时，可以在新配槽时加入相应的除杂剂和水质稳定剂各 1 mL/L。

镀前处理仍应该严格按照工艺要求进行，如碱性除油、盐酸除锈和镀前活化等。如果采用镀前的氢氧化钠阳极电解，可不经水洗直接入镀槽。钝化可以适用各种工艺，钝化前应在 0.3～0.5% 的稀硝酸中出光。

**(3)镀液的维护与管理**　对镀液的维护可以从两方面着手，一方面是通过定期分析镀液成分，使主盐和络合剂保持在工艺规定的范围；另一方面要记录镀槽工作时所通过的电量(Ah)，用作补加添加剂或光亮剂的依据之一。由于镀锌添加剂是锌酸盐镀锌质量的重要保证，因此，碱性镀锌镀液管理的最主要的内容就是添加剂的管理。而利用霍尔槽试验进行管理，是现场工艺管理最为有效的方法。具体的做法是利用在一个试片上的逐点测厚法，来获取光亮范围、镀液分散能力、镀层厚度等参数。

霍尔槽试片上高低区之间电流密度变化值达数十倍，可以直观地看出光亮区范围，由于镀锌工艺现在还没有达到全片完全光亮的效果，因此可以很容易地看出高电流区和低电流区的差别，从而判断出光亮区电流密度范围。通过霍尔槽试验，可以获得多项参数，包括镀液分散能力、添加剂用量是否合适等，碱性镀锌霍尔槽试片镀层信息如图 4-3 所示。

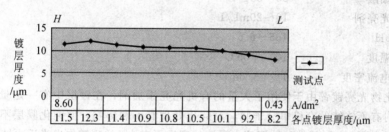

**图 4-3　碱性镀锌霍尔槽试片上镀层信息**

由图 4-3 可知，由于霍尔槽试片上电流密度分布与试片上各测试点是一一对应的关系，可以根据同一试片上不同点的电流密度和镀层厚度的关系绘出曲线，直观地反映出镀液的分散能力和镀层厚度的分布。通常都是取高电流区和低电流区距试片两极端点各 1.5cm 距离内的点作为测试点。这两个点对应的电流密度分别是高区的 8.60 A/dm² 和低区的 0.43 A/dm²，相差正好 20 倍。通过测这两点的镀层厚度并进行比较，就可以对其分散能力有一个量化的评价。

同一组数据还可以用来判断电镀添加剂的用量是否合适，具体方法是计算这两个厚度的比值。其比值应为 1.5～2.25。低于 1.5，表示光亮剂的含量偏高；高于 2.25 表示光亮剂的含量不足。但是要注意的是，影响这两个点厚度差别的因素还有很多，要根据镀槽的具体情况结合测试结果综合加以判定。因此这种方法只是一种参考，其所依据的原理是当添加剂过多时，会进一步改善镀层的分布，而添加剂不足时，分散能力也会有所下降。

霍尔槽试片也可以直观地给出镀层在不同电流密度区域的镀层状态、光亮范围、杂质影响情况等。

### 3. 酸性氯化物光亮镀锌工艺

酸性氯化物镀锌是无氰镀锌工艺中另一个亮点。这一工艺自 20 世纪 80 年代开发成功以来，由于光亮添加剂技术的进步，现在已经成为重要的光亮镀锌工艺。这种工艺可以获得全光亮的镀锌层，在钢铁材料上应用非常广泛。电子产品中的紧固件滚镀锌基本上采用的是氯化物镀锌。

酸性氯化物镀锌经历了有铵和无铵两个阶段。早期的氯化铵镀锌是作为无氰镀锌方案中一个重要的镀种而开发的，由于电流效率高、沉积速度快、镀层结晶较细、渗氢较少等优点而受到欢迎。所用的光亮剂主要是聚乙二醇和硫脲等有机物，也有用到六亚甲基四胺和苄叉丙酮的。但因镀液对电镀设备腐蚀严重，且镀后的钝化性能不好，因而逐步被无铵氯化钾镀锌所取代。也有使用钠盐的工艺，但效果不如钾盐好，因此现在普遍使用的是钾盐工艺。

**(1)典型氯化钾镀锌工艺**　弱酸性氯化钾光亮镀锌由于能够获得全光亮的镀锌层，成为日用五金电镀中常用的镀种之一。其典型工艺如下：

| | |
|---|---|
| 氯化锌 | $60\sim70g/L$ |
| 氯化钾 | $180\sim220g/L$ |
| 硼酸 | $25\sim35g/L$ |
| 光亮剂 | $10\sim20mL/L$ |
| pH | $4.5\sim6.5$ |
| 温度 | $10℃\sim55℃$ |
| 电流密度 | $1\sim4A/dm^2$ |

氯化物光亮镀锌由于使用了大量的有机光亮添加剂，在镀层中有一定量夹杂，表面也黏附有不连续的有机单分子膜，对钝化处理有不利影响，使钝化膜层不牢和色泽不好。通常要在 2% 的碳酸钠溶液中浸渍处理后再在 1% 的硝酸中出光后再钝化。

现在紧固件和小五金类镀锌制品，基本上都采用了滚镀氯化钾镀锌工艺，镀层光亮均匀，经钝化或着色后，既有防护作用，又有装饰效果，在不少制件镀锌加工中，替代了碱性镀锌工艺。

但是氯化钾滚镀锌存在镀液浊点问题，是选用光亮剂和镀液管理两个方面都要加以注意的。

**(2)氯化物镀锌光亮剂**　目前氯化物镀锌光亮剂种类很多，主要由主光剂、载体光亮剂和辅助光亮剂。

① 主光亮剂，是一种能产生显著的光亮和整平作用的有机物，其分子结构中应含一个羰基，如芳香醛或芳香酮，某些杂环醛也可用，如香豆素、香草醛、苄叉丙酮等，国内市售的添加剂大都以苄叉丙酮作主光亮剂（近年来选用邻氯苯甲醛）。苄叉丙酮含量以 $0.2\sim0.3g/L$ 为宜，过高会产生亮而脆的镀层；过低光和整平性不足。苄叉丙酮难溶于水，必须靠载体光亮剂增溶，使其均匀分散在镀液中。

② 载体光亮剂，一般采用聚醚类非离子型表面活性剂，如聚氧乙烯脂肪醇醚类、聚氧乙烯烷基酚醚类、高分子聚醚或聚醇类等。载体光亮剂起着细化结晶和增加主光亮剂的溶解度双重作用。其增溶作用是将主光亮剂分散在载体光亮剂的胶束之中，从

而一起分散于水中。

③ 辅助光亮剂，主要用于提高低电流密度区的光亮度，与主光亮剂相配合，发挥协同效应，能明显扩大光亮电流密度范围，以便获得全光亮的镀层。辅助光亮剂一般选用不饱和芳香族羧酸或其磺酸盐，如苯磺酸钠、亚甲基二萘磺酸钠（NNO）等。

**(3)氯化钾镀锌光亮剂组合方案** 氯化钾镀锌光亮剂组合方案有以下几种。

① 苄叉丙酮＋平平加＋苯甲酸钠。这是早期的氯化钾光亮镀锌添加剂配方，优点是配制方法简便，成本低，早期较多由电镀厂自己配制，但是它消耗量大，镀液中添加剂分解物积累沉淀多，造成浪费，目前使用的厂家在逐渐减少。

② 苄叉丙酮＋高温载体＋其他辅助剂。这类光剂的耐温性好，镀层光亮，但不清亮，同样存在沉淀物多的问题。典型的组成如下：

| | |
|---|---|
| 苄叉丙酮 | 20g/L |
| 亚甲基二萘磺酸钠 | 30～40g/L |
| HW 高温匀染剂（或 HTA） | 220～300g/L |
| 邻磺酰苯甲酰胺钠盐 | 10～15g/L |
| 吡啶-3-甲酸 | 5～8g/L |
| 对氨基磺酰胺 | 2～3g/L |
| 苯甲酸钠 | 60～80g/L |

后三种物质可酌情加入，不一定全加，混合搅溶后制成液体补加剂，加入后使浓度保持在其 20mL/L，效果与市售宽温添加剂相似。

添加剂是由多种成分复配的，它们的消耗速度不可能完全同步。使用一段时间后，消耗快的一种会缺少而致使镀件质量出现问题。为了弥补这种不足，开发出了补加剂，来维持消耗平衡。因此市售添加剂都有开槽用和补充用两种。

③ OP＋醛类。这类光剂的光亮度好，出光速度快，角缸少，但耐温性差，温度达38℃时，镀液就会发浑，无法正常生产。

④ 高温载体＋醛类。这类光剂耐温性好，槽液温度达 65℃时仍能正常生产，镀层清亮，出光速度快，但是低电流区光亮度差，需加入大量的光亮剂才能提高低区亮度，造成镀层脆性明显提高。因此如何提高低电流区光亮度，同时又不影响镀层的脆性成为此类光亮剂需要攻克的关键问题。

**(4)氯化物镀锌添加剂的浊点问题** 氯化物镀锌添加剂中的载体光亮剂溶于水是依靠众多的醚键和水分子的氢键作用。由于氢键能较小，当温度高时氢键即断开，水溶性降低，聚醚化合物即游离出来，此时溶液发生混浊。如果添加物的浊点高，溶液由清透到开始变混浊的工作温度也随之升高。这对于长时间工作的镀液是很重要的。选择添加剂一定要注意其浊点温度，一旦出现混浊现象，载体光亮剂游离出来，主光亮剂也会随之失效，尤其是对于滚镀槽温会升高的，必须选用浊点高的添加剂。浊点温度高低除与载体光亮剂的性能有关外，还与镀液主盐、导电盐、主光亮剂的浓度有关。浊点温度随上述成分浓度升高而降低。为了提高添加剂的浊点温度，有时还添加高温匀染剂、乳化剂、增溶剂等。

4. 硫酸盐镀锌

硫酸盐镀锌是最早开发的镀锌工艺，但由于镀层质量差而很少采用。但是，硫酸盐镀锌有极高的电流效率，在线材连续电镀中还一直在采用，只不过所用的添加剂是硫酸铝和明胶等。随着电镀添加剂技术的进步，现在已经有了能与氯化物镀锌相比的全光亮添加剂，已经普遍用于线材电镀行业和铸件电镀等行业。其特点是添加量少，镀层光亮，但过厚时会有一定脆性。由于含有表面活性剂，在镀液循环时会有大量气泡产生。针对这些问题，现在也已经有低泡型光亮剂。

**(1)硫酸盐镀锌工艺**　传统的硫酸盐镀锌镀液的组成比较复杂，除主盐硫酸锌以外，还要加入硫酸铝、硫酸钠等导电盐，再加上阿拉伯树胶或明胶、硫脲等，成分多达五六种，电流密度范围小，温度要求在 35℃ 以内。随着硫酸盐镀锌光亮剂的开发成功，现在的硫酸盐镀锌工艺成分简单，只要具有主盐硫酸锌和 pH 缓冲剂硼酸即可。加入光亮剂后，可以获得光亮镀层。其温度的上限可以达到 50℃，电流密度范围也很宽，为 15～150A/dm²。根据镀液循环的需要，可以加入低泡型光亮剂，如硫锌-30 光亮剂。其工艺如下：

| | |
|---|---|
| 硫酸锌 | 300～450 g/L |
| 硼酸 | 20～30g/L |
| 硫锌-30 | 14～18 mL/L |
| 温度 | 10℃～15 ℃ |
| pH | 4～5.5 |
| 走线速度 | 5～15m/min |

这一工艺明显的特点是镀液成分简单、稳定，电流效率高，镀层光亮。

**(2)硫酸盐镀锌的添加剂**　一种典型的用于线材硫酸盐镀锌的添加剂组成如下：

| | |
|---|---|
| 苄叉丙酮 | 20～30g/L |
| 聚氧乙烯壬基醚 | 10～15g/L |
| 肉桂酸 | 2～3g/L |
| 烟酸 | 4～5g/L |
| 苯并三氮唑 | 0.4～0.5g/L |
| 苯甲酸钠 | 50g/L |
| HW 匀染剂 | 300g/L |

该添加剂在镀液中的使用量是 20～30mL/L。

## 4.2.3　镉与镀镉

1. 镉的性质

镉的元素符号为 Cd，原子序数 48，为第五周期ⅡB族元素，相对原子质量 112.41，密度 8.64g/cm³，溶点 320.9℃，膨胀系数 $0.316 \times 10^{-4}$，电阻率 $7.3 \times 10^{-6}$ Ω·cm，导电性能（以铜为 100）的比较值为 22.8。镉的电化当量为 2.096g/Ah。1Ah 析出的镀层质量为 2.097g，厚 24.3μm。标准电极电位为 −0.40V。

金属镉的晶体为密排六方晶体（hcp），晶格常数 $a = 0.2987$nm，$c = 0.5617$nm，

$c/a = 1.88$；如果 hcp 结构中的原子按刚球模型计算，则 $c/a = 1.663$。

1817 年德国施特罗迈尔从碳酸锌中发现镉，其英文名称来源于拉丁文 cadmia，含义是菱锌矿。镉在地壳中的含量为 $(2 \times 10^{-5})\%$，在自然界中都以化合物的形式存在，主要矿物为硫镉矿（CdS），与锌矿、铅锌矿、铜铅锌矿共生，浮选时大部分进入锌精矿，在焙烧过程中富集在烟尘中。在湿法炼锌时，镉存于铜镉渣中。

镉在潮湿空气中缓慢氧化并失去金属光泽，加热时表面形成棕色的氧化物层。高温下镉与卤素反应激烈，形成卤化镉，也可与硫直接化合，生成硫化镉。镉可溶于酸，但不溶于碱。镉的氧化态为 +1、+2 价。氧化镉和氢氧化镉的溶解度都很小，它们溶于酸，但不溶于碱。镉可形成多种配离子，如 $Cd(NH_3)$、$Cd(CN)$、$CdCl$ 等。镉的毒性较大，被镉污染的空气和食物对人体危害严重。

**2. 镀镉的应用**

**(1)镉的用途** 镉主要用于钢、铁、铜和其他金属的电镀，对碱性物质的耐腐蚀能力强。镉的化合物还大量用于生产颜料和荧光粉。硫化镉、硒化镉、碲化镉用于制造光电池。镉作为合金组分能与多种金属配成很多合金，如含镉 $0.5\% \sim 1.0\%$ 的硬铜合金，有较高的抗拉强度和耐磨性。镉（98.65%）镍（1.35%）合金是飞机发动机的轴承材料。很多低熔点合金中含有镉，著名的伍德易熔合金中含有镉达 12.5%。镍-镉和银-镉电池具有体积小、容量大等优点。镉具有较大的热中子俘获截面，因此含银（80%）、铟（15%）、镉（5%）的合金可作原子反应堆的控制棒。

镉的化合物主要是以二价离子形式存在的，与锌的性质相似。在潮湿的空气中表面能形成碱式碳酸盐的氧化膜，以保护金属不继续受腐蚀。镉在干燥的空气中几乎不发生变化。

仅仅从标准电极电位看，在钢铁上镀镉是阴极镀层。但是在不同环境条件下，镉的标准电位会发生向负方向的偏移，变得比钢铁的标准电位要负。例如，在海水等海洋性环境，镉的电位为 $-0.52 \sim 0.58V$，这时就是阳极镀层。

**(2)镉镀层的优良耐蚀性能** 镉镀层对钢铁基体有良好的耐蚀性能，在一般情况下与锌镀层对钢铁基体的保护作用是相同的。由于镉镀层的成本比锌镀层要高得多，且有环保方面的问题，因此镀镉已经从常规工艺中退出。但是，镉镀层耐盐水喷雾的时间是锌镀层的近 3 倍，因此在海洋等军事需要的产品中，还保留有镀镉工艺。铁上镀镉和镀锌的耐盐雾试验结果见表 4-3。

**表 4-3　铁上镀镉和镀锌的耐盐雾试验结果（盐水浓度 5%）**

| 镀层厚度/μm（未经钝化） | | 生红锈时间/h | |
|---|---|---|---|
| 镀镉 | 镀锌 | 镀镉 | 镀锌 |
| ≥5 | ≥5 | 96 | 36 |
| ≥8 | ≥8 | 192 | 56 |
| ≥13 | ≥13 | 240 | 96 |

特别是在高浓度盐水试验中，镉镀层的表现更为优秀，高浓度盐雾试验中铁上镀镉与镀锌的比较如图 4 - 4 所示。当盐水浓度在 20％上时，锌镀层的耐蚀性能急剧下降，所有厚度的锌镀层都没有超过 10h 就出现了红锈。而镉镀层出红锈的时间都在 10h 以上，并且在 30％的浓度的盐水中有更好的耐蚀性能。这就决定了镉镀层在海洋性环境中是钢铁的良好保护镀层，这也是军工产品保留镀镉工艺的原因之一。

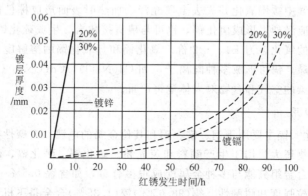

**图 4 - 4　高浓度盐雾试验中铁上镀镉与镀锌的比较**

在室外不同环境的暴露试验中镉表现出了不同的耐蚀性能。在城市环境中，锌镀层的耐蚀性能优于镉镀层，但是在海岸环境中，镉镀层则仍然有良好的耐盐雾环境的性能。镉镀层和锌镀层在室外暴露试验结果见表 4 - 4。

**表 4 - 4　镉镀层和锌镀层在室外暴露试验结果**

| 城市环境暴露试验 | | | | 海岸环境暴露试验 | | | |
|---|---|---|---|---|---|---|---|
| 镀层厚度/μm | | 50％面积发生红锈时间/日 | | 镀层厚度/μm | | 50％面积发生红锈时间/日 | |
| 镀镉 | 镀锌 | 镀镉 | 镀锌 | 镀镉 | 镀锌 | 镀镉 | 镀锌 |
| 10 | 10 | 63 | 90 | 5 | 5 | 90 | 30 |
| 15 | 15 | 95 | 130 | 10 | 10 | 172 | 73 |
| 20 | 20 | 128 | 163 | 15 | 15 | — | 120 |
| 25 | 25 | 160 | 200 | 20 | 20 | — | 165 |
| 30 | 30 | 190 | 235 | 25 | 25 | — | 208 |

在海岸环境暴露试验中，10μm 以上镉镀层在最厚的锌镀层 50％面积上已经出现红锈的 208 天还没有出现规定的锈蚀状态。因此，镉镀层有良好的耐海洋盐雾性能是不争的事实。

**(3)镉的污染问题**　在 20 世纪初期就已经发现镉对人体有严重伤害，到 1970 年代，日本发生的"痛痛病"被证实是镉中毒以后，镀镉被列于限制使用的镀种。由于镉中毒呈慢性积累性影响，一旦发现病变，已经无可救治，因此从源头防止成为主要手段。

　　为了预防镉中毒，熔炼、使用镉及其化合物的场所，应具有良好的通风和密闭装置。电镀加工场所除应有必要的排风设备外，操作时应戴个人防毒面具。不应在生产场所进食和吸烟。环保标准规定生产场所氧化镉最高容许浓度为 $0.1mg/m^3$。

　　由于镉镀层的环境污染问题较为严重，因此，寻求替代镉镀层的工作一直都没有停止。现在应用的代镉镀层，主要是与镉的防护性能相近的合金镀层，如锌镍合金镀层。

### 4.2.4　氰化物镀镉

1. 氰化物镀镉工艺

　　氰化物镀镉一直是镀镉的主要工艺。镀液可是以氰化钠溶解氧化镉配制而成，也可以用氰化镉和氰化钠配制。由于氧化镉在与氰化钠反应时会有氢氧化钠生成，所以不必特意加入氢氧化钠。但是，在采用氰化镉与氰化钠配制时，则要加入工艺规定的氢氧化物，最好是用氢氧化钾，这样可以增加镀液的导电性，并且可以使镀层的结晶致密。

**(1)典型氰化物镀镉工艺**　典型氰化物镀镉工艺见表 4-5。

表 4-5　典型氰化物镀镉工艺

| 组成 | 含量(1) | 含量(2) |
|---|---|---|
| 氧化镉 | 30 | — |
| 氰化镉 | — | 27 |
| 氰化钠 | 98 | 100 |
| 氢氧化钾 | — | 16 |
| 镉 | 26.2 | 18.5 |
| $R$ | 3.7 | 5.4 |
| pH | 12.6 | 13 |
| 温度 | 20℃～35℃ | 20℃～30℃ |
| 阴极电流密度 | 0.5～5　A/dm² | 0.5～5　A/dm² |

　　表 4-7 中氰化物镀镉组成中所列的 $R$，是指全部氰化物(以氰化钠计算)与金属镉的含量的比值；含量(2)是高分散能力的镀液配方，其 $R$ 比常规工艺要高得多。这种镀液适用于形状复杂的制件，如腔体、管类等。

**(2)低氢脆镀镉**　防止镀镉氢脆的措施之一是提高电镀镉的电流效率。在镀镉液中添加硝酸钠可以使电流效率接近 100%。

| | |
|---|---|
| 氰化钠 | 135～165g/L |
| 氧化镉 | 90～130g/L |
| 氢氧化钠 | 30～90g/L |
| 碳酸钠 | 68g/L |
| 硝酸钠 | 26～72g/L |
| 添加剂 | 0.12～0.15g/L |

温度　　　　　　　　20℃～35℃
阴极电流密度　　　　1～5A/dm²
阳极　　　　　　　　99.99％纯镉阳极

**(3)光亮镀镉工艺**　出于改善镀层性能和外观的需要，氰化物镀镉也有采用光亮剂的，其典型工艺如下：

氧化镉　　　　　　　45g/L
氰化钠　　　　　　　170g/L
氢氧化钠　　　　　　25g/L
硫酸钠　　　　　　　50g/L
硫酸镍　　　　　　　1g/L
磺化蓖麻油　　　　　10g/L

用于镀镉的光亮剂有无机盐和有机物两大类。常用的无机盐是镍盐和钴盐，有机物光亮剂最典型的是磺化蓖麻油。各种镀镉光亮剂的用量见表4－6。

表4－6　镀镉光亮剂的用量

| 光亮剂 | | 添加量/(g/L) |
| --- | --- | --- |
| 无机类 | 镍盐（硫酸镍） | 0.5 |
| | 钴盐（硫酸钴） | 0.2 |
| 有机类 | 3,4-亚甲基二氧基苯甲醛（胡椒醛） | 0.2～1.0 |
| | 黄色糊精 | 0.5～1.5 |
| | 明胶 | 0.03～0.05 |
| | 动物胶 | 2.0 |
| | 磺化蓖麻油 | 5～10 |
| 混合型 | 钴盐＋磺化蓖麻油 | 各0.2 |

**2. 镀镉工艺的维护**

镀镉工艺自1914年开发出来至今，其主流工艺仍然是氰化物镀镉工艺。这主要是由于采用氰化物镀镉可以获得良好的镀层和镀液有很好的分散能力，并且操作也较简便。由于存在氢脆问题，所以希望控制较高的金属主盐浓度，使电流效率保持在较高水平。主要通过控制 $R$ 来进行管理，范围在 NaCN/Cd＝3.75±0.4 为好（用于复杂零件的镀液也可以有较高的 $R$）。

虽然镍盐和钴盐可以作为镀镉的光亮剂使用，但是金属杂质仍然是引起各种镀层问题的重要原因，因此，阳极的纯度也很重要，最好用高纯度镉板。金属杂质对镀镉的影响见表4－9。

表 4-9　金属杂质对镀镉的影响

| 金属杂质 | 最大允许浓度/(g/L) | 影响和去除方法 |
|---|---|---|
| 铅 | 0.005 | 镀层光亮下降，加入硫化钠 0.03g/L 沉淀后去除，也可以用金属镉粉置换沉积去除，或利用低电流密度电解去除 |
| 铜 | 0.01 | 光亮度下降，低电流电解去除 |
| 锌 | 0.02 | 光亮镀下降，由阳极混入 |
| 铊 | 0.007 | 产生海绵状镀层，由阳极混入，采用高纯度阳极 |
| 六价铬 | 0.15 | 镀层光泽下降，电流效率下降，添加还原剂还原成三价铬去除 |
| 铁 | 0.15 | 分散能力急剧下降，镀层出现白色条块，没有效去除方法 |
| 锡 | 0.02 | 镀层呈灰色，由阳极混入 |
| 碳酸钠 | 40 | 电流效率下降，去除方法参见氰化物镀锌中的方法 |

对于氰化物电镀，碳酸盐的积累对镀液的影响是一个不容忽视的问题，有些镀种对碳酸盐可以有较高的容许量，如氰化物镀锌、氰化物镀铜可以允许碳酸盐的含量达到 60g/L，而氰化物镀镉则要控制在 40g/L 以内。

3. 酸性镀镉

酸性镀镉工艺特别是硫酸盐镀镉工艺由于镀液成分简单，配制方法简单，电流效率高，在线材等简单制件上被采用。但是镀层结晶比较粗糙，因此其应用受到限制。作为改进，可以用阴极过程较好的其他酸性镀镉，如氟硼酸盐、磺酸盐等。但镀层质量都不能与氰化物镀镉相比。

**(1)硫酸盐镀镉工艺**　硫酸盐镀镉工艺如下：

| | |
|---|---|
| 硫酸镉 | 60～70g/L |
| 硫酸铵 | 30～35g/L |
| 硫酸铝 | 25～30g/L |
| 明胶 | 0.4～0.6g/L |
| pH | 3～5 |
| 温度 | 室温 |
| 阴极电流密度 | 0.5～1A/dm$^2$ |

**(2)氟硼化物镀镉工艺**　氟硼酸镀镉非常稳定，即使在高的电流密度下，电流效率也接近 100%。但是镀液的分散能力较差。其工艺如下：

| | |
|---|---|
| 氟硼化镉 | 240g/L |
| 氟硼酸 | pH 调整 |
| 硼酸 | 25g/L |
| 氟硼酸铵 | 60g/L |
| 甘草 | 1g/L |

| pH | 3.0~3.5 |
| 温度 | 20℃~30℃ |
| 阴极电流密度 | 3~6 A/dm² |

**(3)磺酸盐镀镉工艺**　磺酸盐镀镉工艺如下:

| 磺酸镉 DW〗 | 315g/L |
| 磺酸铵 | 30g/L |
| 磺酸镍 | 1.8g/L |
| pH | 4.1 |
| 温度 | 25℃ |
| 阴极电流密度 | 1~6 A/dm² |

**(4)氯化铵镀镉工艺**　氯化铵镀镉工艺如下:

| 硫酸镉 | 60g/L |
| 氯化铵 | 200g/L |
| 氨三乙酸 | 60g/L |
| EDTA 二钠盐 | 20g/L |
| 硫酸镍 | 0.3g/L |
| 蛋白胨 | 3g/L |
| pH | 5.5 |
| 温度 | 10℃~30℃ |
| 电流密度 | 0.5~1A/dm² |

**4. 碱性无氰镀镉工艺**

碱性无氰镀镉工艺的特点是可以获得光亮细致的镀层,对设备的腐蚀性也较小。但是阳极容易钝化,只能在较低的电流密度下工作。

**(1)工艺**　碱性无氰镀镉工艺如下:

| 硫酸镉 | 75g/L |
| 三乙醇胺 | 200g/L |
| 氨三乙酸 | 45g/L |
| 硫酸铵 | 30g/L |
| 添加剂 | 8g/L |
| pH | 8~9 |
| 温度 | 20℃~35℃ |
| 阴极电流密度 | 0.8~1.2 A/dm² |

**(2)添加剂的合成**　添加剂可自己合成,方法如下。

① 添加剂组成:

| 双氰胺 | 252g |
| 六次甲基四胺 | 420g |
| 冰醋酸 | 96g(约 93mL) |
| 甲醛(含 10%甲醇以防聚合) | 244g(约 222mL) |

无水氯化钙　　　　　　　　　　　4.5g

双氰胺：六次甲基四胺：甲醛＝1：1：1(mol比)

② 合成方法。将所需甲醛溶液置于三角瓶内，三个瓶口分别为加料口、温度计插口和回流口，可采用磁力搅拌器搅拌。在搅拌下将双氰胺、六次甲基四胺和无水氯化钙依次缓慢加入瓶中，用水浴加热，同时开始回流。待反应溶液升温至60℃，开始降低加热器热量，控制在1h内将温度升至90℃，保持这一温度搅拌3h，再将温度降至70℃左右，开始用筒形分液漏斗缓慢加入冰醋酸。由于冰醋酸所进行的水解反应会产生许多气泡，瓶内温度高时，加入的速度一定要慢，以防气泡大量产生溢出。加完冰醋酸后再升温至90℃，继续在这一温度下搅拌3h，即完成了添加剂的合成。

### 5. 代镉镀层

由于金属镉和镉盐是对人体有严重危害的物质，镀镉已经严格限制使用。为了替代镀镉，已经开发出一些性能可与镉镀层相比的替代镀层。这些镀层主要是合金镀层，如锌镍合金、锌铁合金等。

**(1)氯化物镀锌镍合金**　氯化物镀锌镍合金工艺如下：

氯化锌　　　　　　　　　　　100g/L

氯化镍　　　　　　　　　　　140g/L

氯化铵　　　　　　　　　　　200g/L

聚乙烯乙二醇胺苯醚　　　　　2g/L

苯亚甲基丙酮　　　　　　　　0.05g/L

pH　　　　　　　　　　　　　5.8～6.8

温度　　　　　　　　　　　　40℃～55℃

阴极电流密度　　　　　　　　1～8A/dm²

阳极　　　　　　　　　　　　锌：镍＝9：1

本工艺中的阳极制成合金很困难，因此是两种阳极单独挂入。由于阳极各自的溶解电位相差很大，因此供电时要分别供电。为了简化阳极管理，也可以只采用锌阳极，而以镍盐形式补加镀液中的镍离子。

**(2)硫酸盐镀锌镍合金**　硫酸盐镀锌镍工艺如下：

硫酸锌　　　　　　　　　　　70g/L

硫酸镍　　　　　　　　　　　150g/L

硫酸钠　　　　　　　　　　　60g/L

添加剂　　　　　　　　　　　适量

pH　　　　　　　　　　　　　2

温度　　　　　　　　　　　　50℃

阴极电流密度　　　　　　　　3A/dm²

阳极　　　　　　　　　　　　锌、镍

**(3)锌酸盐镀锌镍合金**　锌酸盐镀锌镍工艺如下：

氧化锌　　　　　　　　　　　12g/L

硫酸镍　　　　　　　　　　　14g/L

| 氢氧化钠 | 140g/L |
| --- | --- |
| 乙二胺 | 30g/L |
| 三乙醇胺 | 50g/L |
| 镍配合物 | 40ml/L |
| 添加剂 | 适量 |
| 温度 | 35℃ |
| 阴极电流密度 | $1\sim5A/dm^2$ |
| 阳极 | 锌、镍 |

**(4)镀锌铁合金**　锌铁合金具有较好耐蚀性能，同时成本较锌镍要低，因此在家电和仪表类产品中镀锌铁合金多有应用。其工艺也有氯化物、硫酸盐和锌酸盐三种，各具特点。

① 氯化物锌铁合金工艺如下：

| 氯化锌 | 100g/L |
| --- | --- |
| 硫酸亚铁 | 15g/L |
| 氯化钾 | 230g/L |
| 聚乙二醇 | 1.5g/L |
| 抗坏血酸 | 8g/L |
| 光亮剂 | 适量 |
| pH | 4.0～4.8 |
| 温度 | 38℃ |
| 阴极电流密度 | $1\sim5A/dm^2$ |
| 阳极 | 锌：铁＝10：1 |
| 镀层含铁量 | 0.4％～0.7％ |

光亮剂为糊精与洋茉莉醛的混合物。

② 硫酸盐镀锌铁合金工艺如下：

| 硫酸锌 | 260g/L |
| --- | --- |
| 硫酸亚铁 | 260g/L |
| 硫酸钠 | 26g/L |
| 柠檬酸 | 4g/L |
| 光亮剂 | 适量 |
| 温度 | 40℃ |
| 阴极电流密度 | $5\sim30A/dm^2$ |

（高电流密度要有强烈搅拌，如线材高速电镀）

| 镀层含铁量 | 15％～20％ |
| --- | --- |

光亮剂为糖精、萘二磺酸与甲醛的聚合物。

③ 锌酸盐镀锌铁合金工艺如下：

| 氧化锌 | 15g/L |
| --- | --- |
| 硫酸亚铁 | 1.5g/L |

| 氢氧化钠 | 150g/L |
| 三乙醇胺 | 50g/L |
| 光亮剂 | 1~5g/L |
| 温度 | 15℃~30℃ |
| 阴极电流密度 | 1~2.5A/dm² |
| 镀层含铁量 | 0.2%~0.7% |

光亮剂为多烯多胺(如二乙烯三胺)与表氯醇的反应物,再添加芳香醛。

**(5)锡铁锌三元合金** 最新开发的高耐蚀性替代性镀层有锡铁锌三元合金,适用于电子产品中以适应欧共体(现称欧盟)的 RoHS 要求。其工艺如下:

| 硫酸亚锡 | 22g/L |
| 硫酸亚铁 | 28g/L |
| 硫酸锌 | 14g/L |
| 葡萄糖酸钠 | 125g/L |
| 聚乙二醇 | 1g/L |
| pH | 6 |
| 温度 | 35℃ |
| 阴极电流密度 | 1~4A/dm² |

镀层中铁含量除了在较低电流密度下含量较低外,一般在20%左右,而锌的含量基本在15%左右。但耐蚀性试验显示,含有18.4%铁和7.0%锌的锡铁锌合金有最好的耐蚀性能。

## 4.3 镀锌与镀镉的电镀后处理

### 4.3.1 镀锌的后处理

1. 钝化

铬酸盐钝化是镀锌钝化工艺中使用时间较长的性能较好的钝化工艺,特别是彩色钝化,因为能使镀锌耐蚀性能有明显提高,一直是镀锌钝化的主流工艺。但是随着铬酸盐污染问题的加剧,限制和禁止使用铬酸盐的法律法规已经公布并开始实施。现在普遍使用的是低铬或无铬钝化工艺。

**(1)低铬钝化**

① 彩色钝化工艺如下:

| 铬酸 | 5g/L |
| 硫酸 | 0.1~0.5 mL/L |
| 硝酸 | 3 mL/L |
| 氯化钠 | 2~3 g/L |
| pH | 1.2~1.6 |
| 温度 | 室温 |

|  |  |
|---|---|
| 时间 | 8～12s |

② 蓝白色钝化工艺如下：

| | |
|---|---|
| 铬酸 | 3～5 g/L |
| 氯化铬 | 1～2 g/L |
| 氟化钠 | 2～4 g/L |
| 浓硝酸 | 30～50 mL/L |
| 浓硫酸 | 10～15 mL/L |
| 温度 | 室温 |
| 时间 | 溶液中 5～8s；空气中 5～10s |

**(2) 黑色钝化**　在有些产品中，出于产品性能或色彩配套的需要，有时要用到黑色钝化，其工艺如下：

| | |
|---|---|
| 铬酸 | 15～30g/L |
| 硫酸铜 | 30～50g/L |
| 甲酸钠 | 20～30g/L |
| 冰醋酸 | 70～120mL/L |
| pH | 2～3 |
| 温度 | 室温 |
| 钝化时间 | 2～3s |
| 空气中停留 | 15s |
| 水洗时间 | 10～20s |

**(3) 军绿色钝化**　有些产品特别是军工产品，需要军绿色钝化，这种钝化膜有良好的耐蚀性能，且具有与军工产品匹配的军绿色，其工艺如下：

| | |
|---|---|
| 铬酸 | 30～35g/L |
| 磷酸 | 10～15mL/L |
| 硝酸 | 5～8 mL/L |
| 盐酸 | 5～8 mL/L |
| 硫酸 | 5～8 mL/L |
| 温度 | 20℃～35℃ |
| 时间 | 45～90s |

**2. 无铬钝化**

三价铬因为其毒性比六价铬低得多而成为无铬电镀中的重要过渡性工艺，且已经有较为成熟的钝化工艺，而无铬钝化则是环保型电镀的目标工艺。这些工艺目前都已经在生产中被采用，并有各种商品可供选用。以下是这类钝化工艺的示例。

① 三价铬钝化工艺如下：

| | |
|---|---|
| 三价铬盐 | 20g/L |
| 硫酸铝 | 30g/L |
| 钨酸盐 | 3g/L |
| 无机酸 | 8g/L |

| 表面活性剂 | 0.2mL/L |
|---|---|
| 温度 | 室温 |
| 时间 | 40s |

② 无铬钝化工艺。无铬钝化工艺主要有非铬盐钝化，包括钛盐、钒盐、锰盐、钨盐、钼盐、锗盐、锆盐等。

钼盐钝化工艺如下：

| 钼酸钠 | 30g/L |
|---|---|
| 乙醇胺 | 5g/L |
| pH | 3（磷酸调整） |
| 温度 | 55℃ |
| 时间 | 20s |

钛盐钝化工艺如下：

| 硫酸氧钛 | 3g/L |
|---|---|
| 双氧水 | 60g/L |
| 硝酸 | 5mL/L |
| 磷酸 | 15mL/L |
| 丹宁酸 | 3g/L |
| 羟基喹啉 | 0.5g/L |
| pH | 1.5 |
| 温度 | 室温 |
| 时间 | 10～20s |

## 4.3.2 镀镉的后处理

### 1. 去氢

**(1)氢脆现象** 在任何电镀溶液中，由于水分子的离解，总是或多或少地存在一定数量的氢离子。因此电镀过程中，在阴极析出金属（主反应）的同时，伴有氢气的析出（副反应）。析氢的影响是多方面的，其中最主要的是氢脆。

氢脆是表面处理中最严重的质量隐患之一，析氢严重的零件在使用过程中就可能发生断裂，造成严重的事故。表面处理技术人员必须掌握避免和消除氢脆的技术，以使氢脆的影响降低到最低。

氢脆的危害主要表现为在应力作用下的延迟断裂现象。例如，汽车弹簧、垫圈、螺钉、片簧等镀锌件，如果受到氢脆影响，在装配之后数小时内就会发生断裂。其比例有时高达40%～50%。另外，有一些氢脆并不表现为延迟断裂现象。例如，电镀挂具（钢丝、铜丝）由于经多次电镀和酸洗退镀，渗氢较严重，在使用中经常出现一折便发生脆断的现象；猎枪精锻用的芯棒，经多次镀铬之后，堕地即会断裂；有的淬火零件（内应力大）在酸洗时便产生裂纹；有些零件渗氢严重，无需外加应力就产生裂纹。这些现象在钢铁基体制件的电镀中表现较为突出。特别是镀镉和镀锌，对氢脆较为敏感。

氢原子具有最小的原子半径，容易在钢、铜等金属中扩散。而在镉、锡、锌及它们的合金中氢的扩散比较困难。

镉镀层是最难扩散的，镀镉过程中产生的氢，最初停留在镀层中和镀层下的金属表层，不易向外扩散，去氢特别困难。经过一段时间后，氢扩散到金属内部，特别是进入金属内部缺陷处的氢，就很难扩散出来。

**(2)避免和消除氢脆的措施**

① 减少金属中渗氢的数量。对于弹性制件在除锈和氧化皮时，尽量采用吹砂除锈。若采用酸洗，需在酸洗液中添加若丁等缓蚀剂。在除油时采用化学除油，宜用清洗剂或溶剂除油，渗氢量较少；若采用电化学除油，先阴极后阳极。在电镀时，碱性镀液或高电流效率的镀液渗氢量较少。

② 采用低氢扩散性和低氢溶解度的镀涂层。一般认为，在电镀铬、锌、镉、镍、锡、铅时，渗入钢制件的氢容易残留下来。而铜、银、金、钨等金属镀层具有低氢扩散性和低氢溶解度，渗氢较少。在满足产品技术条件要求的情况下，可采用不会造成渗氢的涂层。例如，机械镀锌不会发生氢脆，耐蚀性强，附着力好，厚 $5\sim100\mu m$，成本低。

③ 镀前去应力和镀后去氢以消除氢脆隐患。如果零件经淬火、焊接等工序后内部残留应力较大，镀前应进行回火处理，减少发生严重渗氢的隐患。对电镀过程中渗氢较多的制件原则上应尽快去氢，因为镀层中的氢和表层基体金属中的氢在向钢基体内部扩散，其数量随时间的延长而增加。新的国际标准中规定"最好在镀后 1h 内，但不迟于 3h，进行去氢处理"。国内也有相应的标准对电镀锌前、后的去氢处理做了规定。电镀后去氢处理工艺广泛采用加热烘烤，常用的烘烤温度为 150℃～300℃，保温 2～24h。具体的处理温度和时间应根据制件大小、强度、镀层性质和电镀时间的长短而定。去氢处理常在烘箱内进行。镀锌制件的去氢处理温度为 110℃～220℃，温度控制的高低应根据基体材料而定。对于弹性材料、0.5mm 以下的薄壁制件及机械强度要求较高的钢铁制件，镀锌后必须进行去氢处理。

为了防止"镉脆"，镀镉零件的去氢处理温度不能太高，通常为 180℃～200℃。常温下氢的扩散速度相当缓慢，所以需要即时加热去氢。温度升高，会增加氢在钢中的溶解度，过高的温度会降低材料的硬度，所以镀前去应力和镀后去氢的温度选择，必须考虑不致降低材料硬度。不得处于某些钢材的脆性回火温度范围，不破坏镀层本身的性能。

**(3)去氢中应注意的问题**

① 材料强度。材料强度越大，其氢脆敏感性也越大，这是表面处理技术人员在编制电镀工艺规范时必须明确的基本概念。国际标准要求抗拉强度 $\sigma_b > 105\text{kg/mm}^2$ 的钢制件，要进行相应的镀前去应力和镀后去氢处理。航空工业对屈服强度 $\sigma_s > 90\text{kg/mm}^2$ 的钢制件要求做相应去氢处理。

② 零件的使用安全系数。安全重要性大的零件，应加强去氢，如重要部件、重要部位的各种制件、配件，特别是弹性零件、紧固零件等，要提高其安全系数，增加或加强去氢处理。

③ 零件的几何形状。带有容易产生应力集中的缺口、退刀槽等的零件应加强去氢；细小的弹簧钢丝、较薄的片簧极易被氢饱和，应加强去氢。

④ 零件的表面加工状态。对冷弯、拉伸、冷扎弯形、淬火、焊接等内部残留应力大的零件，不仅镀后要加强去氢，而且镀前要去应力。

在电镀过程中，零部件渗氢是非常普遍的现象。电镀技术人员在编制镀前去应力和镀后去氢工艺时，而应根据零件性质和使用条件灵活制订方案，必要时还要通过试验来确定相关的参数，否则会出现意想不到的质量事故。

2. 钝化

**(1) 镉镀层的钝化**　镉镀层的钝化基本上采用镀锌的钝化工艺，其工艺配方和操作要点都可以参照镀锌钝化的内容进行。对于需要去氢的镀镉产品，如果无外观要求可以先钝化后去氢，这时钝化膜处于脱水状态；如果对外观有一定要求，如保持钝化层的色彩，则要在去氢完成后再进行钝化处理。

**(2) 代镉镀层的钝化**　代镉镀层由于是合金镀层，不能沿用镀锌的钝化工艺，需要针对每一个镀层试验出合适的钝化工艺。

① 锌镍合金镀层的钝化。锌镍合金镀层虽然有较好的耐蚀性能，但仍然需要钝化处理后才能充分发挥其耐蚀性。可采用化学钝化或者电化学钝化的方法进行镀后处理。

化学钝化工艺如下：

| | |
|---|---|
| 重铬酸钠 | 20g/L |
| 硫酸 | 1g/L |
| 硫酸锌 | 1g/L |
| pH | 2.1 |
| 温度 | 50℃ |
| 时间 | 25s |

电化学钝化工艺如下：

| | |
|---|---|
| 铬酸 | 25g/L |
| 硫酸 | 0.5g/L |
| 温度 | 40℃～50℃ |
| 阴极电流密 | 8 A/dm$^2$ |
| 阳极 | 石墨 |
| 时间 | 10s |

② 锌铁合金镀层的钝化。锌铁合金镀层如果不钝化，其耐蚀性与锌镀层不钝化相似。但是经过钝化后的锌铁合金镀层则比钝化后的锌镀层的耐蚀性提高三倍以上。特别是锌铁合金镀层的黑色钝化，有极好的耐蚀性。

锌铁合金镀层黑色钝化工艺如下：

| | |
|---|---|
| 铬酸 | 15～20g/L |
| 硫酸铜 | 40～50g/L |
| 醋酸钠 | 15～20g/L |
| 醋酸 | 45～50mL/L |

　　　　pH　　　　　　　　2～3

　　　　钝化时间　　　　　30～60s

### 3. 镉镀层出现点蚀的原因和对策

　　镉镀层为纯白的光亮镀层，但是，钢铁和铜合金制品表面的镉镀层，在放置了较长时间后，容易出现黑色斑点。特别是在梅雨季节，钢铁制件表面的镉镀层很容易出现黑斑。这是因为镉镀层中有微观小孔存在，出现黑斑是发生了点蚀如图4-5所示。

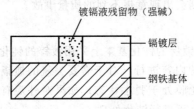

　　　　　　　　　　　镀镉液残留物（强碱）
　　　　　　　　　　　镉镀层
　　　　　　　　　　　钢铁基体

**图4-5　钢铁上镀镉发生点蚀**

　　由于析氢或结晶缺陷等因素的影响，金属镀层中或多或少总会有一些孔隙，这些孔隙中会有镀液的残留物存留。如果清洗不彻底，留在孔中的镀液干燥后，就会以盐或碱的形式藏在孔内，在干燥的环境不会有什么影响，但是，一旦受潮或遇到水分，盐或碱就会潮解而成为电解质溶液，在孔隙部位将产生腐蚀，从而出现黑色腐蚀点。

　　为了防止这种点蚀发生，很重要的一点是减少镀层的孔隙率。通常情况下，厚的镀层孔隙较少，因此对于防腐要求高的制件，镉镀层的厚度应该在7μm以上。同时，对镀层要进行钝化处理，以提高镀层耐蚀能力。

　　镀后清洗也很重要，当然完全将孔隙内的镀液清洗干净是比较困难的。需要在镀后增加热水清洗，在流动清水清洗后，还要有热的去离子水做最后的干燥前清洗。如果能采用真空干燥装置，则效果更好。

　　对于镀后没有焊接或导电性能等要求的镀层，还可以进行镀后的表面涂覆处理，如浸涂水性或油性防变色剂等。

### 4.3.3　其他后处理方法

#### 1. 镀层涂饰

　　在一般情况下，镀层往往是作为最终的表面加工手段而加以应用的。但是，在日用五金和家用电器行业，仅仅靠装饰性电镀或者装饰性涂料已不能满足新产品开发的需要。尤其一些装饰性良好的镀层恰恰防变色性和耐蚀性能比较差，如仿金镀层等。因此，镀层表面上进行涂饰的目的主要是保护和提高镀层的装饰和防护性能。现在发展起来的镀层涂饰技术已用于金、银、铜、镍等镀层的表面。从透明无色到透明着色涂料，借助高反光性镀层的反射作用，形成一代新的装饰性表面处理技术。

　　除了装饰性目的外，镀层涂饰在提高普通转化膜层的耐蚀性能方面也很有价值。不少产品的表面是在化学磷化、钢氧化或铝氧化膜上再涂上透明涂料，从而提高了产品的耐蚀性。这种新的表面涂覆组合使原来耗费电能的工艺，变成化学浸渍和喷涂工艺，更容易组织自动化生产，特别适合于大面积材料的表面涂饰。但是这些涂饰技术的应用，无疑对镀层的退除增加了困难。

**(1)常用的涂饰方法**　目前对镀层的涂饰方法有如下几种：

① 喷涂法。这是常用的方法，又分为空气压力喷涂和液压喷涂两种。空气压力喷涂简单易行，成本较低，但是飞散损失较大，操作条件不好。作为改良，有用热空气喷涂的，可以在较低的压强下喷涂$(3\sim3.5)\times10^6$Pa，飞散损失较小。但是涂料要先加热到40℃～80℃，因此只适合于高沸点的涂料，成本也较高。

② 静电喷涂法。静电喷涂法是1750年由法国人Abbe Noebt发明的。这种方法的原理是以被涂物为正极（接地），喷涂机为负极，使负极的高压直流在两极间产生静电场，而喷雾状的涂料粒子因为带负电而连续不断地涂复到作为正极的制件上。根据涂料的雾化方法，分为静电雾化法和空气雾化法等。

③ 粉末喷涂法。粉末喷涂法是利用合成树脂的热熔性在常温下先使涂料粉体附着在制件上，而后热熔成膜的方法。可以分为两大类，一类是先使被涂物加热，然后使涂料粉体附着在上面，受热后熔化成膜，这种方法用于获得厚的膜层。另一类是静电粉末喷涂，利用静电使被涂物吸附上涂料粉体，然后再加热熔化成膜，这种方法适合于薄膜型加工，是粉末喷涂的主要方法。由于这种方法完全避免了有机溶剂的消耗，是无溶剂的喷涂方法，因而在防止公害和节约原料方面很有竞争力。聚酯、氯乙烯、环氧、尼龙、纤维素、聚乙烯、丙烯等树脂都可以作为喷涂原料。

④ 浸渍法。将被涂制件浸到涂料中去，全部浸润后取出离心干燥或自然干燥。这种方法效率低，厚度不易控制，仅适合于小批量或细小零件的手工生产，优点是成本最低。

⑤ 电泳涂漆法。电泳涂漆是20世纪60年代始于汽车自动生产线中的底漆加工技术，随着汽车工业的发展而日趋成熟。现在在建材、家用电器、钢制家具等较大体积的工件都开始采用这种加工技术。

电泳涂料通常是水溶性或者水分散性涂料，有阳离子型和阴离子型两类。配制成电解液后，以被镀件为阴极或阳极，进行电泳涂复，取出后经干燥处理形成漆膜。以往多数是使用环氧树脂底漆涂料，现在已经开发出装饰性面漆。

**(2)常用的涂饰涂料**　常用于镀层涂饰的涂料，大致有下列几种：

① 丙烯酸树脂涂料。丙烯酸树脂涂料为热固型涂料，与醇酸系树脂比硬度高，色彩鲜艳稳定，抗污染力强，因此使用较为广泛。

② 氨基醇酸树脂涂料。氨基醇酸树脂涂料在镀层上的结合力不太理想，一般加入5％～10％的环氧树脂涂料加以改进。

③ 环氧树脂涂料。环氧树脂涂料的主要优点是与金属的结合力良好，但是耐候性较差，因此多用作改性剂和底漆。

④ 聚氨酯涂料。聚氨酯涂料耐候性比环氧树脂要好，可以得到综合性能好的膜层，在汽车零件的镀层涂饰中常采用。

⑤ 清漆类。清漆类涂料如硝基清漆，主要用于简单的加工，易干燥，透明度高，但膜层薄，耐候性不好。

**2. 分子膜技术**

分子膜技术是介于钝化和涂覆之间的一种增强表面性能的处理方法。采用这种方法是为了获得比钝化更好的耐蚀性能，而其成本又比涂覆处理低。这种方法是从早期的浸渍处理法，如钢氧化的浸油、浸皂化液，镀镍的浸抗指纹剂等发展起来的方法。分子膜技术可以提高表面的耐蚀性能却几乎觉察不到它的存在，即对外观和尺寸几乎没有影响。实际上也是通过浸渍处理而在表面形成了分子层级的表面膜。这些分子膜层也分为油性膜和水性膜，因此有时也被称为薄膜技术。

由于分子膜基本上都是无色透明的，在镀层表面不易被察觉，因而有时会给退镀过程带来麻烦，因此，对怀疑表面有这种膜层的镀层，要经过检查确认后再采取相应措施退除。

# 5  装饰性电镀

随着电镀技术的进步，各种稀贵金属镀层和各种色彩的镀层逐渐被开发出来，使电镀层的装饰作用有了更多的应用。在众多装饰性镀层中，装饰性镀铬始终是人们的最爱，可以说是经久不衰，至今都仍然在汽车、厨具、卫浴设备中广泛采用。因此，我们介绍装饰性电镀就从装饰性镀铬开始。

## 5.1  装饰性镀铬

### 5.1.1  铬与镀铬概述

铬的元素符号为 Cr，是元素周期表中的 VIB 族元素，原子序数 24，相对原子质量 52.01，熔点 1875℃，密度 7.14g/cm²，显微硬度 HV400～1150，电阻率 $12.9 \times 10^{-6}\Omega \cdot$ cm，电化当量 0.323g/Ah，标准电位 $Cr^{6+}/Cr^{3+} = -1.3V$，$Cr^{3+}/Cr^0 = -0.74V$。铬的晶格结构属体心立方晶格(bcc)，晶格常数 $a = 0.2884nm$。

铬的标准电极电位与锌很接近，铬是 −0.71V 而锌是 −0.763V。但是铬有一个很重要的性质就是表面非常容易钝化，只要一暴露在空气中，表面就会形成一层非常致密的钝化膜。这层膜很薄且是透明的，并且化学稳定性很好，很多酸碱对它不起作用，包括硝酸、醋酸、低于 30℃ 的硫酸、有机酸和硫化氢、碱、氨等。所以铬总能保持光亮如镜的表面。这说明钝化后的铬表面电位较正，因此在钢铁表面镀铬不是阳极镀层，而是阴极镀层。

铬镀层能溶解于盐酸和热的硫酸(高于 30℃)。在电流作用下，铬镀层可以在碱性溶液中阳极溶解。这些都是铬镀层的特性。

镀铬的特殊性首先是其电流效率很低，且不能采用可溶性阳极。因此，要想获得铬镀层，需要用很高的电流密度。加上镀液的稳定性较差，需要随时测试调整。

镀铬的另一个特点是对环境有较为严重的污染。由于常规镀铬的电流效率只有 13% 左右，阴极反应过程中有大量的气体析出，而镀铬液的主要成分就是铬酸，大量的酸雾给工作环境和生活环境都带来严重污染。清洗水中的铬离子浓度也是较高的，如果不加以处理就排放，势必对环境造成极大危害。因此，开发毒性较小的三价铬镀铬和研制铬的替代性镀层，也是电镀技术中努力的方向。

最早的镀铬出现在 20 世纪 20 年代，采用的六价铬工艺。此后出现复合镀铬技术，从 20 世纪 70 年代开始有三价镀铬的报道，但进入实用还是近些年的事。

根据镀铬工艺的开发和应用情况，镀铬工艺可以分为标准镀铬、复合镀铬、稀土镀铬、三价铬镀铬、四价铬酸镀铬等多种工艺。从应用的角度可分为装饰性镀铬、镀硬铬和修复性镀铬、镀乳白铬、镀黑铬等。

目前常用的是标准镀铬和稀土镀铬，三价铬镀铬也开始有了工业应用。随着对铬酸使用的严格限制,开发全面替代镀铬的镀层已经是紧迫的任务。目前能够应用的代铬镀层主要是装饰性白亮合金镀层。功能性代铬镀层,可能也只能从合金电镀中找出路。

　　镀铬自开发应用至今,是装饰性电镀中的最有代表性的镀种。很久以来,镀铬几乎成为电镀的代名词,人们在口语中常说的"镀电",实际上也是指的镀铬,这是因为装饰镀铬层在各种机械五金制品中不但使用率高,使用历史长,也因为其总能保持不变色的光亮度而深受人们欢迎。

　　铬镀液的组成很简单,从发明有实用价值的镀铬到现在,基本没有大的改变,主要就是一种成分——铬酸,还有必不可少的少量的硫酸和三价铬。在实际应用中使用最多的是标准镀铬。本章在介绍标准镀铬的同时,考虑到镀铬技术的共性和知识的连贯性,一并将镀硬铬、乳白铬和镀铬的新工艺等加以介绍。

## 5.1.2　镀铬技术与工艺

### 1. 标准镀铬

　　普通镀铬根据铬酸含量而分为高、中、低浓度镀铬三种,其中的低浓度镀铬分散能力较差。高浓度镀铬则镀液分散能力稍好一些,适合于形状复杂的制件,但其电流效率更低,排放水中铬的浓度也相对高一些。

　　标准镀铬兼有以上两者的优点,因而是采用最多的装饰镀铬工艺。但是无论是标准镀铬还是高浓度镀铬,都有一个共同的缺点,那就是电流效率太低,只有13%左右。为了改进镀铬的电流效率,现在已经采用加入稀土元素作添加剂的镀铬,可以提高电流效率和改善镀液分散能力。

　　**(1)高浓度镀铬**　标准镀铬和高浓度镀铬工艺见表5-1。

表5-1　标准镀铬和高浓度镀铬工艺

| 工艺配方 | 标准镀铬 | 高浓度镀铬 |
| --- | --- | --- |
| 铬酸/(g/L) | 250 | 350~400 |
| 硫酸/(g/L) | 2.5 | 3.5~4 |
| 三价铬/(g/L) | 2~5 | 2~6 |
| 操作条件 | | |
| 　温度/℃ | 45~55 | 45~55 |
| 阴极电流密度/(A/dm²) | 15~30 | 10~25 |
| 阳极:阴极 | 2:1 | 2:1 |
| 阳极材料 | 铅锑合金 | 铅锑合金 |

　　**(2)低浓度镀铬**　低浓度镀铬是为了降低铬酸消耗,减少排放水中铬离子浓度而采取的一种措施,当然在这种镀液中镀得的铬层硬度也较高,但分散能力较差。采用低浓度镀铬主要是为了节约铬资源和降低排放水中铬离子的浓度。

　　低浓度镀铬工艺如下:

　　　铬酸　　　　　　　　100~150g/L

| 硫酸 | 1～1.5g/L |
| 三价铬 | 2～5g/L |
| 温度 | 45℃～55℃ |
| 电流密度 | 20～40A/dm² |

不同浓度的铬酸的电流效率有所不同，铬酸在高电流密度和低浓度下，电流效率有所提高，如图 5-1 所示。低浓度镀铬在高电流密度下的电流效率在 20％以上。

**(3)光亮铬、硬铬和乳白铬** 在标准铬镀液中，通过调整镀液浓度、温度和工作的电流密度等，可以获得装饰铬、硬铬和乳白铬等不同的工艺效果。这也是标准镀铬应用较为广泛的原因。

① 光亮铬工艺如下：

| 铬酸 | 360～380g/L |
| 硫酸 | 2～2.5g/L |
| 温度 | 54℃～58℃ |
| 阴极电流密度 | 15～20A/dm² |
| 时间 | 10～15min |

此工艺的要点是控制铬酸与硫酸的比值，低于 100：0.4 时，镀层会产生黑色铬酸印迹，或起毛刺；而超过 100：0.85 时，镀层裂纹增加，合适的比例为 100：(0.55～0.7)。

光亮铬与镀液温度和阴极电流密度有很大关系，因此可以根据镀液在不同温度下的电流密度变化来获得光亮镀层。标准镀铬光亮区与镀液温度和电流密度的关系如图 5-2 所示。

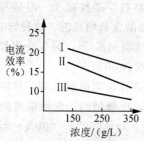

图 5-1 不同浓度铬酸在
不同电流密度下的电流效率

Ⅰ—120A/dm² Ⅱ—45A/dm² Ⅲ—15A/dm²

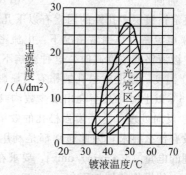

图 5-2 标准镀铬光亮区与
镀液温度和电流密度的关系

② 镀硬铬工艺如下：

| 铬酸 | 250～280g/L |
| 硫酸 | 2.5～2.8g/L |
| 温度 | 50℃～55℃ |
| 阴极电流密度 | 40～50A/dm² |

镀硬铬也称为耐磨铬，主要在高电流密度下获得，可延长制件使用寿命5倍左右。其镀层厚度通常为 $10\mu m$，对于修复性镀铬可达 1mm 以上。电镀时，镀前处理要认真，下槽后要预热，进行反向电流处理 30s 左右，然后大电流（$100\ A/dm^2$）冲击 2～3min 后，再以正常电流电镀。

③ 乳白铬。乳白铬孔隙率低，甚至无孔隙，且有不炫目的乳白色光泽，适合于工具类产品、仪器仪表配件等。其工艺如下：

| | |
|---|---|
| 铬酸 | 150～180g/L |
| 硫酸 | 1.5～1.8g/L |
| 温度 | 66℃～74℃ |
| 阴极电流密度 | 20～30A/dm² |
| 时间 | 10～15min |

**(4)松孔镀铬**　松孔镀铬与一般镀铬的区别在于镀层表面分布有较为均匀的裂纹，镀后进行阳极处理，可以适度扩大这些沟纹，使之可以储藏润滑油，从而提高磨合类制件的耐磨和润滑要求。在内燃机气缸、活塞环、曲轴等制件上有较多应用。其工艺如下：

| | |
|---|---|
| 铬酸 | 200～250g/L |
| 硫酸 | 1.8～2.3g/L |
| 三价铬 | 3～5g/L |
| 温度 | 55℃～60℃ |
| 阴极电流密度 | 40～60A/dm² |
| 时间 | 10～15min |

决定铬镀层多孔性的因素有以下几点：

① 电流密度。通常情况下，电流密度增大时，铬镀层裂纹减少。但是与镀液组成有关，镀液铬酸浓度高时，这种影响不明显，而当硫酸含量增高时，这种影响较明显。

② 温度。温度对松孔镀铬有明显影响，如果温度高过 60℃，裂纹会明显减少，温度达 66℃以上时，甚至会出现少数沟纹。最佳的温度为 60℃。

③ 反向处理。为了增强松孔的效果，要对镀层进行反向电流处理，反向处理对电解液没有什么要求，因此通常都是利用镀铬液本身进行处理的。影响最大的因素是反向处理的电量[（A·min）/dm²]，要求在适中的电量下处理[300～500（A·min）/dm²]。在镀液中的操作条件如下：

| | |
|---|---|
| 阳极电流密度 | 20～30A/dm² |
| 温度 | 50℃～55℃ |
| 时间 | 10～15min |

**2. 复合镀铬和自调镀铬**

**(1)复合镀铬**　复合镀铬是在镀液中引入了氟硅酸类添加物，从而改善了镀铬的工艺性能。其主要优点是提高的镀铬的电流效率可达到 30%。同时镀液分散能力好，光亮区范围宽，在较低的温度（18℃～25℃）和很低的电流密度（2～2.5A/dm²）下，都能获得光亮镀层。

① 工艺如下：

| | |
|---|---|
| 铬酸 | 250～260g/L |
| 硫酸 | 1.3g/L |
| 氟硅酸 | 6.7g/L |
| 电流密度 | 30～70A/dm² |
| 温度 | 45℃～65℃ |

② 影响因素。本工艺的温度和电流密度范围都较宽，在低温和低电流密度下也可以得到光亮镀层。但是一般仍控制在较高的温度和较高的电流密度，这是为了提高镀铬的效率。同时，对于修复性镀铬，则一定要用60A/dm²以上的电流密度。对于高电流密度下的操作，要注意对边角的防护，采用保护或辅助阴极。

镀液中的氟硅酸会由于使用时带出镀液等而减少，当含量低于2g/L时，铬层出现银白色条痕或镀层无光泽，同时沉积速度下降。

当氟硅酸含量偏高时，没有明显影响。但超过10g/L，电流效率会显著下降。因此要保持其在工艺规定的范围内。

硫酸的含量更应严格控制。硫酸含量增加，光亮区变窄，分散能力下降；如果硫酸含量过低，则镀层没有光泽。

要注意的是市售氟硅酸的浓度为30%，在添加时要分析确定，按比例加入。

③ 镀液的维护。氟硅酸的消耗较快，要定量加以补充。镀液中的三价铬的调整与标准镀铬一样，可通过调整阴、阳极面积比来生成或减少三价铬。

镀液中的杂质对镀铬质量有影响。铁杂质应控制在4g/L以下；铜杂质则要求更严格，应控制在1.2g/L以内；否则只能更换镀液。因此，被镀制件，特别是铜制件不要在镀槽中进行阳极处理。

镀液中最有害的杂质是硝酸，如果镀液中硝酸含量达到0.2g/L，镀液将不能正常工作。硝酸的来源主要是硫酸不纯，因此，配制镀铬槽要用分析纯级的硫酸。一旦镀液中混入硝酸，处理非常麻烦，需要电解去除。通电处理前，要先将硫酸完全沉淀去除，然后以1～2A/dm²的电流密度进行电解，让硝酸还原成氨，加热镀液去除。

复合镀铬在生产过程中，由于阳极腐蚀损耗快，生成的阳极泥会进入镀槽而影响镀层质量，采用含锡7%的铅锡合金阳极，可以避免这种情况发生。

在生产过程中，镀液中的氟硅酸还有一部分生成氢氟酸，这对获得光亮镀层是有利的。特别是滚镀铬时，由于有悬浮杂质在阴极附近漂浮，如果是标准镀铬，不易获得光亮镀层，而采用氟硅酸镀液，则可以获得光亮镀层。

**(2)自调镀铬** 镀铬液中铬酸与硫酸的比值的调整是镀铬管理中最为烦琐的操作之一。硫酸根的分析本身就比较麻烦，而过量的处理也很困难。如果镀液对铬酸与硫酸的比值能根据变化做自动的调整，那就方便多了。事实上，通过对复合镀铬做进一步改进，可以配制成具有自动调节功能的自调镀铬液。其要点是在镀液中加入适量的硫酸锶，工艺如下：

| | |
|---|---|
| 铬酸 | 250g/L |
| 硫酸锶 | 6g/L |

| 氟硅酸钾 | 20g/L |
| --- | --- |
| 温度 | 40℃～70℃ |
| 阴极电流密度 | 40～100A/dm² |

硫酸锶自动调节硫酸根的原理是因为硫酸锶在铬酸中的溶解度很小，并且容易饱和。当在温度较高（40℃～70℃）时，在一定量范围内增加铬酸的含量可以增加硫酸锶的溶解度。这样当铬酸浓度升高时，硫酸根的浓度也相应升高。但是当铬酸的量增加到300g/L时，硫酸锶的溶解度又开始下降。由此可知，在一定铬酸含量和一定温度条件下，硫酸锶的溶解度是一个常数，从而达到自动保证镀液中硫酸与铬酸的比例。

使用自调镀铬工艺应该注意以下几点：

① 配制镀液时，要将铬酸中的硫酸根完全去除。

② 自调镀铬液的腐蚀性较强，制件容易造成腐蚀，因此不需要电镀的部位要用涂料保护，内孔零件要密封，以防止镀液进入。

③ 如果用到辅助阴极，可用铝丝或铜丝，而不要用铅丝。当使用铅丝时，与制件接触的部位会发生腐蚀。

**3. 稀土镀铬**

从20世纪80年代起，人们发现了稀土金属的盐类可以作为镀铬的添加剂，从而开发出稀土镀铬新工艺，并迅速获得了推广，至今都还被许多企业所采用。

**(1)稀土镀铬的特点**　用于镀铬添加剂的稀土元素是镧、铈或混合轻稀土金属的盐，也可以是其氧化物，如硫酸铈、硫酸镧、氟化镧、氧化镧等。可以单一添加，也可以混合添加。稀土的加入使镀铬过程有了某些微妙的改变。镀铬液的分散能力，也就是低区性能有了改善，电流效率也有了提高等。综合起来，稀土镀铬有如下特点：

① 做到了"三低一高"。添加稀土的镀铬工艺，一是降低了铬酸的用量，铬酸的含量可以在100～200g/L的范围内正常工作；二是降低了工作温度，可以在10℃～50℃的宽温度范围下工作；三是降低了沉积铬的电流密度，可以在5～30A/dm²电流密度范围正常生产。同时明显地提高了电流效率，使镀铬的阴极电流效率由原来的不到15%，升高到18%～25%。

② 提高了效率，降低了消耗。稀土镀铬明显提高了效率，其中分散能力提高了30%～60%；覆盖能力提高了60%～85%；电流效率提高了60%～110%；硬度提高了30%～60%；节约铬酸60%～80%。

③ 改善了镀层性能。稀土镀铬的镀层光亮度和硬度都有明显地改善，并且在很低的电流密度下都可以沉积出铬镀层，最低沉积电流密度只有0.5A/dm²，使分散能力和覆盖能力都大为提高。

**(2)稀土镀铬工艺**　稀土镀铬工艺如下：

| 铬酸 | 120～180g/L |
| --- | --- |
| 硫酸 | 1～1.8g/L |
| 铬酸：硫酸＝90～100：1 | |
| 碳酸铈 | 0.2～0.3g/L |
| 硫酸镧 | 0.5～1g/L |

| 铬雾抑制剂 | 0.5g/L |
| 温度 | 50℃～60℃ |
| 电流密度 | 60～90A/dm² |
| 阳极 | 铅锡合金(铅90%) |

**(3)镀液的配制与维护** 镀铬液中要有一定量的三价铬,而这少量的三价铬不是在配制时添加进去的,而是对镀液进行适当处理生成的。通常用两种方法,一种是化学生成法;另一种是电化学生成法。

化学生成法是在铬酸溶液中加入适量草酸还原出一部分三价铬:

$$2CrO_3 + 3(COOH)_2 = Cr_2O_3 + 6CO_2 + 3H_2O$$

由反应式可以看,这一反应的生成物是水和二氧化碳,对镀液是无害的。通常加入1.35g/L的草酸,可生成1g/L的三价铬离子。

如果不用草酸还原,还可以采用电解法还原。在铬酸溶液配成后,用小的阳极面积,大的阴极面积(通常制成瓦楞板形)进行电解,可以生成三价铬离子。当在常温下电解时,阴极电流密度为4～5A/dm²。每升标准镀铬液通电1Ah,可增加三价铬离子0.5～1g/L。

硫酸也是镀铬中不可缺少的化学成分,其用量控制在与铬酸的比值为100∶1,无论铬酸溶液如何变化,硫酸与它的比都是100∶1。由于市售的铬酸中总是含有一定数量的硫酸根离子(0.1%～0.3%),因此,在配制镀铬液时,添加硫酸的量要减去这些已经在铬酸中存在的硫酸根的量,以免硫酸过量。

4. 镀铬的挂具与阳极

**(1)镀铬的挂具** 镀铬不仅电流效率低,镀液分散能力也很差,因此在挂具上要下足功夫。所有电镀工艺中,对挂具要求最严格的除了非金属电镀外就是镀铬。对镀铬挂具的要求有以下几点:

① 保证主导电杆的截面足够通过最大的电流。镀铬的挂具首先要保证有充足的截面,以保证大电流通过的能力,因为镀铬的电流密度很高。要做到挂具在工作中不因为电流过大而发热,就一定要有充分的导电能力而不因电阻大而发生阴极过热。

② 要与阴极与被镀件有紧密的连接。镀铬一定要使挂具与镀件有充分的紧密连接,避免接触电阻的产生。与阴极棒的连接也是一样,要连接充分。因此要经常清洗电极棒,否则会因为接触电阴大而出现故障。有些挂具的主导电杆虽然很粗,但也经常发热严重,这其实就是导电连接不良导致的。

在制造挂具时,挂具导电杆上各部件的连接最好采用焊接的方式(不可用锡焊,而要用铜焊)。采用锣纹连接时一定要保证紧固连接并用胶保护连接部位。

③ 要对非导电部位进行涂胶保护。对挂具的非导电部位进行涂胶保护是现在电镀生产中流行的做法。这对于节约电能、提高电镀质量和延长挂具使用寿命都是很有意义的。特别是镀铬,电流效率很低,电流的损失要尽量小,对挂具保护后,非工作电流降到最低,有利于提高镀铬质量。但是需要注意的是,对镀铬一定要选用浸涂方式,且胶体的抗铬酸氧化能力要强。用胶速带包扎的方式很容易在胶带缝中藏有镀液,如果与镀镍等混用挂具,容易造成镀液污染。

④ 要合理利用辅助阳极。对形状复杂的制件，特别是腔体类产品，还要设置辅助阳极，以利于镀层的均匀分布，腔体形制件采用辅助阳极如图 5-3 所示。

⑤ 要注意镀件悬挂方向而让气体充分排出。镀铬由于电流效率低而导致大量气体逸出，比任何其他镀种都严重。因此，一定要保证这些气体有从镀件表面逸出的通道，从而不形成镀件上的局部气室效应，否则会导致局部镀不上铬。另外有通孔腔式制件的孔位是出气集中的地方，这种孔位也会由于出气大急而导致孔周边镀不上铬，出现"鱼眼"现象。这时要对孔位进行处理，通常是在孔位插入一小段外径与孔径相同的胶管，让气体沿胶管逸出，从而不影响孔位的镀铬。

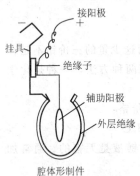

**图 5-3　腔体形制件采用辅助阳极**

**(2) 镀铬的阳极**　镀铬的阳极也是很特别的，镀铬可以说是电镀工艺中唯一只能用不溶性阳极的镀种。由于铬在镀液中的电化学溶解的电流效率很高，因此阳极溶解的速度大大超过其阴极还原的速度，使镀液无法保持平衡。解决的办法是采用不溶性阳极，靠补充主盐来保持镀液的平衡。常用的阳极为铅、铅锑合金或铅锡合金。在铅中加入 6% ～ 8% 的锑，可以提高阳极的强度，且耐蚀性能和导电性能都较好，所以是采用较多的镀铬阳极。

镀铬不仅要注意阳极所采用的材料，还要在阳极的配置上用功夫。首先是要保证阳极的与阴极的比例，除非是为了处理三价铬，平常阳极要保持是阴极面积的 1～2 倍，阳极的面积不足，将导致三价铬的增加。

在进行镀铬时，要针对电镀产品形状调整阳极的相对位置，以保证电力线分布的均匀性。镀铬的电流效率低，一次电流分布对镀层的分布有很大影响，均匀配置阳极，让受镀制件各部位距阳极的距离尽量接近，是获得分布良好镀层的重要条件之一。

**(3) 与铬镀层结合力有关的操作要点**　由于镀铬在电镀工艺中的特殊性，使其操作有一些与普通电镀不同的地方。特别是与结合力有关的几个方面，要在实际操作中注意。

① 反电处理。有些金属制件在镀铬时表面容易钝化，这对镀铬的结合力会带来不利影响。特别是含有铬、锰、钼、钒等元素的合金钢，表面很容易钝化，在镀铬前应该浸稀盐酸或稀硫酸处理后再电镀。镀铬操作者经常采用的方法是在镀铬前在镀铬槽中对制件进行反电处理，即让制件在镀铬槽中作为阳极处理 0.5～2min，再进行电镀，可以保证获得良好的结合力。但是，这个方法只适合针对特殊材料钢铁制件，不能用于非铁金属制件。同一个镀槽如果经常和长期反电处理，会增加镀槽中金属杂质含量。

② 冲击电流。利用阴极析氢的活化作用，可以用冲击电流在电制前对制件进行冲击处理，电流密度是正常工作电流的 2 倍左右，时间一般为 0.5～2min，也可以用小电流进行析氢活化，这时只用 $4～6A/dm^2$ 的电流密度就可以了，同样可以达到活化制件表面的目的。在进行以上处理时，最好同时对制件进行预热，这对提高结合力也是有帮助的。

③ 铬层上镀铬。铬层上镀铬是很困难的，如果要进行铬层上再镀铬，要在铬层上镀铬前，将制件在 10% 的盐酸或 20% 的硫酸中活化处理 1～3min。然后在镀铬槽中以

$5A/dm^2$ 的电流密度处理 5min，再逐渐提高到正常电流范围。也可以用反电处理的方法进行处理，处理的阳极电流密度，硬铬 $25\sim35\ A/dm^2$，乳白铬 $15\sim25A/dm^2$。阳极处理后应立即进行镀铬加工，阴极电流可以从零开始，5min 内升至正常工作电流密度。

对于已经使用过的铬层，则要在上述稀硫酸中活化 $3\sim5min$，再用上述活化法处理。

④ 断电后继续镀铬。断电后继续镀铬和铬层上镀铬基本上是一样的。断电时间和断电后的不同处置方式，都会影响继续镀铬的质量。因此，镀铬中断电要即时处理，时间越短，越容易重新镀铬。

### 5.1.3 三价铬镀铬

由于六价铬对人体的危害比较严重，一直都被列为环境污染的重要监测对象，特别是近年各国提高了对铬污染的控制标准，使人们开始重视开发用毒性相对较低的三价铬镀铬来替代六价铬镀铬。因此三价铬镀铬是目前替代六价铬镀铬的一种新工艺。

三价铬镀铬的研究始于 1933 年，直到 1974 年才在英国开发出有工业价值的三价铬镀铬技术。但是仍然不能说是很成熟的工艺。三价铬镀铬的主要问题是工艺稳定性差，且不能获得厚的镀层，其硬度和装饰性都不能与传统镀铬工艺相比。但出于环保的需求，使研究和开发三价铬镀铬的工作一直没有停止。

典型的三价铬镀铬的工艺如下：

| | |
|---|---|
| 硫酸铬 | $20\sim25g/L$ |
| 甲酸铵 | $55\sim60g/L$ |
| 硫酸钠 | $40\sim45g/L$ |
| 氯化铵 | $90\sim95g/L$ |
| 氯化钾 | $70\sim80g/L$ |
| 硼酸 | $40\sim50g/L$ |
| 溴化铵 | $8\sim12g/L$ |
| 浓硫酸 | $1.5\sim2mL/L$ |
| pH | $2.5\sim3.5$ |
| 温度 | $20℃\sim30℃$ |
| 阴极电流密度 | $1\sim100A/dm^2$ |
| 阳极 | 石墨 |

三价铬镀铬与六价铬镀铬工艺比较见表 5-2。

**表 5-2　三价铬镀铬与六价铬镀铬工艺比较**

| 工艺参数 | 三价铬镀铬 | | 六价铬镀铬 |
|---|---|---|---|
| | 单槽法 | 双槽法 | |
| 铬浓度/(g/L) | $20\sim24$ | $5\sim10$ | $100\sim350$ |
| pH | $2.3\sim3.9$ | $2.3\sim3.9$ | 1 以下 |
| 阴极电流/(A/dm$^2$) | $5\sim20$ | $5\sim20$ | $10\sim30$ |

续表 5-2

| 工艺参数 | 三价铬镀铬 | | 六价铬镀铬 |
|---|---|---|---|
| | 单槽法 | 双槽法 | |
| 温度/℃ | 21～49 | 21～49 | 35～50 |
| 阳极材料 | 石墨 | 石墨 | 铅锡合金 |
| 搅拌 | 空气压力搅拌 | 空气压力搅拌 | 无 |
| 镀速/(μm/min) | 0.2 | 0.1 | 0.1 |
| 最大厚度/μm | 25 以上 | 0.25 | 100 以上 |
| 均镀能力 | 好 | 好 | 差 |
| 分散能力 | 好 | 好 | 差 |
| 镀层构造 | 微孔隙 | 微孔隙 | 非微孔隙 |
| 色调 | 似不锈钢金属色 | 似不锈钢金属色 | 蓝白金属色 |
| 镀后处理 | 需要 | 需要 | 不需要 |
| 废水处理 | 容易 | 容易 | 不容易 |
| 安全性 | 与镀镍相同 | 与镀镍相同 | 危险 |
| 铬雾 | 几乎没有 | 几乎没有 | 大量 |
| 污染 | 几乎没有 | 几乎没有 | 强烈 |
| 杂质去除 | 容易 | 容易 | 困难 |

　　三价铬镀铬与六价铬镀铬比较，其优点是分散能力、均镀能力好；镀速高，可以达到 0.2μm/min，从而缩短电镀时间。电流效率也比六价铬镀铬高，可达到 25% 以上。同时，还有烧焦等电镀故障减少、不受电流中断或波形的影响等优点。而最为重要的是不采用有害的六价铬从而减少了对环境的污染，降低了污水处理的成本，对操作者的安全性也大大提高。

　　三价铬镀铬有单槽方式和双槽方式，单槽方式中的阳极材料是石墨棒，其他与普通电镀一样，双槽方式是使用了阳极内槽，将铅锡合金阳极置于内槽内，用隔膜将阳极产生的六价铬离子阻挡在阳极区（六价铬离子在三价铬镀铬液中是有害离子）。

　　但是三价铬镀铬也存在一次设备投入较大和成本较高的缺点。在色度上和耐蚀性方面不如六价铬。同时，镀液的稳定性也是一个问题，特别是对杂质敏感，在管理上要多加注意。

　　三价铬镀铬目前主要用于装饰性电镀领域，还不能替代镀硬铬工艺，主要原因是其硬度不够。作为替代镀硬铬的措施，是采用合金电镀或者复合镀层。同时，三价铬仍然是铬盐，也有氧化为六价铬的危险，因此，寻求替代镀铬的工艺也一直是研究的方向。

### 5.1.4 装饰性代铬镀层

由于传统镀铬对环境污染严重，其应用正在受到越来越严格的限制。因此，开发代铬镀层有着非常紧迫的市场需求。对于耐磨性硬铬镀层，可以有一些复合镀层作为替代镀层，而对于装饰性代铬镀层，采用其他镀种代替的一个基本要求是色泽要与原来的镀铬相当。能满足这种要求的主要是一些合金镀层。目前在市场上广泛采用的装饰性代铬镀层是锡钴锌三元合金镀层。

**(1)代铬镀层的特点**　采用锡钴锌三元合金代铬的电镀工艺有如下特点：

① 光亮度和色度与铬接近。代铬的光亮镀和色度与镀铬非常接近，以在亮镍上镀铬的反射率为100%时，在亮镍上镀代铬可达90%。

② 分散能力好。由于采用的是络合物镀液，代铬的分散能力大大优于镀铬，且可以滚镀，这对于小型易滚镀五金件的代铬是很大的优势。

③ 耐蚀性强。代铬镀层由于采用的也是多层组合电镀，其耐蚀性能较好，在大气中有较好的防变色性能和耐蚀性能。

**(2)装饰代铬电镀工艺**　装饰代铬锡钴锌电镀工艺的流程如下：

镀前检验→化学除油→热水洗→水洗→酸洗→二次水洗→电化学除油→热水洗→二次水洗→活化→镀亮镍→回收→二次水洗→活化→水洗→镀代铬→二次水洗→钝化→二次水洗→干燥→检验

① 工艺如下：

| | |
|---|---|
| 氯化亚锡 | 26～30g/L |
| 氯化钴 | 8～12g/L |
| 氯化锌 | 2～5g/L |
| 焦磷酸钾 | 220～300g/L |
| 代铬添加剂 | 20～30mL/L |
| 代铬稳定剂 | 2～8mL/L |
| pH | 8.5～9.5 |
| 温度 | 20℃～45℃ |
| 阴极电流密度 | 0.1～1A/dm² |
| 阳极 | 0 号锡板 |
| 阳极：阴极 | 2：1 |
| 时间 | 0.8～3min |

阴极移动、连续过滤。

② 滚镀工艺如下：

| | |
|---|---|
| 氯化亚锡 | 21～30g/L |
| 氯化钴 | 9～13g/L |
| 氯化锌 | 2～6g/L |
| 焦磷酸钾 | 220～300g/L |
| 代铬添加剂 | 20～30mL/L |
| 代铬稳定剂 | 2～8mL/L |

| | |
|---|---|
| pH | 8.5～9.5 |
| 温度 | 20℃～45℃ |
| 阴极电流密度 | 0.1～1A/dm² |
| 阳极 | 0 号锡板 |
| 阳极∶阴极 | 2∶1 |
| 时间 | 8～20min |
| 滚桶转速 | 6～12r/min |

连续过滤。

**(3)镀液配制与维护**　锡钴锌三元合金代铬的镀液配制要注意投料次序，否则会使镀液配制失败。

先在镀槽中加入镀液量 1/2 的蒸馏水，加热溶解焦磷酸钾。再将氯化亚锡分批慢慢边搅拌边加入，每次都要在其完全溶解后再加。另外取少量水溶解氯化钴和氯化锌，再在充分搅拌下加入到镀槽中，加水至所需体积，搅拌均匀。取样分析，确定各成分在工艺规定的范围内。

加入代铬稳定剂和代铬添加剂，目前国内使用较多的是武汉风帆电镀技术有限公司的代铬 90 添加剂。加入添加剂后，以小电流密度（0.1A/dm²）电解数小时，即可试镀。代铬稳定剂在水质不好时才加，如果水质较好可以不加。

镀液的维护的主要依据是化学分析和霍尔槽试验结果，添加剂的补充可根据镀液工作的安培小时数进行。代铬 90 的补加量为 150～200mL/kAh。

镀液 pH 的管理很重要，一定要控制在 8.5～9.5，偏低焦磷酸钾容易水解，过高镀液会混浊。调整 pH 宜用醋酸和稀释的氢氧化钾。

当镀层外观偏暗时，可能是氯化亚锡偏低或氯化钴偏高或偏低，可适当提高试验温度。阳极要采用 0 号锡板，否则，由阳极带入杂质会影响镀层性能。阳极面积应为阴极的 2 倍，并且可以加入 5％的锌板。

**(4)镀后处理**　为了提高镀层的防变色性能，可以镀后进行钝化处理。钝化工艺如下：

| | |
|---|---|
| 重铬酸钾 | 8～10g/L |
| pH | 3～5 |
| 温度 | 室温 |
| 时间 | 1～2min |

## 5.2　防护装饰性电镀

### 5.2.1　多层电镀

随着人们对产品质量要求的提高，单一镀层很难在保持其良好装饰性的同时不受腐蚀物质的侵蚀。特别是在恶劣环境和气候条件下使用的产品，如汽车、室外装饰、厨卫产品等。防护装饰性镀层就是既有良好的防护性能，又有良好的装饰性能。要保证这样的性能，单一镀层是难以胜任的。一种合理的选择就是采用多层镀层，即内镀层具有防护性能，而外镀层也就是表面的镀层则具有装饰性。

典型的多层镀层是铜镍铬组合工艺。在此基础上，随着技术的进步和市场需求的变化而有所改进和调整。

**1. 多层电镀技术要点**

多层电镀技术的要点是对多层镀层组合的选择，要符合提高镀层防护装饰性能的技术要求，镀层之间的电位差在一般情况下应尽量接近，当难以满足电位接近的要求时，则要使用电位差形成的保护特性，利用电位差的作用实现特殊的保护作用。镀层金属的物理性质和化学性质也最好相匹配。在两种镀层的性质相差较大时，要用中间镀层来加以缓冲，形成三层甚至四层镀层组合，以达到提高整体镀层防护装饰性能的目的。

以钢铁上镀铜镍铬组合镀层为例。在钢铁上直接镀镍是不可取的，因为镍在钢铁表面是阴极镀层，在镀层有孔隙或破损而发生腐蚀时，会使钢铁作为阳极而发生锈蚀，从内部往基体内锈蚀。但是在钢铁上先镀上一层铜以后，虽然铜对于钢铁也是阴极镀层，但铜上再镀上镍后，镍相对铜成为阳极镀层，而镍较铜有较好的耐蚀性，这样镍就可以发挥其耐腐蚀效果。同时，由于是两个镀层，孔隙通往基体的几率降低，发生孔隙腐蚀的几率也就降低，从而提高了镀层的防护性能。镀表面装饰铬层以后，更多了一层保护。这样，钢铁制件铜镍铬组合成为经典的多层防护装饰性镀层。

当然，在更为严酷的使用环境中，还要采用更为有效的多层镀组合，如三层镍等。

另一方面是镀层之间结合力的控制，这是多层镀的又一个技术要点，并且在实际生产中比前一个要点更为重要。因为镀层组合一旦确定，就基本固定下来，不会随意改变。而镀层之间的结合力则是每一次操作都有可能发生变化，随时都有成为质量隐患的可能。稍不留意就会发生镀层间的结合不良，发生镀层起皮、起泡等现象，轻则返工，重则报废。因此，镀层之间的结合力是多层电镀工艺中重要的技术指标。

镀层之间结合力的控制方法是镀层之间的流程连接，主要有以下几个要点：

① 一个镀层完成后，应该尽快进入下一个镀层流程。如果出现较长时间的停留，则要防止镀层钝化或氧化。在进入下一个电镀流程时，一定要充分活化后才能入槽电镀。

② 镀后的清洗非常重要，一定不能将前一个镀层的镀液残留物带入下一个镀槽。

③ 镀件进入镀槽时尽量做到带电下槽，以防发生镀液成分与前一镀层发生某些化学反应导致的镀层变化(如镀层钝化、光亮镀层消光及发花等)。

④ 排除容易发生"双极现象"的因素，以防镀层下槽时发生"双极现象"而产生质量问题。

**2. 典型的多层电镀工艺**

**(1)钢铁制件镀铜镍铬工艺** 镀铜镍铬工艺流程如下：

有机除油→回收→清洗→碱性化学除油→热水洗→流水洗→强酸蚀去锈→流水洗→电解除油→热水洗→水洗→弱酸蚀(活化)→水洗→预镀碱性铜→热水洗→水洗→

活化→镀光亮铜(酸性镀铜或者焦磷酸盐镀铜)→回收→水洗→活化→镀光亮镍→回收→水洗→活化→镀装饰性铬→回收→水洗→热水洗→干燥→送检

注意：这是通用标准流程，实际生产中可根据产品表面状态或用户的不同要求而有所调整和增减。例如，有些经热处理后再电镀的产品就无需有机除油，而当对结合力要求很高时，电解除油还会有阴阳极联合除油，甚至于加上超声波除油。

**(2)钢铁制件镀多层镍工艺**　镀多层镍工艺流程如下：

有机除油→回收→清洗→碱性化学除油→热水洗→流水洗→强酸蚀去锈→流水洗→电解除油→热水洗→水洗→弱酸蚀(活化)→水洗→镀通用镍(打底镍或瓦特镍)→回收→水洗→活化→镀半光亮镍→回收→水洗→活化→镀光亮镍→回收→水洗→活化→镀装饰性铬→回收→水洗→热水洗→干燥→送检

注意：多层镍也可以将预镀镍换成预镀铜，然后镀双层镍。当对镀层耐蚀性要求较高时，可以镀三层镍，即加入高硫镍，也可以加入镍封工艺。

**(3)钢铁制件其他防护装饰性电镀工艺**　其他防护装饰性电镀工艺流程如下：

有机除油→回收→清洗→碱性化学除油→热水洗→流水洗→强酸蚀去锈→流水洗→电解除油→热水洗→水洗→弱酸蚀(活化)→水洗→预镀碱性铜→热水洗→水洗→活化→镀酸性光亮铜→回收→水洗→活化→水洗→镀仿金、仿银或枪色等装饰性表面层

如果对镀层耐蚀性能有更高要求，则可在光亮镀铜后，加镀光亮镍，再镀表面装饰镀层，工艺流程如下：

有机除油→回收→清洗→碱性化学除油→热水洗→流水洗→强酸蚀去锈→流水洗→电解除油→热水洗→水洗→弱酸蚀(活化)→水洗→预镀碱性铜→热水洗→水洗→活化→镀酸性光亮铜→回收→水洗→活化→镀光亮镍→回收→水洗→活化→镀仿金、仿银或枪色等装饰性表面层

## 5.2.2　多层电镀工艺的重要底镀层——镀铜

### 1. 铜的性质

铜的元素符号为 Cu，是第四周期 IB 族元素，原子序数 29，相对原子质量 63.57，熔点 1083℃，密度 8.93g/cm²，电阻率 $1.6730 \times 10^{-6}\Omega \cdot cm$，膨胀系数 $0.165 \times 10^{-4}$，1Ah 二价铜析出的镀层质量为 1.185g、厚 13.3μm，1Ah 一价铜析出的镀层质量为 2.371g、厚 26.6μm(以电流效率 100% 计)。

铜是一种略带紫红色的金属，因为具有良好的延展性、优良的导热性和导电性能而在很多工业领域获得了广泛的应用。特别是在电工和电子工业领域，铜是不可或缺的重要金属材料。铜也是制造各种铜合金的重要原料，在现代工业的各个领域都有着重要的用途。

铜在空气中容易氧化，从而失去金属光泽，在加热时更为明显。铜易溶于硝酸和铬酸，也溶于热硫酸中。单纯的稀硫酸和盐酸与铜不起反应，只有在一定条件下，如有充分的氧并适当加热才会发生作用。铜与空气中的硫化物起反应生成黑色的硫化铜。在潮湿的空气中，铜与二氧化碳或氯化物作用生成绿色的碱式碳酸铜(铜绿)或氯化铜

膜。铜与某些有机酸也会发生反应，而与碱类(除氨外)则几乎不起作用。

2. 镀铜的分类

镀铜在防渗碳、增加导电性、挤压时的减磨、修复零件尺寸等诸多领域都有应用。现在可以用于工业化生产的镀铜液已经有十多种。但根据镀液的 pH 范围不同可以分为两大类，一类是酸性电解液，另一类是碱性电解液。

酸性电解液包括硫酸盐镀铜、氟硼酸盐镀铜、烷基磺酸盐镀铜、氯化物镀铜、柠檬酸盐镀铜、酒石酸盐镀铜等。酸性镀铜液中的主盐以二价铜离子的形式存在。因此，其标准电极电位是 $Cu^{2+}/Cu = +0.337V$，电化当量为 1.186g/Ah。

碱性电解液包括氰化物镀铜、焦磷酸盐镀铜、HEDP 镀铜、硫代硫酸盐镀铜等。氰化物镀铜液中的铜离子是以一价铜离子的形式存在的，因此，其标准电极电位是 $Cu^{+}/Cu = +0.521V$，电化当量为 2.372g/Ah。

由于铜的标准电位比锌和铁的要正得多，因此，在这些电位比铜负的金属上电沉积铜属于阴极镀层。

3. 镀铜的应用

镀铜既是装饰性电镀的重要底镀层和预镀层，也是重要的功能性镀层，因此其应用非常广泛。特别是在电子产品电镀中，镀铜占有很大比例，是印制板电镀、电子连接器电镀、波导电镀、微波元器件电镀等用量最大的镀种。

作为功能性镀层，导电性是其最主要的功能，这正是电子产品大量采用镀铜技术的原因。电镀铜技术也为节约铜资源提供了帮助，最典型的就是用于电话电缆的"铜包钢"技术。所谓铜包钢，就是在低碳钢丝表面镀上一层铜，以提高其导电性能，提高电话信号的传输质量。

镀铜在装饰性电镀和防护性电镀中也有着重要应用。光亮酸性镀铜已经是光亮电镀中的重要光亮底镀层，成为替代光亮镀镍底层的首选镀种。酸性镀铜有较高的沉积速度，又有一定的整平能力，不仅可以获得镜面光亮的镀层，而且对微观不平和轻微划痕有一定整平作用。镀铜也是防护性多层电镀的中间镀层或底镀层，用镀铜替代多层镀镍工艺中的镍中间层，可以节省比铜贵得多的镍资源。

镀铜还在艺术品制造中有着广泛的应用，如浮雕工艺品的电镀，特别是非金属材料制作的大型浮雕装饰工艺品，在建筑装饰中有广泛应用。电镀铜也用来制作铜箔，用于印制板覆铜板材制造。

## 5.2.3　镀铜工艺

常用的镀铜工艺有氰化物镀铜、酸性光亮镀铜、焦磷酸盐镀铜、HEDP 镀铜等。氰化物镀铜由于采用了剧毒的氰化物，存在安全和环境问题。但是，氰化物镀铜可以在钢铁制件表面直接电镀，而其他镀铜特别是酸性镀铜在钢铁制件表面容易发生置换而影响镀层结合力，因此，对于以钢铁为主要工业材料的现代制造，氰化物镀铜还不可能完全被取代。当然也已经有一些无氰镀铜工艺用于工业生产，在一定条件下，有些无氰镀铜工艺也可以直接在钢铁制件表面镀铜。

1. 氰化物镀铜

**(1)氰化物镀铜工艺** 氰化物镀铜根据用途不同可分为低浓度、中浓度和高浓度三种镀液，分别用于闪镀、光亮打底和加厚镀层等不同场合。

① 预镀铜工艺如下：

| | |
|---|---|
| 氰化亚铜 | 8～30g/L |
| 氰化钠 | 12～50g/L |
| 游离氰化钠 | 5～15g/L |
| 氢氧化钠 | 2～10g/L |
| 温度 | 20℃～50℃ |
| 阴极电流密度 | 0.2～2A/dm² |

② 常用氰化物镀铜工艺如下：

| | |
|---|---|
| 氰化亚铜 | 30～50g/L |
| 氰化钠 | 40～65g/L |
| 游离氰化钠 | 5～10g/L |
| 氢氧化钾 | 10～20g/L |
| 酒石酸钾钠 | 30～60g/L |
| 温度 | 50℃～60℃ |
| 阴极电流密度 | 1～3A/dm² |
| 阴极移动 | 20～30次/min |

③ 加厚镀铜工艺如下：

| | |
|---|---|
| 氰化亚铜 | 120g/L |
| 氰化钠 | 135g/L |
| 游离氰化钠 | 5～10g/L |
| 氢氧化钾 | 30g/L |
| 碳酸钠 | 15g/L |
| 温度 | 75℃～80℃ |
| 阴极电流密度 | 3～6A/dm² |

对于氰化物镀铜，根据所采用的导电盐的不同而有钾盐、钠盐和混合盐镀液之分。对于常用和高浓度的镀液，通常都要采用钾盐或混合盐。从操作实际上看，以混合盐较好。

采用三种导电盐的氰化物镀铜工艺的区别见表5-3。

表5-3 采用三种导电盐的氰化物镀铜工艺的区别

| 镀液成分 | 镀液类型 | | |
|---|---|---|---|
| | 全钠盐 | 全钾盐 | 混合型 |
| 氰化亚铜 | 有 | 有 | 有 |
| 氰化钠 | 有 | 无 | 有 |

续表 5 - 3

| 镀液成分 | 镀液类型 | | |
|---|---|---|---|
| | 全钠盐 | 全钾盐 | 混合型 |
| 游离氰化钠 | 有 | 无 | 有 |
| 氢氧化钠 | 有 | 无 | 无 |
| 氢氧化钾 | 无 | 有 | 有 |
| 氰化钾 | 无 | 有 | 无 |
| 游离氰化钾 | 无 | 有 | 无 |

**(2)镀液成分和操作条件的影响**

① 主盐。氰化亚铜是镀液主盐，配制时以氰化亚铜形式经氰化钠溶解加入镀槽。镀液中铜含量对阴极过程影响较大。铜含量偏低时，阴极极化增大，电流效率下降，工作电流密度低；铜含量过高时，可以提高工作电流密度，提高整平作用，但易在高区出现镀层不良现象。

② 络合物。氰化钠是稳定镀液正常工作的络合物，要在镀液中维持一定的游离含量。这样才能使镀层结晶细致，阳极溶解正常。游离氰化物含量也不能过高，否则会使电流效率下降。

③ 辅盐及添加物。氰化物镀铜中添加的辅盐主要有酒石酸盐或硫氰酸盐，这对活化阳极和细化镀层是有利的。硫氰酸盐除了有阳极去极化作用，还有一定的隐蔽有害金属离子的能力，如锌杂质等。

氢氧化钾或氢氧化钠对维持镀液 pH 和提高导电性等都是有益的，也有利于促进阳极溶解。在加入氢氧化物时，在空气中的二氧化碳作用下，镀槽中也会产生一部分碳酸盐：

$$2NaOH + CO_2 = Na_2CO_3 + H_2O$$

$$2NaCN + O_2 + 2NaOH + 2H_2O = 2Na_2CO_3 + 2NH_3 \uparrow$$

一定量的碳酸盐对增加镀液导电性是有益的，但超过 90g/L 就会出现镀层粗糙等现象，同时电流效率也会有所下降，阳极容易钝化，所以要定期除去一部分碳酸盐。后一个反应是我们在氰化物镀铜槽边有时会闻到氨味的原因。

为了细化结晶和获得较光亮的镀层，氰化物镀铜有时也要用到光亮添加剂。传统工艺多数是采用某类金属盐，如铅、硒、碲、铋的盐等。用得较多的是醋酸铅，但出于环保的原因，已经禁止用铅盐。现在采用的是含硫化合物和有机合成添加剂。

④ 操作条件的影响。

a. 电流密度。阴极电流密度对镀层质量有较大影响。随着电流密度的提高，电流效率有所下降。为了能在较大电流密度下工作，可以适当提高主盐含量。提高温度也可以增大工作电流密度。

b. 温度。升高镀液温度会使阴极极化有所下降，却有利于提高电流效率。因此在想提高工作效率和获得较厚镀层时，都要采取加温措施，并且控制在较高的温度范围。但是过高的温度不仅使镀液蒸发加快，而且工作现场的挥发性气体也会增加，同时也会加速氰化物的分解和碳酸盐的积累。综合考虑各种因素，一般镀液温度要控制在60℃左右。

c. pH。常规氰化物镀铜基本上采用的是强碱性镀液，一般不需要对镀液的 pH 加以控制。但是，当所电镀的制件是锌铝合金等对强碱性工作液有不良反应时，应该将镀液的 pH 控制在 11 以下。调整的方法是在常温下，用有机酸调整。一定要在有强烈排气装置的场合进行这种调整，并且要用经稀释后的有机酸，在搅拌下缓慢加入。不可一次大量加入，以防产生的有害气体过浓而危害操作者。

**(3)氰化物镀铜液的管理**

① 工艺参数的控制。要定期分析镀液成分和补加。对于操作条件，能自动控制的尽量采用自动控制，如温度的自动控制，镀液的循环过滤等。电流密度则需要根据镀件的表面积变化进行调整，并且有些形状复杂的制件在电镀氰化铜时，要用大的冲击电流镀数秒后，再调整到正常电流密度下工作。

② 杂质的影响与排除。

a. 铅杂质。铅等重金属杂质是有害的，铅含量超过 0.07g/L 时，就会影响镀层质量。同时，对于电子产品，对镀层中铅杂质有严格控制，对镀液进行除铅处理也是要经常进行的工作之一。铅杂质的来源主要是阳极杂质混入和某些化工原料带入。

去铅的方法是在镀液温度为 60℃时，边搅拌边加入 0.2～0.4g/L 硫化钠。然后加入活性炭 0.3～0.5g/L，充分搅拌 2h 以上，过滤后分析镀液，调整到工艺规范内。

b. 铬杂质。铬在镀液中也是有害杂质，即使微量(0.3mg/L 以下)的铬，也会使镀层恶化。如果量稍多，电流效率显著下降，严重时甚至没有镀层析出。去除铬杂质的方法，也是将镀液加温到 60℃以上，然后加入 0.2～0.4g/L 保险粉(连二亚硫酸钠)，搅拌 0.5h 以上，然后趁热过滤。当镀液中加有酒石酸钾钠时，由于其对三价铬有络合作用，可加少许茜素，然后再以活性炭吸附过滤。

c. 碳酸盐。碳酸盐过量后即成为对镀液有害的成分，因此需要定期去除一部分。由于碳酸盐在低温下会因溶解度下降结晶，因而可以降低镀液温度至 0℃左右，使之结晶后清除。这对于没有降温设备的电镀是难以做到的，通常是利用冬天的低温进行清除。

平时的方法是将镀液加温到 70℃，然后根据反应式和所要去除的碳酸钠的量，加入计量的氢氧化钡，即可将碳酸盐转化为溶解度极小的碳酸钡：

$$Na_2CO_3 + Ba(OH)_2 == BaCO_3 \downarrow + 2NaOH$$

静置 2h 后，过滤去除。

**2. 酸性光亮镀铜**

酸性光亮镀铜在现代电镀中占有很大比例，特别是在电子电镀中，是用量最大的镀种，也是随着电镀添加剂技术发展工艺进步较快的镀种。根据不同的镀铜需要，可以有不同的工艺选择。

**(1)酸性镀铜典型工艺** 酸性镀铜典型工艺如下：

| | |
|---|---|
| 硫酸铜 | 150~220g/L |
| 硫酸 | 50~70g/L |
| 四氢噻唑硫酮 | 0.0005~0.001g/L |
| 聚二硫二丙烷磺酸钠 | 0.01~0.02g/L |
| 聚乙二醇 | 0.03~0.05g/L |
| 十二烷基硫酸钠 | 0.05~0.02g/L |
| 氯离子 | 20~80 mg/L |
| 温度 | 10℃~25℃ |
| 阴极电流密度 | 2~3A/dm² |
| 阳极 | 含磷0.1~0.3%的铜板 |

**(2)镀液配制**

① 将计量的硫酸边搅拌边溶于镀液总量2/3的去离子水中，液温会有所升高，注意充分搅拌防止局部过热。

② 趁热将计量的硫酸铜加入镀槽中，等硫酸铜全部溶解后，加入1mL/L30%的双氧水，充分搅拌1h以上，再加入1~2g/L活性炭，充分搅拌1h左右。

③ 将上述液体静置沉淀后过滤，去除沉淀物。

④ 往滤清的镀液中加入各种计量的添加剂，并用去离子水将镀液补至所规定的量，充分搅拌均匀后取样做霍尔槽试验。

⑤ 如果发现氯离子缺少，可补入0.05mL/L化学纯盐酸，试镀后确认合格即可投入使用。

**(3)酸性镀铜光亮剂** 酸性光亮镀铜开发的早期采用的是多组分单一添加的光亮剂，即所谓MSHOD体系和SBP体系。在MSHOD体系中，M是甲基蓝，S是聚二硫丙烷磺酸盐，H是2-疏基噻唑啉，O是聚氧乙烯烷基酚醚，D是亚甲基二萘磺酸钠。这些组分都是单独添加到镀液中的，用量大都是每升几毫克，通过协同作用达到整平和光亮目的。

随着对光亮剂作用机理探讨的深入，酸性镀铜光亮剂也由单一组分发展为复合添加剂阶段。早期开发的单一组分的添加剂也都发展成为酸性镀铜光亮剂的中间体。现在商业化的酸性镀铜光亮剂是采用各种酸性镀铜光亮剂中间体配制而成的，常用酸性镀铜光亮剂中间体见表5-4。

表5-4 常用酸性镀铜光亮剂中间体

| 化学名分子式 | 外观 | 含量(%) | pH | 用量(%) | 性质及应用 |
|---|---|---|---|---|---|
| M<br>2-疏基苯骈咪唑<br>$C_7H_6N_2S$ | 白色结晶 | ≥95 | | 0.6~1.0 | 溶于碱性溶液中，M用作酸性镀铜光亮剂，可使镀层光亮，并有整平作用；还可提高工作电流密度。常与N、SP等配合使用 |

续表 5 – 4

| 化学名分子式 | 外观 | 含量(%) | pH | 用量(%) | 性质及应用 |
|---|---|---|---|---|---|
| N<br>乙撑硫脲<br>$C_3H_6N_2S$ | 白色结晶 | ≥95 | | 0.4~1.0 | 溶于热酒精溶液，用作酸性镀铜光亮剂，常与酸性镀铜光亮剂 M、SP 配合使用 |
| JPH(2887)<br>交联聚酰胺水溶液 | 棕红色液体 | 约20 | 5.0~6.0 | 0.05~0.50 | 一种交联聚酰胺水溶液，主要用于酸铜镀铜，特别是作为低电流密度光亮剂；一般与湿润剂 β-萘酚聚氧乙烯醚和含硫化合物如 SP、DPS 等一起使用，具有光亮延展、整平等效果 |
| EDTP(Q75)<br>N，N，N′，N′-四<br>(2-羟丙基)乙二胺<br>$C_{14}H_{32}N_2O_4$ | 无色透明液体 | ≥75 | 8.5~9.5 | 10~30 | 易溶于水，水溶液呈弱碱性，主要用于化学镀铜络合剂 |
| H1 四氢噻唑-<br>2-硫酮<br>$C_3H_5NS_2$ | 白色针状结晶 | ≥98 | | 0.003~0.01 | 酸性镀铜光亮剂，可获得良好光亮度与整平性，起光速度快 |
| FSTL-1<br>聚合吩嗪染料 | 紫红色液体 | | | 0.0005 | 酸性镀铜光亮剂，与开缸剂及基本添加剂配合，可提高光亮度和整平性 |

从工艺配方可知酸性光亮镀铜的光亮剂比较复杂，成分达 5 种之多，而用量却又非常少，因此在实际生产控制中会预先配制一些较浓的组合液，对消耗量相差不多的按一定比例混合溶解后配成浓缩液，以方便添加。

现在已经普遍采用商业添加剂，通常只一种或两种组分，且光亮效果和分散能力也有很大提高。不过仍有一些企业采用自己配制的工艺，其优点是可以根据产品情况对其中的某一个成分进行调整，以达到最佳效果。

改进的酸性镀铜光亮剂组合中可以加入有机染料，早期的是甲基蓝，现在则扩展到多种有机染料，对于提高光亮度和分散能力都有好处。

**(4)镀液维护**

① 氯离子的控制。酸性光亮镀铜只要正确地使用添加剂和阳极材料，通常都能正常工作。但是有一个重要的参数是氯离子量的控制，一般情况下，采用自来水配制镀

液，就可以不另外加入氯离子的量。但是由于电子工业的需要，现在普通采用去离子水配制镀液，这时需要按工艺规定的量 20～80mg/L 加入氯离子。

可用霍尔槽试验来检测镀液中的氯离子是否正常。将被测镀液置于 250mL 标准霍尔槽中，取标准试片以 2A 总电流电镀 5min，取出清洗后吹干。如果高区有烧焦，可以判断氯离子含量偏高，可用锌粉去除；如果低区不亮，加入光亮剂后仍不亮，则是氯离子含量偏低，需要按量补充氯离子。当氯离子含量偏高时，除去氯离子的方法是镀槽中加入锌粉，并充分搅拌 30min 以上，然后加入 1～2g/L 活性炭，继续搅拌 2h 以上，沉淀后过滤。根据经验，可按 0.5～1.0g/L 的量在剧烈搅拌下加入镀槽。1g/L 锌粉，可去除 20～30mg/L 的氯离子。

② 镀层间结合力控制。酸性光亮镀铜的另一个问题是在其上续镀其他镀层特别是镍镀层时，有时会出现结合力较差，这是受有机添加剂中的表面活性物质在表面吸附的影响，通过碱液或电解除油进行处理，就可以消除。

③ 常见质量问题与排除方法。最常见的是由于光亮剂的使用失调导致的不光亮。用霍尔槽进行检验是最常用的方法。镀层质量不好的表现主要是粗糙、针孔、条痕、光亮不足、烧焦等。

酸性光亮镀铜最好在室温下工作，当镀液温度过高时，会出现光亮不足。这时可以减少产品的悬挂量，增大阳极面积，以短时间、高电流来进行电镀。光亮剂过多时也可用这种方法进行应急生产。

光亮剂过多会引起阳极钝化、电流下降，可用活性炭过滤镀液。

毛刺、突起、斑点等可能是阳极泥，也可能是一价铜的溶解产生的歧化反应生成了铜粉。要检查阳极、阳极袋是否完好，镀液最好是采用循环过滤。如果确定是歧化反应导致的铜粉性斑点，要往镀液中加入双氧水，将镀液中出现的一价铜氧化为二价铜，以阻止歧化反应的发生。

3. 焦磷酸盐镀铜

焦磷酸盐镀铜由于镀液分散能力较好，镀层结晶细致，且可以避开有毒的氰化物，因此是镀铜中常用的镀种之一。在酸性光亮镀铜技术问世之后，渐渐较少被采用，但在电子产品电镀中还占有一定比例。其缺点是焦磷酸盐作为强络合剂在水体中使金属离子不易提取而造成二次污染。另外，正磷酸盐的积累也会给镀液的维护带来一些问题，且磷酸盐也是水质恶化的污染源之一。

**(1)焦磷酸盐镀铜工艺**

① 常规焦磷酸盐镀铜工艺如下：

| | |
|---|---|
| 焦磷酸铜 | 70～100g/L |
| 焦磷酸钾 | 300～400g/L |
| 柠檬酸铵 | 20～25g/L |
| 光亮剂 | 适量 |
| pH | 8～9 |
| 温度 | 30℃～50℃ |
| P 比 | 7～9 |

阴极电流密度　　　　　　0.8～1.5A/dm²

阴极移动　　　　　　　　25～30 次/min

②　高浓度焦磷酸盐镀铜工艺。常规焦磷酸盐镀铜由于存在与制件基体结合力不良等问题，通常需要采用氰化物镀铜等预处理工艺。而采用添加草酸盐的高浓度焦磷酸盐镀铜，在钢铁上可以直接镀铜，结合力良好。其工艺如下：

焦磷酸铜　　　　　　　　60～80g/L

焦磷酸钾　　　　　　　　550～600g/L

草酸钾　　　　　　　　　10～20g/L

磷酸氢二钾　　　　　　　40～60g/L

光亮剂　　　　　　　　　适量

pH　　　　　　　　　　　8～9

温度　　　　　　　　　　室温

P 比　　　　　　　　　　15～20

阴极电流密度　　　　　　0.4～0.8A/dm²

阴极移动　　　　　　　　15～25 次/min

**(2) 焦磷酸盐镀铜中各组分作用**

①　焦磷酸铜。焦磷酸铜是溶液中供给铜离子的主盐，其铜含量一般控制为18～25g/L。当增加铜盐含量时可提高允许的电流密度；含量过高时，镀层粗糙，阳极溶解困难，并有白色沉淀析出；当铜含量太低时，则使镀层光亮整平性差，沉积速度慢，且镀层易烧焦。

②　焦磷酸钾。焦磷酸钾(钠)是镀液的主络合剂。它与镀液中的焦磷酸铜结合生成焦磷酸铜钾(钠)盐，使金属离子以铬离子形式稳定存在，从而抑制了铜离子的还原过程，有利于增大阴极极化。日常生产中常采用控制总焦磷酸根与金属铜的比值来稳定镀液。比值低时，阳极溶解不正常，镀层结晶粗糙；比值高时，将使阴极电流密度下降。一般控制在 7～7.5 为宜。

③　导电盐。硝酸盐能保证阳极的正常溶解，起到阳极去极化作用，常用的还有柠檬酸盐、草酸盐、酒石酸盐等。采用柠檬酸铵，柠檬酸根可作为阳极去极化剂，铵又可与铜铬合，常用量为 10～30g/L。含量低时镀液分散能力降低，镀层失去光泽并易烧焦，阳极溶解不正常并伴有铜粉产生；含量过高会造成暗红色或雾状镀层。

④　添加剂。添加剂能改善晶粒组织，使镀液具有整平性能并起到光亮剂的作用。不过，过量地使用有机添加剂也可能导致铜镀层发脆，甚至造成结合力不好等疵病。故在使用添加剂时一定要先做工艺试验，谨慎加入。

**(3) 焦磷酸盐镀铜光亮剂**　　早期的焦磷酸盐镀铜光亮剂包括无机盐类，如金属的氯化物，即铋、铁、铬、锡、锌、镉、铅等的氯化物，由于效果并不理想，没有推广开来。后来有人发现加入氨后镀层质量有所改善，并且有一定光亮度，因此在很长一段时间，氨成为焦磷酸盐镀铜的必要成分。但是氨有特殊的气味，且容易挥发，使镀液不稳定，从而促使进一步开发用于焦磷酸盐镀铜的添加剂并取得了成果。其中以有机硫化物为光亮效果最好，特别是杂环巯基或硫酮类化合物大多具有光亮作用。

在我国，有用光亮剂单体用作焦磷酸盐镀铜光亮剂的，如2-巯基苯并咪唑和2-巯基苯并噻唑。其中咪唑类比噻唑类更稳定，使用寿命也长，还可以与硒盐联合使用。

国外常用的是2,5-二巯基-1.3,4-二噻唑(DMTD)为有效成分的添加剂，这类添加剂在低浓度时能加速铜的电沉积，而在高浓度时又会阻挡电沉积过程，从而在不同电流密度的吸附区起到微观调整镀速的作用。焦磷酸盐镀铜添加剂见表5-5。

**表5-5 焦磷酸盐镀铜添加剂**

| 添加剂 | 组成或结构 | 用量 |
| --- | --- | --- |
| 动物胶 | | 0.8g |
| 酵母 | | 0.2g |
| 氨 | $NH_3$ | 1~2g/L |
| 三羟戊二酸＋亚硒酸钠 | $HOOC-(CHOH)_3-COOH$<br>$Na_2SeO_3$ | 7g/L<br>0.02g/L |
| 2-巯基噻二嗪 | | 0.5~1.0g/L |
| 氨基乙酸 | $H_2NCH_2COOH$ | 0.5g/L |
| 糠醛或糠醇 | | 1~4g/L |
| 2-巯基苯并咪唑 | | 2~4mg/L |
| 硝酸钾＋氨 | $KNO_3$<br>$NH_3$ | 15g/L<br>2mL/L |

**(4)常规镀液维护和注意事项** 焦磷酸盐镀铜镀液维护的一个重要参数依据是焦磷酸根离子与铜离子的比值，简称P比。通常要保证焦磷酸根离子与铜离子的比值为7~8，对分散能力有较高要求时，要保持在8~9。过低阳极溶解不正常，过高则电流效率下降。

焦磷酸盐镀铜镀液中主要成分的允许含量范围比较宽，所以只要能做到定期分析，及时补充缺少的成分，就能够正常工作。此外，对于镀液的管理很重要的一个内容是对杂质的管理。

杂质的影响和处理方法如下：

① 氰根。当焦磷酸盐镀铜中混入的氰根达到0.005g/L以上时，镀层就会变暗，电流密度范围缩小，严重时镀层粗糙。如果出现这种情况，可以向镀液加入0.5~1mL/L 30%的双氧水，搅拌30min以使镀液恢复正常。

② 六价铬。六价铬混入镀液会使阴极电流效率下降，严重时低电流区得到不镀层，并且使阳极钝化。去除六价铬的方法是先将镀液加热至50℃左右，再加入足够量的保险粉(连二亚硫酸钠)，将六价铬还原为三价铬。待六价铬完全还原后，加入2g/L活性炭，趁热将活性炭和形成的氢氧化铬过滤除去。最后加入适量的双氧水，将过量的保险粉氧化为硫酸盐。

③ 油污。油污会使镀层出现针孔或分层，严重时会引起镀层起泡、脱皮。如果镀液中混入少量油污，可以先将镀液加热至 55℃ 左右，再加入 0.5mL/L 的洗涤剂，将油污乳化，然后用 3~5g/L 活性炭将乳化了的油污吸附去除。

④ 有机杂质。有机杂质对镀层的影响很大，不同类型的有机杂质会产生不同的影响。有些是使镀层变脆，有些是使镀层粗糙或产生针孔，还有的是让电流密度范围变小。去除有机杂质的方法是先往镀液中加入双氧水 2~4ml/L，充分搅拌并使其发挥氧化作用一定时间后，再加热镀液至 60℃ 左右，加入活性炭 2g/L，充分搅拌 2h 以上，静置过滤。也可以在加入双氧水反应数小时后，加热赶出多余双氧水，再以活性炭滤芯的过滤机过滤。

⑤ 铅杂质。镀铜液中含有 0.1g/L 以上的铅时，就会使镀层粗糙，色泽变暗。只能用小电流电解的方法去除铅杂质，这时的电流密度必须在 0.1A/dm² 以下。

⑥ 铁杂质。镀铜对铁杂质的容忍度可达 10g/L。超过这个限度，镀层会变得粗糙，提高柠檬酸盐的含量能降低或消除铁杂质的影响。过多的铁杂质可以先用双氧水氧化成三价铁，然后提高镀液的温度(60℃~70℃)，再用 KOH 提高镀液的 pH，使之生成氢氧化铁沉淀。最后加入 1~2g/L 活性炭，搅拌至少 30min 后过滤。最后再调整镀液成分。

**(5)高浓度焦磷酸盐镀铜液的管理**　高浓度焦磷酸盐镀铜的阴极极化曲线与氰化物镀铜相似，结合力、分散能力都较好，且深镀能力强，但是需要带电下槽，先用 0.8~1.0A/dm² 的电流冲击 3~5min，再调整到正常工作电流密度。

这种镀液对硫酸根离子比较敏感，在配制镀液时，要尽量避免将硫酸根离子带入镀槽，活化液可以用盐酸代替硫酸，以免影响镀层结合力。

### 5.2.4　多层镀镍工艺

多层电镀用得最多的是镀镍。无论是装饰性镀层还是防护装饰性镀层，都要用到镀镍。因此，镀镍是电镀技术中研究得最多的镀种。

1. 镍与镀镍光亮剂

**(1)镍的性质**　镍的元素符号为 Ni，属于元素周期表中 VIIIB 族元素，原子序号 28，原子量 58.69，熔点 1453℃，密度 8.9kg/m³，电阻率 $12.5 \times 10^{-6} \Omega \cdot cm$。

镍难溶于盐酸和硫酸，并且在发烟的浓硝酸中处于钝态，但是溶于稀硝酸及热的浓硝酸和混合酸。热油、醋酸对镍有腐蚀作用，因此镍不宜直接用作表面装饰性镀层。镍的标准电极电位为 $Ni^{2+}/Ni = -0.25V$，在钢铁上电镀属于阴极镀层，只有在镀层无孔隙的情况下，才对基体有机械保护作用。

**(2)镍与镀镍的应用**　镍是重要的工业资源，由于其具有较好的耐蚀性能且资源量较少，镍成为一种货币金属，现在一些国家的辅币还在使用镍币。镍除了可与铜制成合金，还可与许多金属构成合金，其中应用最广泛的是不锈钢。

当然镍本身也有着重要用途。它是重要的电极材料、催化剂、装饰和防护镀层、电铸材料、电子工业材料。

镀镍是电镀工艺中应用最广泛和研究得最多的镀种。特别是光亮镀镍技术的进步，促进了电镀添加剂中间体的研发和产业化，也使镀镍成为工艺选择最多的镀种。

现在已经工业化的镀镍工艺有镀暗镍、半光亮镀镍、全光亮镀镍、多层镀镍、高硫镀镍、镍封、沙面镀镍（缎面镀镍、珠光镀镍）等。

镀暗镍主要用于防护装饰性镀层的打底或产品功能需要的镀层，这种工艺也称为瓦特镍，是其他所有镀镍工艺的基础。

应用最多的是光亮镀镍和多层镀镍，有不同的添加剂组合。其他镀镍工艺也都是在瓦特镍的基础上添加各种不同的添加剂而形成的新工艺。

**(3)镀镍光亮剂** 镍镀层有极好的抛光性能，与镀铬配合有经久耐用的装饰效果。同时镀镍也是对添加剂和光亮剂依存度较高的镀种，这是镀镍受到研究者重视的主要原因。

根据添加剂在电镀过程中的作用可以分为两类，即产生压应力的初级光亮剂，也称为一类光亮剂（或柔软剂），和产生张应力的次级光亮剂，也称为二类光亮剂（或光泽剂）。无论哪种应力过大，都会对镀层的性能产生影响，严重的时候会使镀层与基体的结合力下降，甚至镀层发生开裂性起皮。只有这两种光亮剂使用合理时，才会使应力趋于最小，并且达到良好的分散能力和光亮效果。这些最初出现的镀镍光亮剂被称为第一代光亮剂，其代表是丁炔二醇加糖精。

一类光亮剂多数为有机磺酰胺、芳香族磺酸盐、硫酰胺等，最有代表性的就是俗称为糖精的邻磺酰苯酰亚胺的钠盐，至今仍然在广泛采用。二类光亮剂则是醛类、醇类、吡啶类有机化合物，当时最为常用的就是1，4-丁炔二醇。另外为了消除电镀过程中析氢不畅产生的针孔，也加入润湿剂，以后又出现了以改善分散能力为目的的走位剂，以去除杂质影响为目的的除杂剂等。

第二代镀镍光亮剂是将两种以上的有机化学物合成为一种新的化学物质，使之有更好的适合电结晶过程的表面特性，如丁炔二醇与环氧氯丙烷的缩合物就有比丁炔二醇更好的光亮作用。

光亮剂的合成进入第三代是在研究了很多成品有机物和合成物对电极过程的影响后，确定了一些有机基团的作用更为有效，开始尝试在一些合适的主基上接入某些官能团使其有特定的表面特性，从而出现了一系列可供选择的镀镍光亮剂中间体，可供电镀光亮剂开发选用。

现在镀镍光亮剂可供选择的品种很多，且价格低廉，从而进一步推动了镀镍技术的进步。新一代镀镍添加剂的技术特征是极化作用并不明显，但是其出光速度很快，且分散能力也好。

**2. 镀镍工艺**

**(1)瓦特镍** 瓦特镍以其成分简单和沉积速度快、操作管理方便而被广泛采用。同时，瓦特镍也是开发和研究其他镀镍工艺的基础镀液。

瓦特镍的典型工艺如下：

| | |
|---|---|
| 硫酸镍 | $250\sim350g/L$ |
| 氯化镍 | $30\sim60g/L$ |
| 硼酸 | $30\sim40g/L$ |

| 十二烷基硫酸钠 | $0.05\sim0.1g/L$ |
| 十二烷基硫酸钠 | |
| pH | $3\sim5$ |
| 温度 | $45℃\sim60℃$ |
| 阴极电流密度 | $1\sim2.5A/dm^2$ |
| 阴极移动 | 需要 |

　　瓦特镍在没有光亮镀镍以前是很流行的镀镍工艺，但是随着光亮镀镍的出现，现在瓦特镍主要用作预镀镍或需要保持镍本色的镀件，也用于以防护为主而不考虑装饰效果的制品。

　　**(2)光亮镀镍**　光亮镀镍是装饰性电镀中应用较广泛的镀种，其工艺技术也非常成熟，这里列举的是最典型的通用工艺，光亮剂也是公开的最简约的方案，不过现在普通采用商业光亮剂，这时要根据供应商提供的添加方法添加和维护。

| 硫酸镍 | $250\sim300g/L$ |
| 氯化镍 | $30\sim60g/L$ |
| 硼酸 | $35\sim40g/L$ |
| 十二烷基硫酸钠 | $0.05\sim1g/L$ |
| 1,4-丁炔二醇 | $0.2\sim0.3g/L$ |
| 糖精 | $0.6\sim1g/L$ |
| pH | $3.8\sim4.4$ |
| 温度 | $50℃\sim65℃$ |
| 阴极电流密度 | $1\sim2.5A/dm^2$ |
| 阴极移动 | 需要 |

　　本工艺列举的光亮添加剂是最为典型的传统光亮剂，即第一代光亮剂。但是只要适合于产品的要求，这一工艺仍然有较大应用价值。

　　3. 多层镀镍

　　多层镀镍是利用镀层间的电位差提高钢铁制品防护装饰性能的重要组合镀层，在机械、电子和汽车等行业都有广泛应用。实用的多层镍镀有以下几种组合方式。

　　**(1)双层镀镍**　双层镀镍是在底层上先镀上一层不含硫的半光亮镍，然后再在其上镀一层含硫的光亮镍，再去镀铬。由于含硫的镀层电位较里层的半光亮镍要负，当发生腐蚀时，光亮镍层作为阳极镀层会起到牺牲自己保护底镀层和基体的作用。

　　① 半光亮镀镍工艺如下：

| 硫酸镍 | $350g/L$ |
| 氯化镍 | $50g/L$ |
| 硼酸 | $40g/L$ |
| 一类添加剂 | $1.0mL/L$ |
| 二类添加剂 | $1.0mL/L$ |
| 十二烷基硫酸钠 | $0.05g/L$ |
| pH | $3.5\sim4.8$ |
| 温度 | $55℃$ |

| | |
|---|---|
| 阴极电流密度 | $2\sim4A/dm^2$ |

② 光亮镀镍工艺如下：

| | |
|---|---|
| 硫酸镍 | 300g/L |
| 氯化镍 | 40g/L |
| 硼酸 | 40g/L |
| 一类添加剂 | 1.0mL/L |
| 二类添加剂 | 1.0mL/L |
| 十二烷基硫酸钠 | 0.1g/L |
| pH | 3.8～5.2 |
| 温度 | 50℃ |
| 阴极电流密度 | $2\sim4A/dm^2$ |

双层镀镍两镀层间电位差要大于120mV。两镀层的厚度比例根据基体材料不同而有所不同。对于钢铁基体，半光镍与光亮镍的比例为4：1，而锌合金或铜合金则为3：2。

**(2)三层镀镍** 三层镀镍的组合有好几种，常用的是半光亮镀镍、高硫镀镍、光亮镀镍。其中高硫镀镍的镀层厚度只有 $1\mu m$ 左右，由于高硫镍的电位最负，从而在发生电化学腐蚀时，作为牺牲层而起到保护其他镀层和基体的作用。

三层镀镍的工艺流程如下：

化学除油、除锈→阴极电解除油→阳极电解除油→水洗两次→活化→半光亮镀镍→高硫镀镍→光亮镀镍→回收→水洗→装饰性镀铬或其他功能性镀层

三层镀镍中的半亮镀镍和光亮镀镍可以沿用前述双层镀镍的工艺。高硫镀镍的工艺如下：

| | |
|---|---|
| 硫酸镍 | 300g/L |
| 氯化镍 | 40g/L |
| 硼酸 | 40g/L |
| 苯亚磺酸钠 | 0.2g/L |
| 十二烷基硫酸钠 | 0.05g/L |
| pH | 3.5 |
| 温度 | 50℃ |
| 阴极电流密度 | $3\sim4A/dm^2$ |
| 时间 | 2～3min |

需要注意的是，不能将高硫镀镍的镀液带入到半光亮镀镍中去，否则半光亮镍层的电位会发生负移而使高硫镍层失去保护作用。

**(3)镍镀层的钝化与镀层间结合力** 在多层镍之间，容易出现镀层结合力不良的问题，一个重要的原因是镍镀层发生了钝化，使得再在其上镀镍或铬，会出现脱皮问题。

光亮镍层中含硫过多且分布不均匀会引起镍层局部钝化，含硫越多，钝化越快。糖精超过6g/L，易使镍层钝化，影响镀层结合力和随后的套铬，使铬层发花，出现白

斑、黄斑。初级光亮剂过亮,初级光亮剂与次级光亮剂比例失调,光亮镀镍后未及时套铬,都会造成镍层钝化。

高硫镍层活性很强,电位比光亮镍层负 20mV 左右,含硫量高的镍层套铬是有困难的,套铬后常可见铬层发花、露黄,制件边缘的铬层烧焦,制件中间出现黄膜、黄斑、白斑等缺陷。正因为高硫镍层上不易套铬成功,在三层镍工艺中,需镀光亮镍层来覆盖高硫镍层。

防止镍层钝化的措施主要如下:

① 初级光亮剂和次级光亮剂配比要合理,初级光亮剂如糖精、苯亚硫酸钠、对甲苯硫酸铵、二苯磺基亚胺等,加入量多时,可尝试补加次级光亮剂或稀释镀液来克服,如果还是不能克服,说明初级光亮剂太多了,需少量活性炭吸附过滤掉一部分。

② 控制亮镍溶液的 pH 不能太低。从高硫镀镍镀液的原理可知,镀液 pH 低时,糖精之类的硫化物易电解还原析出硫,镀层含硫量上升,容易发生钝化。

③ 挂具出入镀槽时,应减小电流,槽压降至 6~7V,这样可减轻双性电极现象,防止镍层钝化。

已钝化的光亮镍层用稀硫酸活化是没有效果的,为解决光亮镍层的钝化问题,需要先除去镍镀层表面所形成的钝化膜,再进行补镀亮镍。用电解法恢复活性较为可靠。在 1.5%~4% 硫酸溶液中,阴极电解 40s~2min,可使已钝化的光亮镍层恢复活性。

套铬前,在含氯化镍、盐酸的冲击镍溶液中闪镀几十秒,充分洗尽后再套铬。不足 1μm 厚的闪镀镍层不会使亮镍层失去光亮,而且在闪镀钝镍层上套铬比在亮镍层上容易得多。

**4. 缎面镀镍**

缎面镀镍作为消光和低反射镀层而在电子产品的外装饰件上被广泛应用,是取代传统机械喷沙后再电镀的新工艺。随着缎面镀镍技术的发展,所获得的镀层在装饰上也显示出优越性,使其应用范围有所扩大。在装饰工艺品、日用五金、家电产品、首饰配件、眼镜、打火机等产品上都已经大量采用缎面镀镍做装饰性表面处理,包括在缎面镀镍上再进行枪色、金色、银色电镀或进行双色、印花、多色电镀。

**(1)工艺**　缎面镀镍工艺如下:

| | |
|---|---|
| 硫酸镍 | 380~460g/L |
| 氯化镍 | 30~50g/L |
| 硼酸 | 35~45g/L |
| A 剂(表面活性剂) | 0.5~1.5mL/L |
| B 剂(光亮剂) | 4~8mL/L |
| C 剂(辅助光亮剂) | 2~4mL/L |
| pH | 4.1~4.8 |
| 温度 | 52℃~58℃ |
| 阴极电流密度 | 2~8 A/dm$^2$ |
| 搅拌 | 阴极移动 |
| 过滤 | 间歇性棉芯和定期活性炭 |

电镀时间　　　　1～5min（或根据所需沙面效果决定电镀时间）

**(2)镀液维护**　缎面镀镍效果的获得主要是靠 A 剂的作用，这种添加剂的消耗除了在工作中的有效消耗外，还有自然消耗，也就是说，在不工作的状态下，也会有一部分 A 剂要消耗掉，并且随时间延长缎面的粒度会变粗，所以需以棉芯过滤，再补入 A 剂。如果是连续生产，则每天要以棉芯过滤两次以上，以使每批产品维持相同的表面状态。对于要求比较高的表面效果，如更细的缎面，则应每 4h 过滤一次，以维持相同的表面状态。

当然，如果没有 B 剂作为载体，光有 A 剂也是得不到缎面效果的，并且当 B 剂不足时，高电流区就会出现发黑现象，这时用霍尔槽试验可以明显地看出 B 剂的影响。因此经常以霍尔槽试验来监测镀液是很重要的。

C 剂除了有增强 B 剂的效果外，还有调节镀层白亮度的作用，但是注意不可以多加，否则会使镀层亮度增加太多而影响缎面效果。

每次以活性炭过滤后，B 剂和 C 剂要根据已经工作的安培小时数或以开缸量的 1/3～1/2 的量加入，也可以用霍尔槽试验来确定添加量。

镀液的管理在很大程度上依赖现场的经验的积累，因此注意总结工作中的有关经验对于提高对缎面镍工艺的管理也是很重要的。因为影响表面效果的因素不仅仅是添加剂，还包括主盐浓度、pH、镀液温度、阳极面积、产品形状和挂具选用等。

5. 镀黑镍

照相器材等光学仪器产品需要黑色镀层，其中应用较多的是镀黑镍。电镀镍实际上是镀镍合金。黑镍镀层由 40%～60% 的镍、20%～30% 的锌、10% 左右的硫和 10% 左右的有机物组成。

**(1)工艺**　镀黑镍工艺如下：

| | |
|---|---|
| 硫酸镍 | 100g/L |
| 硫酸锌 | 50g/L |
| 硫氰酸钾 | 30g/L |
| 硼酸 | 30g/L |
| 硫酸镍铵 | 50g/L |
| pH | 4.5～5.5 |
| 温度 | 35℃ |
| 阴极电流密度 | $0.1～0.4 \text{ A/dm}^2$ |

**(2)操作要点**　镀黑镍在操作过程中不能断电，因此要保证电极和挂具导电性能良好，否则镀层出现发花及彩虹色。挂具要经常做退镀处理，以保证良好的使用状态。对于前处理不良的镀件，会发生脱皮现象，另外 pH 过高或锌含量过低也会出现脆性而产生脱层起皮现象。对于钢制件，如果需要镀黑镍，需先用铜镀层打底，再镀锌，然后镀黑镍，效果会更好。

**(3)常见故障与排除方法**　镀黑镍的常见故障与排除方法见表 5-6。

**表 5-6　镀黑镍的常见故障与排除方法**

| 常见故障 | 产生的原因 | 排除方法 |
|---|---|---|
| 镀层不黑、发灰、有条纹 | 温度偏高 | 控制镀液温度在规定的范围内 |
| | 电流密度偏低 | 提高阴极电流密度 |
| | 硫酸锌或硫氰酸盐浓度偏低 | 补充缺少的成分 |
| 镀层呈彩虹色 | 电流密度过低 | 调高阴极电流密度 |
| | 挂具导电性不良 | 检查挂具与电源接触 |
| | 硫氰酸盐含量过低 | 补充硫氰酸盐 |
| 镀层泛白点 | pH 过低 | 提高镀液 pH |
| | 有机杂质含量偏高 | 用活性炭处理镀液 |
| 镀层结合力差 | 没有预镀或预镀不良 | 加强预镀 |
| | 镀液 pH 过高 | 调整 pH 到正常范围 |
| 镀层粗糙、烧焦 | 镀液温度过低 | 提高镀液温度 |
| | 阴极电流密度过高 | 降低阴极电流密度 |

# 5.3　其他装饰性镀层

## 5.3.1　仿金电镀

金色以其华贵而漂亮的色彩是很多装饰件喜欢采用的色调，但是如果全部用金来电镀，成本太高，于是很早就有了仿金色。用得最多的是黄铜，即铜锌合金，采用铜锌合金可以镀出十分逼真的金色，并且可以调出 24K 或 18K 的色调。下面是一个经典的二元仿金合金电镀工艺：

| | |
|---|---|
| 氰化锌 | 8～10g/L |
| 氰化亚铜 | 22～27g/L |
| 总氰 | 54g/L |
| 氢氧化钠 | 10～20g/L |
| pH | 9.5～10.5 |
| 温度 | 30℃～40℃ |
| 阴极电流密度 | 0.3～0.5A/dm² |
| 阳极 | 铜锌合金(64 黄铜) |
| 时间 | 2～5 min |

出于不同色调的需要，也有三元合金仿金电镀。还有因为环境保护需要的无氰仿金电镀工艺。各种仿金电镀工艺见表 5-7。

**表 5-7 各种仿金电镀工艺**

| 镀液成分与工艺条件 | 镀液类型及各成分含量/(g/L) | | | | | |
|---|---|---|---|---|---|---|
| | 1 | 2 | 3 | 4 | 5 | 6 |
| 氰化亚铜 | 16～18 | | 15～18 | 10～40 | 20 | 20 |
| 焦磷酸铜 | | 20～23 | | | | |
| 氰化锌 | 6～8 | | 7～9 | 1～10 | 6 | 2 |
| 焦磷酸锌 | | 8.5～10.5 | | | | |
| 焦磷酸钾 | | 300～320 | | | | |
| 锡酸钠 | | 3.5～6 | 4～6 | 2～20 | 2.4 | 5 |
| 氰化钠(总) | 36～38 | | | | 50 | 54 |
| 氰化钠(游) | | | 5～8 | 2～6 | | |
| 碳酸钠 | 15～20 | | | | 7.5 | |
| 酒石酸钾钠 | | 30～40 | 30～35 | 4～20 | | |
| 柠檬酸钾 | | 15～20 | | | | |
| 氨水 | | | | | | |
| 氢氧化钠 | | 15～20 | 4～6 | | | |
| 氨三乙酸 | | 25～35 | | | | |
| pH | 10.5～11.5 | 8.5～8.8 | 11.5～12 | 10～11 | 12.7～13 | 12～13 |
| 温度/℃ | 15～35 | 30～35 | 20～35 | 15～35 | 20～25 | 45 |
| 阴极电流密度/(A/dm²) | 0.1～2.0 | 0.8～1.0 | 0.5～1 | 1～2 | 2.5～5 | 1～2 |
| 阳极锌铜比 | 7:3 | 7:3 | 7:3 | 7:3 | 7:3 | 7:3 |
| 阴极移动/(次/min) | | 20～25 | | | | |
| 电镀时间/min | 1～2 | 1～3 | 1～2 | 1～2 | 1～10 | 0.5 |

仿金电镀后，要注意充分地清洗并在 60℃ 的热水中浸洗，干燥后要涂上防变色保护漆，因为仿金镀层的最大缺点就是容易变色。为了提高防变色能力，可以增加一个缓蚀剂处理，工艺如下：

| | |
|---|---|
| 苯骈三氮唑 | 10～15g/L |
| 苯甲酸 | 5～8g/L |
| 乙醇 | 300～400mL/L |
| pH | 6～7 |
| 温度 | 50℃～60℃ |
| 时间 | 5～10min |

也可以采用钝化处理，工艺如下：

重铬酸钾　　　　　　　　10～30g/L

氯化钠　　　　　　　　　5～10g/L

温度　　　　　　　　　　室温

时间　　　　　　　　　　10～30s

钝化以后仍然需要进行涂膜增强其防变色性能。

一种典型水性仿金涂膜工艺如下：

黏度（滴杯法）　　　　　32±2s

溶剂　　　　　　　　　　纯净水

配制比例　　　　　　　　1∶0.3～0.6

pH　　　　　　　　　　　7.5～8.5

这种工艺采用纯净水稀释，易施工，流平性好，涂料具有高光泽和较高硬度，可在低温120℃烘烤干燥。

作业时，保持作业现场清洁无尘，所有材料配置比例均为质量比，应严格按照操作比例和先后次序配制，注意搅拌均匀，并保持充分的时间静置反应。注意调制好的材料要过滤后再使用，以防微粒影响表观质量。

### 5.3.2　彩色电镀

彩色电镀是指可以显示各种色彩的电镀技术。其中在镀液中添加带色的微粒而获得彩色镀层的技术，尤其是荧光电镀已经获得实际应用。

#### 1. 荧光电镀

荧光电镀是将荧光颜料或染料分散到镀液中与金属离子共沉积获得有荧光作用镀层的过程。现在已经开发的技术根据添加荧光染料的作用方法不同而分为两种，一种是直接添加染料的复合镀层，即直接复合镀法；另一种是在其他复合微粒上吸附荧光染料，即间接染色法。

**(1) 直接复合镀法**　直接复合镀的工艺如下：

硫酸镍　　　　　　　　　210g/L

氯化镍　　　　　　　　　48g/L

硼酸　　　　　　　　　　31g/L

荧光染料　　　　　　　　250g/L

萘二磺酸　　　　　　　　6g/L

丁炔二醇　　　　　　　　0.086g/L

十二烷基硫酸钠　　　　　0.1g/L

表面活性剂　　　　　　　适量

机械搅拌。

本工艺中所用的染料为三聚氰胺树脂荧光染料，平均粒径为2.5～5.5$\mu$m，颜色有柠檬黄、橘黄、桃红等，可以用紫外光照射所获得的镀层以检测所得镀层的荧光染料共沉积的量。为了保证荧光镀层的持久荧光效果，表面还要镀上一层光亮镍作为保护层，这层镍的厚度应在5$\mu$m以下。

**(2)间接染色法** 间接染色法是在镍基镀液中添加氧化铝和二氧化钛微粒，然后添加有极强极性的荧光性表面活性剂，这些荧光性表面活性剂吸附到氧化铝等微粒的表面，与之一起在镀镍过程中形成复合镀层，由染色后的复合粒子担当发光染料的载体。由于这种方法的镀液管理和控制更为复杂，所以主流的工艺是直接添加染料微粒。

荧光镀层不仅可以作为新颖的装饰性镀层，而且可以作为功能性镀层，如汽车或道路交通用的夜视反光板等。

**2. 阴极电泳**

除了将荧光染料分散在镀液中以获得彩色镀层外，依据这一原理，其他颜料或染料也都可以作为分散剂加入到电镀液中获得相应的彩色镀层。但是，这类复合镀层与荧光镀层相比，其实用价值并不高。因为从表面获得色彩的技术有简便得多的涂料工艺。但是，当市场确实需要能透出金属效果的彩色涂层时，就不能完全由涂料来主宰了。

阴极电泳可以看作是将镀液中的金属离子降低至零而将表面活性剂和极性涂料基团代替金属离子的电镀过程。并且其加工的特点在于大多数阴极电泳的产品必须是在先电镀一定的金属底层后再最后进行阴极电泳，因此是一种典型的电镀精饰的后处理工艺。

现在已经可以从阴极电泳镀槽中获得几乎所有涂料可以做到的颜色，由于具有漂亮的金属反光底层效果，成为新一代涂装技术中的重要角色。

## 5.3.3 金属和镀层表面着色

无论是彩色电镀还是阴极电泳，都是在保持金属特有光泽的前提下的表面精饰技术。相比之下，在金属镀层表面直接着色，不仅更能保持金属的特色，而且效益和效率都要好得多。因此，电镀层的表面着色技术，是金属精饰中应用较为广泛的技术。

**1. 金属着色的基本原理**

金属着色的基本原理，是利用金属不同价态的离子具有不同颜色的特点，对金属进行一系列化学处理，使其表面呈现出该价态离子的颜色。有时是引入另外一种或数种金属离子，与被处理金属反应生成复盐或者混合物，而呈现出干涉光的颜色。

呈二价的很多金属离子都有固定的颜色，如果价态发生变化，颜色也随之发生变化。例如硫酸铜，呈现出美丽的孔雀蓝，此为二价铜离子的特征颜色，而一价铜则是无色的；同样，二价铁是绿色，三价铁就成了棕色；深棕色的六价铬变成三价铬时，又成了绿色。所有这些颜色的变化，实质上是电子减少后金属离子的运动状态发生了某些微小的改变，在宏观上就呈现出不同的颜色。

有些时候为了防护表面而进行表面氧化后，表面也随之呈现出相应氧化物的颜色，这种颜色为防护膜的特征颜色，同时兼有装饰作用，如钢氧化，也称为发蓝，这是在钢铁表面生成以二价铁化合物为主的表面处理加工，目的是防止铁的生锈。当钢氧化工艺不稳定时，表面就会呈现棕红色，这是三价铁过多的原因，不仅不美观，其防护性能也会下降。

2. 金属着色的工艺流程和前处理

**(1) 金属着色的工艺流程**　金属着色的工艺流程如下：

前处理→清洗→电镀→清洗→着色→清洗→干燥→后处理(定色、封闭、涂保护膜等)

对于有些对表面耐蚀性没有要求的金属，可以在前处理以后不经电镀就进行着色处理。但这时对表面前处理的要求比较高，以期得到良好的装饰效果。

**(2) 金属着色的前处理**　金属着色的前处理流程和要求如下：

① 抛光与磨光。抛光与磨光一般都在抛光机上进行。抛光可用软质布轮或合成布轮，转速可控制在 2200～2400r/min。抛光可以使金属表面达到镜面光洁，但是要根据基体的粗糙度选择抛光程序。有些要先经过磨光后，再进行抛光以达到无任何磨痕的镜面。磨光有时是使表面获得同一方向的细致的磨痕，以调整基材表面的乱痕有时则作为抛光的打底。所用的磨轮是金刚砂磨轮，要根据粗糙度来选择金刚砂的粒度(目数)。转速则应控制在 1600～2200r/min。

② 滚光与刷光。滚光在圆形或多边形滚桶内进行，适合于小型且不会在滚磨中变形的制件。将制件与相应的滚光液或磨料(如锯末)放入滚桶，以 40～50r/min 的速度滚光，可以使金属表面的状态趋于一致。刷光可以用手工进行，也可以用软丝轮在抛光机上进行，主要也是为了在表面加工出一致的刷痕，掩蔽金属基体上原有的乱纹。推荐的几种滚光工艺如下。

　　a. 钢铁材料滚光工艺：

|  |  |
|---|---|
| 硫酸 | 10～20g/L |
| 皂荚粉 | 3～10g/L |
| 时间 | 1～1.5h |

　　b. 铜及铜合金滚光工艺：

|  |  |
|---|---|
| 硫酸 | 5～10g/L |
| 皂荚粉 | 2～3g/L |
| 时间 | 2～3h |

　　c. 锌及锌合金滚光工艺：

|  |  |
|---|---|
| 磷酸三钠 | 2～4g/L |
| 焦磷酸钠 | 1～2g/L |
| 时间 | 2～3h |

③ 除油。经表面抛磨或刷光等加工的表面，需要进行除油处理。当然电镀后或滚光后的表面一般可以不再经过除油工序，但有时仍然需要电解处理后再进行着色，以保证颜色的均匀一致。除油的流程通常都由有机除油、化学除油、电解除油三步组成。

　　a. 有机除油。有机溶剂除油可以用汽油、煤油、二甲苯、三氯乙烯等。

　　b. 化学除油。化学除油使用的工艺与电镀所使用的工艺基本上是一样的。但是特别要注意的是对非铁金属的除油不可以采用钢铁材料的除油液。几种非铁金属的除油工艺如下。

　　铜及铜合金除油工艺：

| | |
|---|---|
| 碳酸钠 | 40～60g/L |
| 磷酸三钠 | 40～60g/L |
| OP 乳化剂 | 2～3g/L |
| 温度 | 70℃～80℃ |

铝及铝合金除油工艺：

| | |
|---|---|
| 磷酸三钠 | 40g/L |
| 硅酸钠 | 10～15g/L |
| 温度 | 65℃～85℃ |

锌及锌合金除油工艺：

| | |
|---|---|
| 碳酸钠 | 10～20g/L |
| 磷酸三钠 | 10～20g/L |
| 硅酸钠 | 5g/L |
| OP 乳化剂 | 2～3g/L |
| 温度 | 50℃～60℃ |

④ 除氧化膜。对于有些金属制件，由于材料或加工过程的影响会在表面生成比较致密的氧化层。这样的表面无论是电镀还是化学着色，都存在困难。因此，对于已经严重氧化的表面，要进行除氧化膜的处理。几种材料的除氧化膜的工艺如下。

a. 钢铁材料除氧化膜工艺。

去除一般的氧化膜工艺：

| | |
|---|---|
| 盐酸（或硫酸） | 150～300mL/L |
| 硫脲 | 5g/L |
| 温度 | 室温 |

去除特别厚的氧化膜工艺：

| | |
|---|---|
| 盐酸（工业用） | 100% |
| 硫脲 | 5g/L |
| 温度 | 60℃～80℃ |
| 时间 | 30s |

b. 不锈钢除氧化膜工艺如下：

| | |
|---|---|
| 硝酸 | 300～400g/L |
| 氢氟酸 | 80～140g/L |
| 温度 | 室温 |

c. 铜及铜合金除氧化膜工艺如下：

| | |
|---|---|
| 硝酸 | 170mL/L |
| 硫酸 | 330mL/L |
| 温度 | 室温 |

d. 铝及铝合金除氧化膜工艺如下：

| | |
|---|---|
| 硝酸 | 500～600mL/L |
| 温度 | 室温 |

⑤ 电解抛光与化学抛光。电解抛光是在一定的电解质溶液中，以被抛光金属为阳极，对制件进行电解处理。其原理就是利用阳极的电化学溶解过程，使被加工金属表面高出理想平面的部分被溶解，从而获得光亮平整的表面。化学抛光则完全是依靠化学物质对金属表面的微观整理作用来获得光亮的表面。电解抛光的效果比化学抛光要好，但是成本较高，且不适合小型大量的制件。以下是几类金属的电解抛光和化学抛光工艺。

a. 钢铁材料的电解抛光和化学抛光。

电解抛光工艺如下：

| | |
|---|---|
| 磷酸 | 720g/L |
| 铬酸 | 230g/L |
| 水 | 50g/L |
| 温度 | 65℃～75℃ |
| 时间 | 3～5min |
| 阳极电流密度 | 20～100A/dm² |

化学抛光工艺如下：

| | |
|---|---|
| 双氧水(30％) | 30～50g/L |
| 草酸 | 25～40g/L |
| 硫酸 | 1g/L |
| 温度 | 15℃～30℃ |

b. 不锈钢的电解抛光和化学抛光。

电解抛光工艺如下：

| | |
|---|---|
| 磷酸 | 560mL/L |
| 硫酸 | 400mL/L |
| 铬酸 | 50g/L |
| 明胶 | 8g/L |
| 温度 | 55℃～65℃ |
| 时间 | 5～10min |
| 阳极电流密度 | 20～50A/dm² |
| 电压 | 10～20V |

化学抛光工艺如下：

| | |
|---|---|
| 硫酸 | 227mL/L |
| 盐酸 | 67mL/L |
| 硝酸 | 40mL/L |
| 水 | 660mL/L |
| 温度 | 50℃～80℃ |

c. 铜及铜合金的电解抛光和化学抛光。

电解抛光工艺如下：

| | |
|---|---|
| 磷酸 | 720g/L |

| | |
|---|---|
| 温度 | 室温 |
| 阳极电流密度 | $6\sim8A/dm^2$ |
| 电压 | $1\sim2V$ |

化学抛光工艺如下:

| | |
|---|---|
| 硝酸 | 100mL/L |
| 磷酸 | 540mL/L |
| 醋酸 | 300mL/L |
| 温度 | 55℃～65℃ |

**3. 各种金属(或镀层)的着色**

**(1)金着色**  纯金的颜色是金黄色,金合金的颜色随着金含量的减少而变浅。但金的粉末呈棕色,透光时呈绿色。电镀金合金时,随着成分的变化可镀得赤金、黄金、青金、白金等各种颜色。金的化合物中,三氯化金呈黄色,金酸钠呈黄色,硫化金呈黑色。以下是电镀获得各种色彩的金或金合金的着色工艺。

① 红色着色工艺如下:

| | |
|---|---|
| 氰化钾 | $10\sim100g/L$ |
| 氰化金钾 | $5\sim15g/L$ |
| 氰化铜钾 | $7\sim15g/L$ |
| 电流密度 | $0.3\sim0.5A/dm^2$ |
| 温度 | 室温 |
| 时间 | $10\sim15min$ |

② 桃红色着色工艺如下:

| | |
|---|---|
| 氰化钾 | $10\sim100g/L$ |
| 氰化金钾 | $4\sim6g/L$ |
| 氰化铜钾 | $15\sim30g/L$ |
| 氰化银钾 | $0.05\sim0.1g/L$ |
| 电流密度 | $0.7\sim0.8A/dm^2$ |
| 温度 | 室温 |
| 时间 | $5\sim10min$ |

③ 蔷薇色着色工艺如下:

| | |
|---|---|
| 亚铁氰化钾 | 28g/L |
| 碳酸钾 | 30g/L |
| 氰化钾 | 3g/L |
| 氰化金钾 | $4\sim6g/L$ |
| 电流密度 | $0.1A/dm^2$ |
| 温度 | 80℃ |
| 时间 | $10\sim20min$ |

**(2)银着色**  银和金一样富有延展性,是导电、导热极好的金属。因此在电子工业特别是接插件、印制板等产品中有广泛应用。银很容易抛光,有美丽的银白色,化学

性质稳定，但其表面非常容易与大气中的硫化物、氯化物等反应而变色。银粒对光敏感，因此是制作照相胶卷的重要原料。

银也大量用于制作工艺品、餐具、钱币、乐器等，或者作为这些制品的表面装饰性镀层。为改善银的性能和节约银材，开发出了许多银合金，如银铜合金、银锌合金、银镍合金、银镉合金等。

银的化合物中，碳酸银、氯化银是白色；溴化银是淡黄色；碘化银、磷酸银是黄色；铁氰化银是橙色；重铬酸银是红褐色；砷酸银是红色；氧化银是棕色；硫化银是灰黑色。以下是电镀获得各种色彩的银及银合金的着色工艺。

① 蓝黑色着色工艺如下：

| | |
|---|---|
| 硫化钾 | 5g/L |
| 碳酸铵 | 10g/L |
| 温度 | 80℃ |
| 时间 | 至所需要的色调 |

② 淡灰色-深灰色着色工艺如下：

| | |
|---|---|
| 硝酸铜 | 20g/L |
| 氯化汞 | 30g/L |
| 硫酸锌 | 30g/L |
| 温度 | 室温 |

不使用有害的汞盐的配方如下：

| | |
|---|---|
| 硝酸铜 | 10g/L |
| 氯化铜 | 20g/L |
| 硫酸锌 | 30g/L |
| 氯酸钾 | 25g/L |
| 温度 | 室温 |
| 时间 | 均以浸至所需要的色调为止 |

③ 古银色着色工艺如下：

| | |
|---|---|
| 次亚硫酸钠 | 5%～6% |
| 温度 | 85℃～95℃ |
| 时间 | 颜色符合要求为止 |

或者使用以下工艺：

| | |
|---|---|
| 硫化钾 | 25g/L |
| 氯化铵 | 38g/L |

先在上述溶液中浸2～3后，再浸入下述溶液：

| | |
|---|---|
| 硫化钡 | 2g/L |
| 温度 | 室温 |
| 时间 | 至所需要的色调为止 |

**(3)铝着色**　铝是银白色的轻金属，也是在现代工业和日常生活中应用最多的金属之一。铝的原子序数为13，相对原子质量27，密度2.7g/cm³，化合价为+3，熔点

660℃，沸点2467℃，质轻且有较好的延展性。铝在空气中能自己生成一层致密的氧化膜，保护里层不再发生氧化。由于铝与浓硝酸、硫酸及硫化物、有机物都不发生化学反应，因此是硝酸工业、石油工业、食品工业以及日用餐具器皿中制作容器的理想材料。

但是，由于铝的标准电位太负，到现在都还没有开发出能在常规电镀液中镀出铝的技术，也就是说在水溶液中到现在为止不可能镀出铝。因此，对铝的表面处理主要就是对其进行抛光、氧化或着色。

铝的着色分为化学着色和电解着色两大类。并且化学着色也是在对铝制件进行无色电解氧化以后进行的，实际上是对氧化膜进行着色或染色。

对铝直接进行着色也被称为铝的转化膜技术，这是一种铝的自然氧化膜强化技术。最初的目的是为了增加铝材表面的耐蚀性能或作为涂料的底层以增加与涂料的结合力，其后发展成为铝的装饰性处理的方法之一。以下是一些铝的直接着色工艺配方。

① 纯铝着色工艺。

a. 黑色着色工艺如下：

| | |
|---|---|
| 高锰酸钾 | 5～30g/L |
| 二氧化锰 | 5～30g/L |
| 浓硫酸 | 10～20mL/L |
| 硫酸铜 | 10g/L |
| 温度 | 90℃～100℃ |

以下方法温度可以在60℃以内，但是时间相应延长：

| | |
|---|---|
| 钼酸铵 | 10～20g/L |
| 氯化铵 | 10～20g/L |
| 温度 | 50℃～60℃ |
| 时间 | 30min |

b. 灰色着色工艺如下：

| | |
|---|---|
| 碳酸钾 | 25g/L |
| 碳酸钠 | 25g/L |
| 铬酸钾 | 10g/L |
| 温度 | 80℃～100℃ |
| 时间 | 30～50min |

还有一种温度较低的方法：

| | |
|---|---|
| 磷酸铵 | 100g/L |
| 硝酸锰 | 5g/L |
| 温度 | 50℃ |
| 时间 | 10～15min |

c. 红色着色工艺如下：

| | |
|---|---|
| 亚硒酸 | 10～30g/L |
| 碳酸钠 | 10～30g/L |
| 温度 | 50℃～60℃ |

| 时间 | 10～20min |
|---|---|

② 铝合金着色工艺。由于纯铝偏软，而铝合金则可以提高硬度、强度、耐蚀性等，所以实际应用中的铝是以铝合金居多。铝合金的着色性能由于有合金成分的存在而显示出不同的氧化行为，颜色没有纯铝那样单纯，很容易形成干涉色等。并且同一种处理液遇到不同的铝合金，会呈现出不同的颜色。因此不能简单地用一种颜色来命名着色液。

以 MBV 法为例：

| 碳酸钠 | 45g/L |
|---|---|
| 铬酸钠 | 15g/L |
| 温度 | 90℃～95℃ |
| 时间 | 20～25min |

当用这种溶液处理不同的铝合金时，颜色是不一样的。铝锰合金为黄褐色。铝锰镁硅合金为灰绿色。铝硅合金为带绿黄褐色。

还可以在 MBV 法处理后再浸某些金属盐溶液，进一步进行着色，如在 4g/L 高锰酸钾的溶液中呈现的颜色均不同。铝锰合金为红褐色。铝硅合金为红铜色。铝锰镁硅合金为暗褐色。如果在 MBV 法中加入 0.5～1.5g/L 硅酸钠，则可以获得银白色、灰色或彩虹色的膜层。铝镁硅合金为银白或灰白色。铝硅合金为金属光泽带彩虹色。铝镁合金为金属光泽带彩虹色。铝铜镁合金为银白或乳白色。

③ 硬铝着色工艺。磷酸盐系膜。

| 碱式碳酸钠 | 2% |
|---|---|
| 磷酸氢钠 | 0.2% |
| 温度 | 90℃～100℃ |
| 时间 | 10～20min |

适用于铝硅、铝镁、铝镁硅、铝铜硅等。其表面的颜色则视往其中添加的金属盐有关，比如加入硫酸铬，可以获得绿色，加入硝酸铜可以获得红蓝色等。

**(4)铜着色**　铜由于导电性仅次于银，且比银廉价，因此是制作导线导体和电连接器件的主要材料，同时也大量地用于制作合金而在机械工业中有广泛的应用，如铜锌合金(黄铜)、铜锡合金(青铜)、铜镍合金(白铜)以及在上述合金基础上加入第三组分的各种青铜(如铍青铜、磷青铜等)、铜镍锌合金(洋铜)等。

在铜的化合物中，硫化物是黑色，碳酸铜是蓝绿色，氧化亚铜是红色，氧化铜是黑色，氢氧化铜是蓝色，氯化铜是棕色等。

① 纯铜着色工艺。铜的着色在工艺品装饰中用得较多，特别是在仿古制品上有较多应用。在非金属电镀中有相当一部分工艺品要用到铜镀层的表面着色，并且主要是在纯铜表面的着色。以下是纯铜的各种颜色的着色工艺。

a. 红色着色工艺如下：

| 硫酸铜 | 25g/L |
|---|---|
| 氯化钠 | 200g/L |

| 温度 | 50℃ |
|---|---|
| 时间 | 5～10min |

b. 蓝色着色工艺如下：

| 硫酸铜 | 130g/L |
|---|---|
| 氯化铵 | 13g/L |
| 氨水 | 30mL/L |
| 醋酸 | 10mL/L |
| 温度 | 室温 |
| 时间 | 3～5min |

c. 褐色着色工艺如下：

| 硫酸铜 | 6g/L |
|---|---|
| 醋酸铜 | 4g/L |
| 明矾 | 1g/L |
| 温度 | 95℃～100℃ |
| 时间 | 10min |

d. 黑色着色工艺如下：

| 硫化钾 | 5～12g/L |
|---|---|
| 氯化铵 | 20～200g/L |
| 温度 | 室温 |
| 时间 | 3～5min |

e. 绿色着色工艺如下：

| 氯化钙 | 32g/L |
|---|---|
| 硝酸铜 | 32g/L |
| 氯化铵 | 32g/L |
| 温度 | 100℃ |
| 时间 | 3～5min |

f. 蓝紫色着色工艺如下：

| 碱式碳酸铜 | 40～120g/L |
|---|---|
| 氨水 | 200mL/L |
| 温度 | 15℃～25℃ |
| 时间 | 5～15min |

古铜化的处理方法之一是将制件在上述或前述的溶液中处理后，干燥或不干燥处理后采用滚光或刷光的方法使表面高光部位露了铜本色，在定形后用清漆等封闭干燥。对于个别的定制产品要用到完全人工的处理方法，以艺术的眼光来处理高光区，最后再封闭。

② 铜合金着色工艺。前面已经说过，铜合金的应用比纯铜还要广泛。因此，对铜合金进行着色也具有很重要的工业和工艺价值。铜合金着色中以黄铜较多，其他还有青铜、硅铜等。除在光学仪器等领域使用外，主要还是用在装饰领域。

a. 红色着色工艺如下：

| | |
|---|---|
| 硝酸铁 | 2g/L |
| 亚硫酸钠 | 2g/L |
| 温度 | 75℃ |
| 时间 | 3～8min |

b. 橙色着色工艺如下：

| | |
|---|---|
| 氢氧化钠 | 25g/L |
| 碳酸铜 | 50g/L |
| 温度 | 60℃～75℃ |
| 时间 | 3～6min |

c. 蓝色着色工艺如下：

| | |
|---|---|
| 亚硫酸钠 | 6g/L |
| 醋酸铁 | 50g/L |
| 温度 | 75℃ |
| 时间 | 3～6min |

d. 古绿色着色工艺有以下三种：

| | |
|---|---|
| 氯化钠 | 125g/L |
| 氨水 | 100ml/L |
| 氯化铵 | 125g/L |
| 温度 | 室温 |
| 时间 | 24h |

或者：

| | |
|---|---|
| 硫酸铜 | 75g/L |
| 氯化铵 | 12g/L |
| 温度 | 100℃ |
| 时间 | 3～6min |

或者：

| | |
|---|---|
| 硝酸铜 | 32g/L |
| 氯化钙 | 32g/L |
| 氯化铵 | 32g/L |
| 温度 | 25℃ |
| 时间 | 3～8min |

e. 橄榄绿着色工艺如下：

| | |
|---|---|
| 硫酸镍铵 | 50g/L |
| 硫代硫酸钠 | 50g/L |
| 温度 | 65℃ |
| 时间 | 2～3s |

f. 古旧浓绿色着色工艺如下：

| | |
|---|---|
| 氨水 | 250mL/L |
| 碳酸铜 | 250g/L |
| 碳酸钠 | 200g/L |
| 温度 | 30℃～40℃ |
| 时间 | 3～6min |

**4. 不锈钢着色**

不锈钢是一组特殊合金钢的总称。这种含铬镍等合金成分的不锈钢因其结晶组织的变化能抵抗平常情况下普通钢铁不能抵抗的腐蚀，因而被称为不锈钢。不锈钢主要用于工业设备、仪器仪表、医疗器械、高级轻工产品、军工产品等。

不锈钢着色以往主要用在军工产品，随着不锈钢冶炼技术进步和成本的降低，不锈钢的产量在整个钢产量中的比例日益增加。现在民用产品也开始大量采用不锈钢着色。

**(1) 黑色**

① 熔融盐法。最早的方法是铬酸盐熔融法，将重铬酸盐在高温下熔融后，将不锈钢制件在其中强制氧化的方法。其原理是重铬酸盐在 320℃ 开始熔化后，至 400℃ 放出生成的氧。由于氧的强氧化性，使不锈钢被氧化而显示出铁、镍、铬氧化物膜的综合黑色。实际操作的温度为 450℃～500℃。在此温度以下，因熔融盐的黏度大，搅拌困难，故不容易得到均匀的膜。

② 硫化物法。硫化物法得到最终的膜主要是铁的硫化物。这一方法的优点是温度较低，具体工艺如下：

| | |
|---|---|
| 氢氧化钠 | 50g |
| 硫氰酸钠 | 10g |
| 硫代硫酸钠 | 5g |
| 氯化钠 | 1g |
| 水 | 100g |
| 温度 | 100℃～120℃ |

添加石灰能促进反应的进行。前处理可按常规除油，接着用硫酸或王水进行处理，除去钝化膜使表面呈活性，浸入上述溶液中即可。

③ 低温氧化法。前面的铬酸盐法和硫化物法都必须去除不锈钢表面的氧化膜，而低温氧化法的优点是不用去除不锈钢表面的钝化膜层，并且可以在相对低的温度下进行操作，具体工艺如下：

| | |
|---|---|
| 氢氧化钠 | 13%～15% |
| 磷酸钠 | 3% |
| 亚硝酸钠 | 0.3%～1% |
| 温度 | 103℃～108℃ |
| 时间 | 20～30min |

④ 黑色化学氧化法。本法适用于海洋性环境、高湿热环境中制品的着色。处理前只需进行除油洗净即可，具体工艺如下：

| 重铬酸钾 | 300～350g/L |
| 硫酸(比重1.84) | 300～350mL/L |
| 温度 | 95℃～102℃(适合镍铬不锈钢);100℃～110℃ |
| | (适合于铬不锈钢) |

**(2)彩色**

① 适合着彩色的不锈钢是奥氏体不锈钢,着色前应进酸洗并经清洗再着色,具体工艺如下:

| 铬酸 | 250g/L |
| 硫酸 | 490g/L |
| 温度 | 80℃ |
| 时间 | 根据颜色而定,依次会出现蓝色、蓝灰色、黄色、紫色和绿色 |

如果要增加膜层的牢度,可以在以下电解液中电解:

| 铬酸 | 250g/L |
| 硫酸 | 2.5g/L |
| 温度 | 室温 |
| 阴极电流密度 | $0.2～1A/dm^2$ |
| 时间 | 5～15min |

② 镜面不锈钢着彩色。镜面不锈钢着色膜色泽鲜艳,并且容易通过电位来控制颜色的变化,因此已经成为普通的工艺方法。镜面不锈钢的电解着色的工艺流程如下:

表面清洗→碱性除油→酸活化→电解着色→膜硬化→封闭→干燥

镜面不锈钢的电解着色工艺如下:

| 硫酸 | 270mL/L |
| 铬酸 | 240g/L |
| 钼酸盐 | 5g/L |
| 硫酸盐 | 6g/L |
| 碳酸盐 | 4g/L |
| 温度 | 50℃ |
| 时间 | 依所需要的颜色而定(3～15min) |

这一工艺的特点是温度较低,并且膜层的颜色与表面电极电位有很好的相关性。黑色的电极电位是10mV,蓝色是12mV,黄色是14mV,金黄色是16mV。另外,前后处理对不锈钢的着色有很大影响,化学除油一定要达到表面亲水的状态,而表面活化则是为了使本身处于钝态的不锈钢处于活化状态。可以采用5%的硫酸对不锈钢进行活化,时间为1～3min。

后处理主要是为了提高膜的硬度和封闭氧化膜的孔隙。硬化可采用奥氏体不锈钢着彩色例中的电解法。封闭的方法如下:

| 硅酸钠 | 10g/L |
| 温度 | 煮沸 |
| 时间 | 15～20min |

# 6  功能性电镀

## 6.1  镀  金

### 6.1.1  金的性质及应用

#### 1. 金的性质

金的元素符号是 Au，原子序数 79，相对原子质量 197.2，密度 19.3g/cm³，熔点 1063℃，沸点 2966℃，化合价为 +1 或 +3。金的晶体类型为面心立方晶格（fcc），晶格常数 $a=0.4079$nm，电阻率为 $2.35×10^{-6}\Omega\cdot cm$。

金具有极好的化学稳定性，与各种酸、碱几乎都不发生作用，因此在自然界也多以天然金的形式存在。

金的质地很软，有非常好的延展性，可以加工极细的丝和极薄的片，薄到可以透光。金在空气中极其稳定，不溶于酸，与硫化物也不发生反应，仅溶于王水和氰化碱溶液。因而在电子工业、航天航空和现代微电子技术中具有重要作用。

但是，金的资源是有限的，不能像用常规金属那样大量广泛采用。为了节约这一贵重资源，经常用到的是金的合金，即平常所说的 K 金（Karat gold）。克拉（Karat）原本是黄金、宝石的质量单位，用于 K 金时则表示的是金的纯度（百分含量），24K 即为100％纯金。各种 K 金的百分含量见表 6-1。

**表 6-1  各种 K 金的百分含量**

| K | 24 | 22 | 20 | 18 | 14 | 12 | 9 |
|---|---|---|---|---|---|---|---|
| 含金量(％) | 100 | 91.7 | 83.3 | 75 | 58.3 | 50 | 37.5 |

#### 2. 包金与镀金

由于金是贵重金属，价值很高，对于许多制品来说，即使采用 K 金也显得很奢侈。因此，早在古代，就有了包金、贴金等技术。这些早期的镀金是将金制成极薄的薄片，包贴在制品表面，称为包金。其后发展为用金汞齐的方法进行镀金，即鎏金，是将金和水银合成金汞齐，涂在铜器表面，然后加热使水银蒸发，金就附着在器件表面了。

电镀技术的发明，极大地改进了镀金的工艺，使镀金不仅仅只是高级装饰工艺，而且成为现代工业特别是信息产业的重要加工工艺之一。早期的镀金是以氯化金为主盐，又发现加入了氰化物的镀液能镀出更好的金。后来开发出了无氰中性镀金技术，可以获得工业用的厚金层。人们发现在镀液中添加镍、钴等微量元素，可以增加镀层的光亮度，这就是无机添加剂的作用。经过科技工作者多年的努力，现在镀金已经成为成熟和系统化的技术。

## 3. 镀金的分类与应用

镀金的主流工艺是氰化物镀金。随着对氰化物使用的限制，也有非氰化物镀金工艺用于生产。因所使用的配方不同而分为碱性镀金、中性镀金和酸性镀金三大类；也可以按主盐和配位剂分为氰化物镀金和非氰化物镀金；而从功能上分类则可分为装饰性镀金和功能性镀金，如镀硬金（耐磨金）、连续高速镀金等。

碱性镀金主要是氰化物镀金。与其他镀种不同的是，如果以所用的主盐来命名电镀工艺，则氰化物镀金本身又可以分为碱性氰化物镀金、中性氰化物镀金和酸性氰化物镀金。这是因为氰化金钾是最常用的金盐，有很高的稳定性和易溶解，因此，有些中性和酸性镀金仍采用氰化金钾作主盐。

酸性镀金有柠檬酸盐镀金等。而中性镀金则有各种主盐和配体构成的镀液。对于有些印制板基板材料，需要选用中性镀液。由于镀金成本高昂，除了电铸和特殊工业需要，大多数镀金层都是很薄的。金镀层的厚度与用途见表 6-2。

**表 6-2　金镀层的厚度与用途**

| 镀金类型 | 厚度/$\mu$m | 用途 |
| --- | --- | --- |
| 工业镀厚金 | 100~1000 | 工业纯金主要用在电铸、半导体工业，以酸性镀液为主，也有用中性镀液的；<br>当为了提高力学性能而镀金合金时，主要是碱性镀液，分为加温型和室温型，也有用酸性液的 |
| 装饰厚金 | 2~100 | 可以镀出 18~23K 成色的金，主要用在手表、首饰、钢笔、眼镜、工艺品等方面 |
| 装饰薄金 | 0.1~0.5 | 用在别针、小五金工艺品、中低档首饰等方面 |
| 着色薄金 | 0.05~0.1 | 可以镀出黄、绿、红等彩金色，用于各种装饰品 |

装饰性镀金仍然是镀金的一项主要用途。但是随着现代电子工业的发展，电子电镀中的用金量快速增长，功能性镀金已经成为镀金技术的重要应用领域（电子工业用金约占 6%）。随着黄金价格的不断上涨，采用代金镀层的趋势有增无减。

## 6.1.2　氰化物镀金工艺

### 1. 碱性氰化物镀金

标准的碱性氰化物镀金工艺如下：

| | |
| --- | --- |
| 氰化金钾 | 1~5g/L |
| 氰化钾 | 15g/L |
| 碳酸钾 | 15g/L |
| 磷酸氢二钾 | 15g/L |
| 温度 | 50℃~65℃ |
| 电流密度 | 0.5A/dm² |

阳极　　　　　　　　　　金或不锈钢

本镀液中的主盐是氰化金钾，以 $KAu(CN)_2$ 的形式存在，参加电极反应时将发生以下离解：

$$KAu(CN)_2 \Longrightarrow K^+ + [Au(CN)_2]^-$$
$$[Au(CN)_2]^- + e \Longrightarrow Au + 2CN^-$$

金盐的含量一般为 $1\sim5g/L$，如果降至 $0.5g/L$ 以下，则镀层会变得很差，会出现红黑色镀层，这时必须补充金盐。

游离氰化钾对于以金为阳极的镀液可以保证阳极的正常溶解，这对稳定镀液的主盐是有意义的，应该保持游离氰化钾的量在 $2\sim15g/L$，这时镀液的 pH 在 9.0 以上。阳极的反应如下：

$$Au + 2CN^- \Longrightarrow [Au(CN)_2]^- + e$$

如果采用不溶性阳极，则阳极反应如下：

$$2H_2O \Longrightarrow O_2\uparrow + 4H^+ + e$$

碳酸钾和磷酸钾组成缓冲剂，并增加镀液的导电性。碳酸盐在镀液工作过程中会自然生成，因此配制时可以不加，或只加入 $5g/L$。

如果要镀厚金，则在镀之前先预镀一层闪镀金，这样不仅仅是为了增加结合力，而且可以防止前道工序的镀液污染到正式镀液。闪镀金工艺如下：

| | |
|---|---|
| 氰化金钾 | $0.8\sim2.6g/L$ |
| 游离氰化钾 | $18\sim40g/L$ |
| 温度 | $43℃\sim55℃$ |
| 电压 | $6\sim8V$ |
| 时间 | 10s |

氰化物镀金的电流密度范围在 $0.1\sim0.5A/dm^2$。温度则可以在 $40℃\sim80℃$ 变动。镀液温度越高，金的含量也就越高，电流密度也可以高一些。电流密度低的时候，电流效率接近 100%。镀液的 pH 一般在 9 以上，在有缓冲剂存在的情况下，可以不用管理 pH。镀金的颜色会因一些因素的变动而发生变化。

**2. 中性氰化物镀金**

**(1)典型中性氰化物镀金**　　典型中性氰化物镀金镀液的 pH 在 $6.5\sim7.5$ 调节的镀金，用于这种镀液的 pH 缓冲剂主要是亚磷酸钠、磷酸氢二钠类的磷酸盐、酒石酸盐、柠檬酸盐等。由于将氰化物的量降至最低，因此这些盐的添加量都比较大，同时也起到增加导电性的作用。其典型的工艺如下：

| | |
|---|---|
| 氰化金钾 | $4g/L$ |
| 磷酸氢二钠 | $20g/L$ |
| 磷酸二氢钠 | $15g/L$ |
| pH | 7.0 |
| 温度 | 65℃ |
| 阴极电流密度 | $1A/dm^2$ |

中性氰化物镀金因为要经常调整 pH，在管理上比较麻烦。但对印制电路板镀金或

对酸碱比较敏感的材料(如高级手表制件等)的镀金，效果较好。

**(2)高稳定性中性氰化物镀金**　为了提高中性氰化物镀金的稳定性，也可以在镀液中加入螯合剂，如三乙基四胺、乙基吡啶胺等。推荐的工艺如下：

| | |
|---|---|
| 氰化金钾 | 8g/L |
| 氰化银钾 | 0.2g/L |
| 磷酸二氢钾 | 5g/L |
| EDTA 二钠 | 10g/L |
| pH | 7.0 |
| 电流密度 | $0.3A/dm^2$ |

**3. 酸性氰化物镀金**

**(1)典型酸性氰化物镀金**　酸性氰化物镀金是随着功能性镀金层的需要而发展起来的技术，在工业领域已经有广泛的应用，是现代电子和微电子行业必不可少的镀种。酸性氰化物镀金有较多的技术优势，如光亮度、硬度、耐磨性、高结合力、高密度、高分散能力等。

酸性氰化物镀金的 pH 一般为 3~3.5，镀层的纯度在 99.99% 以上。镀层的硬度和耐磨性等都比碱性氰化物镀层的要高，且可以镀得较厚的镀层。

典型的酸性氰化物镀金工艺如下：

| | |
|---|---|
| 氰化金钾 | 4g/L |
| 柠檬酸铵 | 90g/L |
| 电流密度 | $1A/dm^2$ |
| 温度 | 60℃ |
| pH | 3~6 |
| 阳极 | 石墨或白金 |

**(2)改进型酸性氰化物镀金**　改进的酸性氰化物镀金工艺如下：

| | |
|---|---|
| 氰化金钾 | 8g/L |
| 柠檬酸钠 | 50g/L |
| 柠檬酸 | 12g/L |
| 硫酸钴 | 0.05g/L |
| 温度 | 32℃ |
| 电流密度 | $1A/dm^2$ |

用于酸性氰化物镀金的络合剂除了柠檬酸盐，还有酒石酸盐、EDTA 等。调节 pH 则可以采用硫酸氢钠等。也可添加导电盐以改善镀层性能，如磷酸氢钾、磷酸氢铵、焦磷酸钠等。选择适宜的络合剂和导电盐，可以获得较好的效果。

**(3)镀金液的配制**　镀金所用的金盐，主要是氰化金钾和氯酸金。酸性氰化物镀金可以使用氯酸金，也可以使用氰化金钾，而中性氰化物镀金和碱性氰化物镀金则只能使用氰化金钾。在实际生产中，多数是采用氰化金钾。氰化金钾有市售的，也可以自己配制。配制的方法主要有氰化金法和雷酸金法。

① 氰化金法是先将研成细粉的金添加到 0.1%~0.2% 的氰化钾溶液中，并进行充

分的空气搅拌，这时反应如下：

$$4Au+8KCN+O_2+2H_2O = 4KAu(CN)_2+4KOH$$

② 雷酸金法是先制出三氯化金。首先将金片在硝酸：盐酸=1：3的王水中溶解，然后再进行加热蒸发。注意加热时温度不要超过80℃。冷却后再加水溶解，制成三氯化金的水溶液，这时的反应如下：

$$2Au+2HNO_3+6HCl = 2AuCl_3+4H_2O+2NO\uparrow$$

$$AuCl_3+HCl = HAuCl_4$$

然后再往其中边搅拌边加入氨水（每克金约需要10g氨水），生成黄色的雷酸金沉淀：

$$HAuCl_4+3NH_3+3H_2O = Au(OH)_3(NH_3)_3\downarrow+4HCl$$

注意：干燥的雷酸金微受振动就会发生爆炸，所以对沉淀收集和洗涤时都不要让其干燥，保持湿润状态。然后在湿润状态静置4h左右，再将其溶解于氰化钾溶液中，即得透明氰金钾溶液（每克金需要1.15g氰化钾）：

$$Au(OH)_3(NH_3)_3+3KCN = AuCN+(CN)_2\uparrow+3KOH+3NH_3$$

如果不是特别需要，应该尽量采购试剂氰化金钾，免去制作的风险。

## 6.1.3 无氰镀金工艺

### 1. 亚硫酸盐镀金

亚硫酸盐镀金是比较成熟的无氰镀金工艺，由于完全无氰化物，且镀液较为稳定，分散能力也较好，容易配制，是通用的镀金工艺之一。其钾盐和钠盐之分，以采用钾盐者较多。

### (1)典型的亚硫酸盐镀金工艺

① 钾盐镀金工艺如下：

| | |
|---|---|
| 亚硫酸金钾 | 5～25g/L |
| 亚硫酸钾 | 150～220g/L |
| 柠檬酸铵 | 80～120g/L |
| pH | 8～11 |
| 温度 | 45℃～65℃ |
| 阴极电流密度 | 0.1～0.8A/dm² |
| 阴阳面积比 | 1：(2～4) |

② 钠盐镀金工艺如下：

| | |
|---|---|
| 亚硫酸金钠 | 10～15g/L |
| 亚硫酸钠 | 140～180g/L |
| 氯化钾 | 60～100g/L |
| pH | 8～10 |
| 温度 | 40℃～60℃ |
| 阴极电流密度 | 0.3～0.8A/dm² |
| 阴阳面积比 | 1：(1.5～3) |

③ 亚硫酸盐镀硬金工艺如下：

| | |
|---|---|
| 亚硫酸金钠 | 10g/L |
| 亚硫酸钠 | 100g/L |
| 氯化铵 | 40g/L |
| EDTA 二钠 | 40g/L |
| 硫酸钴 | 1g/L |
| pH | 9～11 |
| 温度 | 室温 |
| 阴极电流密度 | 0.1～0.4A/dm² |
| 阴阳面积比 | 1：2 |

**(2)镀液配制和维护**

① 钾盐的配制。取含金量 20％的氯酸金溶液 100mL，用 50％的氢氧化钾中和至 pH＝9，控制温度在 25℃以下。另取 25％的亚硫酸钾溶液 850mL，加热到 50℃，加入到上述氯酸金溶液中，并搅拌加热到 80℃，加入柠檬酸铵 100g，搅拌溶解即成。

② 钠盐配制。取含金量 100g/L 的中性金氯酸钠（NaAuCl₄）溶液 125mL，在不断搅拌下加入亚硫酸钠 160g/400mL，再加入其他组分，用 50％氢氧化钠调 pH＝9，即可试镀。

**2. 乙二胺二硫酸盐镀金**

亚硫酸盐镀金的主要缺点是镀液中的亚硫酸盐不稳定，会通过阳极上产生的氧或者空气中的氧的氧化作用而降低其浓度，引起镀液的分解。另外金镀层的物理性质不稳定，由于镀层中共析了硫，镀层结晶较粗，难以满足精密电子制件电镀的要求。因此，寻求新的无氰镀金工艺的工作一直都没有停止。下面介绍以乙二胺二硫酸盐为配位剂的无氰镀金工艺。

**(1)工艺配方与操作条件**

① 三氯乙二胺金盐镀金工艺如下：

| | |
|---|---|
| 三氯二-1，2-乙二胺金（$Au(en)_2Cl_3$，以 $A^{3+}$ 计） | 10g/L |
| 1,2-乙二胺二硫酸盐 | 10g/L |
| 柠檬酸盐 | 50g/L |
| 邻菲罗啉 | 0.1g/L |
| pH | 3.5 |
| 温度 | 60℃ |
| 阴极电流密度 | 1.0A/dm² |

② 氢氧化金镀金工艺如下：

| | |
|---|---|
| 三氢氧化金（$Au(OH)_3$，以 $Au^{3+}$ 计） | 8g/L |
| 1,2-乙二胺盐酸盐 | 80g/L |
| 硼酸 | 30g/L |
| a，a′-联吡啶 | 1.2 g/L |
| pH | 4.3 |

温度                                                        55℃
阴极电流密度                                                  1.2A/dm²

③ 金酸钾镀金工艺如下：

金酸钾（KAu(OH)₄，以 Au³⁺ 计）                              10g/L
1,2-乙二胺二硫酸盐                                           120g/L
硼酸                                                        50g/L
a,a′-联吡啶                                                 0.4g/I
pH                                                          3.6
温度                                                        65℃
阴极电流密度                                                  1.5A/dm²

④ 氯酸金镀金工艺如下：

氯酸金（HAuCl₄，以 Au³⁺ 计）                                 10g/L
1,2-乙二胺二硫酸盐                                           150g/L
硼酸                                                        40g/L
a,a′-联吡啶                                                 1.0g/L
pH                                                          3.6
温度                                                        60℃
阴极电流密度                                                  1.2 A/dm²

**(2) 镀液的配制和维护**

① 主盐及其制备。用于无氰镀金的三价金盐有三氯二-1,2-乙二胺金、$Au(OH)_3$、$KAu(OH)_4$、$HAuCl_4$ 等，这些 $Au^{3+}$ 盐可长期稳定地存在于镀液中而难以质变。金盐浓度一般为 5～30g/L。如果金盐浓度低于 5g/L，析出速度低；如果金盐浓度高于 30g/L，则因镀液带出而不经济。

制备三氯二(1,2-乙二胺)金的反应如下：

$$NaAuCl_4 + 2en \Longrightarrow Au(en)_2Cl_3 + NaCl$$

式中，en 表示1,2-乙二胺。温度控制在 30℃下反应制备。如果温度低于 15℃，反应不能充分进行；如果温度高于 60℃，则会引起三价金离子的还原而生成金粒。采用上述制备的 $Au(en)_2Cl_3$ 溶液来配制无氰镀金液。

制备三氢氧化金($Au(OH)_3$)过程如下：把过量的碳酸钠加进氯金酸钾水溶液中，置于水浴上长时间加热，过滤出沉淀物，充分洗涤、干燥即得。也可由氯化金溶液跟氢氧化钠溶液反应制得三氢氧化金。三氢氧化金的分子量为 248.02，为黄棕色固体，不溶于水；两性氢氧化物；溶于大多数酸和过量强碱溶液，形成络合氢氧金酸盐；可溶于浓酸和氢氧化钾的热水溶液；微热时分解生成三氧化二金；加热至 140℃～150℃脱水变成氧化金，250℃时分解为金和氧；易还原成金属金。

② 配位体。适宜的络合剂有1,2-乙二胺、1,2-乙二胺硫酸盐、1,2-乙二胺盐酸盐和1,2-乙二胺二硫酸盐等 1,2-乙二胺类化合物。在镀液中三价金离子与1,2-乙二胺类化合物络合成三氯二(1,2-乙二胺)金络合物，其稳定性很高而难以分解。络合剂浓度为 0.2～30mol/L。如果络合剂浓度低于 0.2mol/L，则难以充分发挥络合剂的作用；如

果络合剂浓度高于 3.0mol/L，则会产生络合剂的溶解性问题。

③ 辅助添加物。镀金液中加入柠檬酸、乙酸、琥珀酸、乳酸、酒石酸等 pH 为 2~6 的有机酸以及硫酸盐、磷酸盐等缓冲剂，旨在控制镀液 pH 的变化，它们可以单独或者混合使用，缓冲剂浓度为 0.05~1.0 mol/L。镀液中加入硫酸钾、氯化钾、硝酸钾等钾盐，旨在提高镀液的导电性，导电盐浓度为 1~100g/L。在使用 1,2-乙二胺类化合物的情况下，因为络合剂中含有硫酸根、氯离子等导电性离子，因而是最经济有效的。这时络合物和导电性离子的总浓度为 0.05~5.0mol/L。如果总浓度低于 0.05mol/L，就难以确保镀液的导电性；如果总浓度高于 5.0mol/L，就难以完全溶解于镀液中。

④ 光亮剂。镀液中加入邻菲罗啉、吡咯啉、a,a′-联吡啶等杂环化合物类有机光亮剂，旨在获得光亮或者半光亮的金镀层。光亮剂添加量为 50~10000mg/L。通过调节镀液 pH，可以改变有机光亮剂的溶解度。

⑤ 操作条件。镀液 pH 为 2~6，可以采用硫酸、盐酸、硝酸等无机酸或者甲酸、乙酸、安息香酸等有机酸调节镀液 pH。镀液温度为 40℃~70℃。如果温度低于 40℃，镀层沉积速度慢而不适用；如果温度高于 70℃，则会影响镀层光泽，降低镀液寿命。电流密度为 0.1~3.0A/dm$^2$，在上述镀液 pH 和温度等条件的良好配合下，可以获得结晶微细、致密的金镀层。

### 3. 镀金的阳极

镀金可以用纯金板作阳极。这样可以保持镀液金盐的稳定供给，有利于镀液稳定和提高镀金效率。用作电镀阳极的金板必须是 99.99 以上的纯金，否则杂质的混入对镀层质量会有较大影响。

但是，对于大多数常规电镀加工企业，镀金采用的基本上是不溶性阳极，这主要是从管理成本和避免意外损失风险而不得不采取的技术措施。因为采用纯金板阳极，还要保持阳极面积是阴极的 2 倍以上，所需要的金量是惊人的，即使配几升的小镀槽，都需要用到几百克的金，如果是几十升或上百升的镀槽，金阳极就要数千克。这不仅增加了资金投入，而且存在保管困难的风险。因此，镀金大多数情况下采用的是不溶性阳极。采用不溶性阳极可以保持阳极面积的稳定，特别是可以保证与阴极的面积比在 2~4 倍，从而有效地控制阳极电流密度在较低的水平。这对于防止阳极大量析氧导致的一价金离子氧化为三价金离子从而影响镀液稳定性是有积极意义的。

可用于镀金的不溶性阳极有不锈钢、钛、镀铂钛阳极等。由于不锈钢的成分变化较大，在镀液中有氟、氯离子等氧化性较强的离子时会发生溶解，因此，只在有限的镀液中可以使用。而镀铂的阳极则成本较高，单纯的金属钛阳极也存在稳定性问题，导电性也不是很好。以上种种原因，促进了活性阳极的发展。所谓活性阳极是在钛网等基材表面涂覆金属氧化物构成的不溶性阳极（DSA）。钛基涂层不溶性阳极已在电解和电镀工业中得到了广泛的应用。

钛基涂层电极与传统的石墨电极、铅基合金电极相比，具有以下优点：阳极尺寸稳定，习惯称为尺寸稳定阳极（DSA），又称尺寸稳定电极（DSE），在电解过程中电极间距离不变化，可保证电解操作在槽电压稳定情况下进行；DSA 的析氯和析氧过电位均比其他阳极低，而且副反应显著减少，可长期在低电解电压下稳定使用，达到节能和降低成本的目的；克服了石墨阳极和铅阳极溶解问题，避免对电解液和阴极产物的污染，使用寿命长，石墨、铅合金阳极使用几个月到 1 年左右就要更换，而 DSA 阳极可以使用 6 年以上，甚至可长达 10 年，使用寿命显著增长，综合经济效益明显提高。

尽管钛基涂层电极已在电解、电镀等行业得到了广泛的应用，但这种电极使用钛金属作为基体，涂层材料包括钌、铱等贵重金属和稀有金属的氧化物，也存在价格较高的缺点。另外，这类电极的过电位仍然偏高。为了有效地降低电极的成本，减少贵金属的使用量，降低电极的过电位和延长电极的使用寿命，需要进一步开发成本较低而性能优良的不溶性电极。

# 6.2 镀　银

## 6.2.1 银的性质与应用

### 1. 银的性质

银的化学符号为 Ag，原子序数 47，相对原子质量 107.9，熔点 960.8℃，沸点 2212℃，电阻率为 $1.59 \times 10^{-6} \Omega \cdot cm$，化合价为 1，密度 $10.5 g/cm^3$。银的金属组织为面心立方晶格（fcc），晶格常数 $a = 0.4086 nm$。

银的标准电极电位（25℃，相对于氢标准电极，$Ag/Ag^+$）为 +0.799V，因此，银镀层在大多数金属基材上是阴极镀层。并且在这些材料上进行电镀时要采取相应的防止置换镀层产生的措施。

### 2. 镀银的分类与应用

银常用来制作灵敏度极高的物理仪器元件，各种自动化装置，火箭、潜水艇、计算机、核装置及通信系统，所有这些设备中的大量的接触点都是用银制作的。在使用期间，每个接触点要工作上百万次，必须耐磨且性能可靠，能承受严格的工作要求，银完全能满足这些要求。如果在银中加入稀土元素，性能就更加优良。用加稀土元素的银制作的接触点，寿命可以延长好几倍。

镀银从用途分为两大类，一类是装饰性镀银，主要用于饰品的电镀；另一类是功能性镀层，尤其是电子产品的电镀。

镀银从工艺上分，则有氰化物镀银和无氰镀银两大类。由于银有很正的电位，极易于还原，与很多金属都会因置换反应而产生置换镀层，影响镀层结合力。并且如果是在单一银离子状态电沉积或化学沉积，所得镀层结晶粗糙、呈粉状，所以其镀银工艺基本上需要采用较强络合能力的配位剂，这也是氰化物镀银有着长期应用价值的原因。而所有其他镀银工艺，基本上都是围绕寻求替代氰化物的优良络合作用展开的。

氰化物镀银可以分为预镀银、通用镀银和光亮镀银等；无氰镀银则根据所采用的配位剂不同而有多种工艺，如黄血盐镀银工艺、硫代硫酸盐镀银工艺、丁二酰亚胺镀银工艺等。

### 6.2.2　氰化物镀银工艺

**1. 预镀银工艺**

由于银有非常正的电极电位，除了电位比它正的极少数金属外，如金、铂等，其他金属如铜、铝、铁、镍、锡等在镀银时，都会因为银的电位较正而在电镀时发生置换反应，使镀层的结合力出现问题。

为了防止影响镀层结合力的置换反应过程发生。在正式镀银前，一般都要采用预镀措施。这种预镀液的要点是有很高的氰化物含量和很低的银离子浓度。加上带电下槽，这样在极短的时间内（一般是 $30\sim60s$），预镀上一层厚度约为 $0.5\mu m$ 的银镀层，从而阻止置换反应过程的发生。根据镀银制件的基材的不同，有不同的预镀银工艺。

**(1)钢铁基材上的预镀银**　钢铁基材镀银的情况并不多，但仍然因为机械强度等需要而有钢铁制件镀银的需要。这种预镀过程由于时间很短，也被称为闪镀。这种镀液一般分为两类，其标准的组成如下：

| | |
|---|---|
| 氰化银 | 2g/L |
| 氰化亚铜 | 10g/L |
| 氰化钾 | 15g/L |
| 温度 | 20℃～30℃ |
| 电流密度 | $1.5\sim2.5A/dm^2$ |

对于铁基材料，在实际操作中进行两次预镀，第一次在上述铁基预镀液中预镀；第二次再在铜基预镀液中预镀。这样才能保证镀层的结合力。从经济的角度，也为了降低镀层间电位差，对于钢铁制件，最好是先氰化物预镀铜，再预镀银，然后镀银。

**(2)铜基材上的预镀银**　实际操作中，即使是铜基材，特别是黄铜制件，也需要先闪镀氰化铜后，再预镀银。所用工艺如下：

| | |
|---|---|
| 氰化银 | 4g/L |
| 氰化钾 | 18g/L |
| 温度 | 20℃～30℃ |
| 电流密度 | $1.5\sim2.5A/dm^2$ |

**(3)镍基材上的预镀银**　如果是在镍基材（通常是镍镀层）上镀银，可以采用与铜基相同的预镀液。但是在镀前要在 50% 的盐酸溶液中预浸 $10\sim30s$，使表面处于活化状态。也可以采用阴极电解的方法让镍表面活化，这样可以进一步提高镀层的结合力。

对于不锈钢，可以采用与镍表面一样的处理方法。对于一些特殊材料，可以采用前述的两次预镀的方法。

**2. 通用镀银工艺**

目前使用最为广泛的镀银工艺，仍然是氰化物镀银工艺。因为这种工艺有广泛的适用性，从普通镀银到高速电铸镀银都可以采用，且镀层性能也比较好。

**(1)常规镀银**　常规镀银工艺如下：

| | |
|---|---|
| 氰化银 | 35g/L |
| 氰化钾（总量） | 60g/L |

| 游离氰化钾 | 40g/L |
|---|---|
| 碳酸钾 | 15g/L |
| 温度 | 20℃～25℃ |
| 阴极电流密度 | 0.5～1.5A/dm² |

当银离子含量低，游离氰化钾含量过高时，阴极极化作用增大，电流效率降低，镀层发脆且容易脱皮。而银离子量过高，游离氰化钾含量过低时，阴极极化下降，分散能力变差，镀层色暗、松疏。因此，合理控制主盐浓度和游离氰化钾含量是日常管理的要点。

**(2) 镀硬银**　银是较软的金属，纯银镀层也较软。因此，当将银镀层应用于电接点等需要有耐磨性能的制件时，需要增加银镀层的硬度，以提高其耐磨损性能。可通过添加其他金属盐的方法来提高银镀层的硬度。

① 钴盐法

| 氯化银 | 35～45g/L |
|---|---|
| 游离氰化钾 | 15～35g/L |
| 碳酸钾 | 25～35g/L |
| 氯化钴 | 0.3～1.2g/L |
| 温度 | 15℃～25℃ |
| 阴极电流密度 | 0.3～1.0A/dm² |

② 酒石酸盐法

| 硝酸银 | 35～45g/L |
|---|---|
| 氰化钾（总量） | 80～90g/L |
| 酒石酸钾钠 | 40～50g/L |
| 酒石酸锑钾 | 1.5～3.0g/L |
| 温度 | 20℃～25℃ |
| 阴极电流密度 | 1.0～2.0A/dm² |
| 阴极移动 | 20 次/min |

**(3) 高速镀银**　高速镀银工艺如下：

| 氰化银 | 75～110g/L |
|---|---|
| 氰化钾（总量） | 90～140g/L |
| 碳酸钾 | 15g/L |
| 氢氧化钾 | 0.3g/L |
| 游离氰化钾 | 50～90g/L |
| pH | ＞12 |
| 温度 | 40℃～50℃ |
| 阴极电流密度 | 5～10A/dm² |
| 阴极移动或搅拌 | 需要 |

高速镀银与普通镀银的最大区别是主盐的浓度比普通镀银高 2～3 倍，镀液的温度也高一些。因此，可以在较大电流密度下工作，从而获得较厚的镀层，特别是适合于

电铸银的加工。镀液的 pH 要求保持在 12 以上，是为了提高镀液的稳定性，同时对改善镀层和阳极状态都是有利的。

　　3. 光亮镀银

　　光亮镀银不仅用于装饰性镀银，现在也用于电子制件的镀银，以获得结晶细致的镀层。

　　**(1) 光亮镀银工艺**　光亮镀银工艺如下：

　　① 氯化银法

| | |
|---|---|
| 氯化银 | 55～65g/L |
| 游离氰化钾 | 70～90g/L |
| 酒石酸钾钠 | 30g/L |
| 开缸剂 | 30mL/L |
| 光亮剂 | 15mL/L |
| 温度 | 5℃～25℃ |
| 阴极电流密度 | 0.6～1.5A/dm² |
| 阴极移动 | 15～20 次/min |

　　② 硝酸银法

| | |
|---|---|
| 硝酸银 | 35～80g/L |
| 游离氰化钾 | 75～120g/L |
| 碳酸钾 | 15～80g/L |
| 丙三醇 | 8～50mL/L |
| 光亮剂 A | 10～50mL/L |
| 光亮剂 B | 0.5～10mL/L |
| 温度 | 20℃～50℃ |
| 阴极电流密度 | 0.2～4.0A/dm² |

　　**(2) 镀银光亮剂**　氰化物光亮镀银所用的光亮剂，经过多年的探索，基本上确定为是以碳与氮、硫、氧等原子结合的产物，典型的就是二硫化碳，至今仍有工艺在应用。其他包括硫脲、硫代硫酸盐、烯丙基硫脲、异硫氰酸酯、酒石酸盐、土耳其红油、亚硒酸钠等，都可用作镀银光亮剂。

　　二硫化碳曾是应用最广泛的镀银光亮剂，用乙醇溶解后，以 0.05～0.2g/L 的量添加。以少加为好，过量反而会出现粗糙条痕，分散能力也会下降。添加剂的补加在补充银盐时进行较好。

　　硫代硫酸铵作为光亮剂时，将其配制成 1% 的硫代硫酸铵溶液，添加量为 5mL/L，然后补加时则按 1mL/L 的量添加。

　　为了获得更好的光亮效果，有时采用多种光亮剂的组合作用，将二硫化碳、酮、土耳其红油等混合使用可以获得稳定的光亮效果；亚硒酸和其他含硫化合物组合作用，可以获得平滑光亮的镀层。

　　除了含硫化合物，聚胺化合物，如聚乙烯亚胺，以及由氨和亚烯胺等与环氧氯丙烷反应而形成的化合物，都适用于碱性氰化物镀银光亮剂。

**(3)镀银工艺与金属结晶织构的关系** 使用光亮剂主要是为了获得光亮细致的镀层，这不仅只是装饰性镀层的需要，也是功能性镀层，特别是微波元器件镀银的需要。

用微观检测手段对表面处理过程进行控制时，人们发现工艺参数的控制有时比依赖添加剂更为重要。通过电子显微镜，可以直观地观察到温度和电流密度对银镀层的结晶有直接影响，控制镀银温度在 30℃ 以内对细化结晶是有利的。而高的电流密度下结晶则更为细化，这也与光亮剂要求有一定的电流密度区间是有关的。较高的电流密度有利于形成更多的晶核，在光亮剂配合下，结晶的成长有所控制，从而可以获得光亮细致的镀层。

因此，用于微波电子元器件镀银的镀槽，基本上都装有降温装置，以保证镀液的温度控制在 30℃ 以内，以保证镀层结晶细致。而结晶细致的银镀层有更好的导电和导波性能，这对于电子电镀有重要意义。同时要求镀液有阴极移动或搅拌，以有利于在较大电流密度下工作。

### 6.2.3 无氰镀银

#### 1. 无氰镀银的现状

氰化物是剧毒的化学品。采用氰化物的镀液进行生产，对操作者、操作环境和自然环境都存在极大的安全隐患。因此，开发无氰电镀新工艺，一直是电镀技术工作者努力的目标之一。并且在许多镀种上已经取得了较大的成功，如无氰镀锌、无氰镀铜等，都已经在工业生产中广泛采用。但是，无氰镀银则一直都是一个难题，无氰镀银工艺所存在的问题主要有以下三个方面。

**(1)镀层性能** 目前许多无氰镀银的镀层性能不能满足工艺要求，尤其是工程性镀银，比装饰性镀银有更多的要求。例如，镀层结晶不如氰化物细腻平滑，镀层纯度不够，镀层中有机物有夹杂，导致硬度过高、电导率下降、焊接性能下降等，这些对于电子产品电镀来说都是很敏感的问题。有些无氰镀银由于电流密度小，沉积速度慢，不能用于镀厚银，更不能用于高速电镀。

**(2)镀液稳定性** 无氰镀银的镀液稳定性也是一个重要指标。许多无氰镀银镀液的稳定性都存在问题，无论是碱性镀液、酸性镀液或是中性镀液，都不同程度地存在镀液稳定性问题，这主要是替代氰化物的络合剂的络合能力不能与氰化物相比，使银离子在一定条件下会产生化学还原反应，积累到一定量就会出现沉淀，给管理和操作带来不便，同时令成本也有所增加。

**(3)工艺性能** 无氰镀银往往分散能力差，阴极电流密度低，阳极容易钝化，使得在应用中受到一定限制。

综合考查各种无氰镀银工艺，比较好的至少存在上述三个方面问题中的一个，差一些的存在两个甚至于三个方面的问题。正是这些问题影响了无氰镀银工艺实用化的进程。

尽管如此，还是有一些无氰镀银工艺在某些场合得到应用。特别是近年在对环境保护的要求越来越高的情况下，一些企业已经开始采用无氰镀银工艺。这些无氰镀银工艺的工艺控制范围比较窄，要求有较严格的流程管理。

**2. 无氰镀银工艺**

下面介绍一些有一定工业生产价值的无氰镀银工艺，包括中早期开发的无氰镀银工艺中采用新开发的添加剂或光亮剂。

**(1)黄血盐镀银工艺**　黄血盐的化学名是亚铁氰化钾，分子式为 $K_4[Fe(CN)_6]$，它可以与氯化银生成银氰化钾的络合物。由于镀液中仍然存在氰离子，因此，这个工艺不是完全的无氰镀银工艺。但是其毒性与氰化物相比，已经大大减少。具体工艺如下：

| | |
|---|---|
| 氯化银 | 40g/L |
| 亚铁氰化钾 | 80g/L |
| 氢氧化钾 | 3g/L |
| 硫氰酸钾 | 150g/L |
| 碳酸钾 | 80g/L |
| pH | 11～13 |
| 温度 | 20℃～35℃ |
| 阴极电流密度 | 0.2～0.5 A/dm² |

这个镀液的配制要点是要将铁离子从镀液中去掉。而去掉的方法则是将反应物混合后加温煮沸，促使二价铁氧化成三价铁从溶解中沉淀而去除：

$$2AgCl+K_4[Fe(CN)_6]\!\!=\!\!K_4[Ag_2(CN)_6]+FeCl_2$$

$$FeCl_2+H_2O+K_2CO_3\!\!=\!\!Fe(OH)_2+2KCl+CO_2\uparrow$$

$$Fe(OH)_2+\frac{1}{2}O_2+H_2O\!\!=\!\!2Fe(OH)_3\downarrow$$

以 1L 操作为例，先称 80g 亚铁氰化钾、60g 无水碳酸钾分别溶于蒸馏水中，煮沸后混合。在不断搅拌下将氯化银缓缓加入，加完后煮沸 2h，使亚铁离子完全氧化并生成褐色的三氢氧化铁沉淀。过滤后弃除沉淀，所得滤液为黄色透明液体。再将 150g 的硫氰酸钾溶解后加入上述溶液中，用蒸馏水稀释至 1L，即得到镀液。

上述镀液的缺点是电流密度较小，过大容易使镀件高电流区发黑甚至烧焦。温度可取上限，以利于提高电流密度。其沉积速度为 $10\sim20\mu m/h$。

**(2)硫代硫酸盐镀银工艺**　硫代硫酸盐镀银所采用的络合剂为硫代硫酸钠或硫代硫酸铵。在镀液中，银与硫代硫酸盐形成阴离子型络合物 $[Ag(S_2O_3)]^{3-}$。在亚硫酸盐的保护下，镀液有较高的稳定性。具体工艺如下：

| | |
|---|---|
| 硝酸银 | 40g/L |
| 硫代硫酸钠(或硫代硫酸铵) | 200g/L |
| 焦亚硫酸钾 | 40g/L(采用亚硫酸氢钾也可以) |
| 光亮添加剂 | 适量 |
| pH | 5 |
| 温度 | 室温 |
| 阴极电流密度 | 0.2～0.3A/dm² |
| 阴阳面积比 | 1∶2～3 |

在镀液成分管理中，保持硝酸银∶焦亚硫酸钾∶硫代硫酸钠＝1∶1∶5 最好。

镀液的配制方法是先用一部分水溶解硫代硫酸钠（或硫代硫酸铵）；将硝酸银和焦亚硫酸钾（或亚硫酸氢钾）分别溶于蒸馏水中，在不断搅拌下进行混合。此时生成白色沉淀，立即加入硫代硫酸钠（或硫代硫酸铵）溶液并不断搅拌，使白色沉淀完全溶解，再加水至所需要的量。将配制成的镀液放于日光下照射数小时，加 0.5g/L 的活性炭，过滤，即得清亮镀液。

配制过程中要特别注意，不要将硝酸银直接加入到硫代硫酸钠（或硫代硫酸铵）溶液中，否则溶液容易变黑。因为硝酸银会与硫代硫酸盐作用，首先生成白色的硫代硫酸银沉淀，然后会逐渐水解变成黑色硫化银：

$$2AgNO_3 + Na_2S_2O_3 \Longrightarrow Ag_2S_2O_3 \downarrow （白色）+ 2NaNO_3$$

$$Ag_2S_2O_3 + H_2O \Longrightarrow 2AgS \downarrow （黑色）+ H_2SO_4$$

新配的镀液可能会显微黄色，或有极少量的浑浊或沉淀，过滤后即可以变清。正式试镀前可以先电解一段时间。这时阳极可能会出现黑膜，可以铜丝刷刷去，并适当增加阳极面积，以降低阳极电流密度。

在补充镀液中的银离子时，一定要按配制方法的程序进行，不可以直接往镀液中加硝酸银。同时，保持镀液中焦亚硫酸钾（或亚硫酸氢钾）的量在正常范围也很重要，因为它的存在有利于硫代硫酸盐的稳定，否则硫代硫酸根会出现析出硫的反应，而硫的析出对镀银是非常不利的。

**(3) 磺基水杨酸镀银**  磺基水杨酸镀银是以磺基水杨酸和铵盐作为双络合剂的无氰镀银工艺。当镀液的 pH 为 9 时，可以生成混合配位的络合物，从而增加镀液的稳定性，使镀层的结晶比较细致。其缺点是镀液中含有的氨容易使铜溶解而增加镀液中铜杂质的量。具体工艺如下：

| | |
|---|---|
| 磺基水杨酸 | 100～140g/L |
| 硝酸银 | 20～40g/L |
| 醋酸铵 | 46～68g/L |
| 氨水（25%） | 44～66mL/L |
| 总氨量 | 20～30g/L |
| 氢氧化钾 | 8～13g/L |
| pH | 8.5～9.5 |
| 阴极电流密度 | 0.2～0.4A/dm$^2$ |

总氨量是分析时控制的指标，指醋酸铵和氨水中氨的总和。例如，总氨量为 20g/L 时，需要醋酸铵 46g/L（含氨 10g/L），需要氨水 44mL/L（含氨 10g/L）。

镀液（以 1L 为例）的配制方法如下：将 120g 的磺基水杨酸溶于 500mL 水中；将 10g 氢氧化钾溶于 30mL 水中，冷却后加入到上液中；取硝酸银 30g 溶于 50mL 蒸馏水中，再加入到上液中；再取 50g 醋酸铵，溶于 50mL 水中，加入到上液中；最后取氨水 55mL 加到上液中，镀液配制完成。

磺基水杨酸是本工艺的主络合剂，同时又是表面活性剂。要保证镀液中的磺基水杨酸有足够的量，低于 90g/L，阳极会发生钝化；高于 170g/L，则阴极的电流密度会下降。以保持在 100～150g/L 为宜。

硝酸银的含量不可偏高，否则会使深镀能力下降，镀层的结晶变粗。

由于镀液的 pH 受氨的挥发的影响，因此要经常调整 pH。定期测定总氨量，用 20％氢氧化钾或浓氨水调整 pH 到 9，方可正常电镀。并要经常注意阳极的状态，不应有黄膜生成。如果有黄膜生成，则应刷洗干净，并且要增大阳极面积，降低阳极电流密度，也可适当提高总氨量。

**3. 镀银的防变色处理**

银镀层在大气中容易变色是众所周知的，因此，防止银镀层变色无论是对于装饰性电镀还是功能性电镀，都有十分重要的意义。防止银镀层变色的方法主要有化学钝化法、电化学法、涂覆法三大类。

**(1)化学钝化法**　化学钝化的工艺如下：

| | |
|---|---|
| 重铬酸钾 | 8g/L |
| 铬酸 | 3g/L |
| 硝酸 | 13mL/L |
| 温度 | 室温 |
| 时间 | 3～5s |

化学钝化是让银镀层在一定化学溶液中进行表面钝化处理，形成可以抗氧化的钝化膜层：

$$6Ag+5H_2CrO_4 =\!\!= 3Ag_2CrO_4+Cr_2O_3+5H_2O$$
$$6Ag+4H_2Cr_2O_7 =\!\!= 3Ag_2Cr_2O_7+Cr_2O_3+4H_2O$$

经过处理的镀层表面生成了以 $Ag_2CrO_4$、$Ag_2Cr_2O_7$、$Ag_2O$ 为主的钝化膜，由反应式可知这一反应需要消耗较多的银，因此，化学处理要求银镀层达到一定厚度，而生成的钝化膜则较薄，防变色性能并不理想。每钝化处理一次，镀层厚度会损失 $2\mu m$ 左右。

**(2)电化学法**　电化学法依其原理又可以分为两种，即电化学钝化法和电镀稀贵金属法等。较为常用的是电化学钝化法。

① 电化学钝化法。电化学钝化可生成比较致密的钝化膜，因而其防护性能与化学钝化法相比有进一步的提高。阴极电化学钝化的工艺如下：

| | |
|---|---|
| 重铬酸钾 | 20g/L |
| 铬酸钾 | 40g/L |
| 氢氧化钾 | 20g/L |
| pH | 12.5 |
| 温度 | 15℃～30℃ |
| 阴极电流密度 | 0.5A/dm² |
| 阳极 | 铅板 |
| 时间 | 15～30s |

经电化学钝化处理的银镀层防变色性能有明显提高，将银镀层在2％的硫化钠水溶液中进行浸渍试验，经上述工艺电化学钝化的银镀层，防变色时间明显延长。

② 电镀稀贵金属法。电镀稀贵金属由于成本较高，仅仅用于特别需要防止银层变

色的场合，如高可靠性要求的空间技术产品、高级珠宝首饰制品等。常用的防止银镀层变色的稀贵金属镀层有钯镀层和铑镀层。镀铑后的银镀层防变色性能明显提高。不镀和镀有不同厚度铑的银镀层在室外自然条件下放置变色情况见表6-3。

表6-3　不镀和镀有不同厚度铑的银镀层在室外自然条件放置变色情况

| 自然放置时间/天 | 不镀铑的银镀层 | 镀有铑的银镀层 | | |
| --- | --- | --- | --- | --- |
| | | $0.175\mu m$ | $0.37\mu m$ | $1.27\mu m$ |
| 1 | 光亮消失 | 无变化 | 无变化 | 无变化 |
| 2 | 微黑色 | 无变化 | 无变化 | 无变化 |
| 7 | 青黑色 | 局部光亮消失 | 无变化 | 无变化 |
| 14 | 青黑色 | 镀层变暗 | 无变化 | 无变化 |
| 21 | 深黑色 | 呈现红褐色 | 出现褐色点 | 无变化 |
| 28 | 深黑色 | 呈现褐色 | 褐色点增多 | 无变化 |

由表6-3可知，在银镀层表面采用镀$1\mu m$以上的铑镀层的方法，可以有效防止银镀层的变色。由于铑镀层有极高的稳定性，在王水中也几乎不溶解，因此适合作为防变色镀层。同时在所有金属中，铑的色泽与银的色泽最为接近。

**(3)涂覆法**

① 涂清漆。在银镀层表面涂透明清漆是防止的银层变色的传统方法之一。由于是用漆作为隔绝空气氧化的膜层，因此漆本身的挥发物要对银没有不良影响，同时漆层要求无孔隙，同时具有一定的硬度。

用作银镀层防变色的油漆主要有硅透明树脂、三聚氰胺透明树脂、丙烯酸清漆、硝基清漆等。这些清漆都是隔离银镀层与空气的直接接触，以保持其银色光亮的表面。没有了导电性能和可焊性能，因而只能用于装饰性镀层，在电子产品电镀等功能性镀层中不宜采用。

② 涂防变色剂。为了让银镀层既提高防变色能力又能保持其导电和易焊的功能性，可以采用镀后涂防变色剂。

防变色剂是针对银镀层等需要防变色而又要保持其镀层物理性能的化学复合物。与涂料有相同的防护原理，但膜层对表面电阻改变较小，同时有一定助焊性能。

传统的防变色剂可以自己配制，工艺如下：

| | |
| --- | --- |
| 苯并三氮唑 | $0.1\sim0.3g/L$ |
| 苯并四氮唑 | $0.1\sim0.3g/L$ |
| 温度 | 65℃ |
| 时间 | $1\sim2min$ |

可将两种苯并物先溶于乙醇，再溶于去离子水中。

为了改善溶解性和成膜性，有些防变色剂采用了有机溶剂：

| | |
| --- | --- |
| 松香 | 50g/L |

| 香蕉水 | 1L |
| 温度 | 室温 |

　　还有一些商业的防变色剂也采用汽油等作为溶剂，这些商业防变色剂基本上是与以上物质类似的有机缓蚀剂、络合剂和成膜物。可以在防止银变色的同时，不影响镀层的导电性和焊接性。随着环境保护的需要，现在的防变色剂已经回归到以水溶性为主。对于电镀层，采用水溶性防变色剂还有一个很大优点，就是制件电镀清洗后，不需要干燥就可以直接进行防变色处理，这对于提高效率和节约能源都是有意义的。

# 6.3　纳米电镀

## 6.3.1　纳米与纳米材料技术

　　纳米是英文 namometer 的译名，简单地说是一种长度单位，符号为 nm。$1nm=1m\mu m=10^{-9}m$，约为 10 个原子的长度。纳米这一词汇之所以转变成了一种材料的代称，是因为所有的材料当其尺寸大小在纳米级别时，会出现一些新的特性，大大地不同于处于宏观状态的同一种材料。

　　实际上，纳米材料作为一种微小尺寸的物质也并不是新发明，我国古代以松烟制作的高性能磨墨，就是一种纳米材料。还有古代铜镜表面的防锈层，也是由纳米氧化锡组成的。但是当时的人们是没有纳米这样一个微观尺寸概念的，只是一种自发应用而已。

　　纳米材料一诞生，即以其异乎寻常的特性引起了材料界的广泛关注。例如，纳米铁材料的断裂应力比一般铁材料高 12 倍；气体通过纳米材料的扩散速度比通过一般材料的扩散速度快几千倍；纳米相结构的铜比普通的铜坚固 5 倍，而且硬度随颗粒尺寸的减小而增大；纳米陶瓷材料具有塑性或称为超塑性等。

## 6.3.2　电镀法制取纳米材料

　　纳米材料的制取方法有物理法和化学法，物理法是传统微粒制取法的延伸，主要有离子溅射、分子束外延技术、高能机械球磨法、机械合金化法、物理蒸发及激光蒸发等。化学法包括化学气相沉积法、化学沉淀法、水热合成法、溶胶-凝胶法、有机酸配体法、沉淀溶胶法、醇盐水解法、溶剂蒸发法、喷雾热分解法、微乳液法、生物化学法等。采用这类方法制备纳米材料与物理法相比具有组分容易控制、微量元素添加方便、设备要求相对较低、操作简便等优点，也存在初期生成的粒子容易处于凝聚状态、需要分散处理、体系中元素较多、容易产生杂质等缺点。而最具潜力的是电化学法。

　　通过电镀也可以获得纳米级的电沉积物，因此，采用电沉积法制取纳米材料是纳米电镀的重要内容。以电化学方法制备纳米材料经历了早期纳米薄膜、纳米微晶制备到现代电化学制备纳米金属线等过程。

　　用电化学法制备纳米材料是目前纳米材料制备中最为活跃的一个领域。这是因为与其他方法相比，电化学法有以下优点。

**(1)可以获得各种晶粒尺寸的纳米材料**　采用电化学法制取的纳米晶粒的尺寸为1～100nm，并且可以获得多种物质的纳米材料，纯金属如铜、镍、锌、钴等，合金如钴钨、镍锌、镍铝、铬铜、钴磷等，还可以制取半导体（硫化镉等）、纳米金属线、纳米叠层膜及复合镀层等。

**(2)方法简便**　电化学法制备纳米材料与其他方法相比，是相对简便的，很少会受到纳米晶粒尺寸限制或形状限制，并且具有高的密度和极低的孔隙率。

**(3)所获纳米晶体的性能独特**　采用电化学法获得的纳米晶体材料的性能很独特，以电化学纳米镍为例，所获纳米镍有硬度高、温度效应好和催化活性高等特点。

**(4)成本低、效率高**　采用电化学法制备纳米材料的成本相对物理法和其他方法的要低得多，并且可以获得大批量的纳米材料，为纳米材料的生产提供了一个切实可行的工业化规模生产方法。

### 6.3.3　模板电化学制备——维纳米材料

在电化学制备纳米材料的各种方法中，一维钠米材料的制备特别引人注目。一维纳米材料的制备方法很多，其中的物理法如气固相生长法、激光烧蚀法、分子外延法等，这些都需要昂贵的设备。电化学法则由于成本低、镀覆效率高、可控制性能好和可在常温下操作等优点而成为制备纳米管的重要方法。电化学制备纳米管的方法也称为模板电沉积法。

所谓模板电沉积是通过电化学方法使目标材料在纳米孔径的孔隙内沉积的方法。由于纳米孔隙的限制，电沉积物保持在纳米孔径的尺寸生长，从而制成纳米线或管。一维纳米材料中的一维的概念，指的就是纳米材料只在直径上保持纳米级尺寸，而可以在长度上达到宏观材料的尺寸。因此，获得具有纳米孔径的模板对于电化学法制备一维纳米材料是一个技术关键。

**(1)模板的制备**　常用的模板分为两类，一类是有序模板，如经铝氧化获得的氧化铝孔隙阵列；另一类是无序孔洞模板，如高分子模板、氧化铝模板金属模板、纳米孔洞玻璃、多孔硅模板等。

① 高分子模板。高分子模板是采用厚度为 $6\sim20\mu m$ 的聚碳酸酯、聚酯等高分子模，通过核裂变或回旋加速器产生重核粒子轰击，使其出现很多微小陷口，再用化学腐蚀法将这些缺陷扩大为孔隙。这种模板的特点是孔隙呈圆柱形，膜内存在交叉现象，孔的分布不均匀且无规律，孔径可以小到10nm，孔密度大约为 109 个/cm²。显然这种制模方法的成本很高。

② 氧化铝模板。铝氧化膜的多孔性是表面处理业众所周知的性能。利用铝氧化的特点来制作纳米材料模板是一种比较理想的方法。将经退火处理的纯铝在低温的草酸、磷酸、硫酸的电解氧化槽液中进行低温阳极氧化，可以获得排列非常规律和整齐的微孔。这些孔全部与基板垂直，大小一致，形状为正六边形。这种孔的密度最高可达到1011 个/cm²，且孔径可调，制备简单，成本低，是工业化制备模板的重要方法，并且也是一种电化学方法。

③ 金属模板。金属模板是在铝模板上真空镀上一层金属膜，再将含有过氧化苯甲酰的甲基丙烯酸甲脂单体在真空下注入模板，通过紫外线或加热使单体聚合成聚甲基

丙烯酸甲酯阵列，然后用氢氧化钠溶液除去氧化铝模板，获得聚甲基丙烯酸甲酯的负复型，将负复型放在化学镀液中，在孔底金属薄膜的催化作用下，金属填充了负复型的孔洞，最后用丙酮溶去聚甲基丙烯酸甲酯，就可以得到金属孔洞的阵列模板。

④ 其他材料模板。其他材料的微孔模板有孔径为 33nm、孔密度达 1010 个/cm² 的玻璃膜，也有新型微孔离子交换树脂膜，生物微孔膜等。

**（2）纳米材料的电沉积**　　电化学制备一维纳米材料的方法可分为直流电沉积法和交流电沉积法。从镀液的组成又可以分为单槽法和双槽法。

① 直流电沉积。这也就是我们熟知的电镀方法。这种方法可以采用非金属材料的筛状模孔，在孔的一端用非金属电镀的方法镀上一层金属底层后，再在从底板上沿孔隙电沉积出金属镀层而获得与纳米孔径同型的纳米金属线。

② 交流电沉积法。这是基于铝阳极氧化膜的单向导通性而采用的交流电沉积的方法，这种方法在铝材的阳极氧化电化学着色中有过应用。铝阳极氧化膜孔内的阻挡层因为有较高电阻，通常是不利于阴极电沉积过程的，但是在交流电作用下，处于阳极状态时，其电阻作用不至于引起溶解过程，但在负半周时，却可以有利于电沉积过程的进行，这种周期脉冲作用加强了阴极过程，从而实现了在交流电作用下的电沉积，使金属沉积物得以在孔内以纳米尺寸生长。

③ 交流双槽法。这是为了获得多层纳米结构的材料而采用的方法，是以交流电沉积为基础，在两个电解槽中获得多层金属纳米材料的方法。

④ 直流双脉冲法。直流双脉冲法也是用于制备多层纳米线的方法，通过恒电位仪产生双脉冲电流，在不同电位下沉积出不同的金属，从而构成多层纳米金属线。在同一电解液内溶解具有不同电沉积电位的金属离子，根据电沉积比例和电极过程行为确定其浓度，然后以模板为阴极进行电沉积，先以一个电位进行电沉积，这时金属 A 沉积出来，然后变换电位沉积另一种金属，从而可以在一槽内以不同电位获得不同金属来组成多层纳米材料。

### 6.3.4　纳米复合电镀技术

纳米复合电镀不仅是纳米材料的制造技术，也是可以利用电镀技术的特点在材料表面获得纳米材料性能的技术，从而为纳米材料的应用提供了一种较为简便和经济的方法。因此，电镀纳米材料成为现代电子电镀中一个重要的研发领域，受到越来越多的重视。有关这方面的技术研究课题层出不穷，有些已经具备实用价值。

利用电镀获取纳米镀层与以电沉积法制作纳米材料是不同的概念。制作纳米材料所要的成品是一种材料，与基体没有直接关系，而纳米电镀膜则是一种新的镀层，这种镀层具有纳米材料的性质。

控制电镀工艺参数来获得纳米镀层在技术上是可行的，但在实际操作中存在一定困难。而在基质镀液中加入纳米粒子来获得纳米复合镀层，则是钠米电镀得以广泛应用的一个重要而又简便的方法。由此我们知道，纳米电镀有直接电镀纳米膜层和利用在镀液中分散纳米级的添加物来获得含有纳米微粒的复合镀层两种方法。现在进入实用阶段的纳米电镀技术主要是复合镀技术。

**（1）纳米复合镀金**　　金镀层具有耐蚀性强、导电性好、易于焊接等特点，被广泛用作精密仪器仪表、印制电路板、集成电路、电子元器件等要求耐蚀性强且电接触性能参数稳定的零部件镀层。但是纯金镀层有硬度低、不耐磨等弱点，即使是添加了增加硬度的金属盐添加剂，其硬度和耐磨性也只是有相对的增加，并不能完全满足现代接插件的要求。为了研制具有高耐磨性能的金镀层，有人以微氰镀金溶液为基，利用复合镀技术制备了金二氧化硅纳米复合镀层，讨论了镀液中二氧化硅粉体浓度的变化对镀层结构与性能的影响规律。

金二氧化硅纳米复合镀工艺如下：

| | |
|---|---|
| 氰化金钾 | 10～12g/L |
| 柠檬酸 | 12g/L |
| 柠檬酸钾 | 50g/L |
| 添加剂 | 适量 |
| 二氧化硅纳米粉 | 5～20g/L |
| pH | 3.5～4.5 |
| 温度 | 35℃～40℃ |
| 电流密度 | 1A/dm² |

**(2) 纳米复合镀镍** 以镀镍液为基质镀液的复合镀技术是研究和应用较多的技术之一，纳米复合镀也是如此。这是因为镍镀层是很好的复合镀载体镀层，能发挥出复合镀的优势。

以添加纳米氧化铝的复合镀镍这种工艺用于汽车配件装饰性电镀的流程如下：

镀前处理（除油、酸蚀等）→半光亮镀镍→回收→水洗→活化→水洗→纳米复合镀镍→回收→水洗→喷淋洗→水洗→活化→光亮镀镍→二次水洗→活化→装饰性镀铬→三级逆流漂洗→热水洗→干燥

纳米复合镀镍工艺如下：

| | |
|---|---|
| 硫酸镍 | 300g/L |
| 氯化镍 | 45g/L |
| 硼酸 | 50g/L |
| α-氧化铝纳米浆料 | 35g/L |
| 助剂 | 3g/L |
| 润湿剂 | 适量 |
| pH | 3.8～4.5 |
| 温度 | 60℃ |
| 电流密度 | 2～5A/dm² |
| 时间 | 4～8min |

其他工艺可以沿用通用电镀工艺。但镀层总厚度可以大大减少，全部镀好的厚度为 12μm。CASS 试验 24h 可达 7 级以上，与传统三镍铬工艺相比，可节省镍 20%～40%；电镀时间缩短，效率可提高 15%～30%；镀液中的纳米材料可以回收后再利用，降低了生产成本。

# 7  合金电镀和复合镀

## 7.1  常用合金电镀

### 7.1.1  合金电镀概况

1. 合金及合金电镀

由一种金属跟另一种或几种金属或非金属所组成的具有金属特性的物质称为合金。合金一般由各组分熔合成均匀的液体，再经冷凝而制得。根据组成合金的元素数目的多少，有二元合金、三元合金和多元合金之分。根据合金结构的不同，又可以分成以下三种基本类型：

① 共熔混合物。当共熔混合物凝固时，各组分分别结晶而形成合金，如铋镉合金。铋镉合金最低熔化温度是 413K，在此温度时，铋镉共熔混合物中含镉 40%、含铋 60%。

② 固溶体。固溶体是指溶质原子溶入溶剂的晶格中，而仍保持溶剂晶格类型的一种金属晶体。有的固溶体合金是在溶剂金属的晶格结点上，一部分溶剂原子被溶质原子所置换而形成的，如铜和金的合金；有的固溶体合金是由溶质原子分布在溶剂晶格的间隙中而形成的。

③ 金属互化物。各组分相互形成化合物的合金。

一般来说，合金的熔点都低于组成它的任何一种成分的金属的熔点。例如，用作电源保险丝的武德合金，熔点只有 67℃，比组成它的 4 种金属的熔点都低。合金的硬度一般都比组成它的任何一种成分的金属的硬度大，如青铜的硬度比铜、锡大，生铁的硬度比纯铁大等。合金的导电性和导热性都比纯金属差。有些合金在化学性质方面也有很大的改变，如铁很容易生锈，如果在普通钢里加入约 15% 的铬和约 0.5% 的镍，就成为耐酸碱等腐蚀的不锈钢。

我国古代将合金也称为"齐"，主要用来表示含汞的合金，通常称为汞齐。例如，钠汞齐是钠和汞组成的合金，锌汞齐是锌和汞组成的合金。汞齐化曾经是电镀预镀的一种方法，现在已经很少采用。

合金是已有金属不能完全满足工业需要而开发出来的新材料。当然合金的开发还有一个重要的意义就是以量大价低的金属替代一部分贵重或稀少的金属。

人类熟练地应用合金已经有几千年的历史。而在当代，合金已经是金属应用的主要形式，并且品种和数量之多，早已经大大超过了元素周期表中的所有金属的和，成为国民经济中不可或缺的重要资源。除了我们熟知的钢铁合金、铜合金、铝合金、锌合金、镍合金以外，现在已经有很多应用在各种领域特别是高科技领域的新型合金材料，并且进一步发展出复合材料和纳米材料，这些新材料已经成为后工业化时代的标志。

目前，合金的制取至今仍然主要依靠冶炼的方法。所以，当可以从电解液中电镀出合金时，这是人类的又一重要的创举。合金电镀不仅在表面装饰中大显身手，而且在功能性表面处理中有更为重要的价值。

现在利用电镀技术可以获得的合金多达几百种，其中已经在工业中应用的合金镀层表7-1。

表7-1  工业中应用的合金镀层

| 合金镀层 | 备注 |
| --- | --- |
| 铜锌、铜锡、铜锡锌、锡钴、锡镍、镍铁、锌镍、锌铁、锌钴、锡锌、镉钛、锌锰、锌铬、锌钛、镉锡、锌镉、锡铅、镍钴、镍钯、镍磷、铬镍、铁铬镍、铬钼、镍钨、银铜、银钯、银镉、银锌、银锑、银铅、金钴、金镍、金银、金铜、金锡、金铋、金锡钴、金锡铜、金锡镍、金银锌、金银镉、金银铜 | 这里只主要列举了二元合金和少数三元合金，而现在已经有四元及四元以上的合金镀层出现 |

合金往往是改变了原来单一金属的某些性质，或使某些性能得到了加强。特别是力学性能，这对于电镀是很重要的。电镀加工需要针对不同的用途，选用符合产品机械性要求的工艺，包括机械强度、延展性、耐蚀性、热性能等。而有些性能只有利用合金才能达到。

**2. 合金电镀的特点**

**(1)制取热熔法不能制取的合金**  采用电镀的方法可以制取用热熔法不可能制取的合金，特别是非晶态合金，如镍磷合金、镍硼合金。

由于非晶态合金的原子排列是无序的，没有晶粒间隙、晶格错位等微观结构缺陷，也不会出现偏析等现象，因而是各向等同的均匀合金。这种特征使其在化学性能、物理性能和力学性能上都与晶态合金不同。

**(2)制取含有难以单独电沉积元素的合金**  采用电镀合金，也可以让不可能单独电镀出来的金属或元素变成为可以与合金成分共沉积的金属。例如，前面已经提到镍磷合金、镍硼合金中的磷、硼，单独是不可能电镀出来的。还有镍钨合金、镍钼合金中的钨、钼等，类似的还有铼、钛、硒、砷、铋等，这些难以单独电镀出来的元素，都可以通过合金电镀获得相应的合金镀层。

**(3)制取高熔点金属与低熔点金属的合金**  一些熔点相差很大的金属，难以用热熔法制取合金，但是用电镀的方法可以很容易获得，如锡镍合金、锌镍合金等。

**(4)制取金相图上没有的合金相**  由于电结晶的原理不同于热熔法，并且可以通过改变电镀工艺参数来获得不同的微观结构，因此，电镀出来的合金可以是合金金相图上没有的新相，如铜锡合金、锡镍合金等。

**(5)可以有更好的合金性能**  用电镀法获得的有些合金比一般热熔法获得的合金有更好力学性能，如更高的硬度、更好的耐磨性等，如镍钴合金、镍磷合金等。

**(6)可开发新合金和复合镀层**  采用电镀获得合金的工艺除了在传统电镀领域有广

泛应用，在其他许多领域都可以加以利用。特别是其可制取特殊合金和复合镀层的技术，在新材料的获得、新型传感器的制造、新型生物材料等方面都可能应用。

复合材料是极有应用价值的现代新材料，采用电镀法获得复合材料已经是成熟的技术。以合金镀层为载体的复合镀大大扩展了复合镀的选择性，因为合金镀层的组合比单金属电镀要多得多。

正是电镀制取合金镀层有以上这些特点，使得合金电镀在现代制造中有着越来越多的应用，并且有着广阔的发展前景。

**3. 合金电镀的分类**

合金电镀的分类方法与单金属电镀的分类方法基本相同，即可以按应用领域和镀液组成进行分类。

**(1)根据应用领域分类**

① 防护性合金镀层。防护性合金镀层主要用来提高制件的耐蚀性能，特别是对于钢铁基体是阳极镀层的合金，如锌镍、锌铁、锌钴、锡锌和镉钛等。这些镀层在钢铁制件上有电化学保护作用，在汽车等高耐蚀性要求的场合有广泛应用。

② 装饰性合金镀层。合金镀层在装饰性电镀中的应用主要是替代贵重金属，如以铜锌合金仿金镀层、以铜锡合金代镍镀层、以锡钴锌合金代铬镀层、以铜锡锌合金代银镀层等。还有一些新开发出来的装饰性镀层，利用合金镀的发色原理，获得枪色、黑色等各种特殊色调的装饰性镀层。这些合金镀层不仅装饰性能较好，而且也有比单一金属更好的物理或化学性能，从而成为电镀中重要的一类镀层。

③ 功能性合金镀层。与以上两类合金镀层相比，功能性合金镀层有着更为广泛的应用。因为现代制造涉及的产品种类繁多，对产品功能的要求也五花八门，除了从结构上加以保证，很多功能需要镀层加以支持。其中有相当多的功能性镀层是以合金镀层的形式应用的。功能性合金镀层有如下几类：

a. 可焊合金。电子工业产品对制件的可焊性有较高要求，而不少产品的可焊性是由表面可焊性镀层提供的，这种可焊性镀层与焊料有着基本相同的合金组成，如铅锡合金镀层。也有改进的可焊合金，如无铅的锡铋、锡铜、锡铈合金等。

b. 高耐蚀合金。高耐蚀合金除了前面在防护性镀层中提到的阳极镀层外，还有许多种合金可以提供高耐蚀性能，如仿不锈钢合金、镍铬合金或以镍基为主的镍合金等，可以提供比单金属镀层更为良好的耐蚀性能。

c. 耐磨合金。在各种高速动配合的制件中，耐磨性能是重要的指标。采用耐磨性镀层可以节省高硬度合金材料。铬基合金、镍基合金都有很高的硬度和耐磨性能，如铬镍合金、铬钼合金、铬钨合金、镍磷合金、镍硼合金等。

d. 减摩合金。有些合金具有良好的润滑和减摩性能，可以用于轴瓦镀层，如铅锡、铅铟、铅银、铜锡、银铼、铜锡铅等，可以在许多需要减摩的场合使用。

e. 电磁性能合金。功能性镀层应用最多的是电子产品领域。电性能镀层和磁性能镀层在现代电子产品中有广泛的应用，如钴镍、镍铁等磁性合金在计算机和记录设备中用作记忆元器件镀层。其他如钴铁、钴铬、钴钨、镍铁钴和镍钴磷等都具有良好的磁性能。

f. 特殊功能合金。广义的特殊功能合金包括各种仿单金属镀层或替代镀层,如仿金镀层、仿银镀层、代金镀层、代银镀层、代镍镀层、代铬镀层等;色彩镀层,如枪色镀层、青铜色镀层等。而狭义的特殊功能合金则是根据产品需要而开发的专用于某种功能需要的镀层,如轴瓦合金(铅铟、银铼)、电接点合金(镍钯)等。

此外,从有机溶液中获得铝合金,从复合镀液中获得合金复合镀层等,也都可以归于特殊功能合金的范围。采用电镀法获得合金还有一个重要的技术优势就是可以制造梯度合金。所谓梯度合金是指合金中两种或两种以上金属之间的比例不是一成不变的,而是随着厚度的变化发生成分比例的变化,出现递增或递减的分布,这种梯度合金的优点是可以在表面体现出一种特点而在本体上又具有另一种特性,从而满足一种镀层符合多种性能要求的设计。

**(2)根据镀液组成分类** 合金电镀根据镀液组成不同而有不同的电镀工艺,因此可以根据工艺将合金电镀分为以下几类:

① 简单盐合金电镀工艺。对于电位相近或借助添加剂的作用可以在简单盐镀液中获得合金镀层。简单盐合金电镀的镀液有成分简单、容易维护、电流效率高等优点,但是也存在分散能力和覆盖能力差等问题。常用的简单盐合金电镀的镀液有氯化物镀液、硫酸盐镀液、氟硼酸盐镀液等。可以获得的镀层有从硫酸盐和氯化物镀液中镀得的铁、钴、镍的合金;从氯化物镀液中获得的锌镍、锌铁和锌钴合金;从氟硼酸镀液中获得的铅锡合金等。

为了改善简单盐合金电镀层的质量,简单盐电镀中通常都要用到一些添加剂。特别是在电镀添加剂发达的今天,应用电镀添加剂于合金电镀已经是重要的技术手段。

② 络合物合金电镀工艺。由于络合物可以控制和调整金属离子的电沉积过程,以提供合金共沉积的条件,因此,大多数合金电镀都需要用到络合剂。有些合金电镀只用一种络合剂,有些要用到两种络合剂分别络合合金中两种组分的金属离子,这样才能达到合金按一定比例共沉积的目的,如铜锡合金中以氰化物络合铜离子,而以羟基络合锡离子。目前应用最多的络合剂是氰化物,但随着环境保护的要求,取代氰化物的络合剂的应用会增加。

③ 有机溶剂合金电镀工艺。由于有些金属不能从水溶液中电镀出来,但是可以从有机溶液中电镀得到。还有些合金成分在有机溶液中的电位比较接近,因而可以从有机溶液中获得从水溶液中不能获得的合金,如从甲酰胺等有机溶液中可以得到铝合金镀层。对于活泼金属如铝、镁、铍等,以及难以从水溶液中电沉积的金属如钛、钼、钨等,可以从有机溶液中获得其合金镀层。

## 7.1.2 合金电镀工艺

### 1. 铜锌合金电镀工艺

铜锌合金在电镀中用作仿金镀层。在光亮的铜或镍打底的镀层上镀上一层很薄的铜锌合金,可以获得与金一样的黄金色,并且可以通过调节锌与铜的比例来仿制出24K 或者 18K 的金色。

铜锌合金电镀是最早开发的合金电镀工艺之一。一价铜的标准电位为 0.52V,二价铜的标准电位为 0.34V，而锌的标准电位则是 −0.76V，两种金属的电位相差 1V 以上，在简单盐镀液中是不可能形成合金共沉积的。但是在以氰化物为络合剂的镀液中，两种金属的电极电位都向负的方向移动，都在 −1.2V 左右，两者的电位差缩小，从而有利于两种金属的共沉积。事实上，现在工业中广泛采用的铜锌合金电镀仍然主要是氰化物镀液。

**(1)高速镀黄铜**　高速镀黄铜工艺如下：

| | |
|---|---|
| 氰化亚铜 | 75~105g/L |
| 氧化锌 | 3~9g/L |
| 氰化钠 | 90~135g/L |
| 游离氰化钠 | 4~19g/L |
| 氢氧化钾 | 40~75g/L |
| pH | 12.5 |
| 温度 | 75℃~95℃ |
| 阴极电流密度 | 2.5~15A/dm² |
| 阳极 | Cu95%、Sn5% |

**(2)镀白铜**　镀白铜工艺如下：

| | |
|---|---|
| 氰化亚铜 | 16~20g/L |
| 氰化锌 | 35~40g/L |
| 氰化钠 | 52~60g/L |
| 游离氰化钠 | 5~6.5g/L |
| 碳酸钠 | 35~40g/L |
| 氢氧化钠 | 30~37g/L |
| 温度 | 20℃~30℃ |
| 阴极电流密度 | 3~5 A/dm² |
| 阳极 | Cu35%、Sn65% |

**(3)镀仿金**　镀仿金工艺如下：

| | |
|---|---|
| 氰化亚铜 | 53g/L |
| 氰化锌 | 30g/L |
| 氰化钠 | 90g/L |
| 游离氰化钠 | 7.5g/L |
| 碳酸钠 | 30g/L |
| pH | 10.3~10.7 |
| 温度 | 43℃~60℃ |
| 阴极电流密度 | 0.5~3.5A/dm² |
| 阴阳面积比 | 2:1 |
| 阳极 | Cu70%、Sn30% |

**(4)镀液成分的影响**

① 主盐。主盐是镀液中提供金属离子的主要来源。合金镀液中主盐的浓度和它

们的比例影响金属的沉积速度和镀层合金的组成。在黄铜镀液中，铜锌的比为(10~15)∶1；如果是镀白铜，则铜锌的比为1∶(2~3)，在仿金合金中，铜锌比则是(2~3)∶1。

②　氰化钠。氰化钠是铜和锌的配位剂，它与铜和锌都能形成非常稳定的络离子。当在溶液中含有适量的游离氰化物时，不仅对络合物的稳定性有好处，而且非常有利于阳极的正常溶解。当溶液中的游离氰化物含量较低时，镀层中铜的含量增加而过高的游离氰化物含量会使电流效率下降。

③　碳酸钠。碳酸钠可以提高镀液的导电性。尽管氰化物镀液在工作一定时间后，会自行生成碳酸盐，但配制镀液时，一般还是加入适量的碳酸盐。当碳酸盐的含量过高时，会影响阳极的电流效率，一般应控制在70g/L以下。

④　氢氧化钠(钾)。在镀液中加入一定量的氢氧化钠(钾)，可以改善镀液的导电性和分散能力。但过多的碱会引起镀液的pH升高，从而增加镀层中锌的含量。因此在镀白黄铜时，要采用较高的pH。

⑤　添加剂。为了改善镀层的性能，有时要向镀液中加入某些添加剂，如少量的亚砷酸，可以得到有光泽的白色铜合金。添加量一般在0.01~0.02g/L，过量会使镀层发白，且阳极溶解也不正常。

添加0.04~0.08g/L的酚或0.5~1.0g/L的甲酚磺酸，也可以得到光亮致密的镀层。添加少量的其他金属离子，也能改善镀层的性质，如加入0.01g/L的镍，可以起到类似光亮剂的效果。其他如天然胶或有机添加剂也可以用来改善镀层，但是对于电铸，有机物的引入会增加镀层的脆性，因此要慎用。

**(5)工艺参数的影响**

①　电流密度。大多数黄铜镀液的电流密度都是很低的，只有高速黄铜镀液的电流密度可以达到十几安每平方分米。电流密度对合金成分的影响是较大的，在低电流密度下，铜的含量会增加；在极低的电流密度下会得到纯铜的镀层。因此，对于合金电镀来说，电流密度要保持在较高的水平。

②　温度。温度升高，镀层中的含铜量会增加，尤其是在电流密度较低时，含铜量会明显增加。在高电流密度下，每升高10℃，镀层中的铜的含量增加2%~5%，但达到一个温度值后增加量会较小。过高的温度会引起氰化物的分解，增加镀液中的碳酸盐含量，因此一般应控制在50℃以下。

③　pH。镀液的pH主要影响镀液的导电性和主盐金属离子的络合状态。较高的pH有利于锌含量的增加。调整pH时要注意，调高可以用氢氧化钠(钾)，但是调低时不能直接用任何一种酸，以防止产生剧毒的氰氢酸逸出而危及操作者的生命安全。调低氰化物镀液的pH只能采用重碳酸钠或重亚硫酸钠等弱酸性溶液，并且要在良好排气条件下缓慢加入，充分搅拌。

④　搅拌。搅拌可以提高镀液的工作电流密度，增加镀液的分散能力。特别是对于电铸制件加工，由于其电流密度大大高于普通镀液，如果没有强力的搅拌或镀液的循环，在高电流密度下几乎不能正常工作。

**(6)阳极**　阳极材料的组成和阳极的物理状态对镀液的稳定性和镀液的正常工作有

着非常重要的影响。黄铜电镀一般不采用混合阳极而是采用合金阳极。因为如果对铜和锌进行分挂，会在锌阳极上发生置换反应，不利于锌阳极的正常工作。因此，铜锌合金的电镀都是采用合金阳极，并且其合金成分的比例与镀层的比例是一样的。不过当需要得到含铜量为70%～75%的黄铜镀层时，阳极合金的含铜量可以在80%，这样有利于阳极的正常溶解，减少阳极泥的产生。

目前工业上采用的合金阳极，基本上是通过轧制的方法得到的。经过轧制的合金阳极的溶解比较均匀，且溶解效率高。不过经过轧制的合金阳极最好能在500℃进行退火后再使用。如果是铸造合金阳极，则要去除表面阳化皮后再投入使用。

合金阳极的质量不仅取决于合金组成及铸造工艺，而且还取决于合金中夹杂的杂质的种类和含量。合金阳极中的有害杂质主要有铅、锡、砷、铁等。铜锌合金阳极中杂质的允许含量见表7-2。

表7-2　铜锌合金阳极中杂质的允许含量

| 杂质金属 | 允许含量(%) | 杂质金属 | 允许含量(%) |
|---|---|---|---|
| 锡 | <0.005 | 锑 | <0.005 |
| 镍 | <0.005 | 砷 | <0.005 |
| 铅 | <0.005 | 铁 | <0.01 |

**(7)无氰镀黄铜**　焦磷酸盐镀黄铜是可供工业化生产的无氰电镀工艺。焦磷酸钾对铜和锌都能形成较稳定的络合物。不过铜易优先析出，特别是在低电流区。因此选择适当的辅助络合剂对改善镀液性能是有益的。采用这种工艺，镀层中的含铜量可以控制在70%～81%。焦磷酸钾镀黄铜工艺如下：

| | |
|---|---|
| 硫酸铜 | 25g/L |
| 硫酸锌 | 29g/L |
| 焦磷酸钾 | 200g/L |
| 四甲基乙二胺 | 12g/L |
| pH | 11 |
| 温度 | 50℃ |
| 阴极电流密度 | 0.5A/dm² |

在本工艺中所用的辅助络合剂是四甲基乙二胺(分子式为$C_6H_{16}N_2$，也称为N，N，N，N-四甲基-2-乙二胺)，可以增加铜的极化，从而抑制铜的过量析出。

2．铜锡合金电镀工艺

铜锡合金也就是常说的青铜。这是曾经被当作代镍镀层而在我国电镀业中有广泛应用的镀种，至今仍然还有一些电镀厂在采用这一镀种来作为防护装饰性镀层的中间层。

铜锡合金用于制作塑压模具时，有比钢材更好的性能。首先是具有足够的强度和硬度；其次是具有良好的导热性能，有利于控制塑料加工中模具的温度。与钢制模具相比，青铜模具的平均温度可以降低20%，冷却时间可以节省40%，这对于节约能源有着重要的意义。青铜良好的导热性能还对提高模具的热穿透率有利,当模具的热穿透率较低时,模具的各部位温差较大,有时会导致塑料制件报废。

**(1) 低锡青铜(含锡6%~15%)** 铜锡合金中含锡量在6%~15%时,称为低锡青铜。当含锡量达到14%~15%时,镀层呈金黄色,这种镀层的耐蚀性强,孔隙率低,可作为代镍镀层。低锡青铜电镀工艺如下:

| | |
|---|---|
| 氰化亚铜 | 11~21g/L |
| 锡酸钠 | 9~13g/L |
| 氰化钠 | 35~50g/L |
| 氢氧化钠 | 8~12g/L |
| 十二烷基硫酸钠 | 0.01~0.03g/L |
| pH | 12.5~13.5 |
| 温度 | 50℃~60℃ |
| 阴极电流密度 | 2~4A/dm² |

**(2) 中锡青铜(含锡15%~20%)** 中锡青铜电镀工艺如下:

| | |
|---|---|
| 氰化亚铜 | 11~28g/L |
| 锡酸钠 | 7~9g/L |
| 氰化钠 | 45~66g/L |
| 氢氧化钠 | 22~26g/L |
| pH | 13~13.5 |
| 温度 | 55℃~60℃ |
| 阴极电流密度 | 1~3A/dm² |

**(3) 高锡青铜(含锡40%~45%)** 高锡青铜电镀工艺如下:

| | |
|---|---|
| 氰化亚铜 | 8~14g/L |
| 锡酸钠 | 42~46g/L |
| 氰化钠 | 27~37g/L |
| 氢氧化钠 | 95~103g/L |
| 酒石酸钾钠 | 30~37g/L |
| pH | 13.5 |
| 温度 | 65℃ |
| 阴极电流密度 | 3A/dm² |

**(4) 镀液成分的影响**

① 主盐。合金离子的总浓度对镀层组成影响不大,主要影响电流效率。两种金属离子的比例与金属镀层中两组分的比例有关。在低锡青铜中,铜与锡的比以(2~3):1为宜,而高锡镀液中,则以1:(2.5~4)为宜。

② 游离氰化物。氰化钠是铜的稳定络合剂,在有游离氰化钠存在的情况下,铜离子络盐是非常稳定的,只有在强电场作用下才会在阴极还原,因此电流效率也较低。游离氰化物的量增加会使铜的含量下降,而对锡影响不大。

③ 游离氢氧化钠。氢氧化钠是锡盐的络合剂。镀液中游离氢氧化钠含量的增加,

会使锡络离子的稳定性增加,同时增大锡析出的阴极电位,镀层中的锡含量会减少。

**(5)工艺条件的影响**

① 温度。镀液的温度对合金镀层的组成、质量和镀液的性能等均有影响。升高温度,镀层中的含锡量增加,阴极电流效率提高。但是温度过高会加速氰化物的分解,镀液的稳定性会受到影响。而当温度偏低时,阴极电流效率下降,阳极溶解不正常。所以要选择合理的镀液温度,兼顾到各方面的需要。一般控制在 60℃ 左右为好,最好是采用温度自动控制系统。

② 电流密度。电流密度的变化对镀层合金成分的影响较小,主要是影响阴极的电流效率和镀层的质量。电流密度提高,电流效率下降,镀层粗糙,阳极容易发生钝化。电流密度太小,镀层沉积缓慢,镀层发暗。

③ 阳极。氰化物镀青铜的阳极,可以用铜锡合金阳极,也可以采用单纯的铜阳极而添加锡盐,再就是采用锡、铜混挂阳极。镀低锡青铜多用铜阳极或合金阳极。在只用铜阳极时,可以定期补加锡酸钠。合金阳极中的锡含量为 10%～20%,为了使之在镀液中溶解正常,铸完以后要在 700℃ 下退火 2～3h。镀液中的二价锡这时是有害成分,过多时会引起镀层粗糙、发暗。要加入双氧水进行氧化处理。

当高锡青铜电镀时,可以采用铜、锡混挂阳极,也可以采用合金阳极。电镀结束后,应将阳极从镀液取出。

**(6)无氰镀青铜**　能成功用于生产的无氰镀青铜,仍然是焦磷酸盐工艺,具体如下:

| | |
|---|---|
| 焦磷酸铜 | 20～25g/L |
| 锡酸钠 | 45～60g/L |
| 焦磷酸钾 | 230～260g/L |
| 酒石酸钾钠 | 30～35g/L |
| 硝酸钾 | 40～45g/L |

**3. 铜锡锌合金**

铜锡锌三元合金镀层是近年来应用较广的替代性合金镀层,根据其合金中各组分含量比例的不同而分别可作为代银、代镍和仿金等镀层。特别是在电子连接器行业,已经较为广泛地采用铜锡锌三元合金代银或镍进行接头的电镀。

这种三元合金镀层中三种成分的比例为铜 65%～70%,锡 15%～20%,锌 10%～15%。但是镀液中的各组分的含量不能按镀层的含量来配制,而是要根据各组分在阴极上能还原出合适的镀层比例的量来设计,常用的镀三元合金的镀液的基本组成如下:

| | |
|---|---|
| 氰化亚铜 | 8～10g/L |
| 锡酸钠 | 40g/L |
| 氰化钠(总) | 20～24g/L |
| 氧化锌 | 1～2g/L |
| 氢氧化钠 | 8～10g/L |
| 阴极电流密度 | 0.5～2 A/dm² |
| 温度 | 55℃～60℃ |

时间　　　　　　　　　　　30～90s

在生产实践中，三元合金电镀通常还要加入一些添加剂，才能得到较光亮和细致的镀层。但是只有镀层较薄时才能起光亮作用，并且对基体表面的粗糙度和底镀层的光亮度也有一定要求，即底镀层要有较高的光亮度，才能保证三元合金镀层的光亮度。如果三元合金镀层镀得较厚，则难以得到全光亮镀层。

### 4. 镍铁合金

镍铁合金用于电镀已经有 100 多年的历史。早期的镍铁合金镀液是没有添加剂的简单盐镀液，现在已经开发出多种用于镍铁合金电镀的添加剂，使镍铁合金电镀在装饰、防护等方面有较广泛的应用。该镀液有良好的整平作用，镀层硬度高，且韧性比光亮镍好，可以二次加工，同时镀液的成本较低，可以节省 15%～50% 的金属镍。

镍铁合金的合金组织结构因含镍量的不同而有所不同。含镍 76% 及以上的镍铁合金，可形成面心立方晶格(fcc)结构的 γ 固溶体，但并不是有序的金属间化合物。当含镍量从 58.6% 下降到 48.0%，继而下降到 38.3% 时，γ 相发生晶格膨胀。当含镍量下降到 27.8 时，镀层向体心立方晶格(bcc)结构转变。

**(1)简单盐电镀镍铁合金**　简单盐电镀镍铁合金工艺如下：

| | |
|---|---|
| 硫酸镍 | 200g/L |
| 硫酸亚铁 | 25g/L |
| 氯化钠 | 35g/L |
| 柠檬酸钠 | 25g/L |
| 硼酸 | 40g/L |
| 苯亚磺酸钠 | 0.3g/L |
| 十二烷基硫酸钠 | 0.05g/L |
| 糖精 | 2g/L |
| pH | 3.5 |
| 温度 | 60℃ |
| 电流密度 | 2.5A/dm² |
| 阳极 | 混挂阳极镍∶铁＝4∶1 |

**(2)镀液成分与工艺条件的影响**

① 主盐。镍铁合金的析出属于异常共沉积。尽管铁离子在合金镀液中的电极电位比镍还要负 200mV，但是铁会优先在阴极上析出。即使镀液中铁离子的浓度很低，铁仍然会优先析出。由此可知，在实际电镀中控制好镀液中铁离子的浓度，是获得镍铁合金镀层的关键。

② 稳定剂。镍铁合金中所采用的铁盐是二价铁，由于二价铁在空气中和在阳极上容易被氧化为三价铁，而三价铁的溶度积又很小，在 pH＞2.5 的条件下，会生成氢氧化铁的沉淀，对镀液的稳性和镀层的质量都带来一些影响。在高电流密度下工作时，由于氢的大量析出，即使在 pH 很低的情况下，也会因为在电极表面出现 pH 升高的情况，使镀层中难免混入氢氧化物而给镀层带来脆性等问题。因此，一定要有让铁离子保持稳定的措施。通常是用络合剂将铁离子络合起来，常用的有柠檬酸、葡萄糖酸、

EDTA 等，并且与多元有机酸混合使用时，效果会更好。

③ 添加剂。对于装饰性的镍铁合金，必须添加光亮剂，另外有些添加剂有整平镀层的作用。目前使用的光亮剂有以糖精和苯骈萘磺酸类的混合物，以及磺酸盐和吡啶类盐的衍生物。一些新的镀镍中间体也可以用在镍铁合金镀液中，可以根据需要选用适当中间体来组成添加剂。

④ pH。在简单盐镀液中，pH 对镀层的组成及阴极电流效率都有比较大的影响。随着镀液 pH 的升高，镀层中的铁的含量增加，但同时也会产生氢氧化铁沉淀而影响镀液稳定性和镀层性能。当 pH 过低时，阴极电流效率会下降。这是因为析氢的量增加了。

⑤ 温度。随着镀液温度的升高，镀层中的含铁量会有所增加。不过温度对电流效率的影响很小，镀液温度每升高 10℃，电流效率提高 1%～2%。镀液温度过高，会加速二价铁氧化为三价铁。但是温度过低时，高电流密度区会出现烧焦，整平性能也下降。因此采用恒温控制系统将温度控制在工艺规定的范围，是比较可靠的方法。

⑥ 电流密度。随着电流密度的增加，镀层中的含铁量会下降。因为铁的电镀受扩散步骤控制，电流密度越高，扩散步骤的影响也会越大，铁的含量就会下降。电流密度对电流效率的影响并不是很明显，当电流密度增加时，电流效率略有提高。

⑦ 搅拌。搅拌对镀层中铁的含量有明显影响。当采用强力搅拌时，镀层中的含铁量可达到 27% 左右；而当减弱搅拌时，含铁量就会降低至 24% 以下；当停止搅拌时，含铁量会降到 11% 左右。因此镍铁合金电镀要求有较强的搅拌装置。但是，考虑到二价铁氧化的问题，不要采用空气搅拌，而以镀液循环加机械搅拌效果较好。

**(3) 阳极**　在简单盐镀液中镀镍铁合金，可以用合金阳极，也可以分别用镍和铁混挂阳极。使用合金阳极时，操作方便，不需要其他辅助设备，但是不易控制镀液中主盐离子的浓度比。要想较准确地控制主盐浓度的比，则要采用分别控制的阳极或混挂阳极。在采用混挂阳极时，要防止铁的过量溶解。因为铁阳极的溶解性要好于镍，这时只能减少铁阳极的面积。当要求镀层的含铁量为 20%～30% 时，镍阳极和铁阳极的面积比以 (7～8)∶1 为宜。

镍和铁阳极的纯度也很重要，特别是铁阳极，一定要用高纯铁。阳极都要使用聚丙烯或纯涤纶制成的阳极袋套起来，以防止阳极上的泥渣掉入镀槽中。

**(4) 镀液的维护**　镍铁合金的现场管理和维护很重要。特别是主盐离子的浓度比，需经常加以控制。要根据镀液中主盐浓度与合金中成分的对应关系找到相应的规律，再根据对合金成分的需要来定出合理的比值。

防止二价铁的氧化也是镀镍铁合金的关键之一。为了防止二价铁的氧化，应当注意以下几点：

① 严格管理镀液的 pH，尤其要注意在使用过程中 pH 的变化。要将镀液的 pH 控制在 3.6 以下。

② 阳极面积适当增加，以防止阳极发生钝化。

③ 镀液在停止工作后要将温度降下来。

④ 不要采用空气搅拌。

⑤ 对镀液要经常过滤，最好是采用循环过滤，并定期进行活性炭处理。

5. 镍磷合金电镀工艺

**(1)工艺配方**　镍磷合金电镀自出现以来，由于具有良好的性能，很快就获得了应用。常用的镍磷合金电镀有氨基磺酸盐、次磷酸盐和亚磷酸盐等，各有优点。

① 氨基磺酸盐型电镀工艺如下：

| | |
|---|---|
| 氨基磺酸镍 | $200 \sim 300 \mathrm{g/L}$ |
| 氯化镍 | $10 \sim 15 \mathrm{g/L}$ |
| 硼酸 | $15 \sim 20 \mathrm{g/L}$ |
| 亚磷酸 | $10 \sim 12 \mathrm{g/L}$ |
| pH | $1.5 \sim 2 \mathrm{g/L}$ |
| 温度 | $50 ℃ \sim 60 ℃$ |
| 电流密度 | $2 \sim 4 \mathrm{A/dm^2}$ |

本工艺的特点是工艺稳定，镀液成分简单，镀层韧性好，可获得含磷量为 $10 \% \sim 15 \%$ 的镍磷合金镀层，但镀液成本较高。

② 次磷酸盐型电镀工艺如下：

| | |
|---|---|
| 硫酸镍 | $14 \mathrm{g/L}$ |
| 氯化钠 | $16 \mathrm{g/L}$ |
| 次磷酸二氢钠 | $5 \mathrm{g/L}$ |
| 硼酸 | $15 \mathrm{g/L}$ |
| 温度 | $80 ℃$ |
| 电流密度 | $2.5 \mathrm{A/dm^2}$ |

用本工艺获得的镀层含磷量为 $9 \%$，分散能力较好，镀层细致。但镀液不够稳定。

③ 亚磷酸型电镀工艺如下：

| | |
|---|---|
| 硫酸镍 | $150 \sim 170 \mathrm{g/L}$ |
| 氯化镍 | $10 \sim 15 \mathrm{g/L}$ |
| 亚磷酸 | $10 \sim 25 \mathrm{g/L}$ |
| 磷酸 | $15 \sim 25 \mathrm{g/L}$ |
| 添加剂 | $1.5 \sim 2.5 \mathrm{mL/L}$ |
| pH | $1.5 \sim 2.5$ |
| 温度 | $65 ℃ \sim 75 ℃$ |
| 电流密度 | $5 \sim 15 \mathrm{A/dm^2}$ |

这是近年来用得比较多的工艺，可以有较高的电流密度，镀层光亮细致，容易获得含磷量较高的镀层。但镀液分散能力较差，最好加入可以络合镍的络合剂以改善。

**(2)各组分作用**

① 硫酸镍。硫酸镍是镀液的主盐，其含量对镀层中的磷含量、沉积速度和镀层的外观等均有影响。含量过高时可以获得高的沉积速度，但是镀层结晶粗糙，镀层中的含磷量会相对降低。

② 氯离子。氯离子主要是用来活化阳极，可以防止镍阳极发生钝化，促进阳极的正常溶解。用氯化镍可以适当补充主盐的金属离子，但不宜过高，否则镀层的应力会

有所增加，且成本较高。

③ 亚磷酸和磷酸。亚磷酸是镀层中磷的主要来源，随着亚磷酸含量的增加，镀层中的含磷量也会增加。磷酸主要起到稳定镀液中亚磷酸的作用，使镀液中亚磷酸不至于下降太快，便于镀液的维护。磷酸还可以起到 pH 稳定剂的作用。

④ 添加剂等。加入添加剂是为了改善镀层性能，如增加光亮度、提高韧性等。加入络合物可以络合镍离子，提高镀液分散能力，还可以提高电流密度。

**(3)工艺参数的影响**

① pH。镍磷合金电镀时 pH 的管理很重要，因为镀层中的含磷量主要与电极表面的氢原子有关。随着镀液 pH 的升高，镀层中含镍量增加，含磷量下降。过高时还会生成亚磷酸镍沉淀。当然过低的 pH 也会使阴极的电流密度下降。

② 温度。温度对镍磷合金电镀的影响不是很大，但对沉积速度有影响。当镀液的温度低于 50℃ 时，沉积速度将会变得很慢；温度过高则会增加镀液的蒸发，能耗也会有所增加，这是要加以避免的。

③ 电流密度。一般而言，镀层中的含磷量会随着电流密度的增加而有所下降。不同体系镀液的允许电流密度相差较大。对电铸来说，要采用允许电流密度高的镀液，以提高生产效率。

**(4)阳极**　镍磷合金电镀时的阴极电流效率低于阳极电流效率。如果完全采用可溶性阳极，则镀液中的镍离子会积累过快，对镀液稳定性有影响。因此，最好采用可溶性阳极与不溶性阳极混用的方法，以减小阳极溶解过快的影响。理想的不溶性阳极是镀铂的钛阳极，但成本太高。可以用高密度石墨阳极，用丙伦布包好以防污染镀液。可溶性阳极与不溶性阳极的比例为 1：(3～5)。

**6. 钴系合金电镀工艺**

**(1)钴镍合金电镀工艺**　含有 20% 镍的钴镍合金有优良的磁性能，在电子工业中有着广泛的应用，在微电子工业和微型铸造中也有应用价值。

① 工艺配方。

a. 硫酸盐型电镀工艺如下：

| | |
|---|---|
| 硫酸镍 | 135g/L |
| 硫酸钴 | 108g/L |
| 硼酸 | 20g/L |
| 氯化钾 | 7g/L |
| 温度 | 45℃ |
| pH | 4.5～4.8 |
| 电流密度 | 3A/dm² |

b. 氯化物型电镀工艺如下：

| | |
|---|---|
| 氯化镍 | 300g/L |
| 氯化钴 | 300g/L |
| 硼酸 | 40g/L |
| 温度 | 60℃ |

pH                     3.0～6.0
电流密度               10A/dm²

c. 氨基磺酸型电镀工艺如下：

氨基磺酸镍             225g/L
氨基磺酸钴             225g/L
硼酸                   30g/L
氯化镁                 15g/L
润湿剂                 0.375mL/L
温度                   室温
电流密度               3A/dm²

d. 焦磷酸盐型电镀工艺如下：

氯化镍                 70g/L
氯化钴                 23g/L
焦磷酸钾               175g/L
柠檬酸铵               20g/L
温度                   40℃～80℃
pH                     8.3～9.1
电流密度               0.35～8.4A/dm²

② 镀液成分的影响。

a. 主盐。各种体系的钴镍合金电镀，其主盐都是相应的可提供镍离子和钴离子的金属盐。这两种金属的浓度比直接影响到镀层中的镍含量，也影响镀层的磁性能。作为磁性镀层，这两种金属的离子的浓度比在 1∶1 左右，这时镀层中的含钴量达 80％。镀层的磁性能随着镍含量的增加而减少。要想得到磁感应强度较低的镀层时，可适当提高镀层中镍的含量。

b. 其他辅助盐。镀液中基本上都加有硼酸，可以起到一定稳定 pH 的作用。有些工艺中也添加适当的磷离子，如加入次磷酸钠。稳定镀液的 pH，对于保证含磷量在工艺要求的范围内是十分重要的。含磷量对于提高镀层的磁性有一定作用，但是过高反而会降低镀层磁性。

氯离子则是为了活化阳极。通常都是选用主盐金属的氯化物，也有用其他金属盐的，如镁盐，兼有改善镀层性能的作用。

另外，有的镀液选用柠檬酸铵作 pH 缓冲剂，因为在含硼酸的镀液中不易得到高磁性镀层。

③ 工艺参数的影响。

a. pH。镀液的 pH 对镀层的磁性有很大影响。随着镀液 pH 的增加，镀层中的钴含量下降，而磁场强度增加。当 pH＞3 时，镀层的磁场强度增加很明显。有观点认为这是 pH 的变化引起镀层成分变化所致，但也有观点认为这是结晶结构发生了某种变化造成的。

b. 温度和电流密度。温度和电流密度都对镀层的磁场强度有一定影响，一般情况是随着镀液的温度和电流密度的增加，磁场强度也会随之增加。但是当增加量达到一个最大值后，如果再增加，磁场强度反应会有所下降。

　　c. 叠加交流电。如果想提高磁场强度而降低磁感应强度，在电镀过程中叠加交流电有明显的效果，但其作用的机理尚不很清楚。

**(2)锡钴合金电镀工艺**

① 工艺配方如下：

| | |
|---|---|
| 焦磷酸亚锡 | 20g/L |
| 氯化钴 | 24～72g/L |
| 焦磷酸钾 | 140～340g/L |
| pH | 9.5～9.9 |
| 温度 | 60℃ |
| 电流密度 | 0.7～2.0A/dm² |
| 镀层含钴量 | 2%～15% |

② 镀液成分与工艺的影响。

　　a. 主盐。镀液中的主盐可以用氯化钴、硫酸钴或醋酸钴等，锡盐则可以用焦磷酸盐或氯化亚锡。不改变镀液中的其他成分，而只改变钴盐时，随着钴离子浓度的增加，镀层中的钴含量会有所增加。但是在实际生产控制中，钴盐的浓度不宜过高，否则镀层的脆性会增加。并且当钴含量超过30%时，镀层的颜色也会发生变化，将发黑或呈暗褐色。镀液中钴离子与锡离子的浓度比，最好控制在(0.6～0.9)：1。

　　b. 配位剂。焦磷酸钾是较好的配位剂，可以与锡和钴形成稳定的络合物，并且锡离子在焦磷酸盐中的稳定性较高。因此，当镀液中的焦磷酸钾增加时，钴的含量也会有所增加。配位剂的浓度与金属离子总浓度的比值以(2～2.5)：1较好，有利于镀液的稳定和获得合理的合金镀层。

　　c. 添加剂。用于装饰性的锡钴合金一定要加入光亮剂，否则只能得到白色镀层。可以用作添加剂的是胶体和有机化合物，如动物胶、明胶、胨等。但现在多数采用的是有机化合物，如聚胺类化合物。其中聚乙烯亚胺的光亮效果较好，还可以加入乙二醇配合使用。它们的用量分别如下：

| | |
|---|---|
| 聚乙烯亚胺 | 0.5～30g/L |
| 乙二醇 | 1～10g/L |

　　d. 电流密度。阴极电流密度对镀层组成的影响很大。随着电流密度的增加，镀层中的钴含量明显增加。在高电流密度下，电流密度对镀层的组成的影响比在低电流密度下更大。要获得良好的合金镀层，对阴极电流密度要加以控制。

## 7.2　其他合金电镀工艺

### 7.2.1　银合金电镀工艺

1. 银锌合金电镀工艺

**(1)氰化物银锌合金电镀工艺**　工艺如下：

| 氰化锌 | 100g/L |
| 氰化银 | 8g/L |
| 氰化钠 | 160g/L |
| 氢氧化钠 | 100g/L |
| 镀层含锌量 | 18% |
| 电流密度 | $0.3A/dm^2$ |

**(2)硝酸盐银锌合金电镀工艺**

① 工艺如下：

| 硝酸银 | 17g/L |
| 硝酸锌 | 30g/L |
| 硝酸铵 | 24g/L |
| 酒石酸 | 1g/L |
| 温度 | 45℃ |
| 电流密度 | $0.4A/dm^2$ |

需要搅拌。

② 工艺条件的影响。随着电流密度上升，镀层中锌的含量明显上升。搅拌对合金的组成也有很大影响，在氰化物镀液中，搅拌会使锌的含量在镀层中降低，属于正则共沉积。通过金相法对金属结构的研究表明，电镀所获得的银锌合金组织结构与热熔合金的晶格参数是一致的。

2. 银锑合金电镀工艺

银锑合金主要用作电接点材料。这种镀层比纯银的力学性能好，硬度比较高，因此也称为镀硬银。只含2%的锑的银锑合金的硬度比纯银高1.5倍，而耐磨性则提高了10倍，不过电导率只有纯银的一半。银锑合金用作接插件的镀层，可以提高其插拔次数和使用寿命；在银饰品中同样可以大大提高其耐磨损性能。

**(1)工艺配方** 工艺如下：

| 硝酸银 | 46～54g/L |
| 游离氰化钾 | 65～71g/L |
| 氢氧化钾 | 3～5g/L |
| 碳酸钾 | 25～30g/L |
| 酒石酸锑钾 | 1.7～2.4g/L |
| 硫代硫酸钠 | 1g/L |

**(2)影响银锑合金的因素**

① 主盐。银锑合金电镀的主盐多数使用氰化银或氯化银。为减少氯离子的影响，最好使用氰化银。银离子含量高，有利于提高阴极电流密度的上限，提高银的沉积速度，进而提高生产效率。同时还能改善镀层质量。过高的银含量要求有较多的络合物，否则电镀层会变得粗糙；而偏低的银含量则会使极限电流密度下降，高电流区的镀层容易出现烧焦或镀毛。

② 氰化物。氰化物不仅要完全络合镀液中的主盐金属离子，而且还要保持一定的

游离量，这样可以增加阴极极化，使镀层结晶细致，提高镀液的分散能力。同时还能改善阳极的溶解性能，提高光亮剂的作用温度范围。如果游离氰化物偏低，镀层出现粗糙，阳极出现钝化。但是游离氰化物也不能过高，否则会使电流效率下降，阳极溶解过快。

③ 碳酸钾。镀液中有一定量的碳酸钾对提高镀液的导电性能是有利的，导电性增加可以提高镀液的分散能力。由于镀液中的氰化物在氧化过程中会生成一部分碳酸盐，因此，镀液中的碳酸钾不可以加多，甚至可以不加或少加。当碳酸盐的含量达到 80g/L 时，镀液会出现混浊，当达到 120g/L 时，镀层就会变得粗糙，光亮度也明显下降。这时可以采用降低温度的方法让碳酸盐结晶后从镀液中滤除。

④ 酒石酸锑钾。酒石酸锑钾是合金中的另一主盐，是提高镀层硬度的合金成分，所以也称为硬化剂。随着镀液中酒石酸锑钾含量的增加，镀层中的锑含量也增加，同时镀层的硬度升高。有资料显示，当锑的含量在 6% 以下时，电镀中的银与锑形成的合金是固溶体；大于 6% 时，镀层中会有单独的锑原子存在，由于锑原子的半径较大，夹入镀层中会引起结晶的位移而增加脆性。锑在有些镀液中可作为无机光亮剂，在镀银中也有类似作用。由于锑盐的消耗没有阳极补充，因此要定期按量补加。在镀液中同时加入酒石酸钾钠可以增加锑盐的稳定性，添加时可以按与酒石酸锑钾 1∶1 的量加入，以防止酒石酸锑钾水解。补充锑盐可以按 100g/1000Ah 的量进行补充。

⑤ 光亮添加剂。用于各种镀银锑合金的光亮剂虽然相同，但其基本原理是一样的，就是在阴极吸附以增加阴极极化和细化镀层结晶。光亮剂的加入同时增加了镀层的硬度。但是这类添加剂不能使用过量，否则会使高电流区的镀层变得粗糙。可以根据镀层的表面状态如光亮度和硬度等进行管理，从中找到添加规律。商业光亮剂一般会有详细的使用说明，并注明添加剂的千安培小时消耗量，可以根据镀液工作的安培小时数来补加添加剂。

⑥ 温度。镀液的温度对镀层的光亮度、阴极电流密度和镀层的硬度等都有较大影响。温度低，镀层结晶细致，镀层硬度高，但电流密度上限也低。当镀液温度偏高时，结晶变粗，低电流密度区镀层易发雾，光亮度差，硬度也下降。

⑦ 电流密度。提高电流密度有利于锑的沉积。随着电流密度的升高，镀层中锑含量的百分比增加，且硬度会达到一个最高值，说明电流密度对镀层的组织结构有影响。过高的电流密度会使镀层粗糙，所以要控制在合理的范围内。

⑧ 搅拌。搅拌可以提高电流密度的上限，加快电镀的速度，同时有利于镀层的整平和获得光亮镀层。

**3. 银钯合金电镀工艺**

银钯合金电镀工艺如下：

| | |
|---|---|
| 银（以银盐中的金属含量计） | 15g/L |
| 钯（以银盐中的金属含量计） | 6～15g/L |
| 氰化钾 | 48g/L |
| 碳酸钾 | 30g/L |
| 温度 | 20℃ |

阴极电流密度                                           $1 \sim 2A/dm^2$

## 7.2.2 金合金电镀工艺

### 1. 金钴合金电镀工艺

金和钴共沉积能够明显提高金镀层的硬度。纯金电镀层的显微硬度大约为 HV70，而采用金钴合金电镀得到的镀层的显微硬度大约为 HV130。

**(1)工艺配方**

① 柠檬酸型电镀工艺如下：

| | |
|---|---|
| 氰化金钾 | $10 \sim 12g/L$ |
| 硫酸钴 | $1 \sim 2g/L$ |
| 柠檬酸 | $5 \sim 8g/L$ |
| EDTA 二钠 | $50 \sim 70g/L$ |
| pH | $3.0 \sim 4.2$ |
| 温度 | $25℃ \sim 35℃$ |
| 电流密度 | $0.5 \sim 1.5A/dm^2$ |

② 焦磷酸型电镀工艺如下：

| | |
|---|---|
| 氰化金钾 | $0.1 \sim 4.0g/L$ |
| 焦磷酸钴钾 | $1.3 \sim 4.0g/L$ |
| 酒石酸钾钠 | $50g/L$ |
| 焦磷酸钾 | $100g/L$ |
| pH | $7 \sim 8$ |
| 温度 | $50℃$ |
| 电流密度 | $0.5A/dm^2$ |

③ 亚硫酸型电镀工艺如下：

| | |
|---|---|
| 亚硫酸金钾 | $1 \sim 30g/L$ |
| 硫酸钴 | $2.4 \sim 24g/L$ |
| 亚硫酸钠 | $40 \sim 150g/L$ |
| 缓冲剂 | $5 \sim 150g/L$ |
| pH | $> 8.0$ |
| 温度 | $43℃ \sim 50℃$ |
| 电流密度 | $0.1 \sim 5.0A/dm^2$ |

**(2)镀液成分与工艺条件的影响**

① 氰化金钾。氰化金钾是金合金电镀的主盐，当含量不足时，电流密度下降，镀层颜色呈暗红色。提高金离子含量可以扩大电流密度范围，提高镀层的光泽。当金离子含量过高时金镀层发花。金离子含量从 1.2g/L 升高到 2.0g/L 时，电流效率增加一倍；当金离子含量达到 4.1g/L 时，电流效率可以达到 90%。如果固定金离子含量，增加镀液中的钴离子含量，电流效率反而下降。由于金钴合金的主盐不能靠阳极补充，所以要定时分析镀液成分并及时补充至工艺规定的范围。

② 辅助盐。柠檬酸盐在电镀中具有络合剂和缓冲剂的作用，同时能使镀层光亮。辅助盐含量低时，镀液的导电性能和分散能力差；含量过高，阴极电流效率会降低。在以 EDTA 为络合剂的镀液中，柠檬酸主要起调节 pH 的作用。采用磷酸二氢钾也可以保持镀液 pH 的稳定，扩大阴极电流密度范围和保持镀层金黄色外观。

③ 钴盐。钴是金钴合金的组分金属，也是提高金镀层硬度的添加剂，其含量的多少对镀层的硬度和色泽及电流效率都有很大影响。

金是面心立方体结构，原子排列形成整齐的平面。由于这些平面可以移动，在有负荷的作用下，点阵很容易变形，表现为良好的延展性，所以金可以制成几乎透明的金箔。但是当有少量的异种金属原子进入金的晶格后，会给金的结晶带来一些变化，宏观上就表现为硬度和耐磨性的增加。当钴的含量为 $0.08\% \sim 0.2\%$ 时，镀层的耐磨性最好。

**(3)工艺参数影响**

① 电流密度。提高电流密度有利于钴的析出，也有利于镀层硬度的提高。

② 温度。温度主要影响电流密度范围。温度高时允许的电流密度范围宽，但是太高的温度会使氰化物分解和增加能耗。

③ pH。pH 对镀层的硬度和外观等都有明显影响。当 pH 过高或过低时，硬度有所下降，并且还会影响外观。因此在工作中一定要保持镀液 pH 在正常的工艺范围内。

④ 阳极。金合金电镀多数采用的是不溶性阳极。现在较多采用的阳极是不锈钢阳极、镀铂的钛阳极和纯金阳极。

2. 金镍合金

金镍合金电镀工艺如下：

| | |
|---|---|
| 氰化金钾 | 8g/L |
| 镍氰化钾 | 0.5g/L（以金属计） |
| 柠檬酸 | 100g/L |
| 氢氧化钾 | 40g/L |
| pH | 3～6g/L |
| 温度 | 室温 |
| 电流密度 | $0.5 \sim 1.5 \text{A/dm}^2$ |

金镍合金电镀的镀液组成与体系基本与金钴合金相同。因此镀液的配制与维护与金钴合金基本是一样的，有时只要将钴盐换成镍盐，就可以获得金镍合金镀层。

3. 金银合金的镀液及工艺

**(1)工艺配方**　金银合金电镀的工艺如下：

| | |
|---|---|
| 氰化金钾 | 16～20g/L |
| 氰化银钾 | 5～10g/L |
| 氰化钾 | 50～100g/L |
| 碳酸钾 | 30g/L |
| 光亮剂 | 适量 |

| pH | 11～13 |
| 温度 | 25℃～30℃ |
| 电流密度 | 0.5～1A/dm² |
| 阴极移动 | 需要 |

**(2)镀液配制**

① 按配方计算所需要的硝酸银量，并将称好的硝酸银用蒸馏水溶解，然后加入氰化钾溶液生成氰化银沉淀：

$$AgNO_3 + KCN \Longrightarrow AgCN\downarrow + KNO_3$$

用倾斜过滤法获得沉淀，再用蒸馏水冲洗几次后，加入氰化钾溶液，使沉淀完全溶解。这时就生成了银氰化钾络合物：

$$AgCN + KCN \Longrightarrow KAg(CN)_2$$

② 加入游离氰化钾(或者总氰的剩余部分)。

③ 加入计量的添加剂。

④ 加入溶解好的氰化金钾，加蒸馏水至规定的体积。

**(3)镀液成分及工艺条件的影响**

① 镀液中金、银含量。当镀液中金的含量为 8g/L，银的含量为 2g/L 时，镀层中的金的含量为 50%。降低镀液中金的含量，合金中金含量显著减少；反之镀层中金含量增加。镀液中的银含量增加，极易导致镀层中的银含量的增加；相应金的含量就会减少。

② 电流密度。电流密度对镀层中金含量的影响很大，降低电流密度会使镀层中的金含量下降。

③ 温度和搅拌。在一定范围内提高镀液的温度和加强搅拌，都会使镀层中的银含量增加。

### 7.2.3 锡系合金电镀工艺

#### 1. 锡银合金电镀工艺

锡银合金是为了取代锡铅合金而开发的无铅可焊性合金，由于锡与银的电位相差达 935mV，在简单盐镀液中是很难得到锡银合金镀层的，因此已经开发的锡银合金镀层几乎都是络合物体系。镀层中银的含量可以控制在 2.5%～5.0%(wt)。锡银合金电镀工艺如下：

| 氯化亚锡 | 45g/L |
| 碘化银 | 1.2g/L |
| 焦磷酸钾 | 200g/L |
| 碘化钾 | 330g/L |
| pH | 8.9 |
| 温度 | 室温 |
| 阴极电流密度 | 0.2～2A/dm² |

| 阳极 | 不溶性阳极 |
|---|---|
| 阴极移动 | 需要 |

**2. 锡铋合金电镀工艺**

锡铋合金也是为替代锡铅而开发的无铅可焊合金。锡铋合金电镀工艺如下：

| | |
|---|---|
| 硫酸亚锡 | 50g/L |
| 硫酸铋 | 2g/L |
| 硫酸 | 100g/L |
| 氯化钠 | 1g/L |
| 光亮剂 | 适量 |
| 温度 | 室温 |
| pH | 强酸性 |
| 阴极电流密度 | 2A/dm² |
| 阳极 | 纯锡板 |
| 阴极移动 | 需要 |
| 镀层含铋 | 3% |

**3. 锡锌合金电镀工艺**

锡锌合金电镀工艺如下：

| | |
|---|---|
| 硫酸亚锡 | 40g/L |
| 硫酸锌 | 5g/L |
| 磺基丁二酸 | 110g/L |
| pH | 4 |
| 温度 | 室温 |
| 阴极电流密度 | 2A/dm² |
| 阳极 | 含 10% 锌的锡合金 |
| 阴极移动 | 需要 |
| 镀层中含锌 | 10% |

**4. 锡铈合金电镀工艺**

锡铈合金电镀工艺如下：

| | |
|---|---|
| 硫酸亚锡 | 35～45g/L |
| 硫酸高铈 | 5～10g/L |
| 硫酸 | 135～145g/L |
| 光亮剂 | 15mL/L |
| 稳定剂 | 15mL/L |
| 温度 | 室温 |
| 阴极电流密度 | 1.5～3.5A/dm² |
| 阴极移动 | 需要 |

5. 锡铅合金电镀工艺

锡铅合金电镀工艺如下：

| | |
|---|---|
| 氟硼酸锡 | 15～20g/L |
| 氟硼酸铅 | 44～62g/L |
| 氟硼酸 | 260～300g/L |
| 硼酸 | 30～35g/L |
| 甲醛 | 20～30mL/L |
| 平平加 | 30～40mL/L |
| 2-甲基醛缩苯胺 | 30～40mL/L |
| β-萘酚 | 1mL/L |
| 温度 | 15℃～25℃ |
| 阴极电流密度 | 1～3 A/dm² |
| 阴极移动 | 需要 |

由于铅已经是明令禁止采用的金素，因此，这一工艺已经面临淘汰。

# 7.3 复 合 电 镀

## 7.3.1 复合电镀及其应用

### 1. 复合电镀概述

工业上应用的材料经常是根据对强度的要求来选用的，但一些材料的表面性能，如耐磨损性、耐蚀性、耐擦伤性、导电性等不一定能满足设计的要求。因此，需要选择不同的镀层来对材料表面进行改性，以满足表面性能的要求。近年来，高速发展起来的复合镀层以其独特的物理、化学、力学性能成为复合材料的新秀，并得到广泛的关注，并已经被公认为一种生产技术。以超硬材料作为分散微粒，与金属形成的复合镀层称为超硬材料复合镀层。比如以金刚石微粒作为复合材料的复合镀层就属于这一类。

复合电镀的特点是以镀层为基体将具有各种功能性的微粒共沉积到镀层中，以获得具有微粒特征功能的镀层。根据所用微粒不同而分别有耐磨镀层、减摩镀层、高硬度切削镀层、荧光镀层、特种材料复合镀层、纳米复合镀层等。

几乎所有的镀种都可以用作复合镀层的基础镀液，包括单金属镀层和合金镀层。但是常用的复合电镀基础镀液多以镀镍为主，近来也有以镀锌和合金电镀为基础镀液的复合镀层用于实际生产。

复合微粒早期是以耐磨材料为主，如碳化硅、氧化铝等，现在则发展成有多种功能的复合镀层。特别是纳米概念出现以来，冠以纳米复合材料的复合镀层时有所见，这正是复合电镀具有巨大潜力的表现。

常用的复合电镀的复合材料见表7-3。

表 7-3　常用的复合电镀的复合材料

| 载体镀层 | 复合材料 |
|---|---|
| 镍 | 氧化铝、氧化铬、氧化铁、二氧化钛、二氧化锆、二氧化硅、金刚石、碳化硅、碳化钨、碳化钛、氮化钛、氮化硅、聚四氟乙烯、氟化石墨、二硫化钼等 |
| 铜 | 氧化铝、二氧化钛、二氧化硅、碳化硅、碳化钛、氮化硼、聚四氟乙烯、氟化石墨、二硫化钼、硫酸钡、硫酸锶等 |
| 钴 | 氧化铝、碳化钨、金刚石等 |
| 铁 | 氧化铝、氧化铁、碳化硅、碳化钨聚四氟乙烯、二硫化钼等 |
| 锌 | 二氧化锆、二氧化硅、二氧化钛、碳化硅、碳化钛等 |
| 锡 | 刚玉 |
| 铬 | 氧化铝、二氧化铯、二氧化钛、二氧化硅等 |
| 金 | 氧化铝、二氧化硅、二氧化钛等 |
| 银 | 氧化铝、二氧化钛、碳化硅、二硫化钼 |
| 镍钴 | 氧化铝、碳化硅、氮化硼等 |
| 镍铁 | 氧化铝、氧化铁、碳化硅等 |
| 镍锰 | 氧化铝、碳化硅、氮化硼等 |
| 铅锡 | 二氧化钛 |
| 镍硼 | 氧化铝、三氧化铬、二氧化钛 |
| 镍磷 | 氧化铝、三氧化铬、金刚石、聚四氟乙烯、氮化硅等 |
| 镍硼 | 氧化铝、氧化铬、二氧化钛 |
| 钴硼 | 氧化铝 |
| 铁磷 | 氧化铝、碳化硅 |

2. 复合电镀的原理及影响因素

**(1)复合电镀的原理**　复合电镀在开发的初期也被称为包覆镀、镶嵌镀和弥散镀。由于这种镀层的特点主要是利用镀层生长过程将镀液中分散的微粒包覆到镀层中,因此,通常认为复合电镀中微粒的嵌入是一个机械过程,即微粒黏附到阴极表面后,随着镀层的增厚,被包覆到镀层中去。

一些研究耐磨性镍-金刚石复合镀层的共沉积过程显示,镍-金刚石共沉积机理符合两步吸附模型,其速度控制步骤为强吸附步骤。到目前为止,复合电镀和其他新技术、新工艺一样,实践远远地走在理论的前面,对其机理的研究正在不断地发展之中。

**(2)影响复合电镀的因素**　复合电镀产品的性能与复合材料的性质、电镀工艺参数等密切相关，其复合镀层的质量和效果受复合材料和工艺参数的影响较大。

①复合材料性质。复合材料是以一定形状的微粒参与电镀过程的。其形状、表面积、在镀层中的相对位置等都会对复合镀层的质量产生影响。图7-1是复合材料的形状和在镀层中的状态。

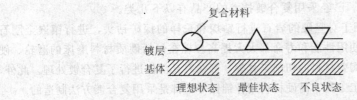

**图7-1　复合材料的形状和在镀层中的状态**

由图7-1可知，球形微粒由于可以在任何方向都获得平衡，因而是理想的复合材料形状。但是在实际中，复合材料也会是多边形状，这就会因其在镀层中的位置不同而出现最佳的状态和不良的状态。不良状态下的复合材料容易从镀层中脱出。

复合材料颗粒的物理、化学性质对其在镀层中的状态也有影响。例如，微粒的带电状态，即静电荷和表面电位，会对复合物与载体镀层之间的吸附力产生影响。正电位的微粒有利于在阴极上的吸附，从而可以提高复合材料的嵌入率。

影响微粒在镀液中表面电位的因素较多，主要有溶液的黏度、微粒的电泳速度和镀槽的电位梯度等，相互之间的关系如下所示：

$$\xi = \frac{4\pi\eta u}{\varepsilon E} \tag{7.1}$$

式中，$\xi$为表面电位(V)；$\eta$为溶液黏度(p/s)；$u$为粒子电泳速度(cm/s)；$\varepsilon$为介电常数(F/m)；$E$为电位梯度(V/cm)。在水溶液中，$\eta = 0.01$，$\varepsilon = 80$。

②电镀工艺参数。影响复合电镀效果的工艺参数主要是镀液的pH、温度和阴极电流密度等。

pH的影响是综合性的，包括对镀液导电性能、黏度、电流效率等的影响。其中电流效率与析氢量有很大关系，在酸度增加时，较多的析氢对复合镀是不利的。同样，当镀液pH偏高时，黏度的增加和镀液中出现的悬浮物，对复合镀也是不利的。

温度对复合电镀有明显影响，通常温度高有利于复合电镀进行。但是过高的温度会引起的分子热运动，对复合材料的沉积率有影响。

电流密度的影响最为重要。实践证明，不得不采用大电流密度进行复合镀时，必须耐心地用小电流进行电镀复合镀过程。这时电流效率较高，结晶过程控制良好，复合材料在镀层中的状态较好。

除了埋入法复合镀，搅拌对复合效果也有很大影响。大多数复合电镀都是靠强力的搅拌来保持复合材料在镀液中的悬浮和分散状态的。

### 3. 复合电镀的应用

在现代高速运转的各种机电设备中，摩擦与磨损问题非常普遍，由于摩擦与磨损导致的机械设备和运输工具的性能降低和寿命减少成为困扰现代工业发展的严重问题。

人们采取了各种改善金属材料表面性能的措施，包括淬火、镀铬等，都是为了提高材料的耐磨性能，这种努力的最新成果，就是复合镀技术。

　　早期的复合镀层，主要是用于获得硬质材料的复合镀层，用来制作切削工具等。随着新型复合镀层的开发，复合镀已经在机械工业、航空航天工业、汽车工业等重要工业部门获得广泛应用。已经采用复合镀技术的产品有以下几类。

　　**(1)切削工具类**　用于对坚硬的岩石进行钻探和采样的探矿钻头，进行镶嵌金刚石的复合电镀加工后，其使用性能和寿命都大大提高。现在包括硬质材料磨床的磨轮、硬质材料的切削锯片，如陶瓷材料的切削工具等，都在刀具部位进行了复合镀处理。此外，还有牙科工具、玉器加工工具、高硬材料用什锦锉等，都是采用复合镀方法制造的。

　　**(2)耐磨、减摩类**　一些高磨损的轴等运动配合部位可以镀耐磨的复合镀层，以提高镀层的耐磨性能，包括电接点的耐磨性等。还有一类是需要减摩（自润滑）复合镀层，也获得了较多应用，特别是复合石墨、复合聚四氟乙烯镀层，在轴瓦等产品上都有实际应用。

　　**(3)功能性类**　复合电镀的功能性镀层中包括装饰等用途的镀层，如复合香料的镀层、复合荧光颜料的镀层，当然也包括改善其他功能的复合镀层。其要点就是利用相应复合材料的性能，沉积到镀层中发挥相应的作用。

### 7.3.2　复合电镀工艺

　　最常用于复合电镀的基体镀层是镍镀层。这是因为镀镍液属于接近中性的简单盐镀液，与各种微粒有较好的相容性。同时，镍镀层有较好的力学性能和耐蚀性能，适合作为各种复合材料的载体。当然，随着复合电镀技术的进步，更多的镀层可以用作复合电镀的基体镀层，如锌复合镀层、铜复合镀层等。从而降低复合电镀的成本，扩大复合镀的应用范围。

#### 1. 切削工具用复合电镀工艺

　　在复合镀层的应用中，切削工具用复合镀层是开发得最早也是应用得最多的镀层。由于切削工具用复合镀层要求复合材料的嵌入率很高（50％以上），因此，这类复合电镀采用的是静置埋入法。

　　**(1)工艺流程**　切削工具用复合镀工艺流程如下：
基体除油→酸洗→水洗→电解活化→二次水洗→预镀镍→水洗→复合镀镍→加厚镀镍→水洗→修磨→装饰性镀镍→水洗→干燥

　　**(2)工艺规范**

① 预镀镍（瓦特镍）工艺如下：

| | |
|---|---|
| pH | 4.5 |
| 温度 | 45℃ |
| 阴极电流密度 | 0.1～0.5A/dm² |
| 时间 | 30min |

② 复合镀镍工艺如下：

| | |
|---|---|
| 硫酸镍 | 250～350g/L |

| 氯化镍 | 30~60g/L |
| --- | --- |
| 硼酸 | 30~40g/L |
| 复合材料 | 人造金刚石 |
| 十二烷基硫酸钠 | 0.05~0.1g/L |
| 光亮剂 | 5mL/L |
| pH | 4.2~4.5 |
| 温度 | 45℃ |
| 阴极电流密度 | 0.05A/dm² |
| 时间 | 视要求而定，至少 20min |

③ 加厚镀镍（瓦特镍）工艺如下：

| 光亮剂 | 5mL/L |
| --- | --- |
| pH | 4.5 |
| 温度 | 45℃ |
| 阴极电流密度 | 0.05~0.1A/dm² |
| 时间 | 4~6h |

④ 装饰性镀镍工艺如下：

| 硫酸镍 | 75g/L |
| --- | --- |
| 氯化镍 | 110g/L |
| 硼酸 | 45g/L |
| 光亮剂 | 5mL/L |
| 糖精 | 1g/L |
| pH | 4~5 |
| 温度 | 55℃~65℃ |
| 阴极电流密度 | 2~5A/dm² |
| 时间 | 20min |

**(3) 操作要点**

① 复合材料金刚石微粒经过硝酸处理后要充分清洗，再投入使用。

② 对于切削工具，由于微粒复合物的嵌入率要求较高，可在预镀后，采用人工将金刚砂微粒预洒在镀件工作面，再进行电镀。也有采用埋砂法，但需要的复合材料的量较多，且电镀过程中的析氢对沉积复合物有影响。

③ 加厚的时间要足够，视粒径大小而定，较粗的颗粒可适当延长时间。

④ 对于非镀覆部位，应采取绝缘措施以节约资源和能源。

2. 耐磨性复合电镀工艺

**(1) 镍-碳化硅复合电镀工艺**　镍-碳化硅复合镀工艺如下：

| 氨基磺酸镍 | 450g/L |
| --- | --- |
| 氯化镍 | 10g/L |
| 硼酸 | 40g/L |
| 磷酸 | 20mL/L |

| | |
|---|---|
| 碳化硅(2.5μm) | 100g/L |
| pH | 1.2~1.6 |
| 温度 | 50℃ |
| 阴极电流密度 | 15A/dm² |
| 镀层中微粒含量 | 6%~8% |

**(2)镍-氧化铝复合电镀工艺**　镍-氧化铝复合电镀工艺如下:

| | |
|---|---|
| 氨基磺酸镍 | 350g/L |
| 氯化镍 | 7.5g/L |
| 硼酸 | 30g/L |
| 氧化铝(3.5~14μm) | 150g/L |
| pH | 3.0~3.5 |
| 温度 | 50℃ |
| 阴极电流密度 | 3A/dm² |
| 镀层中微粒含量 | 7% |

**(3)镍-金刚石复合电镀工艺**　镍-金刚石复合电镀工艺如下:

| | |
|---|---|
| 硫酸镍 | 250g/L |
| 氯化镍 | 15g/L |
| 硼酸 | 40g/L |
| 金刚石(7~10μm) | 150g/L |
| 添加剂 | 适量 |
| pH | 4.5 |
| 温度 | 50℃ |
| 阴极电流密度 | 10A/dm² |
| 镀层中微粒含量 | 6% |

**3. 减摩性复合电镀工艺**

减摩性复合电镀工艺通常是在镀镍液中加入有润滑作用的微粒,可以提高镀件的自润滑性能,使在低负荷下工作有良好的减摩效果。

**(1)二硫化钼复合电镀工艺**　二硫化钼复合电镀工艺如下:

| | |
|---|---|
| 硫酸镍 | 300g/L |
| 氯化镍 | 30g/L |
| 硼酸 | 35g/L |
| 二硫化钼(2~3μm) | 3g/L |
| pH | 3 |
| 温度 | 50℃ |
| 阴极电流密度 | 2.5A/dm² |
| 镀层中微粒含量 | 20% |

**(2)氮化硼复合电镀工艺**　氮化硼复合电镀工艺如下:

| | |
|---|---|
| 硫酸镍 | 250g/L |

| | |
|---|---|
| 氯化镍 | 45g/L |
| 硼酸 | 40g/L |
| 氮化硼（<0.5μm） | 30g/L |
| pH | 4.3 |
| 温度 | 50℃ |
| 阴极电流密度 | 10A/dm² |
| 镀层中微粒含量 | 9% |

**(3)氟化石墨复合电镀** 氟化石墨复合电镀工艺如下：

| | |
|---|---|
| 硫酸镍 | 250g/L |
| 氯化镍 | 45g/L |
| 硼酸 | 40g/L |
| 氟化石墨（<0.5μm） | 60g/L |
| pH | 4.3 |
| 温度 | 50℃ |
| 阴极电流密度 | 10A/dm² |
| 镀层中微粒含量 | 6.5% |

**4. 其他复合电镀工艺**

由于镀镍成本较高，有些复合镀层可以采用锌镀层作为载体，同样能获得有一定功能的复合镀层。锌基复合镀层主要用于提高镀层耐蚀性能、减摩和改善镀层的其他配合性能。

**(1)二氧化钛耐腐蚀性复合电镀工艺** 二氧化钛耐蚀性复合电镀工艺如下：

| | |
|---|---|
| 氯化锌 | 100g/L |
| 氯化钾 | 240g/L |
| 硼酸 | 30g/L |
| 添加剂 | 适量 |
| 二氧化钛（<0.5μm） | 30g/L |
| pH | 4.5 |
| 温度 | 50℃ |
| 阴极电流密度 | 1~4A/dm² |
| 镀层中微粒含量 | 1.5% |

**(2)二氧化硅复合电镀工艺** 二氧化硅复合电镀工艺如下：

| | |
|---|---|
| 硫酸锌 | 160g/L |
| 氯化铵 | 28g/L |
| 硼酸 | 30g/L |
| 二氧化硅（20μm） | 75g/L |
| pH | 4.5 |
| 温度 | 30℃ |
| 阴极电流密度 | 2A/dm² |

**(3)胶体石墨复合电镀工艺**　胶体石墨复合电镀工艺如下：

| | |
|---|---|
| 氯化锌 | 80g/L |
| 氯化钾 | 210g/L |
| 硼酸 | 30g/L |
| 添加剂 | 适量 |
| 胶体石墨(2μm) | 60g/L |
| pH | 5 |
| 温度 | 35℃ |
| 阴极电流密度 | $0.5\sim4A/dm^2$ |

5. 复合电镀添加剂

复合电镀的基体镀层往往可以沿用本镀种原有的添加剂系列，如以镀镍为载体的复合镀层，可以用低应力的镀镍光亮剂等。但是根据复合镀的原理，复合镀本身也需要用到一些添加剂，以促进复合微粒的共沉积，这些添加剂依其作用而分别有微粒电性能调整剂、表面活性剂、抗氧化剂、稳定剂等。

**(1)电荷调整剂**　由于微粒在电场作用下与镀层共沉积是复合镀的重要过程，让微粒带有正电荷有利于共沉积。但是大多数微粒是电中性的，需要通过一定处理让其表面吸附带正电的离子，从而成为荷电微粒。某些金属离子如 $Tl^+$、$Rb^+$ 等，可以在氧化铝等表面吸附而使之带正电荷的微粒，从而有利于与镀层共沉积。某些络盐、大分子化合物也有调整微粒电荷的功能。为了使微粒表面能与相应的化合物有充分的结合，所有复合镀都要求添加到镀液中的微粒进行表面处理，类似电镀过程中的除油和表面活化，以获得有利于共沉积的电性能。

**(2)表面活性剂**　在以碳化硅为复合微粒的复合镀中，加入氟碳型表面活性剂有利于微粒的共沉积，因此有些表面活性剂也是一种电位调整剂。表面活性剂还具有分散剂的作用，这对于微粒在镀液中的均匀分布也是很重要的。还有一些表面活性剂由于有明显的电位特性而在特定的电位下有明显的作用，这对梯度结构的复合镀是有利的。

**(3)辅助添加剂**　还有一些络合剂、抗氧化剂等是对基础液有稳定作用的添加剂，在有利于复合镀液的稳定性的同时，可以有利于微粒的共沉积。同时，电镀过程中的添加剂与许多复配添加剂一样，是存在鸡尾酒效应的。有很多单独使用时作用不明显的添加剂在和一些无机盐、有机化合物共同添加时，反而可以起到良好的作用，这正是一些辅助添加剂所具有的魅力。

### 7.3.3　化学复合镀

1. 化学复合镀的要点

化学复合镀与复合电镀相比，存在一定难度，但是也有其明显的优点。其难度表现在化学复合镀是要往镀液中添加复合物，这些复合物通常有很大的表面积，这大大超过了化学镀的装载量，很容易导致化学镀液的分解而失效。但是化学复合镀有与化学镀一样的优点，即有在复杂形状上获得均匀镀层的能力，这是电镀法很难做到的。另外，化学复合镀液中添加的复合粒子的量与电镀相比，要少得多。例如，获得含 SiC

7%~8%镀层，如果是电镀液，需要加入 SiC 60~120g/L，而在化学镀液中只需要加入 1~2g/L 就可以了。这种明显的优势，使化学复合镀成为复合镀中一个重要的应用和开发领域。当然，如何保持化学复合镀液的稳定性是这项技术应用的最大难题。

为了解决化学复合镀的这个难题，电镀技术工作者采取了多种措施来提高镀液的稳定性，综合起来有以下几个要点。

**(1)严格选用复合微粒** 对用作复合材料的微粒进行严格的筛选，这种微粒应该本身是化学惰性的，不具备催化反应的作用，同时微粒在使用前要经过充分清洗以去除表面可能带有的杂质，特别是具有催化化学镀的杂质，以保证镀液的稳定性。

**(2)加大稳定剂量** 由于添加到化学镀液中的复合微粒有很大的比表面积，会大量吸附镀液中的稳定剂，从而降低了稳定剂的有效含量，因此，必须提高镀液稳定剂的补充量，经常检测镀液的稳定性，并尽量选用或开发高效稳定剂。

**(3)保持镀液清洁** 对工作过的镀液要进行清洁处理，将微粒过滤出来进行清洗，镀液中的沉淀物也都要去除。对挂具、搅拌器、加热器等表面的沉积物也要定期清除。并且每工作一次后，镀槽都要清洗，从而减少镀液自行分解的概率。

**(4)控制受镀面积** 要控制化学复合镀的受镀面积，将受镀面积与镀液的体积比控制在下限，一般每升化学复合镀液的装载量不超过 $1.25dm^2$。

2. 耐磨性化学复合镀工艺

**(1)镍磷−碳化硅化学复合镀** 工艺如下：

| | |
|---|---|
| 硫酸镍 | 25g/L |
| 次亚磷本钠 | 20g/L |
| 乙酸钠 | 10g/L |
| 乙酸 | 5g/L |
| 氟化钠 | 0.2g/L |
| 硫脲 | 0.03g/L |
| 碳化硅 | 3~5g/L |
| pH | 4.5 |
| 温度 | 90℃ |

**(2)镍硼−碳化硅化学复合镀** 工艺如下：

| | |
|---|---|
| 氯化镍 | 30g/L |
| 硼氢化钾 | 1g/L |
| 氢氧化钠 | 40g/L |
| 乙二胺 | 36g/L |
| 氯化钯 | $2×10^{-8}$ g/L |
| 碳化硅(1~3$\mu$m) | 4g/L |
| 温度 | 35℃ |

**(3)镍磷−金刚石化学复合镀** 工艺如下：

| | |
|---|---|
| 硫酸镍 | 35g/L |
| 次亚磷本钠 | 10g/L |

| 柠檬酸钠 | 85g/L |
|---|---|
| 氯化铵 | 50g/L |
| 人造金刚石(1～6μm) | 1～2g/L |
| pH | 8.8～9.2 |
| 温度 | 98℃ |

采用人造金刚石不仅价格便宜，而且其表面状态更适合化学镀过程。因其表面较天然金刚石粗糙，易于在镀层中被包裹，并且容易控制其尺寸。与复合电镀一样，人造金刚石要经过硝酸等处理去掉其他金属杂质后，再投入化学镀液中，以免影响镀液稳定性和共沉积效果。

3. 减摩性化学复合镀工艺

① 镍磷/PTFE 化学复合镀工艺如下：

| 硫酸镍 | 25g/L |
|---|---|
| 次亚磷酸钠 | 15g/L |
| 柠檬酸钠 | 10g/L |
| 醋酸钠 | 10g/L |
| PTFE(60％乳液) | 7.5mL/L |
| 氟碳表面活性剂 | 1.5g/L |
| pH | 4.5～5 |
| 温度 | 80℃～90℃ |

PTFE 是聚四氟乙烯的英文简写，工业上也称其为"特氟龙"。这种塑料化学稳定性高，软化温度达 325℃，具有良好的脱模性、自润滑性。用于复合镀的 PTFE 的粒径一般为 0.5～1μm，由于粒度小，密度也小，在镀液中的分散很困难，所以需要先制成 60％的乳液。将计量的 PTFE 用加有氟碳表面活性剂的水先洗涤，漂洗后，再按比例加入表面活性剂，充分搅拌制成乳液，再加入化学镀液中。

② 镍磷/二硫化钼化学复合镀工艺。二硫化钼本身是很好的固体润滑剂，采用其作为自润滑镀层的复合材料，可获得良好的减摩效果。但同样存在复合材料在镀液中分散的问题，加入两种表面活性剂，可以改善其悬浮效果。具体工艺如下：

| 硫酸镍 | 27g/L |
|---|---|
| 次亚磷酸钠 | 25g/L |
| 柠檬酸 | 22g/L |
| 十六烷基三甲基溴化铵 | 0.02g/L |
| 非离子表面活性剂 | 1mL/L |
| 二硫化钼(1～7μm) | 15g/L |
| pH | 5 |
| 搅拌 | 空气搅拌 |
| 温度 | 85℃～95℃ |

# 8 化学镀

## 8.1 化学镀概述

### 8.1.1 化学镀简介

化学镀是指从化学溶液中获得金属镀层的加工方法，由于这种方法不需要用到电源，所以也被称为无电解镀(electroless plating)。化学镀不受电力线分布和二次电流分布的影响，镀层的厚度在镀件所有表面基本是一样的，因而具有极好的分散能力。化学镀虽然没有外电源的介入，但是化学镀所依据的原理仍然是有电子得失的氧化还原反应。由参加反应的离子提供和交换电子，从而完成化学镀过程。因此化学镀液需要有能提供电子的还原剂，而被镀金属离子就当然是氧化剂了。为了使镀覆的速度得到控制，还需要有让金属离子稳定的配位剂及提供最佳还原效果的酸碱度调节剂(pH缓冲剂)等。

在化学镀中应用得最多的是化学镀铜和化学镀镍。用于工业化的化学镀铜工艺分为两大类。一类是用于塑料电镀和印制电路板，产生的是厚度在 $1\mu m$ 以下的薄的导电性镀层。这种类型的化学镀铜液稳定性高，便于在生产线上维持稳定的生产流程。另一类是用于印制电路板加厚或电铸的化学沉铜液。沉积层的厚度在 $20\sim30\mu m$。这时对镀层的厚度和延展性有一定要求，对镀液的要求是以反应快速为主，镀液的温度通常为 $60^{\circ}C\sim70^{\circ}C$。

化学镀镍的实用化试验是从1946年开始的。当年，美国的布朗勒(A. Brenner)在研究合成石油的时候，偶然发现了次亚磷酸钠能还原金属镍的现象，后来开发出了化学镀镍工艺。

此后，经过一系列的研究，化学镀镍在非金属电镀等工业领域获得广泛的应用。由于它具有比化学镀铜更多的优点，尤其在非金属电镀方面，其优良的稳定性和镀层性能，使之在很多场合取代了化学镀铜。特别是在镀层的导电性和装饰性方面，都比化学镀铜要好。

### 8.1.2 化学镀铜原理

我们先看一个典型的化学镀铜液的配方：

| | |
|---|---|
| 硫酸铜 | 5g/L |
| 酒石酸钾钠 | 25g/L |
| 氢氧化钠 | 7g/L |
| 甲醛 | 10mL/L |
| 稳定剂 | 0.1mg/L |

这个配方中硫酸铜是主盐，是提供需要镀出来的金属的主要原料。酒石酸钾钠称为配位剂，是保持铜离子稳定和使反应速度受到控制的重要成分。氢氧化钠用于维持

镀液的 pH 并使甲醛能充分发挥还原作用。而甲醛则是使二价铜离子还原为金属铜的还原剂，是化学镀铜的重要成分。稳定剂则是为了当镀液被催化而发生铜的还原后，能对还原的速度进行适当控制，防止镀液自己剧烈分解而导致镀液失效。

化学镀铜当以甲醛为还原剂时，是在碱性条件下进行的。铜离子则需要有络合剂与之形成络离子，以增加其稳定性。常用的配位剂有酒石酸盐、EDTA 以及多元醇、胺类化合物、乳酸、柠檬酸盐等。可以用通式 $Cu^{2+} \cdot Complex$ 表示铜配位离子，则化学镀铜还原反应的表达式如下：

$$Cu^{2+} \cdot Complex + 2HCHO + 4OH^- \longrightarrow Cu + 2HCOO^- + 2H_2 + 2H_2O + Complex$$

这个反应需要催化剂催化才能发生，因此适合于经活化处理的非金属表面。但是，在反应开始后，当有金属铜在表面开始沉积出来，铜层就作为进一步反应的催化剂而起催化作用，使化学镀铜得以继续进行。当化学镀铜反应开始以后，还有一些副反应发生：

$$2HCHO + OH^- \longrightarrow CH_3OH + HCOO^-$$

这个反应也称为"坎尼扎罗反应"，这个反应也是在碱性条件下进行的，它将消耗掉一些甲醛，即发生反应：

$$2Cu^{2+} + HCHO + 5OH^- \longrightarrow Cu_2O + HCOO^- + 3H_2O$$

这个是不完全还原反应，所产生的氧化亚铜会进一步反应：

$$Cu_2O + 2HCHO + 2OH^- \longrightarrow 2Cu + H_2 \uparrow + H_2O + 2HCOO^-$$

$$Cu_2O + H_2O \longrightarrow 2Cu^+ + 2OH^-$$

也就是说，一部分还原成金属铜，还有一部分还原成一价铜离子。一价铜离子的产生对化学镀铜是不利的，因为它会进一步发生歧化反应，还原为金属铜和二价铜离子：

$$2Cu^+ \longrightarrow Cu + Cu^{2+}$$

这种由一价铜还原的金属铜是以铜粉的形式出现在镀液中的，这些铜粉成为进一步催化化学镀的非有效中心。当铜粉分布在非金属表面时，会使镀层变得粗糙；当分散在镀液中时，会使镀液很快分解而失效。

**(1) 镀液各组分的影响**　二价铜离子（主盐）的浓度变化对化学镀铜沉积速度有较大影响。而甲醛浓度在达到一定的量后，影响不是很大，但与镀液的 pH 有密切关系。当甲醛浓度高时（2g/L），pH 为 11～11.5，而当甲醛浓度低时（0.1～0.5g/L），镀液的 pH 要求在 12～12.5。

如果溶液中的 pH 和溶液的其他组分的浓度恒定，无论是提高甲醛或者是二价铜离子的浓度（在工艺允许的范围内），都可以提高镀铜的速度。

化学镀铜的反应速度（$v$）与二价铜离子、甲醛和氢氧根离子的关系可以用以下关系式表示：

$$v = K[Cu^{2+}]^{0.69}[HCHO]^{0.20}[OH^-]^{0.25}$$

在大部分以甲醛为还原剂的化学镀铜液中，甲醛的含量是铜离子含量的数倍。酒石酸盐的含量也要比铜离子高，当其比率大于 3 时，对铜还原的速度影响并不是很大。但是如果低于这个值，镀铜的速度会稍有增加，但是镀液的稳定性则下降。

除了酒石酸钾钠，其他配位剂也可以用于化学镀铜，如柠檬酸盐、三乙醇胺、ED-TA、甘油等。但其作用效果有所不同，最为适合的还是酒石酸盐。

**(2)工艺条件和其他成分的影响**　温度提高，镀铜的速度会加快。有些工艺建议的温度范围为 30℃～60℃。注意过高的温度也会引起镀液的自分解，因此，最好是控制在室温条件下工作。

pH 偏低时，容易发生沉积出来的铜表面发生钝化的现象，有时会使化学镀铜的反应停止。温度过高和采用空气搅拌时，都有引起铜表面钝化的风险。在镀液中加入少许 EDTA 可以防止铜的钝化。

其他金属离子对化学镀铜过程也有一定影响。其中镍离子的影响基本上是正面的。试验表明，在化学镀铜液中加入少量镍离子，在玻璃和塑料等光滑的表面上可以得到高质量的铜镀层。而在不含镍离子的镀液里，得到的镀层与光滑的表面结合不牢。添加镍盐会降低铜离子还原的速度，在含镍盐时，化学镀铜的沉积速度为 $0.4\mu m/h$；不含镍盐时，化学镀铜的沉积速度为 $0.6\mu m/h$。当含有镍盐时，镍离子会在镀覆过程中与铜离子共沉积而形成铜镍合金。当化学镀铜液中镍离子的含量为 4～17mg/L 时，铜镀层中镍的含量为 1%～4%。

需要注意的是，在含有镍的化学镀铜液的 pH 低于 11 时，有时镀液会出现凝胶现象。这是甲醛与其他成分包括镍的化合物发生了聚合反应。

在化学镀铜中，钴离子也有类似的作用，但是从成本上考虑还是采用镍较好。当镀液中有锌、锑、铋等离子混入时，都将降低铜的还原速度，且当超过一定含量时，镀液将不能镀铜。因此，配制化学镀铜液应尽量采用化学纯级别的化工原料。

**(3)化学镀铜液的稳定性**　以甲醛作还原剂的化学镀铜不仅仅可以在被活化的表面进行。在溶液本体内也可以进行，一旦这种反应发生，就会在镀液中生成一些铜的微粒，这些微粒成为进一步催化铜离子还原反应的催化物，最终导致镀液在很短时间内就完全分解，变成透明溶液和沉淀在槽底的铜粉。这种自催化反应的发生提出了化学镀铜稳定性的问题。

在实际生产中，希望没有本体反应发生，铜离子仅仅只在被镀件表面还原。由于被镀表面是被催化了的，而镀液本体中尚没有催化物质，因此，化学镀铜在初始使用时不会发生本体内的还原反应，同时由于非催化的还原反应的活化能较高，要想自发发生需要克服一定的阻力。但是很多因素会促进非催化反应向催化反应过渡，最终导致镀液的分解。以下因素可能会降低化学镀铜液的稳定性：

① 镀液成分浓度高。铜离子、甲醛及碱的浓度偏高时，虽然镀速可以提高，但镀液的稳定性也会下降。因此，化学镀铜有一个极限速度，超过这一速度，在溶液的本体中就会发生还原反应。尤其在温度较高时，溶液的稳定性明显下降，因此，不能一味地让镀铜在高速度下沉积。

② 过量的装载。化学镀铜液有一定的装载量，如果超过了镀液的装载量，会加快镀液本体的还原反应，如空载的镀液，当碱的浓度达到 0.9N 时才会发生本体的还原反应。而在装载量为 60cm²/L 时，碱的浓度在 0.6N 时就会发生本体的还原反应。

③ 配位体的稳定下降。如果配位体不足或所用配位体不足以保证金属离子的稳定性，镀液的稳定性也跟着下降。例如，当酒石酸盐与铜的比值从 3:1 降到 1.5:1 时，镀液的稳定性就会明显下降。

④ 镀液中存在固体催化微粒。当镀液中有铜的微粒存在时，会引发本体发生还原反应。这些微粒可能是从经活化表面上脱落的活化金属，也可能是从镀层上脱落的铜颗粒。还有就是配制化学镀铜液的化学原料的纯度，有杂质的原料配制的化学镀铜液，稳定性是不好的。

**(4) 提高化学镀铜稳定性的措施**　为了防止不利于化学镀铜的副反应发生，通常要采取以下措施：

① 在镀液中加入稳定剂。常用的稳定剂有多硫化物，如硫脲、硫代硫酸盐、2-巯基苯并噻唑、亚铁氰化钾、氰化钠等，但其用量必须很小，因为这些稳定剂同时也是催化中毒剂，稍一过量，将会使化学镀铜停止反应。

② 采用空气搅拌。空气搅拌可以有效地防止铜粉的产生，防制氧化亚铜的生成和分解，但对加入槽中的空气要进行去油污等过滤措施。

③ 保持镀液在正常工艺规范。不要随便提高镀液成分的浓度，特别是在补加原料时，不要过量。最好是根据受镀面积或分析来较为准确地估算原料的消耗。同时，不要轻易升高镀液温度，在调整各种成分浓度和调整 pH 时都要很小心。并且在不工作时，将 pH 调整到弱碱性，加盖保存。

④ 保持工作槽的清洁。采用专用的化学镀槽，槽壁要光洁，不要让铜在壁上有沉积，如果发现沉积要及时清除并洗净，再用于化学镀铜。去除槽壁上的铜可以采用稀硝酸浸渍，有条件时可采用循环过滤镀液以防止铜在槽壁沉积。

**(5) 铜镀层的性能**　研究表明，通过化学镀铜获得的镀铜层是无定向的分散体，其晶格常数与金属铜一致。铜的晶粒为 $0.13\mu m$ 左右。镀层有相当高的显微内应力（18kg/$mm^2$）和显微硬度（$200\sim215kg/mm^2$）。并且即使进行热处理，其显微内应力和硬度也不随时间而降低。

降低铜的沉积速度和提高镀液的温度，铜镀层的可塑性增加。有些添加物也可以降低铜镀层的内应力或硬度，如氰化物、有机硅烷及钒、砷、锑盐离子等。当温度超过 $50\textdegree C$，含有聚乙二醇或氰化物稳定剂的镀液，所得镀层的塑性会较高。

化学镀铜获得的铜镀层的体积电阻率明显超过实体铜（$1.7\times10^{-6}\Omega\cdot cm$），在含有镍离子的镀层，电阻会有所增加。因此，对铜镀层导电性要求比较敏感的产品，以不添加镍盐为好。这种情况对于一般化学镀铜可以忽略。

### 8.1.3　化学镀镍原理

化学镀镍在化学镀中占有重要地位，甚至可以说是主导地位，应用越来越广泛。化学镀镍液主要由金属盐、还原剂、pH 缓冲剂、稳定剂或络合剂等组成。镍盐用得最多的是硫酸盐，此外还有氯化物或者醋酸盐。还原剂主要是亚磷酸盐、硼氢化物等。pH 缓冲剂和络合剂通常采用的是氨或氯化铵等。

以次亚磷酸钠作为还原剂的化学镀镍是目前使用最多的一种，其反应的机理如下。

酸性环境：

$$Ni^{2+}+H_2PO_2^-+H_2O\longrightarrow Ni+H_2PO_3^-+2H^+$$

在碱性环境：

$$[NiXn]^{2+}+H_2PO_2^-+3OH^-\longrightarrow Ni+HPO_3^{2-}+nX+2H_2O$$

磷的析出反应如下：

$$H_2PO_2^- + 2H^+ \longrightarrow P + 2H_2O$$

$$2H_2PO_2^- \longrightarrow P + HPO_3^{2-} + H^+ + H_2O$$

$$H_2PO_2^- + 4H + H^+ \longrightarrow PH_3 + H_2O$$

化学镀镍的沉积速度受温度、pH、镀液组成和添加剂的影响。通常温度上升，沉积速度也上升。每上升 10℃，速度约提高 2 倍。

pH 是最重要的因素，不仅对反应速度，对还原剂的利用率和镀层的性质都有很大的影响。

镍盐浓度的影响不是主要的，次亚磷酸钠的浓度提高，沉积速度也会相应提高，但是到了一定限度以后反而会使速度下降。每还原 1g 镍，消耗 3g 次磷酸盐（即 1g 镀层消耗 5.4g 次亚磷酸钠），同时，一部分次亚磷酸盐在镍表面催化分解。常用次亚磷酸盐的利用系数来评定次亚磷酸盐的消耗效率，它等于用于还原镍的次亚磷酸盐与整个反应中消耗的次亚磷酸盐总量的比：

$$次亚磷酸盐的利用系数 = \frac{用于还原镍的次亚磷酸盐}{化学镀中次亚磷酸盐消耗总量}$$

次亚磷酸盐的利用系数与溶液成分如缓冲剂和配位体的性质和浓度有关。当其他条件相同时，在镍还原速度高的溶液里，利用系数也高。利用系数也随着装载密度的加大而增大。

在酸性环境里，可以用只含镍离子和次亚磷酸盐的溶液化学镀镍。但是为了使工艺稳定，必须加入缓冲剂和络合剂。因为化学镀镍过程中生成的氢离子使反应速度下降乃至停止。常用的有醋酸盐缓冲体系，如用柠檬酸盐、羟基乙酸盐、乳酸盐等。络合物可以在镀液的 pH 增高时也保持其还原能力。当调整多次使用的镀液时，这一点很重要，因为在陈化的镀液里，亚磷酸的含量会增加，如果没有足够的络合剂，镀液的稳定性会急剧下降。

酸性体系里的配位剂多数采用的是乳酸、柠檬酸、羟基乙酸及其盐。有机添加剂对镍的还原速度有很大影响，其中许多都是反应的加速剂，如丙二酸、丁二酸、氨基乙酸、丙酸以及氟离子。但是，添加剂也会使沉积速度下降，特别是稳定剂，会明显下降沉积速度。

在碱性化学镀镍液里，镍离子配位体是必需的成分，以防止氢氧化物和亚磷酸盐沉淀。一般用柠檬酸盐或铵盐的混合物作为络合剂，也可用磺酸盐、焦磷酸盐、乙二胺盐等。

提高温度可以加速镍的还原。在 60℃~90℃，还原速度可以达到 $20~30\mu m/h$，相当于在中等电流密度（$2~3A/dm^2$）下的镀镍的速度。

采用硼氢化物为还原剂的反应机理如下：

$$4NiCl_2 + 2NaBH_4 + 8NaOH \longrightarrow Ni + 2NaBO_2 + 8NaCl + 6H_2O$$

$$4NiCl_2 + 2NaBH_4 + 6NaOH \longrightarrow 2Ni_2B + 8NaCl + 6H_2O + H_2 \uparrow$$

由上式可见，析出物就是镍硼合金。与用次亚磷酸盐作还原剂相比，还原剂的消耗量较少，并且可以在较低温度下操作。但是由于硼氢化物价格高，在加温时易分解，使镀液管理存在困难，一般只用在有特别要求的电子产品上。化学镀镍磷和化学镀镍硼的特点见表8-1。

**表8-1　化学镀镍磷和化学镀镍硼的特点**

| 项目 | 各项指标 | 化学镀镍磷 | 化学镀镍硼 |
|---|---|---|---|
| 镀层的性质 | 合金成分 | Ni 87%～98%(wt)　P 2%～13%(wt) | Ni 99%～99.7%(wt)　B 0.3%～1%(wt) |
| | 结构 | 非晶体 | 微结晶体 |
| | 电阻率 | $30\sim200\mu\Omega\cdot cm$ | $5\sim7\mu\Omega\cdot cm$ |
| | 密度 | $7.6\sim8.6g/cm^3$ | $8.6g/cm^3$ |
| | 硬度 | HV500～700 | HV700～800 |
| | 磁性 | 非磁性 | 强磁性 |
| | 内应力 | 弱压应力-拉应力 | 强拉应力 |
| | 熔点 | 880～1300℃ | 1093～1450℃ |
| | 焊接性 | 较差 | 较好 |
| | 耐腐蚀性 | 较好 | 比镍磷差 |
| 镀液特性 | 沉积速度 | $3\sim25\mu/h$ | $3\sim8\mu/h$ |
| | 温度 | 30℃～90℃ | 30℃～70℃ |
| | 稳定性 | 比较稳定 | 较不稳定 |
| | 寿命 | 3～10 MTO | 3～5 MTO |
| | 成本比 | 1 | 6～8 |

## 8.1.4　化学镀的应用

由于化学镀所具有的优良性能和特点，其应用已经越来越广泛。特别是化学镀镍，已经在诸多工业领域被采用，并且应用领域越来越广。

化学镀镍的分类与用途见表8-2。

**表8-2　化学镀镍的分类与用途**

| 化学镍类别 | 主要性能 | 主要用途 |
|---|---|---|
| 镍磷<br>镍硼<br>镍磷M三元化学镀层（M=铜、铁、铬、锌等）<br>镍磷、镍硼复合镀层（复合材料为碳化硅、人造金刚石、聚四氟乙烯、氧化钛等） | 耐蚀性<br>高耐蚀性、高硬度、高耐磨性，良好的导电性、焊接性<br>耐蚀、耐热、磁性、电阻特性等耐磨性、自润滑性 | 工程、代铬、电子行业<br>电子工业、航天航空工业<br>薄膜电阻、医用设备、厨房设备等电子、汽车、化工、机械、纺织、造纸等工业的模具、轴、泵、阀门等 |

至于化学镀铜，主要在电子产品电镀领域被大量采用，特别是印制电路板电镀。在其他非金属材料电镀中，表面金属化过程主要采用化学镀铜技术，包括玻璃钢电镀、陶瓷电镀等。此外，其他工业领域也要用到化学镀铜技术，特别是在电磁屏蔽领域，近年来开始采用导电布料作为屏蔽材料。而在布料表面金属化技术中，采用化学镀方法的效果和加工性能都是较好的，现在采用化学镀铜的聚酯纤维已经在电磁屏蔽服装、窗帘、电子设备罩及电子产品结构内的局部屏蔽等方面有着广泛应用。特别是布料的易剪裁和任意变形的性能，使其在电磁屏蔽材料中成为具有广泛应用前景的材料。

## 8.2 化学镀工艺

### 8.2.1 化学镀铜工艺

化学镀铜主要用于非金属表面形成导电层，因此在印制电路板电镀、塑料电镀和电铸中都有广泛应用。铜与镍相比，标准电极电位比较正(0.34V)，因此比较容易从镀液中还原析出。但是也正因为此，镀液的稳定性也差一些，容易自分解而失效。

**(1)典型工艺**　化学镀铜典型工艺如下：

| | |
|---|---|
| 硫酸铜 | 7g/L |
| 酒石酸钾钠 | 75g/L |
| 氢氧化钠 | 20g/L |
| 三乙醇胺 | 10mL/L |
| 碳酸钠 | 10g/L |
| 硫脲 | 0.01g/L |
| pH | 12 |
| 温度 | 40℃～50℃ |

**(2)配制与维护**　化学镀铜液的稳定性较差，容易发生分解反应，所以在配制时一定要小心地按顺序进行。

① 先用蒸馏水溶解硫酸铜。

② 再用一部分水溶解络合剂。

③ 将硫酸铜溶液在搅拌下加入到络合剂中。

④ 再加入稳定剂和氢氧化钠，调 pH 到工艺范围。

⑤ 使用前再加入还原剂甲醛。

在使用中可采用空气搅拌，以提高镀液的稳定性，并将副反应生成的一价铜氧化为二价铜，防止因歧化反应生出铜粉而导致自分解。

镀液使用过后，存放时要将 pH 调低至 7～8，并且过滤掉固体杂质，更换一个新的容器保存，以防止自分解导致失效。

**(3)快速化学镀铜工艺**　有较快沉积速度的化学镀铜工艺如下：

| | |
|---|---|
| 硫酸铜 | 15g/L |
| EDTA | 45g/L |
| 甲醛 | 15mL/L |

| pH | 12.5 |
|---|---|
| 氰化镍钾 | 15mg/L |
| 温度 | 60℃ |
| 析出速度 | 8~10μm/h |

除了 EDTA，也可以用酒石酸钾钠作配位剂。另外，现在已经有专用配位剂出售，这种商业操作在印制电路板行业很普遍。其稳定性和沉积速度比自己配制的要好一些。一般随着温度上升，所获得的镀层延展性也要好一些。在同一温度下，沉积速度慢时所获得的镀层延展性要好一些，同时抗拉强度也增强。为了防止铜粉的产生，可以采用连续过滤的方式来作为空气搅拌。稳定性较好的一些化学镀铜液配方见表8-3。

**表 8-3　稳定性较好的一些化学镀铜液配方**

| 组分 | 不同配方各组分含量/(g/L) | | | | | | | | | |
|---|---|---|---|---|---|---|---|---|---|---|
| | 1 | 2 | 3 | 4 | 5 | 6 | 7 | 8 | 9 | 10 |
| 硫酸铜 | 7.5 | 7.5 | 10 | 18 | 25 | 50 | 35 | 10 | 5 | 10 |
| 酒石酸钾钠 | 5 | — | — | 85 | 150 | 170 | 170 | 16 | 150 | — |
| EDTA 二钠 | — | — | 20 | — | — | — | — | — | — | 20 |
| 柠檬酸钠 | 15 | — | — | — | — | 50 | — | 20 | — | — |
| 碳酸钠 | — | — | — | 40 | 25 | 30 | — | — | 30 | — |
| 氢氧化钠 | — | 5 | 3 | 25 | 40 | 50 | 50 | 16 | 100 | 15 |
| 甲醛(37%)/(mL/L) | 20 | 6 | 6 | 100 | 20 | 100 | 20 | 8(聚甲醛) | — | 9(聚甲醛) |
| 氰化钠 | 40 | 0.0 | — | — | — | — | — | — | — | — |
| 丁二腈 | — | 2 | 0.02 | — | — | — | — | — | — | — |
| 硫脲 | 5 | — | 0.01 | — | — | — | — | — | — | — |
| 硫代硫酸钠 | — | — | 2 | 0.01 | 0.01 | 0.01 | — | — | — | — |
| 乙醇/(mL/L) | — | — | — | 9 | 2 | 5 | — | — | — | — |
| 2-乙基二硫代 | — | — | — | 0.00 | 0.00 | — | 0.01 | — | — | — |
| 基甲酸钠 | — | — | — | 3 | 5 | — | — | — | — | — |
| 硫氰酸钾 | — | — | — | — | — | — | — | 0.005 | — | 0.1 |
| 联喹啉 | — | — | — | — | — | — | — | — | 0.01 | — |
| 沉积速度/(mg/h) | — | 0.5 | — | — | — | 5~10 | 3 | — | 6 | — |

## 8.2.2　化学镀镍工艺

化学镀镍是近年发展非常快的表面处理技术，在电子电镀中的应用更是占有很大比例。由于化学镀镍的分散能力非常好，又不需要电源，并且镀层实际上是镍磷或镍硼合金，其物理和化学性能都较优良，因此，在工业领域的用途非常广泛。化学镀镍与电镀镍的性能比较见表8-4。

表8-4 化学镀镍与电镀镍的性能比较

| 性能 | 电镀镍 | 化学镀镍 |
|---|---|---|
| 镀层组成 | 含镍99%以上 | 含镍92%左右、磷8%左右 |
| 外观 | 暗至全光亮 | 半光亮至光亮 |
| 结构 | 晶态 | 非晶态 |
| 密度/(g/cm³) | 8.9 | 平均7.9 |
| 分散能力 | 差 | 好 |
| 硬度 | HV200～400 | HV500～700 |
| 加热调质 | 无变化 | HV900～1300 |
| 耐磨性 | 相当好 | 极好 |
| 耐蚀性 | 好 | 优良 |
| 相对磁化率 | 36% | 4% |
| 电阻率/(μΩ/cm) | 7 | 60～100 |
| 热导率/[J/(cm·s·℃] | 0.16 | 0.01～0.02 |

**(1)以次亚磷酸钠为还原剂的化学镀镍**

① 酸性化学镀镍工艺如下：

| | |
|---|---|
| 硫酸镍 | 30g/L |
| 醋酸钠 | 10g/L |
| 次亚磷酸钠 | 10g/L |
| pH | 4～6 |
| 温度 | 90℃ |
| 时间 | 60min |
| 厚度 | 25μm |

本工艺适合于陶瓷类产品，如果用于钢铁制件，则可以采用以下工艺：

| | |
|---|---|
| 氯化镍 | 30g/L |
| 柠檬酸钠 | 10g/L |
| 次亚磷酸钠 | 10g/L |
| pH | 4～6 |
| 温度 | 90℃ |
| 时间 | 60min |
| 厚度 | 10μm |

② 碱性化学镀镍工艺如下：

| | |
|---|---|
| 硫酸镍 | 25g/L |
| 焦磷酸钾 | 50g/L |
| 次亚磷酸钠 | 25g/L |
| pH | 8～10 |
| 温度 | 70℃ |
| 时间 | 10min |
| 厚度 | 2.5μm |

或者可采用如下工艺：

| | |
|---|---|
| 氯化镍 | 30g/L |
| 氯化铵 | 50g/L |
| 次亚磷酸钠 | 10g/L |
| pH | 8～10 |
| 温度 | 90℃ |
| 时间 | 60min |
| 厚度 | 8μm |

③ 低温化学镀镍工艺如下：

| | |
|---|---|
| 硫酸镍 | 30g/L |
| 柠檬酸铵 | 50g/L |
| 次亚磷酸钠 | 20g/L |
| pH | 8～9.5 |
| 温度 | 30℃～40℃ |
| 时间 | 5～10min |
| 厚度 | 0.2～0.5μm |

本工艺主要用于塑料电镀，以防止塑料高温变形。

**(2) 以硼氢化钠为还原剂的化学镀镍**

① 高温型化学镀镍工艺如下：

| | |
|---|---|
| 氯化镍 | 30g/L |
| 乙二胺 | 60g/L |
| 硼氢化钠 | 0.5g/L |
| 硫代二乙酸 | 1g/L |
| pH | 12 |
| 温度 | 90℃ |

② 低温型化学镀镍工艺如下：

| | |
|---|---|
| 硫酸镍 | 20g/L |
| 酒石酸钾钠 | 40g/L |
| 硼氢化钠 | 2.2g/L |
| 硫代二乙酸 | 1g/L |

pH           12

温度         45℃

**(3)化学镀镍液的配制方法和注意事项**   化学镀镍液由于是自催化型镀液，如果配制不当会使镀液稳定性下降，甚至自然分解而失效。因此，在配制时要遵循以下几个要点：

① 镀槽采用不锈钢、搪瓷、塑料材料。

② 先用 1/3 总量的热水溶解镍盐，最好是去离子水。

③ 用另外 1/3 的水量溶解络合剂、缓冲剂或稳定剂。

④ 将镍盐溶液边搅拌边倒入络合剂溶液中。

⑤ 用余下 1/3 的水量溶解还原剂，在使用前加入到上液中。

⑥ 最后调 pH，加温后使用。

对于化学镀镍液的维护和原料的补充，不能是在工作状态下进行。首先要使镀液脱离工作温度区，即要降低镀液温度，同时不能直接将固体状的材料加入到镀槽，一定要先用去离子水溶解后再按计算的量加入。否则会使镀液不稳定而失效。同时镀液的装载量也是很重要的参数，既不可以多装($\leqslant 1.25 \mathrm{dm^2/L}$)也不要少于 $0.5 \mathrm{~dm^2/L}$，否则也会使镀液不稳定。

### 8.2.3 其他化学镀工艺

#### 1. 化学镀金工艺

化学镀金在电子产品电镀中占有重要地位，特别是在半导体和印制电路板的制造中，应用很早。但是，早期的化学镀金由于不是真正意义上的催化还原镀层，而只是置换性化学镀层，因此镀层的厚度是不能满足工艺要求的，以致许多时候不得不采用电镀的方法来获得厚镀层。随着电子产品向小型化和微型化发展，许多产品已经不可能再用电镀的方法来进行加工制造，这时，开发可以自催化的化学镀金工艺就成为一个重要的技术课题。

**(1)高速化学镀金工艺**   为了获得稳定的化学镀金液，目前常用的化学镀金采用的是氰化物络盐，它是一种可以有较高沉积速度的化学镀金工艺。

① 甲液

    氰化金钾         5g/L

    氰化钾           8g/L

    柠檬酸钠         50g/L

    EDTA             5g/L

    二氯化铅         0.5g/L

    硫酸肼           2g/L

② 乙液

    硼氢化钠         200g/L

    氢氧化钠         120g/L

**使用前将甲液和乙液以 10：1 的比例混合，充分搅拌后加温到 75℃，即可工作。**

注意镀覆过程中要不断搅拌。这一化学镀金的速度可观，30min 可以达到 4μm 厚。

但是，这一工艺中采用了铅作为去极化剂来提高镀速，这在现代电子制造中是不允许的。研究表明，钛离子也同样具有提高镀速的去极化作用，因此，对于有 HoRS 要求的电子产品，化学镀金要用无铅工艺。

**(2) 无铅化学镀金工艺**　无铅化学镀金工艺如下：

| | |
|---|---|
| 氰化金钾 | 4g/L |
| 氰化钾 | 6.5g/L |
| 氢氧化钾 | 11.2g/L |
| 硫酸钛 | 5～100mg/L |
| 硼氢化钠 | 5.4～10.8mg/L |
| 温度 | 70℃～80℃ |
| 沉积速度 | 2～10μm/h |

如果进一步提高镀液温度，还可以获得更高的沉积速度，但是，这时镀液的稳定性也会急剧下降。为了能够在提高镀速的同时增加镀液的稳定性，需要在化学镀金液中加入一些稳定剂。在硼氢化物为还原剂的镀液中常用的稳定剂有 EDTA、乙醇胺，此外还有一些含硫化物或羧基有机物的添加剂，也可以在提高温度的同时阻滞镀速的增长。

**(3) 高温化学镀金**　高温化学镀金工艺如下：

| | |
|---|---|
| 氰化金钾 | 2g/L |
| 氯化铵 | 75g/L |
| 柠檬酸钠 | 50g/L |
| 次亚磷酸钠 | 10g/L |
| pH | 7～7.5 |
| 温度 | 90℃～95℃ |
| 沉积速度 | 2～5μm/h |

由于可以在镍上获得镀层，因此可以作为印制电路板的化学镍金工艺。

**(4) 亚硫酸盐化学镀金工艺**　在化学镀金工艺中，除了铅是电子产品中严格禁止使用的金属外，氰化物也是对环境有污染的剧毒化学物，因此，采用无氰化学镀金将是流行的趋势。

亚硫酸盐镀金是三价金镀金工艺，还原剂采用的是次亚磷酸钠、甲醛、肼、硼烷等。在采用亚硫酸盐工艺时，次亚磷酸钠和甲醛都是自还原催化过程，这是本工艺的一个优点。

亚硫酸盐的化学镀金工艺如下：

| | |
|---|---|
| 亚硫酸金钠 | 3g/L |
| 亚硫酸钠 | 15g/L |
| 1,2—二氨基乙烷 | 1g/L |
| 溴化钾 | 1g/L |
| EDTA 二钠 | 1g/L |
| 次亚磷酸钠 | 4g/L |

| pH | 9 |
|---|---|
| 温度 | 96℃ |
| 沉积速度 | 0.5μm/h |

**(5)三氯化金镀金工艺** 三氯化金镀金工艺如下：

① A液

| 氯化金钾（KAAuCl₄） | 3g/L |
|---|---|
| pH（用氢氧化钾调） | 14 |

② B液

| 甲醚代 N-二甲基吗啉硼烷 | 7g/L |
|---|---|
| pH（用氢氧化钾调） | 14 |

将 A 液和 B 液以等体积混合后使用。

| 温度 | 55℃ |
|---|---|
| 沉积速度 | 4.5μm/h |

**(6)置换型化学镀金工艺**

① 室温型工艺如下：

| 氰化金钾 | 3.7g/L |
|---|---|
| 氰化钠 | 30g/L |
| 碳酸钠 | 37g/L |
| 温度 | 室温 |

② 加温型工艺如下：

| 氰化金钾 | 5.8g/L |
|---|---|
| 氰化钾 | 13.0g/L |
| 氢氧化钾 | 11.2g/L |
| 硼氢化钾 | 21.6g/L |
| 温度 | 75℃ |

这种置换型化学镀金所得镀层可能会厚一些。以上两种都只能在铜基体上获得镀层。

2. 化学镀银工艺

**(1)置换型化学镀银工艺** 由于银的电极电位很正，与铜、铝等电极电位相对较负的金属很容易发生置换反应而在这些金属表面沉积出金属银镀层。当然，如果没有适当的置换速度的控制，所得到的镀层将是很疏松的，所以常用的置换型化学镀银采用了高络合性能的氰化钠。置换型化学镀银工艺如下：

| 氰化银 | 8g/L |
|---|---|
| 氰化钠 | 15g/L |
| 温度 | 室温 |

这是在铜上获得极薄银层的置换法。

**(2)环保型化学镀银工艺** 环保型化学镀银工艺如下：

| 硝酸银 | 8g/L |
|---|---|
| 氨水 | 75g/L |

| 硫代硫酸钠 | 105g/L |
|---|---|
| 温度 | 室温 |

这是相对氰化物法的无氰化学镀银，是环保型工艺。

**(3)化学镀**

| 氰化银 | 1.83g/L |
|---|---|
| 氰化钠 | 1.0g/L |
| 氢氧化钠 | 0.75g/L |
| 二甲胺基硼烷 | 2g/L |

**(4)二液法化学镀银工艺**　二液法化学镀银工艺如下：

① A 液

| 硝酸银 | 3.5g/L |
|---|---|
| 氢氧化胺 | 适量 |
| 氢氧化钠 | 2.5g/100mL |
| 蒸馏水 | 60mL |

② B 液

| 葡萄糖 | 45g |
|---|---|
| 酒石酸 | 4g |
| 乙醇 | 100mL |
| 蒸馏水 | 1L |

在配制 A 液时要注意在蒸馏水中溶解硝酸银后，要用滴加法加入氨水，会先产生棕色沉淀，继续滴加氨水直至溶液变透明。

在配制 B 液时，要先将葡萄糖和酒石酸溶于适量水中，煮沸 10min，冷却后再加入乙醇。使用前将 A 液和 B 液按 1∶1 的比例混合，即成为化学镀银液。

**3. 化学镀锡工艺**

**(1)工艺配方**　以下是化学镀锡的几种工艺：

① 
| 硫脲 | 55g/L |
|---|---|
| 酒石酸 | 39g/L |
| 氯化亚锡 | 6g/L |
| 温度 | 室温 |
| 搅拌 | 需要 |

② 
| 氯化亚锡 | 18.5g/L |
|---|---|
| 氢氧化钠 | 22.5g/L |
| 氰化钠 | 18.5g/L |
| 温度 | 10 ℃以下 |

温度如果过高，镀层会没有光泽。

③ 
| 锡酸钾 | 60g/L |
|---|---|
| 氢氧化钾 | 7.5g/L |
| 氰化钾 | 120g/L |

| 温度 | 70℃ |
|---|---|

本工艺析出速度很慢，但可以获得光泽性较好的镀层。

**(2)注意事项** 锡在电镀过程中容易呈现海绵状镀层，需要加入添加剂来加以抑制，化学镀锡也有同样的问题。同时沉积过程受温度影响也比较大。采用硫脲的化学镀锡，温度不宜过高，在添加了阴离子表面活性剂的场合，温度可以适当提高。

铜杂质在镀液中是有害的，由于铜离子的还原电位比锡高得多，将阻碍锡的还原。可以通以小电流加以电解，使铜在阴极析出除掉，然后再补加锡盐。

4. 化学镀钴工艺

**(1)工艺配方** 以下是化学镀钴的几种工艺：

① 氯化钴 　　　　　　　　　　6.6g/L
　次亚磷酸钠 　　　　　　　　26g/L
　酒石酸钾钠 　　　　　　　　260g/L
　pH 　　　　　　　　　　　　8～10
　温度 　　　　　　　　　　　90℃～100℃
　析出速度 　　　　　　　　　1.5μm/30min

② 氯化钴 　　　　　　　　　　35/L
　次亚磷酸钠 　　　　　　　　11.5g/L
　柠檬酸钠 　　　　　　　　　116g/L
　pH 　　　　　　　　　　　　8～10
　温度 　　　　　　　　　　　90℃～100℃
　析出速度 　　　　　　　　　3.5μm/30min

③ 硫酸钴 　　　　　　　　　　40g/L
　次亚磷酸钠 　　　　　　　　27g/L
　酒石酸钾钠 　　　　　　　　268g/L
　pH 　　　　　　　　　　　　8～10
　温度 　　　　　　　　　　　90℃～100℃
　析出速度 　　　　　　　　　12.2μm/30min

④ 氯化钴 　　　　　　　　　　30g/L
　氯化镍 　　　　　　　　　　30g/L
　酒石酸钠 　　　　　　　　　100g/L
　次亚磷酸钠 　　　　　　　　20g/L(每10min补加5g/L)
　pH 　　　　　　　　　　　　4.5～5
　温度 　　　　　　　　　　　98℃

**(2)反应机理与注意事项** 化学镀钴是随着计算机对磁记录材料的需求而发展起来的。其反应机理与化学镀镍相似，只是由于其电位比镍负而沉积速度更慢。在化学镀钴溶液中，钴离子被还原为金属钴，其化学反应如下：

$$Co^{2+} + H_2PO_2^- + 3OH^- \rightarrow Co + HPO_3^{2-} + 2H_2O$$

$$H_2PO_2^- + H_2O \rightarrow H_2PO_3^- + 2H^+ + 2e$$

　　由于反应中有氢析出，会使 pH 有所变化，同时还要消耗一部分还原剂，所以要保持镀液 pH 的缓冲性能以提高其稳定性。

　　虽然提高温度对反应加速有利，但是还是保持在 90℃ 为宜，过高会加速镀液的蒸发。杂质对镀液的影响也很大，要防止氰化物混入。其他金属离子，如铜、锌、镁、铁、铝等也是有害的。如果要在非金属表面沉积，只能用钯作活化剂。

## 8.3　化学镀合金

　　用化学还原法获得合金镀层虽然存在一些限定条件，但却是完全可以实现的。能够构成合金的成分与其标准的电极电位有关，也和它们对还原反应的催化性能有关，同时也与所采用的还原剂的性质有关。具有自催化性质的金属能构成的合金的含量可以在 0%～100% 范围变化。镍和钴是这方面最为典型的例子。

### 8.3.1　化学镀镍基合金工艺

**(1)化学镀镍钴合金工艺**　用酒石酸盐作配位剂，用肼作还原剂，可以得到镍钴合金镀层：

| | |
|---|---|
| 氯化钴＋氯化镍 | 0.05mol/L |
| 肼 | 1 mol/L |
| 酒石酸钠 | 0.4mol/L |
| 硫脲 | 3mg/L |
| pH | 12.0 |
| 温度 | 90℃ |

　　主盐中两种金属盐的比例决定合金镀层比例，当其比值为 1∶1 时，钴的含量约为65%，其沉积速度为 $3\mu m/h$。

**(2)化学镀镍铁合金工艺**　化学镀镍铁合金工艺如下：

| | |
|---|---|
| 醋酸镍 | 50g/L |
| 氯化亚铁 | 8g/L |
| 次亚磷酸钠 | 25g/L |
| 酒石酸钾钠 | 75g/L |
| 氢氧化铵(25%) | 35mL/L |
| pH | 11 |
| 温度 | 75℃ |

　　这个工艺的沉积速度为 $9\mu m/h$，其中铁的含量为 20%，磷的含量为 0.25%～0.5%。

**(3)化学镀镍铜合金工艺**　化学镀镍铜合金工艺如下：

| | |
|---|---|
| 醋酸镍 | 20g/L |
| 次亚磷酸钠 | 20g/L |
| 柠檬酸钠 | 50g/L |
| 氯化铵 | 40g/L |
| 氢氧化铵(25%) | 35mL/L |

| 氯化铜 | 1g/L |
|---|---|
| pH | 8.9~9.1 |
| 温度 | 90℃ |

这个配方类似用于 ABS 塑料电镀的低温型镀镍液配方,不同之处在于加有铜盐,则成了化学镀镍铜合金液。铜盐的添加量虽然很小,只有镍盐的 1/20,但其在镀层中的含量可达 22%,磷的含量也达到了 5%~7%。本工艺的沉积速度为 12μm/h。

**(4) 化学镀镍锌合金工艺**　化学镀镍锌合金工艺如下:

| 硫酸镍 | 35g/L |
|---|---|
| 次亚磷酸钠 | 10g/L |
| 柠檬酸钠 | 85g/L |
| 氯化铵 | 50g/L |
| 氢氧化铵(25%) | 60mL/L |
| 硫酸锌 | 15g/L |
| pH | 8.8~9.2 |
| 温度 | 98℃ |

从本工艺中可以得到含锌 15% 的镍锌合金镀层。

**(5) 化学镀镍锡合金工艺**　化学镀镍锡合金工艺如下:

| 硫酸镍 | 35g/L |
|---|---|
| 次亚磷酸钠 | 10g/L |
| 柠檬酸钠 | 85g/L |
| 氯化铵 | 50g/L |
| 氢氧化铵(25%) | 60mL/L |
| 锡酸钠 | 3.5g/L |
| pH | 8.8~9.2 |
| 温度 | 98℃ |

本工艺基本上将镍锌中的锌盐换成四价锡盐,但是镀层中的锡的含量却少得多,只有 2% 左右。

## 8.3.2 化学镀钴基合金工艺

**(1) 化学镀钴铁磷合金工艺**　化学镀钴基合金工艺如下:

| 硫酸钴 | 25g/L |
|---|---|
| 硫酸亚铁 | 0~20g/L |
| 柠檬酸钠 | 30g/L |
| 次亚磷酸钠 | 40g/L |
| 硫酸铵 | 40g/L |
| pH | 8.1 |
| 温度 | 80℃ |

本工艺所得镀层中的含铁量随着铁盐含量的增加而增加,最高可达 45%。含磷量在 5% 左右。沉积速度为 10μm/h。

**(2)化学镀钴锌磷合金工艺**　化学镀钴锌磷合金工艺如下:

| | |
|---|---|
| 氯化钴 | 7.5g/L |
| 氯化锌 | 1g/L |
| 柠檬酸 | 19.8g/L |
| 次亚磷酸钠 | 3.5g/L |
| 氯化铵 | 12.5g/L |
| 硫氰酸钾 | 0.002g/L |
| pH | 8.2 |
| 温度 | 80℃ |

本工艺所得镀层中的锌含量和磷的含量都在 4% 左右。

**(3)化学镀钴铜磷合金工艺**　化学镀钴铜磷合金工艺如下:

| | |
|---|---|
| 硫酸钴 | 20g/L |
| 硫酸铜 | 0~1.2g/L |
| 柠檬酸钠 | 50g/L |
| 次亚磷酸钠 | 20g/L |
| 氯化铵 | 40g/L |
| 氢氧化铵(25%) | 35mL/L |
| pH | 8.9~9.1 |
| 温度 | 90℃ |

工艺所得镀层中合金成分的变化主要依赖于铜盐的添加量,当铜盐从 0~1.2g/L 变化时,镀层中铜的含量也从 0%~23% 变化,含磷量则基本上稳定在 2%~3%。沉积速度为 5μm/h。

### 8.3.3　化学镀铜合金工艺

**(1)化学镀铜锡合金工艺**　化学镀铜锡合金工艺如下:

| | |
|---|---|
| 硫酸亚锡 | 1.8~5.5g/L |
| 硫酸铜 | 0.7~2.2g/L |
| 硫酸 | 9.7~30g/L |
| 温度 | 室温 |

本工艺中实际上是置换法获得的镀层,因此只能在比它电位负的如铁、镍等材料上沉积。

**(2)化学镀铜锌合金工艺**　化学镀铜锌合金工艺如下:

| | |
|---|---|
| 氧化锌 | 113g/L |
| 氢氧化钠 | 315g/L |
| 氰化亚铜 | 13g/L |
| 氰化钠 | 22.5g/L |
| 碱式碳酸铅 | 0.14g/L |
| 温度 | 43℃~46℃ |

本工艺中采用的也是置换型镀液,工作中要充分搅拌。

# 9 阳极氧化与转化膜

## 9.1 铝的阳极氧化

### 9.1.1 铝的特点与应用

铝及铝合金由于质轻而且强度高，在现代工业和日常生活中有广泛应用。在电子行业，很早就采用铝合金制作整机的机架和基板、安装板等。这是因为铝与钢铁比起来，具有以下优势：质量轻，耐蚀性和装饰性强；导热、导电性好等，因此成为电子产品更新换代的首选材料。自 20 世纪 60 年代以来，铝及铝合金在电子工业中的应用持续增长，成为电子产品的基本金属原料。

铝的化学性质比较活泼，与锌一样属于两性金属，与酸和碱都可以发生化学反应。

与稀硫酸反应：

$$2Al+3H_2SO_4(稀)== Al_2(SO_4)_3+3H_2\uparrow$$

与盐溶液反应：

$$2Al+3Hg(NO_3)_2==3Hg+2Al(NO_3)_3$$

与碱反应：

$$2Al+2NaOH+2H_2O==2NaAlO_2+3H_2\uparrow$$

铝的标准电极电位为 $-1.663V$，由于其标准电位较负，在自然环境中很容易氧化而表面生成氧化膜，致使在铝表面进行电镀、油漆等加工有较大难度。铝在空气中的自然氧化过程是自发的过程，且自然氧化膜的初始生成速度较快，1s 可达到 $10Å(1Å=10^{-8}$ m)，但其后就放慢下来，到 $20Å$ 需要 10s，而到 $30Å$ 需要 100s。

铝表面生成氧化膜的特性，既有保护金属表面不进一步被氧化的作用，也造成其表面难以镀上其他金属的问题。当然铝的自然氧化膜由于很薄并且不完整，其防护作用是有限的。而通过电解加工的方法获得的氧化膜——阳极氧化膜，才具有一些良好的性能。

铝在电解液中形成阳极氧化膜的过程与电镀相反，不是在金属表面向外延生长出金属结晶，而是由金属表面向金属内形成金属氧化物的膜层，形成多孔层和致密层结构。致密层紧邻铝基体，是电阻较大的氧化物层，阻止氧化的进一步进行，只有较高的电压才能使反应进一步深入，因此，致密层也称为阻挡层。这个阻挡层还具有其他一些独特的性能，如半导体性能（对交流电的整流作用）等。铝氧化膜的纵向结构如图 9-1 所示。

铝阳极氧化膜有着非常规则的结构，形成的正六边形柱状与蜂窝非常相似。由于氧化过程中不断有气体排出，因此每一个六棱柱的中间都有一个圆孔，氧化膜的正面俯视图如图 9-2 所示，由电子显微镜拍摄的图像证实了这种结构是存在的。

如果自然氧化膜能够持续生长下去，达到 $100Å$ 需要 30 年的时间。因此，自然氧化膜的厚度通常只有几十埃。而阳极氧化膜则比自然氧化膜要厚得多，一般都在 $10\,\mu m$ $(10^{-6}\,m)$ 以上，是自然氧化膜的上百倍。

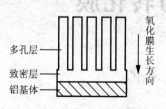

图 9-1　铝氧化膜的纵向结构

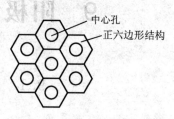

图 9-2　氧化膜的正面俯视图

　　除了厚度，阳极氧化膜与自然氧化膜的最大区别是膜层的结构，由图 9-2 可知，在阳极氧化过程中形成的类似蜂窝状的结构使阳极氧化膜具有一些特殊的性质，不仅有较高的耐蚀性能，而且有较好的着色性能和其他深加工性能，如电解着色、作为纳米材料电沉积模板等。

　　铝阳极氧化膜的这些特性主要是表现在多孔层上，多孔层的厚度受电解氧化的时、电流密度、电解液温度的影响。当电解时间长，电流密度大，多孔层增厚。电解液的温度高时，成膜虽然也快，但膜层质软且孔径变大；而当温度降低时，膜层硬度提高并可增厚。在 $0℃$ 左右的硫酸阳极氧化槽中所得的阳极氧化膜经常作为硬质氧化膜而被广泛应用。

## 9.1.2　铝的阳极氧化工艺

　　铝的阳极氧化根据所用的电解液不同或所需要的膜层性质不同而有多种氧化工艺。但是用得最多的还是硫酸系的阳极氧化工艺。这种工艺成分简单，即采用硫酸的水溶液，阴极采用纯铝或铅板，废水采用中和法就可以简便地处理。因此一直是铝阳极氧化的主流工艺。

**(1) 硫酸系阳极氧化工艺**

① 通用阳极氧化工艺如下：

　　硫酸　　　　　　　$180\sim220g/L$

　　电压　　　　　　　$13\sim22V$

　　电流密度　　　　　$0.8\sim1.5\,A/dm^2$

　　温度　　　　　　　$13℃\sim26℃$

　　时间　　　　　　　40min

② 快速阳极氧化工艺如下：

　　硫酸　　　　　　　$200\sim220g/L$

　　硫酸镍　　　　　　$6\sim8g/L$

　　电压　　　　　　　$13\sim22V$

　　电流密度　　　　　$0.8\sim1.5A/dm^2$

　　温度　　　　　　　$13℃\sim26℃$

　　时间　　　　　　　15min

③ 交流阳极氧化工艺如下：

　　硫酸　　　　　　　$130\sim150g/L$

| 电压 | 18～28V |
|------|---------|
| 电流密度 | 1.5～2.0A/dm² |
| 温度 | 13℃～26℃ |
| 时间 | 40～50min |

④ 低温阳极氧化工艺如下：

| 硫酸 | 12g/L |
|------|-------|
| 电压 | 10～90V |
| 温度 | 0℃ |
| 时间 | 60min |

此法所获膜厚达150～200μm。也可采用以下工艺：

| 硫酸 | 200～300g/L |
|------|------------|
| 电压 | 40～120V |
| 温度 | −8℃～+10℃ |
| 电流密度 | 0.5～5A/dm² |
| 时间 | 2～2.5h |

此法所得膜厚可达250μm，绝缘性能极佳，可耐2000～2500V电压。

获得低温的方法是采用循环水间接冷却，但是需要较大的空间配置循环冷水槽和致冷机，现在已经普遍采用直接冷却法，让热交换管直接与电解液进行热交换，在冷却效率提高的同时，占地也较小。

**(2)草酸系阳极氧化工艺** 在草酸中获得的铝阳极氧化膜的耐蚀性和耐磨性都比在硫酸中获得的要好，因此对于一些精密的铝制件，要采用草酸工艺。

① 表面精饰用氧化膜工艺如下：

| 草酸 | 50～70g/L |
|------|----------|
| 温度 | 28℃～32℃ |
| 电流密度 | 1～2/dm² |
| 电压 | 10～60V |
| 时间 | 30～40min |

② 绝缘氧化膜工艺如下：

| 草酸 | 40～60g/L |
|------|----------|
| 温度 | 15℃～18℃ |
| 电流密度 | 2～2.5/dm² |
| 电压 | 0～120V |
| 时间 | 90～150min |

③ 常规用膜工艺如下：

| 草酸 | 40～50g/L |
|------|----------|
| 温度 | 20℃～30℃ |
| 电流密度 | 1.6～4.5A/dm² |
| 电压 | 40～60V(交流) |

时间　　　　　　　　30～40min

**(3)瓷质氧化工艺**　瓷质氧化膜由于表面具有瓷釉般的光泽而在装饰性铝氧化膜中别具风格。这种氧化膜硬度高，耐磨性好，有较高的绝缘性能和有良好的着色性能，同时对表面的划痕等有良好的屏蔽作用。

① 高耐蚀性膜工艺如下：

铬酐　　　　　　　　35～45g/L

草酸　　　　　　　　5～12g/L

硼酸　　　　　　　　5～7g/L

温度　　　　　　　　45℃～55℃

阳极电流密度　　　　0.5～1A/dm²

电压　　　　　　　　25～40V

氧化时间　　　　　　40～50min

阴极材料　　　　　　铅板或纯铝板

② 防护装饰性氧化膜工艺如下：

铬酐　　　　　　　　30～40g/L

硼酸　　　　　　　　1～3g/L

温度　　　　　　　　45℃～55℃

阳极电流密度　　　　0.5～1A/dm²

电压　　　　　　　　25～40V

氧化时间　　　　　　40～50min

阴极材料　　　　　　铅板或纯铝板

### 9.1.3　铝阳极氧化膜的着色与封闭

经阳极氧化后得到的铝阳极氧化膜的一个显著特点，就是可以进行各种颜色的着色。根据着色的原理和方法不同而分为化学着色和电解着色两大类。

1. 化学着色

化学着色是将刚氧化成膜的制件浸入到由各色颜料或染料配制成的着色液中进行着色。其原理是利用阳极氧化膜的多孔性质（孔隙率达30％左右），让染料分子通过吸附作用进入到孔隙内而显色。吸附作用也视静电作用或化学键作用不同而分为物理吸附和化学吸附两种。显然化学吸附的作用力较大。

**(1)化学着色工艺**　化学着色所用的无机颜料一般是金属盐类，如氧化铁（红棕色）、重铬酸银（橙色）等。由于这类颜料着色的工艺不稳定、色度不好等，实际应用的不多。实际生产中用得最多的还是有机染色工艺。常用的有机染色工艺如下。

① 红色。红色染色工艺主要有以下三种。

a. 大红色：

酸性红（代号 B）　　4～6g/L

温度　　　　　　　　室温

pH　　　　　　　　　4～5

时间　　　　　　　　　　　15～30min

b. 桃红色：

直接耐晒桃红（代号 G）　2～5g/L

温度　　　　　　　　　　　60℃～75℃

pH　　　　　　　　　　　　5～6

时间　　　　　　　　　　　1～5min

c. 铝枣红：

铝枣红（代号 B）　　　　　3～5g/L

温度　　　　　　　　　　　室温

pH　　　　　　　　　　　　5～6

时间　　　　　　　　　　　5～10min

② 金色。金色染色工艺主要有以下三种。

a. 金黄：

茜素黄（代号 S）　　　　　0.3g/L

茜素红（代号 R）　　　　　0.5g/L

温度　　　　　　　　　　　50℃～60℃

pH　　　　　　　　　　　　6～7

时间　　　　　　　　　　　1～3min

b. 橙黄：

活性艳橙　　　　　　　　　0.5g/L

温度　　　　　　　　　　　50℃～60℃

pH　　　　　　　　　　　　5～6

时间　　　　　　　　　　　5～15min

c. 金黄：

印地素金黄（代号 IGK）　　5～10g/L

温度　　　　　　　　　　　室温

pH　　　　　　　　　　　　5～6

时间　　　　　　　　　　　5～10min

③ 黑色。黑色染色工艺主要有以下三种。

a. 黑色：

酸性黑（代号 ATT）　　　　10g/L

温度　　　　　　　　　　　室温

pH　　　　　　　　　　　　4～5

时间　　　　　　　　　　　15～30min

b. 黑色：

酸性元青　　　　　　　　　4～6g/L

温度　　　　　　　　　　　60℃～70℃

pH　　　　　　　　　　　　4～5

　　　　时间　　　　　　　　　10～15min

c. 蓝黑色：

　　　　酸性蓝黑(代号10B)　　10g/L
　　　　温度　　　　　　　　　室温
　　　　pH　　　　　　　　　　4～5
　　　　时间　　　　　　　　　2～10min

④ 蓝色。蓝色染色工艺主要有以下三种。

a. 翠蓝色：

　　　　铝翠蓝(代号PLW)　　　3～5g/L
　　　　温度　　　　　　　　　室温
　　　　pH　　　　　　　　　　5～6
　　　　时间　　　　　　　　　5～10min

b. 蓝色：

　　　　直接耐晒蓝　　　　　　3～5g/L
　　　　温度　　　　　　　　　室温
　　　　pH　　　　　　　　　　5～6
　　　　时间　　　　　　　　　5～10min

c. 湖蓝色：

　　　　酸性湖蓝　　　　　　　10～15g/L
　　　　温度　　　　　　　　　室温
　　　　pH　　　　　　　　　　4～5
　　　　时间　　　　　　　　　3～8min

⑤ 绿色。绿色染色工艺主要有以下三种。

a. 翠绿：

　　　　直接耐晒翠绿　　　　　3～5g/L
　　　　温度　　　　　　　　　室温
　　　　pH　　　　　　　　　　5～6
　　　　时间　　　　　　　　　15～20min

b. 深绿色：

　　　　铝绿(代号MAL)　　　　3～5g/L
　　　　温度　　　　　　　　　室温
　　　　pH　　　　　　　　　　5～6
　　　　时间　　　　　　　　　5～10min

c. 绿色

　　　　酸性绿　　　　　　　　5g/L
　　　　温度　　　　　　　　　50℃～60℃
　　　　pH　　　　　　　　　　4～5
　　　　时间　　　　　　　　　15～20min

**(2)化学着色液的配制与工艺控制**　配制铝氧化着色液要采用去离子水。具体步骤是先将染料用少许蒸馏水调成糊状，然后加入着色工作液总体积 1/4 的去离子水，加热至沸腾并煮 30min 左右；再过滤到工作槽中，加去离子水搅拌均匀，最后调节 pH。

氧化着色的工艺参数除了 pH，还有温度、时间等。其控制的要点如下：

① pH。在铝阳极氧化膜着色工艺参数中，pH 非常重要。对于酸性染料，一定要用醋酸调节 pH 至 4～5，只有茜素染料可才维持中性(pH 为 6～7)。由于 pH 影响氧化膜的表面电位和染料的化学结构，因此 pH 的变化对着色的色调变化有明显影响，需要严格加以控制。由于着色液往往有较深的颜色，用试纸难以测准。最好采用 pH 计进行测试。现在已经有直读式数显的 pH 计，虽然有时因校准问题而不够准确，但只要找出与着色质量对应的测量值(可能与工艺规范的数值并不一致)，管理起来还是很方便的。

② 温度。温度影响着色的速度和色彩的牢度。随着温度的升高，上色速度加快，色牢度也提高。但也要考虑到能耗因素，以控制在 50℃左右为宜。太高的温度会使孔隙发生封闭现象，反而不利于着色。

③ 时间。着色时间要看制件对色度深浅的要求，一般深色时间要长一些，浅色时间要短一些。可控制在 10min 左右，长的则可达 30min 甚至更长。时间与温度也有相关性，当温度较低时，着色的时间要延长一些。

另外还需注意，对于需要着色的铝制件，氧化工序完成后最好马上进入着色工序。氧化膜在存放过程中会发生孔隙率的变化或收缩，将影响着色效果；着色槽中严禁带入氯离子和其他金属盐；每道工序后要认真清洗，对于硫酸氧化膜，着色前在稀氨水中中和以后再着色，有利于着色槽 pH 的稳定，色度也会更好一些。

**(3)氧化膜的封闭**　铝阳极氧化膜是多孔性膜，无论有没有着色处理，在投入使用前都要进行封闭处理，这样才能提高其耐蚀性和耐候性。处理的方法有三种，即高温水化反应封闭、无机盐封闭和有机物封闭等。

① 高温水封闭。这种方法是利用铝氧化膜与水的水化反应，将非晶质膜变为水合结晶膜：

$$Al_2O_3 \xrightarrow[\Delta]{nH_2O} Al_2O_3 \cdot nH_2O$$

水化反应在常温和高温下都可以进行，但是在高温下特别是在沸点时，所生成的水合结晶膜是非常稳定的不可逆的结晶膜，因此，最常用的铝阳极氧化膜的封闭处理就是沸水法或蒸汽法处理。

② 无机盐封闭。这种方法可以提高有机着色染料的牢度，因此在化学着色法中常用以下两种工艺。

a. 醋酸盐法：

| | |
|---|---|
| 醋酸镍 | 5～6g/L |
| 醋酸钴 | 1g/L |
| 硼酸 | 8g/L |
| pH | 5～6 |

| 温度 | 70℃～90℃ |
|---|---|
| 时间 | 15～20min |

b. 硅酸盐法：

| 硅酸钠 | 5% |
|---|---|
| pH | 8～9 |
| 温度 | 90℃～100℃ |
| 时间 | 20～30min |

③ 有机封闭。这种方法是对铝阳极氧化膜进行浸油、浸漆或涂装等，由于成本较高并且增加了工艺流程，因此不大采用，较多的还是采用前述的两种方法，并且以第一种高温水封闭为主流的方法。

2. 电解着色

电解着色是让金属离子在有氧化膜结构的铝基体的孔内电沉积还原为金属而显色的过程。但是由于铝阳极氧化膜孔内阻挡层的化学活性差，如果不加以活化，金属电沉积难以实现，因此，铝的电解着色采用交流电来活化阻挡层的同时完成金属的电沉积。这是利用了阻挡层的半导体特性，使电沉积过程得以进行。这一技术在建筑铝型材上已经获得了广泛的应用，在电子产品结构中也有采用这类型材或加工工艺的。

**(1)锡盐着色工艺**　锡盐着色工艺如下：

| 硫酸亚锡 | 10～15g/L |
|---|---|
| 硫酸 | 20～22g/L |
| 稳定剂 | 15～20g/L |
| 温度 | 20℃～30℃ |
| 着色电压(AC) | 12～16V |
| 时间 | 1～10min |

锡盐着色可以获得从香槟色至黑色的多种颜色，分散能力好，镀液管理简便，且色差小，色调稳定，耐候性好，室外使用期可达 30 年不变色。

电解液的基本成分是硫酸亚锡及硫酸，虽然锡盐分散能力好，但锡易氧化和水解沉淀，导致着色液不稳定。为了减少 $Sn^{2+}$ 氧化，必须加入稳定剂。

**(2)镍盐着色工艺**　镍盐着色工艺如下：

| 硫酸镍 | 25～35g/L |
|---|---|
| 硫酸亚锡 | 4～6g/L |
| 硼酸 | 20～25g/L |
| 硫酸 | 15～20g/L |
| 稳定剂 | 10～15g/L |
| 温度 | 20℃～30℃ |
| 着色电压(AC) | 14～16V |
| 时间 | 2～10min |

镍盐着色工艺实际上是镍锡混合盐工艺，综合了单一盐着色的优点，可以获得更广泛的色系膜层，包括青铜、咖啡、纯黑色，因此有更好的装饰效果。着色液的稳定

性比单一锡盐的更好,不易产生锡盐白色沉淀,而且着色速度也有所提高,耐候性和装饰性更强,因此是电解着色的主流工艺。

在镍盐着色工艺中需注意以下问题:

① 由于电解着色是在铝氧化后进行的,因此同样要在氧化后立即进行着色为好,并且氧化膜要达到一定厚度才有着色效果。

② 氧化和着色的挂具都宜用硬铝,相对的对电极可用不锈钢,面积与产品面积相近。

③ 氧化产品进入着色槽后不要马上开电着色,停留 1min 左右有利于电解液扩散到孔内,再进行电解着色效果更好。

**(3)铜盐电解液** 电解液的主要成分是硫酸铜及硫酸。该电解着色液获得膜层是红色至咖啡色的,成本低,耐光性好,但耐蚀性较差,所以应用不广。

**(4)银盐电解液** 电解液的主要成分是硝酸银。该电解液中获得的膜层是金黄色或黄绿色的,该镀液操作严格,对杂质敏感性强。例如,含 $Cu^{2+}$ 200mg/L 膜层颜色偏红,而 $Cl^-$ 进入电解液即与 $Ag$ 盐生成 $AgCl$ 沉淀,造成着色困难。

**(5)混合盐电解液** 混合盐电解液是以镍盐为主,以锡盐作添加剂。它综合了镍盐价廉、稳定,锡盐分散能力好的优点,克服了各自的缺点,可获得咖啡色、古铜色、黑色。

除上述几种金属盐电解液外,还有铁盐、锌盐、硒盐等配成的电解液。

**(6)电解着色添加剂** 在着色电解液中,必须加入添加剂,主要稳定着色电解液,促进着色膜色泽均匀,延长电解液着色寿命。广泛应用的添加剂有硫酸铝、葡萄糖、EDTA、硫酸铵、酒石酸、邻苯三酚等。

## 9.2 金属的化学氧化

### 9.2.1 铝及铝合金的化学氧化

由于金属铝的易氧化性质和氧化膜的结构特点,铝及铝合金不仅可以电解氧化,也可以进行各种化学处理而获得表面膜层,这些膜层通称为化学转化膜。由于电解氧化膜是绝缘性膜层,而化学氧化膜则可以在一定工艺条件下获得导电氧化膜,因而在电子工业中有较多应用。有些铝制件也采用转化膜工艺来达到耐蚀性要求,这时要求膜的厚度要厚一些,且要求有一定的硬度。

**(1)厚膜法** 所谓的厚膜只是在化学转化膜中相对其他化学法而言,用这种方法可达到 $3\mu m$ 左右的厚度,因此所得膜要进行封闭处理。

| | |
|---|---|
| 磷酸 | 50~60g/L |
| 铬酐 | 20~25g/L |
| 氟化氢铵 | 3~3.5g/L |
| 硼酸 | 1~1.2g/L |
| 温度 | 30℃~35℃ |
| 时间 | 3~6min |

**(2)薄膜法**　薄膜法工艺如下：

| | |
|---|---|
| 磷酸 | 45g/L |
| 铬酐 | 5g/L |
| 氟化钠 | 3g/L |
| 温度 | 15℃～35℃ |
| 时间 | 10～15min |

这种方法所得膜层较薄，韧性好，耐蚀性能也较强，适用于氧化处理后需要变形的制件和结构件。

**(3)彩色膜法**　彩色膜法工艺如下：

| | |
|---|---|
| 重铬酸钾 | 4g/L |
| 铬酐 | 2g/L |
| 氟化钠 | 1g/L |
| 温度 | 60℃ |
| 时间 | 15min |

这种化学氧化膜呈棕黄至彩虹色，耐蚀性较强，特别是适用于铝合金焊接件的局部氧化。

## 9.2.2　导电氧化膜工艺

许多产品的结构件不仅流行采用铝材，而且流行采用导电氧化工艺。这是因为有些产品，如电子产品有许多结构件都涉及接地的问题，只有保持有导电性能同时又有一定的防护性能处理，才符合电子产品中这类特殊构件的要求。

导电氧化是电子产品铝构件的常用处理工艺。根据产品不同情况的需要有无色膜和彩色膜等方法。

**(1)无色透明导电氧化膜工艺**　无色透明导电氧化膜工艺如下：

| | |
|---|---|
| 磷酸 | 22g/L |
| 铬酐 | 4g/L |
| 氟化钠 | 5g/L |
| 硼酸 | 2g/L |
| 温度 | 室温 |
| 时间 | 15～60s |

膜层的厚度为 $0.3～0.5\mu m$，导电性能良好。

**(2)彩色导电氧化膜工艺**　彩色导电氧化膜工艺如下：

| | |
|---|---|
| 铬酐 | 4g/L |
| 氟化钠 | 1g/L |
| 铁氰化钾 | 0.5g/L |
| 温度 | 30℃～35℃ |
| 时间 | 25～30s |

## 9.2.3　镁及镁合金的化学氧化

镁及镁合金的表面处理除了电镀工艺外，同样也可以进行氧化处理。对于要求较低的产品则可以采用化学氧化工艺。

化学氧化工艺的配方和操作条件如下：

| | |
|---|---|
| 重铬酸钾 | 30～50g/L |
| 硫酸铝钾 | 8～12g/L |
| 醋酸（60%） | 5～8 mL/L |
| 温度 | 室温 |
| 时间 | 3～5min |

这个工艺得到的膜层呈金黄色到褐色，溶液稳定，操作简单，膜层质量较高，但用到了重铬酸盐，这在电子产品中已经不可取。另一种工艺是氟化钠工艺：

| | |
|---|---|
| 氟化钠 | 35～40g/L |
| 温度 | 室温 |
| 时间 | 10～12min |

但是所得膜层的颜色不太好，为深灰色至黑褐色。

## 9.3 金属的磷化与氧化

### 9.3.1 金属的磷化

金属在含有磷酸盐的溶液中进行处理，形成金属磷酸盐化学转化膜，这一工艺过程称为磷化。所形成的金属磷酸盐转化膜称为磷化膜。磷化技术的发展已有一百多年历史，广泛应用于汽车、军工、电器、机械等工业领域。

钢铁磷化后其表面覆盖一层磷化膜，起到防止钢铁生锈的目的，主要用于工序间和库存等室内防锈，一般不用于户外防锈。同时磷化膜也是油漆和涂装的良好底层，这是磷化工艺的最主要用途。在世界范围内金属的表面装饰与保护手段约有 2/3 是通过涂装实现的，只要生产条件许可，涂装前都要进行磷化处理。

另外，磷化膜的特殊晶粒结构和硬度用于齿轮、压缩机、活塞环等运动承载件，起到耐磨、减少摩擦力的作用。磷化膜具有的润滑功能，在拉丝、拉管等冷加工行业广泛应用，用于提高拉丝、拉管速度和减少模具损伤。

磷化过程包含了化学与电化学反应。不同磷化体系、不同基材的磷化反应机理比较复杂，但可以用一个化学反应方程式简单地表述磷化成膜机理：

$$8Fe+5Me(H_2PO_4)_2+8H_2O+H_3PO_4$$
$$=Me_2Fe(PO_4)_2 \cdot 4H_2O+Me_3(PO_4) \cdot 4H_2O+7FeHPO_4+8H_2 \uparrow$$

式中，Me 为 Mn、Zn、Fe 等。

钢铁在含有磷酸及磷酸二氢盐的高温溶液中浸泡，将形成以磷酸盐沉淀物组成的晶粒状磷化膜，并产生磷酸一氢铁沉渣和氢气。磷酸盐沉淀与水分子一起形成磷化晶核，晶核继续长大成为磷化晶粒，无数个晶粒紧密堆集形成磷化膜。

由于磷酸盐对水体产生富磷化污染，现在已经在限制磷化工艺的应用，而代之为无磷转化膜工艺。同时温度也要求由高温向中低温发展。

### 9.3.2　典型磷化工艺

**(1)前处理**　钢铁进行磷化处理前要进行充分的前处理,其处理的基本要求与装饰性电镀一样,即进行除油和表面酸蚀。因此可以参考电镀钢铁制件的前处理工艺进行钢铁磷化的前处理。前处理工艺流程如下:

有机除油→化学除油→电化学除油(宜用阳极除油)→酸蚀→活化→磷化。

为了防止磷化出现发花或膜层不牢,应该加强对前处理的管理,保证制件表面的充分亲水化和进入磷化工作槽时处于活化状态。

**(2)磷化**

① 高温磷化工艺如下:

| | |
|---|---|
| 酸式磷酸盐 | 25～30g/L |
| 碳酸锰 | 2～5g/L |
| 总酸度 | 28～35 点 |
| 游离酸 | 2～4 点 |
| 温度 | 97℃～99℃ |
| 时间 | 30min 以上(以停止析出氢气为终点) |

本工艺所得的磷化膜较厚,但结晶粗大。

② 中温磷化工艺如下:

| | |
|---|---|
| 酸式磷酸盐 | 30～35g/L |
| 硝酸锌 | 80～100g/L |
| 总酸度 | 50～70 点 |
| 游离酸 | 5～7 点 |
| 温度 | 60℃～70℃ |
| 时间 | 10～15min |

③ 室温磷化工艺如下:

| | |
|---|---|
| 酸式磷酸盐 | 30～40g/L |
| 氟化钠 | 3～5g/L |
| 硝酸锌 | 140～160g/L |
| 总酸度 | 85～100 点 |
| 游离酸 | 3～5 点 |
| 温度 | 室温 |
| 时间 | 40～60 min |

**(3)游离酸与总酸度的调整**　游离酸主要指游离的磷酸,总酸来源于磷酸盐、硝酸盐和酸的总和。加入碳酸锰可以降低游离酸度。当加入酸式磷酸盐或磷酸二氢锌5～6g/L时,游离酸升高1点,同时总酸度升高5度左右。总酸度可以通过加水来降低。

**(4)后处理**　磷化完成后,要根据需要进行后处理。出槽后首先是充分的水洗,对于有防腐要求的磷化膜,要置于80℃的重铬酸钾和碳酸钠的混合液中处理10min。重铬酸盐的含量为70g/L,碳酸钠的含量为10g/L。还可以再在100℃锭子油或防锈油中浸5～10min。如果是作为涂油装的底层,则不能浸油,而是在浸铬酸盐后进行干燥。

除了上述典型工艺外，不同体系磷化液的组成与特性见表9-1。

**表9-1 不同体系磷化液的组成与特性**

| 磷化体系 | 槽液主要组成 | 磷化膜主要成分 | 磷化膜形貌 | 主要用途 |
|---|---|---|---|---|
| 锌系磷化 | $Zn^{2+}$，$H_2PO_4^-$，$NO_3^-$，$H_3PO_4$，促进剂 | $Zn_3(PO_4)_2 \cdot 4H_2O$ $Zn_2Fe(PO_4)_2 \cdot 4H_2O$ | 树枝状、针状，孔隙较多 | 涂漆前打底、防锈和冷加工减摩润滑 |
| 锌钙系磷化 | $Zn^{2+}$，$Ca^{2+}$，$NO_3^-$，$H_2PO_4^-$，$H_3PO_4$，促进剂 | $Zn_2Ca(PO_4)_2 \cdot 4H_2O$ $Zn_2Fe(PO_4)_2 \cdot 4H_2O$ $Zn_3(PO_4)_2 \cdot 4H_2O$ | 呈紧密颗粒状，孔隙较少 | 涂装前打底及防锈 |
| 锌锰系磷化 | $Zn^{2+}$，$Mn^{2+}$，$NO_3^-$，$H_2PO_4^-$，$H_3PO_4$，促进剂 | $Zn_2Fe(PO_4)_2 \cdot 4H_2O$ $Zn_3(PO_4)_2 \cdot 4H_2O$ $(Mn,Fe)_5H_2(PO_4)_4 \cdot 4H_2O$ | 颗粒-针状-块状混合晶型，孔隙较少 | 漆前打底、防锈及冷加工减摩润滑 |
| 锰系磷化 | $Mn^{2+}$，$NO_3^-$，$H_2PO_4^-$，$H_3PO_4$ | $(Mn,Fe)_5H_2(PO_4)_4 \cdot 4H_2O$ | 晶粒呈密集颗块状 | 防锈、减磨 |
| 铁系磷化 | $Fe^{2+}$，$H_2PO_4$，$H_3PO_4$ | $Fe_5H_2(PO_4)_4 \cdot 4H_2O$ | 晶粒呈密集颗粒状 | 防锈 |
| 非晶相铁系 | $Na^+(NH_4^+)$，$H_2PO_4^-$，$H_3PO_4$，$MoO_4^-$ | $Fe_3(PO_4)_2 \cdot 8H_2O$，$Fe_2O_3$ | 非晶相的平面 | 涂漆前打底 |

## 9.3.3 环保型磷化

**(1)无亚硝酸盐磷化** 亚硝酸盐作为磷化中的氧化促进剂，是目前使用最为广泛的磷化氧化促进剂。但是亚硝酸盐有毒，在磷化过程中容易产生氮氧化合物，污染环境，且沉渣多易堵塞喷淋型磷化工艺的管道。因此，需要开发无亚硝酸盐磷化工艺。在目前开发出的众多新型促进剂中，硫酸羟胺(HAS)是较为实用的工艺。硫酸羟胺可单独作为促进剂，最佳用量范围为3.2~16g/L。

硫酸羟胺促进生成的磷化膜比亚硝酸盐促进生成的膜结晶均匀致密，排列整齐，晶粒结构为柱状或粒状，耐碱性好，有利于与阴极电泳配套。硫酸羟胺也可和其他促进剂相互配合使用，以减少硫酸羟胺的用量，与间硝基苯磺酸钠1.0g/L配合使用时，硫酸羟胺的最佳用量为3~3.5g/L；间硝基苯磺酸钠为1.5g/L时，硫酸羟胺的最佳使用量为2.5~3g/L。硫酸羟胺也易分解，但是其分解的速率要低于亚硝酸钠。

无亚硝酸盐磷化工艺中，另一类为双氧水作为促进剂，其还原产物为水，不产生任何环境污染，双氧水促进工艺在喷淋线上更显优势，适合镀锌板。但由于双氧水在酸性溶液中不稳定，故需频繁检测促进剂并单独补加中和剂。

**(2)无镍磷化**　　由于对废水中重金属离子的严格限制，镍的应用受到限制。我国目前的排放标准为1mg/L，因此需开发新的无镍磷化工艺。镍可被其他金属离子取代，而无须牺牲磷化的综合性能。以铜取代镍的工艺如下：

| | |
|---|---|
| 羟胺促进剂 | 0.9～2.0g/L |
| 铜含量 | (5±2)ppm |
| 锌含量 | 1.9±0.1g/L |
| 总酸度 | 26 点 |
| 游离酸度 | 2.5～3.5 点 |
| 游离氟 | 150～200ppm |
| 温度 | 53℃ |
| 时间 | 200s |

铜在磷化中作为促进剂之一，是由于铜电位比铁、锌更正，从而沉积在基体上，形成微阴极，扩大了阴、阳极面积比，促进了磷化成膜。在此磷化工艺中，痕量的铜取代镍，其创新在于对铜的精确监控和测量。虽然目前不知道在此工艺中铜的作用原理，但是可以确定，铜是作为氧化物嵌入磷化膜层的。

**(3)含稀土添加剂的磷化**　　磷化液中加入稀土添加剂后，磷化膜的耐蚀性有一定的提高，膜层厚度略有减少。在磷化液中加入微量稀土化合物后，其作用是比较明显的。在磷化过程中，由于稀土元素的外层电子结构的特殊性，其具有较大的离子半径，易极化和变形，很容易吸附在基体金属的表面，于是提供了更多的活性点，形成了更多的晶核，使其产生表面调节剂和促进剂的作用，加速了磷化过程，并促使磷化结晶细化、致密，从而提高了膜层的耐蚀性，而对磷化膜层的组成和结构没有明显的改变。

### 9.3.4　钢和铜的化学氧化

**(1)钢氧化**　　钢氧化也称为发蓝，是通过化学方法在钢铁表面生成人工氧化膜的过程。其氧化膜由磁性氧化铁组成，主要是四氧化三铁。其厚度为$0.5～1.5\mu m$，膜的耐蚀性较差。典型工艺是碱性化学法，现在已经有被常温化学法取代的趋势。典型发蓝工艺如下：

| | |
|---|---|
| 氢氧化钠 | 300～350g/L |
| 亚硝酸钠 | 80～110g/L |
| 入槽温度 | 125℃ |
| 出槽温度 | 130℃ |
| 氧化时间 | 40min |

**(2)常温发黑工艺**　　常温发黑是以亚硒酸盐和铜盐为基本成分的钢铁常温发黑工艺，具体如下。

| | |
|---|---|
| 硫酸铜 | 10g/L |
| 亚硒酸 | 10g/L |
| 二氧化硒 | 20g/L |
| 硝酸 | 2～4mL/L |
| 氨基磺酸酐 | 10～30g/L |

| 聚氧乙烯醇 | 1g/L |
|---|---|
| pH | 2～3 |
| 温度 | 室温 |
| 时间 | 3～5min |

发黑处理前，钢铁制件要充分去油和酸洗，保证表面处于良好的活性状态。

由于亚硒酸盐是有毒物质，从环境保护和安全角度，需要开发无硒酸盐的常温发黑工艺。一种可参考的环保型常温发黑工艺如下：

| 硫酸铜 | 10g/L |
|---|---|
| 葡萄糖酸钠 | 5g/L |
| 冰醋酸 | 3mL/L |
| 催化剂 | 0.01～0.03g/L |
| 聚胺类表面活性剂 | 0.01～0.1g/L |
| pH | 2～2.5 |
| 温度 | 室温 |
| 时间 | 1～3min |

**(3)铜及铜合金的钝化** 铜在酸性钝化溶液中因化学反应生成碱式碳酸铜盐，并在金属表面形成钝化膜，在达到一定厚度后，这种钝化膜有阻止反应进一步进行的作用。以下是两种典型的钝化工艺。

① 铬盐钝化工艺如下：

| 重铬酸钠 | 100～150g/L |
|---|---|
| 硫酸 | 5～10g/L |
| 氯化钠 | 4～7g/L |
| 温度 | 室温 |
| 时间 | 3～8s |

② 铬酸钝化工艺如下：

| 铬酸 | 80～90g/L |
|---|---|
| 硫酸 | 25～30g/L |
| 氯化钠 | 1～2g/L |
| 温度 | 室温 |
| 时间 | 15～30s |

**(4)铜及铜合金的氧化**

① 过硫酸盐碱性氧化工艺如下：

| 过硫酸钾 | 10～20g/L |
|---|---|
| 氢氧化钠 | 45～50g/L |
| 温度 | 60～65 g/L |
| 时间 | 5min |

② 氨铜液化学氧化工艺如下：

| 碱式碳酸铜 | 40～50g/L |
|---|---|

氨水(25%)　　　　　　　　200mL/L

温度　　　　　　　　　　　室温

时间　　　　　　　　　　　5～15min

　　由于黄铜中的锌易溶于强酸中,所以不能进行强酸酸洗。除油清洗后可直接进行弱酸浸蚀,再清洗后进行氧化可获得黑亮膜层。

　　铜氧化用挂具只能用铝、钢、黄铜等材质制作,不能用紫铜制作,以防工作液污染而失效。

# 10 非金属电镀

## 10.1 非金属电镀流程与前处理

### 10.1.1 非金属电镀流程

在非金属材料表面镀上金属，以前人们的做法是在非金属材料表面包覆金属来进行装饰或节约珍贵的金属，如在木材表面包覆金属，在低值金属表面包覆贵金属等的包金技术。

从这个意义上来说，非金属电镀技术的产生实际上是古代人类创意在新的生产力条件下的发展。尤其是在塑料被开发并大量应用以后，在塑料等材料上进行电镀一直是表面技术人员研究的一个重要方向。

根据电镀的原理，只要使非金属表面呈现导电性，对表面导电的非金属进行电镀是完全可能的。

过去有过在非导体表面涂覆导电银浆或导电胶后再进行电镀的方法，但是适合大量生产或电镀比较精细的产品，而且镀层的质量也不是很好。理想的方法是使非金属表面金属化，从而能像金属电镀那样进行电镀加工。因此，如何使非金属表面金属化是非金属电镀技术的关键。

简单地讲，非金属电镀的原理就是非金属表面金属化的原理。而非金属表面金属化则是通过一系列化学反应，在非金属表面获得金属沉积层的过程。

典型的非金属电镀工艺流程如下：

表面预处理（整面）→清洗→除油→清洗→中和→清洗→化学粗化→清洗→敏化→清洗→蒸馏水洗→活化→清洗→化学镀→清洗→电镀加厚→装饰性电镀或功能性电镀

对于不同的非金属材料，这个流程会有所增减或调整，包括清洗要求都会有所不同。如果采用一步法活化，则会没有敏化流程。如果采用直接镀工艺，则化学粗化后即进入预镀阶段，省去了从敏化到化学镀的流程。但是，从表面金属化原理的角度，上述流程是一个完整的流程。

### 10.1.2 非金属电镀前处理

1. 预处理

在以往的塑料电镀技术资料中往往忽略了镀前的预处理。实际上，无论是对于塑料电镀还是其他非金属电镀，镀前的预处理对于成功进行后边的流程都是十分重要的。

这一过程包括对表面外观的检查，对于有明显表面缺陷并会影响电镀外观质量的制件，要予以剔除。但是，仅仅看外观还不能判断非金属材料是否还有影响镀层质量的内在因素，如内应力。集中在浇口或与浇口对应的部位的应力，将是影响镀层结合力的隐性因素，会造成不易发现原因的应力起泡现象出现。

注塑加工或模压加工都会产生应力,因此,有效的办法是设定一个预处理过程,将应力消除。例如,在一定温度下进行时效处理,可以有效地消除材料的内应力。由于塑料或树脂的软化温度较低,常用的温度是 80℃,时间在 8h 以上,因此可以采用恒温烘箱加温,也可以在保持 80℃的水浴中进行预处理。

在进入下道工序前还有一个不应忽视的步骤是整面,可以理解为表面整理。对于 ABS 塑料,特别是对于聚丙烯、聚砜、聚氯乙烯、聚碳酸酯等,通常采用有机溶剂进行整面处理,如对聚丙烯可采用甲苯、二甲苯、二氢杂环己烷,对聚碳酸酯可采用四氢呋喃、甲基甲酰胺等。塑料表面预处理时可选用的有机溶剂见表 10-1。

表 10-1　塑料表面预处理时可选用的有机溶剂

| 塑料名称 | 可用的有机溶剂 |
|---|---|
| ABS | 丙酮 |
| 聚烯烃 | 丙酮、二甲苯 |
| 聚碳酸酯 | 甲醇、三氯乙烯 |
| 聚苯乙烯 | 乙醇、甲醇、三氯乙烯 |
| 苯乙烯共聚物 | 乙醇、三氯乙烯、石油精 |
| 聚氯乙烯 | 乙醇、甲醇、丙酮、三氯乙烯 |
| 氟塑料 | 丙酮 |
| 聚丙烯酸酯 | 甲醇 |
| 聚甲基丙烯酸甲酯 | 甲醇、四氯化碳、氟利昂 |
| 聚酯 | 丙醇 |
| 环氧树脂 | 甲醇、丙酮 |
| 聚甲醛 | 丙酮 |
| 聚酰胺 | 汽油、三氯乙烯 |
| 氨基塑料 | 甲醇 |
| 酚基塑料 | 甲醇、丙酮、三氯乙烯 |

**2. 除油**

对非金属电镀而言,除油是借用金属电镀的术语。所有塑料表面都是疏水的,除了木材,其他非金属材料也不易亲水。这使得主要以水溶液为载体进行的化学处理在塑料表面不易进行完全。当然,也不排除塑料表面在加工过程中有油污染,至少还有脱模剂的残余。因此,要使其后的各项流程得以顺利实施,去掉这些表面油污是非常重要的。

非金属表面的除油一般也可以沿用金属表面的除油处理工艺。但是要充分考虑被处理材料的物理、化学性质,不能造成表面的严重损害。

对塑料表面的油污可以用碱性除油工艺，如采用合成洗涤剂在60℃以下进行处理，也可以用下述碱性除油液进行处理：

| | |
|---|---|
| $Na_2CO_3$ | $20\sim30g/L$ |
| $Na_3PO_4$ | $10\sim30g/L$ |
| NaOH | $10\sim20g/L$ |
| 表面活性剂 | $2\sim5mL/L$ |
| 温度 | $60℃\sim70℃$ |
| 时间 | $10\sim30min$ |

表面活性剂要选用低泡和具有可逆吸附特性的物质，如烷基苯酚聚氧乙烯醚（OP乳化剂）。

对于表面有蜂蜡、硅油及其他有机油污的制件，也可以先采用有机除油的方法。但所用有机溶剂应不会对塑料发生溶解、溶胀或产生龟裂，常用的有丙酮、酒精、二甲苯、三氯乙烯等。

有机除油在这里实际上就是前面所说的整面，有些资料认为整面有预粗化的作用，这是某些溶剂对塑料有微观的表面溶解作用的缘故。

也可以采用酸性除油液，即采用通常用作洗涤玻璃器皿的"洗液"来作为塑料表面的除油剂：

| | |
|---|---|
| $K_2Cr_2O_7$ | $15g$ |
| $H_2SO_4$ | $300mL$ |
| $H_2O$ | $20mL$ |
| 温度 | 室温 |
| 时间 | $1\sim2min$ |

这种除油的效果比较好，它依据的不是对油污的皂化作用、溶剂的溶解作用，而是以强氧化作用来破坏有机物的。但是，要防止时间过长对表面造成伤害。同时，这种方法也不适合大量生产。在实验室做试验时或只用来做小批量样品时，用这种方法比较可靠。

检查除油是否达到预期效果的方法很简单，就是看经过除油处理的制件表面是否亲水。如果完全不亲水或不完全亲水，都要重新来过，要求至少要基本亲水。某些塑料在除油后表面仍然处于不亲水的状态，必须等粗化后才能显示出亲水性，有资料显示可用紫外线照射法或荧光法作用表面来鉴别表面的亲水状态，但是在生产现场并无实用价值。

3. 粗化

在完成除油工序后，就可以进行粗化处理。表面粗化程度是决定非金属电镀结合力好坏的关键。在非金属电镀工艺不成熟的时期，为了提高镀层与基体的结合力，曾经采用过机械粗化的方法，当然现在对于进行化学粗化还有困难的非金属材料，也还有采用机械粗化的。但是机械粗化使表面完全没有了光泽，这对于装饰性电镀来说是不利的，只能用于亚光的表面处理。同时，机械粗化是物理粗化过程，一般是采用喷沙或喷丸的方法。这些方法所得到的镀层结合力是有限的，据报道机械粗化所得到的镀层结合力平均只是化学粗化法所获得结合力的 1/10，因此，现在普遍采用的是化学粗化法。

　　化学粗化法是根据非金属材料中具有可与酸或碱发生反应的物质而设计的。这类物质在经过酸或碱的处理后，从组分中溶解出来，从而使表面粗化。化学粗化可以获得均匀一致的粗化表面，其与镀层的结合力比机械粗化要好得多。

　　最常用的化学粗化液是以铬酸和硫酸为主的强氧化性粗化液。这种粗化液有很好的通用性，适合对 ABS 塑料和其他一些塑料进行粗化处理。

　　另外还有添加磷酸和重铬酸钾的粗化液，以及碱性粗化液、有机粗化液等。

　　**(1)粗化的原理**　　无论是机械粗化还是化学粗化，其目的是为了使非金属表面粗糙化，以增加表面与金属镀层的结合力。金属镀层是从化学镀层表面生长出来的，而化学镀层是否可以在表面形成完整的镀层，取决于粗化的效果。实际上，"镀层结合力"这一术语，准确地讲是指化学镀层与基体的结合力。显然，表面积越大，镀层与基体的接触面积越大，结合力也就会越强。粗化过程大大地增加了非金属材料的表面积，使化学镀层的结晶有效地在上面生长成为连续的镀层。

　　化学粗化之所以比机械粗化的方法有较强的结合力，是因为化学处理后的表面的粗化形态不同于机械粗化后的表面。一般来说，机械粗化表面所形成的粗化形态是许多碗状的小坑，也就是半圆形凹坑。设所采用的喷料是完全的圆形，根据机械粗化的过程来判断，这些凹坑的形状最佳的状态就是半圆状态，实际过程中由于重叠效应，这些半圆只会是不完整的或小于半圆的凹坑。而化学粗化所依据的是表面物质的溶解，溶出后留下的凹坑的形状往往大于半圆，形成的不是碗状而是罐状的凹坑。仅从这一点来推断，就可以知道化学粗化法所获得的表面积要比机械粗化法所获得的表面积大。

　　更重要的是，化学粗化法所获得的表面形状使得镀层在其上生长后获得了一种锁扣效应，也有人称为"燕尾槽效应"或"锚效应"，这种效应在 ABS 塑料中最为明显。ABS 塑料的化学粗化机理模型如图 10-1 所示。

　　**(2)粗化工艺的选择**　　如前所述，粗化工艺对非金属电镀的结合力有很大影响。如何选择粗化工艺关系到能不能获得有实用价值的金属镀层，同时也要考虑成本、环境保护等诸多因素。

　　就获得良好结合力而言，化学粗化应该是首选的工艺。但是化学粗化存在比较严重的环境污染，所以从环境保护的角度，能够采用物理方法时，应该尽量采用物理方法，如湿式喷砂法、滚磨法等。当镀层有一定厚度，对表面光泽度又没有过高要求时，采用物理方法是较好的。

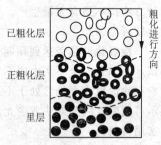

图 10-1　ABC 塑料的化学
粗化机理模型

　　还有一类塑料或非金属材料不能够采用化学粗化法，只能选用物理方法粗化。机械粗化需要专门的设备，同时，如果采用干法喷砂，也存在操作环保粉尘污染的问题，需要有相应的保护措施，因此通常采用湿法喷砂的方法。

　　当然，对于有些大批量生产，对表面粗糙度和镀层结合力有较严要求，且有环境保护措施的企业，仍然需要采用化学粗化法。事实上大多数塑料电镀企业采用的是化学粗化法进行粗化处理。同时，化学粗化法的环保性问题也早已引起各方重视，低污染或少污染、无污染的粗化工艺也在开发之中。

对于有些表面粗化比较困难的非金属，还要选用物理法和化学法并用的联合粗化法，以加强表面粗化的效果。在研发新的非金属电镀产品过程中经常要用到这种方法，其目的是先获得有用的镀层供新产品开发者进行进一步研究，再来确定批量生产时的粗化工艺或今后正式生产时的生产工艺。

**4. 敏化**

敏化是指在我们对非金属进行金属化处理的过程中，在经过粗化的表面上吸附上一层具有还原作用的化学还原剂的过程，目的是为下一道活化工序做准备。

**(1)敏化的原理** 要使非金属表面镀出金属，先要在非金属表面以化学的方法镀出一层金属来，即化学镀。而要实现化学镀，非金属表面必须要有一些具备还原能力的催化中心，通常称为活化或活性中心。实际上是要以化学方法在非金属表面形成生长金属结晶的晶核。形成这种活性中心的过程是一个微观的金属还原过程，并且通常是分步实现的。即先在非金属表面形成一层具还原作用的还原液体膜，然后在含有活化金属离子的处理液中还原出金属晶核。这种具还原性作用的处理液就是敏化液。

目前较常用的敏化液有氯化亚锡。氯化亚锡是二价锡盐，很容易失去两个电子而被氧化为四价锡：

$$Sn^{2+} - 2e \rightarrow Sn^{4+}$$

这两个电子可以供给所有氧化还原电位比它正的金属离子，使其还原，如铜、银、金、钯、铂等，各反应如下：

$$Sn^{2+} + Cu^{2+} =\!=\!= Sn^{4+} + Cu$$
$$Sn^{2+} + 2Ag^{+} =\!=\!= Sn^{4+} + 2Ag$$
$$6Sn^{2+} + 4Au^{3+} =\!=\!= 3Sn^{4+} + 4Au$$
$$Sn^{2+} + Pd^{2+} =\!=\!= Sn^{4+} + Pd$$

氯化亚锡的特点是在很宽的浓度范围内，可以在非金属材料表面形成一个较恒定吸附值，如 $1 \sim 200g/L$ 都可以获得敏化效果。

为了合理地选择敏化液的成分，首先一定要明白敏化过程的机理。很多研究都已经证实，二价锡在表面的吸附过程并不是发生在敏化液中，而是在下一道用水清洗时由于发生水解而产生微溶性产物：

$$SnCl_4^{2-} + H_2O =\!=\!= Sn(OH)Cl + H^{+} + 3Cl^{-}$$

$Sn(OH)Cl$ 是 $Sn(OH)_{1\sim5}Cl_{0\sim5}$ 的形式之一，是二价锡水解后的微溶性产物。正是这些产物在凝聚作用下沉积在非金属表面，形成一层厚度由十几至几千埃的膜。因此，如果敏化液中的二价锡不水解，则无论在其中浸多长时间，都不会增加二价锡的吸附量。但是后面的清洗条件、酸及二价锡的浓度则与二价锡的吸附量有重要关系。试验表明，提高敏化液的酸度和降低二价锡的含量都将导致表面水解产物的减少。

另外，表面粗糙度、表面的组织结构及清洗水的流体力学特性都对二价锡水解产物在表面的沉积数量有直接影响。酸性或强碱性溶液易将表面上的二价锡薄层膜洗掉而导致敏化效果消失。

沉积在非金属表面上的二价锡的数量对化学镀的成败起着决定性作用。二价锡的数量越多，在下一道催化处理时所形成的催化中心密度越高，化学镀时的诱导期就越短，且获得的镀层也均匀一致。但是，过量的二价锡的吸附，会导致催化金属过多地沉积，致使镀层结合力下降。所以应根据不同的活化液和化学镀液来确定敏化液中二价锡的浓度。

不论是由于氧化剂的影响将二价锡氧化成四价锡，还是在光照或空气中长时间暴露的氧化过程都会使敏化效果失效。因此保持敏化液的稳定性也是很重要的，当镀液中的四价锡的含量超过二价锡的含量时，化学镀铜的镀层呈暗色且不均匀。

目前尚没有找到完全抑制氧化的办法。通常的做法是在敏化液配制完成后，在敏化液内放入一些金属锡的锡条或锡粒，以减少四价锡的危害：

$$Sn^{4+} + Sn = 2Sn^{2+}$$

**(2)敏化的工艺**　一种典型的敏化工艺如下：

| | |
|---|---|
| $SnCl$ | 10g/L |
| HCl | 40mL/L |
| 温度 | 10℃～30℃ |
| 时间 | 3～5min |

在配制时，要先将盐酸溶于水中，再将氯化亚锡溶入盐酸水溶液中，这是为了防止发生水解：

$$SnCl_2 + H_2O = Sn(OH)Cl + HCl$$

由反应式可知，在有盐酸存在的情况下，有利于氯化亚锡的稳定。

根据敏化的原理可知，在敏化过程中，$Sn^{2+}$ 在非金属表面的吸附层是在清洗过程中形成的，所以敏化时间的长短并不重要。而实际清洗很重要，这是因为二价锡外面多少都会有四价锡的胶体存在，特别是对于使用过一段时间后的敏化液更是如此，如果清洗不好，会影响敏化效果。但过度的清洗会使二价锡脱附，导致敏化效果下降。

实际生产过程中，敏化可以有多种的工艺，分述如下：

① 酸性敏化液工艺。以上介绍的典型敏化工艺即属于这种类型。酸与锡的克分子比可以为 4～50，最常用的是含氯化亚锡 10～100g/L 和盐酸 10～50mL/L 的敏化液。随着酸浓度的升高，二价锡氧化的速度也会加快。也可用其他酸来作为介质酸，如采用硫酸亚锡或硼氟酸亚锡盐时，所用的酸就应该是同离子的硫酸或硼氟酸。例如，对玻璃、陶瓷、氟塑料进行敏化时，可以用以下配方：

| | |
|---|---|
| 硼氟化亚锡 | 15g/L |
| 硼氟酸 | 250mL/L |
| 氯化钠 | 100g/L |

当敏化表面难以被水湿润时，可以在敏化液中加入表面活性剂，加入的含量为0.001～2g/L，常用的有十二烷基硫酸钠。

② 乙醇敏化液工艺。这也是为解决表面难以亲水化的某些非金属制件的敏化方法。在乙醇溶液中加入 20～25g/L 的二价锡盐即可。也可以用乙醇与水的混合液，或者加入适当的酸或碱。

③ 碱性敏化液工艺。加入碱是因为有些非金属材料不适合在酸性介质中处理，这时就要用到碱性的敏化液配方如下：

| 氯化亚锡 | 100g/L |
| 氢氧化钠 | 150g/L |
| 酒石酸钾钠 | 175g/L |

实际生产中很少用到碱性敏化液，这主要是针对特殊制件所用的方法。

经过敏化处理的表面，如果后面的活化工序所用的是银盐，还要经过蒸馏水清洗后才能进入下道工序。这是为了防止将敏化离子带入到活化过程而引起活化的无效消耗，消耗活化的资源。

5. 活化

活化液主要由贵金属离子如金、银、钯等金属的盐配制的。在分步活化中，用得最多是银，这是因为相对来说，银的成本是最低的。但是银也有其局限性，一个是其稳定性不是很好，遇光以后会自身还原而析出银来，使金属离子浓度下降。另一个原因是银只能催化化学镀铜，对化学镀镍没有催化作用。因此，很多时候要用到其他的贵金属，用得最多的是钯，当然现在也有了新的活化工艺或直接镀工艺，但大量采用的还是银和钯的活化工艺。

**(1)活化的原理**　活化的原理简单说起来，就是当表面吸附有敏化液的非金属材料进入含有活化金属盐的活化液时，这些活化金属离子与吸附在表面的还原剂锡离子发生电子交换，二价锡离子将两个电子供给两个银离子或者一个钯离子，从而还原成金属银或钯。这些金属分布在非金属表面，成为非金属表面的活化中心。当这种具有活化中心的非金属材料进入化学镀液时，就会在表面催化化学镀发生而形成镀层：

$$Sn^{2+} - 2e == Sn^{4+}$$
$$2Ag^+ + 2e == 2Ag$$

或者

$$Pd^{2+} + 2e == Pd$$

敏化后的清洗和所持续的时间对颗粒的大小影响较大。经彻底清洗后，所形成的钯颗粒的直径小于20Å，在这种数量的颗粒下所获得的化学铜镀层平滑且结合力良好。

当用强酸性或强碱性溶液进行活化时，一部分敏化剂如锡的化合物将被溶解，并使钯离子还原而形成混浊液。这时最好采用银氨活化液，因为二价锡盐的水解产物在银氨溶液中不会被溶解。

经过活化处理后的制件最好进行干燥，干燥后再进入化学镀的制件结合力有所提高。

**(2)活化工艺**　以银离子作活化剂的工艺如下：

| AgNO3 | 3～5g/L(蒸馏水) |
| NH4OH | 滴加至溶液透明 |
| 温度 | 室温 |
| 时间 | 5～10min |

加盖避光存放，每次使用后都要加盖。

以钯离子作活化剂的工艺如下：

| | |
|---|---|
| PdCl$_2$ | 0.5～1g/L |
| HCl | 30～40mL/L |
| 温度 | 室温 |
| 时间 | 5～10min |

分步活化法不适合于自动生产线的生产，因为敏化液如果不清洗干净，稍有残留都会带进活化液而导致活化液提前失效。特别是当采用银离子作活化剂时，要经常更换蒸馏水，以保证活化液的稳定。这也是分步活化法的一个主要的缺点。作为改进，人们开发了一步活化法。

**(3)一步活化法**　一步活化法是将还原剂与催化剂置于同一液内，在反应生成活化中心后，在浸入的非金属表面吸附而生成活性中心的方法，因此也称为敏化活化一步法。由于通常采用的是胶体钯溶液，所以也称为胶体钯活化法。

这种方法是将氯化钯和氯化亚锡在同一溶液内反应生成金属钯和四价锡，利用四价锡的胶体性质形成以金属钯为核心的胶体团，这种胶体团可以在非金属表面吸附，通过解胶流程，将四价锡去掉后，露出的金属钯就成为活性中心。

胶体的配制所用原料如下：

| | |
|---|---|
| PdCl$_2$ | 1g |
| HCl | 300mL |
| SnCl$_2$ · H$_2$O | 37.5g |
| H$_2$O | 600mL |

配制方法如下：取300mL盐酸溶于600mL水中，然后加入1g氯化钯，使其溶解。再将37.5g氯化亚锡边搅拌边加入其中，这时溶液的颜色由棕色变绿色，最终变成黑色。如果绿色没有即时变成黑色，就要在65℃保温数小时，直至颜色变成黑色以后，才能使用。

严格按上述配制方法进行配制是非常重要的，如果配制不当，会使活化液的活性降低，甚至失去活性。

活化液配制过程中出现的颜色变化是不同配位数胶体的反应显示。当配位数为2时，显示为棕色；而当配位数为4时，显示为绿色；进一步增加锡的含量，当配位数达到6时，溶液的颜色就成为黑色。这时的胶团的分子式可能是[PdSn$_6$Cl$_x$]$^{x-}$。

由于一步活化法中金属离子是以胶体状存于活化液中的，因此，非金属制件浸过活化液后，还必须经过一道解胶工序，如用100mL/L HCL，经过5min或更长时间处理就可以进行化学镀了。

### 10.1.3　非金属表面化学镀

化学镀是非金属表面金属化的主要工艺。经过活化处理后，非金属表面已经分布有催化作用的活性中心。这些活性中心作为化学镀层成长的晶核，使化学镀层从这里生长成连续的镀层。当最初的镀层形成后，化学镀层具有的自催化作用使化学镀得以持续进行。

化学镀所依据的原理仍然是氧化还原反应，由参加反应的离子提供和交换电子，从而完成化学镀过程。因此化学镀液需要有能提供电子的还原剂,而被镀金属离子当然是氧化剂了。为了使镀覆的速度得到控制,还需要有让金属离子稳定的络合剂及提供最佳还原效果酸碱度调节剂(pH缓冲剂)等。常用的化学镀有化学镀铜和化学镀镍。

1. 化学镀铜工艺

非金属表面化学镀铜工艺如下:

| | |
|---|---|
| 硫酸铜 | 3.5~10g/L |
| 酒石酸钾钠 | 30~50g/L |
| 氢氧化钠 | 7~10g/L |
| 碳酸钠 | 0~3g/L |
| 37%甲醛 | 10~15mL/L |
| 硫脲 | 0.1~0.2mg/L |
| 温度 | 室温(20℃~25℃) |
| 搅拌 | 空气搅拌 |

在实际操作中为了方便,可以配制成不加甲醛的浓缩液备用。如按上述配方将所有原料的含量提高到5倍,在需要使用时再用蒸馏水按5:1的比例进行稀释,然后在开始工作前再加入甲醛。

要想获得延展性好又有较快沉积速度的化学铜镀层,建议使用如下工艺:

| | |
|---|---|
| 硫酸铜 | 7~15g/L |
| EDTA | 45g/L |
| 甲醛 | 15mL/L |
| pH(氢氧化钠调节) | 12.5 |
| 氰化镍钾 | 15mg/L |
| 温度 | 60℃ |
| 析出速度 | 8~10μm/h |

如果不用EDTA,也可以用酒石酸钾钠75g/L。另外,现在已经有专用络合剂出售,这种络合剂在印制电路板行业使用很普遍。所用的是EDTA的衍生物,其稳定性和沉积速度都比配制的要好一些。一般随着温度上升,其延展性也要好一些,在同一温度下,沉积速度慢时所获得的镀层延展性要好一些,同时抗拉强度也增强。为了防止铜粉的影响,可以采用连续过滤的方式来相当于空气搅拌。

2. 化学镀镍工艺

化学镀镍是塑料电镀中应用较多的镀种。因为其稳定性高而受到欢迎。但是也存在成本较高的缺点。另外,由于非金属电镀的基材大多数不宜在高温条件下作业,因此,非金属电镀只适合采用低温型的镀液。当然有些能耐高温的材料如陶瓷,也可以为了获得快速和性能良好的镀层而采用高温型镀液。

**(1)低温型化学镀镍工艺** 低温型化学镀镍工艺如下:

| | |
|---|---|
| 硫酸镍 | 10~20g/L |
| 氯化铵 | 20~30g/L |

| 柠檬酸钠 | 20～30g/L |
|---|---|
| pH | 8～9 |
| 温度 | 35℃～45℃ |
| 时间 | 5～15min |

这是典型的用于塑料表面金属化的化学镀镍工艺。其特点是温度比较低，不至于引起塑料的过热变形。但由于要求用氨水调节 pH，所以存在有刺激性气味等缺点。

**(2)高温型化学镀镍工艺**　高温型化学镀镍工艺如下：

如果要求有较高的沉积速度，而产品又可以耐较高的温度，则可采用以下工艺：

| 硫酸镍 | 30g/L |
|---|---|
| 柠檬酸钠 | 10g/L |
| 次磷酸钠 | 15g/L |
| 乙酸钠 | 10g/L |
| 温度 | 80℃～85℃ |
| pH | 4～4.5 |

这一工艺的沉积速度可达 $10\mu m/h$，镀层的含磷量也在 10% 以上。但要求搅拌镀液，否则沉积速度会有所下降。

**3. 配制化学镀液的注意事项**

**(1)配制化学镀铜液**　在配制化学镀铜液时，一定不能将甲醛一起加入到化学镀液中，氢氧化钠也不要先加。正确的方法是先以 1/2 量的水溶解酒石酸钾钠等络合剂（也有用商业络合剂的，通常具有化学代号），再往其中溶入已经溶解好的硫酸铜。在需要进行化学镀操作时才加入氢氧化钠，搅拌均匀，最后边搅拌边加入甲醛（或其他还原剂），否则化学镀铜很容易发生自催化分解。稳定性差是化学镀铜的缺点之一，操作中要加以注意。

**(2)配制化学镀镍液**　配制化学镀镍液所用的化学原料最好为化学纯及以上，如果采用工业级材料，一定要先将不含还原剂的部分先溶解，如主盐、络合剂等，然后加温，再加入活性炭进行处理，过滤后再加入也经过滤处理的还原剂等。即使是用化学纯原料配制，也要将还原剂与主盐溶液分开溶解，最后混合。并注意配制时所用容器的洁净问题，不能有金属杂质或活化性化学物残留在容器内，避免在不工作时引发自催化反应而使镀液失效。配制完成后，先不要调 pH，而是在需要化学镀之前再调 pH。

现在有专用的化学镀设备生产企业，为化学镀提供专用设备。也有的化学镀工艺开发企业同时提供配套的设备，对加温、pH 控制、搅拌、镀液过滤等进行自动控制。但是，更多的企业出于成本的考虑而采用自己制作的设备，这时要注意最好是采用间接加温的办法，也就是套槽水浴加温法，可以用不锈钢作镀槽，外槽用钢铁即可，导热较快。

为了使化学镀层不至于在不锈钢槽壁沉积，可以采用微电流阳极保护法，使镀槽处于阳极状态，而不致发生还原反应。具体做法是在镀槽内放置几个用塑料管套好的对电极（阴极），可以是钛材料或不锈钢。也可以加在所镀产品上，在两极间施加 8～10mA/dm² 的电流。

套槽的好处是在化学镀完和停止使用后，可以放入冷水对镀液进行冷却，使反应最终停止下来，这时可以关掉保护电源。

# 10.2 塑料电镀

## 10.2.1 ABS 塑料电镀

### 1. ABS 塑料电镀概述

20 世纪 30 年代，德国的 IG 公司成功地研制出了工业化的塑料——聚苯乙烯。这种塑料无色透明，无味、无臭、无毒，密度小，热塑性好。但是它也有热变形温度低、耐冲击力弱、易脆化等缺点。为了改善其性能，技术人员开始往其中加入一些改性剂，并成功研制了一种加入丙烯腈单体的 AS 塑料，其抗张力和热变形温度都有所提高，只是耐冲击强度尚未得到改善。经过进一步的努力，在 AS 的基础上加入丁二烯，进而开发出了 ABS 塑料。

ABS 塑料的耐冲击强度、抗张力、弹性率均明显改善，且无负荷时热变形温度高，线膨胀系数小，因而加工成形后收缩小，吸水率低，适合于制作精密的结构制品，在工业领域特别是电子仪器仪表等产业获得好评。其后在轻工业、日用品、汽车、航空、航海等诸多工业领域都获得广泛应用。而使 ABS 塑料的应用进一步扩大的最主要原因，就是它是最先开发出来具有工业化电镀加工性能的工程塑料，并且至今仍然是唯一最适合电镀的工程塑料。

由于现代环境保护意识的增强，在所有工业发达国家，电镀加工业已经受到严格的限制，并将许多有严重污染的电镀加工产品转移到发展中国家进行加工，自己只保留精密和高技术的电镀加工产品，而这其中有很大一部分是塑料电镀产品。早在 20 世纪 70 年代，所有发达国家电镀加工产品中有 1/3 是塑料电镀，其中大多数是 ABS 塑料电镀。

我国的电子工业和家用电子产品曾经一度有过普遍采用塑料电镀装饰件的潮流。直到现在，塑料电镀在电子工业和汽车工业中仍然占有一定比例。在许多塑料电镀已经转为不只是装饰而且是结构件的情况下，我国的电镀加工业却由于结构性变化而没有发展塑料电镀，使这一领域明显落后于国际水平。因此，学习和掌握塑料电镀技术对于电镀工作者，是必要的和重要的。

**(1) ABS 塑料结构** ABS 是由丙烯腈、丁二烯和苯乙烯（acrylenitrile、butadiene 和 styrene）三单体共聚而得到的聚合物塑料。其名称代号 ABS 正是这三种单体英文名的第一个字母的组合。

在这个共聚体中，A 成分和 S 成分构成骨架，而 B 成分即丁二烯是以极细微的球状分散在这个构架中的。这种结构使得 ABS 塑料具有一定硬度、韧性和强度，且收缩性小。

改变 ABS 中三种成分含量的比例，可以使其具有不同的物理性质。其中丁二烯的含量对塑料有较大的影响。一般而言，耐冲击强度随着丁二烯含量的增加而增加，但抗张力和热变形温度会下降。

对于电镀级的 ABS 塑料，由于要求金属镀层与基体有良好的结合力，丁二烯的含量要相对高一些。这就是要在保证一定抗张力和热变形温度的前提下，尽量多一些丁二烯，以利于提高镀层结合力。

**(2)ABS 塑料成分对结合力的影响**　当丁二烯在 ABS 中的含量为 10% 时，所测得的镀层结合力为 $1kg/cm^2$，而当丁二烯的含量为 20% 时，其镀层的结合力可达到 2.5 $kg/cm^2$。因此，电镀级的 ABS 塑料中的丁二烯的含量通常就在 20% 左右，这时的 ABS 的抗拉强度为 $350 \sim 490kg/cm^2$，热变形温度在 75℃ 左右。试验表明，当 ABS 塑料中的丁二烯含量在 10%～30% 变动时，所测得的镀层结合力也线性地表现为 $1 \sim 3kg/cm^2$。当丁二烯低于 10% 时，就不能用来制作电镀用的制件。有些产品之所以要将丁二烯的用量调整到 10% 以下，是因为 ABS 塑料的抗拉强度和热变形温度随丁二烯含量的增加而下降。当丁二烯的含量只有 5% 时，ABS 塑料的热变形温度上升到 90℃，抗拉强度可达 $600kg/cm^2$。而当含量在 20% 时，热变形温度下降到 78℃，抗拉强度只有 350 $kg/cm^2$。因此，丁二烯含量低的 ABS 塑料适合于作框架、外壳等对强度要求较高的制件。需要电镀的 ABS 制件，一定要保证丁二烯的含量在 10% 以上。

由于丁二烯是以小球状分散在塑料本体中的，在粗化过程中将丁二烯从塑料本体中溶出，就会使表面形成许多微观的小孔。这种多孔的表面状态有利于化学镀层在其上生长并获得良好的结合力。丁二烯对结合力影响的根据就是这种溶孔与其含量有关。

丁二烯既然是分散在 ABS 本体中的，那么在成形过程中就会受成形条件的影响，并将因成形条件的不同而呈现出不同的形状，如可能是球形或扁平状，也可能是流体状等。其每个球形的粒径大小也不可能是完全一致的。

使用电子显微镜可以观察到直径平均在 $1\mu m$ 以下的凹孔。恰当的粗化条件可以获得的孔径平均为 $0.2 \sim 2\mu m$，且每平方厘米的范围内微孔的数量在 1000 个以上。当粗化处理不充分时，表面的孔数少于正常值，使孔位的表面积减少，结合力变弱。但是当粗化过度时，表面的情况就显得杂乱，孔的形状已经是不定形的了。根据机械结合力理论，孔部的剖面呈球形最好，这时的结合力是最强的。

**(3)影响 ABS 塑料电镀结合力的工艺因素**　要了解影响 ABS 塑料电镀结合力的工艺因素，就必须对 ABS 塑料电镀结合力的理论有所了解。

关于 ABS 塑料粗化后可以提高与金属基体结合力的原理，有两种解释理论。一种是化学结合力说，一种是物理（机械）结合力说。

① 化学结合力说。化学结合力说认为，ABS 塑料本身具有的或者经过化学处理粗化后生成的极性基团，如—CHO、—COOH、—HO 等与金属镀层的结晶之间有化学结合力，也就是分子间键力。这是早期的结合力理论，但在实践中没有得到很好的印证。不过，随着表面观测技术的发展，现在已经利用表面红外光谱分光法在塑料表面检测出了这类极性基团。这种基团间的极性键力实际上是所有塑料与电镀层之间可能存在的一种化学力，但是受到表面其他因素影响而表现为较弱的一种结合力。

② 物理（机械）结合力说。这种理论认为，ABS 塑料表面和近表面层中的丁二烯在粗化处理过程中被溶解后，在表面形成了大量的微孔。由于表面丁二烯分布的随机性，也使得这些微孔的分布呈随机状态，并且形状也不完全一样，但有相当一部分是半圆

形或过半圆形的，特别是过半圆形的孔，有孔口小、孔内大的结构，当镀层在这些孔内生长后，相当于形成了许多小锚，从而增加了镀层与基体之间的结合力。这种罐子状的孔也可以看作是机械工程学中所说的燕尾槽，所以这种结合力说也称为"燕尾槽效应"或"锚效应"。

现在利用显微镜对 ABS 塑料电镀制件的镀层与基体的断面进行观测，发现这种物理结合的结构是确实存在的，并且在生产实践中与粗化过程的状态有较好的符合性，证明机械结合力说是成立的。但是这也并不排斥化学结合力说，因力由于丁二烯的溶出，丁二烯原来与 AS 成分之间的共聚键全部被打断，使得在孔内有比表面多得多的极性基和断开的键链，这将加强镀层与塑料的结合力。也许是两种力的共同作用，但显然物理结合力占的比例要大一些。

③ 影响结合力的工艺因素。粗化工艺不同，或者同一种粗化工艺的不同粗化程度，对结合力有影响是不言而喻的。但是，还有一些因素也会影响 ABS 塑料电镀的结合力，并且往往是容易被忽视的因素。这些因素必须在需要电镀的 ABS 塑料制件成型前就加以确定，否则会大大降低塑料电镀的合格率。

如前所述，ABS 塑料有着适合电镀的结构，但并不是所有的 ABS 塑料都适合电镀，只有电镀级的也就是含丁二烯在 20% 左右的 ABS 塑料才适合进行电镀加工，否则结合力难以保证。

因此，在对 ABS 塑料进行电镀前，要确认所用的塑料是电镀级的，如果不是电镀级的，就要在粗化工艺中做出调整，使电镀过程得以顺利进行。

即使采用的是电镀级 ABS，有时也会发现电镀过程并不顺利，出现结合力不好等质量问题，而所有工艺流程的工艺参数又都是在有效的范围内的，这时就要追溯塑料注塑成型工艺的问题了。

ABS 塑料在注塑过程中，由于是热流动状态并会受到挤压力，因此会给塑料的构成带来一些变化。现在已经有人采用微观过程观测传感器，并与计算机连接，对注塑过程塑料（或金属）的流动特性进行直观地观测，从而更好地确定注塑工艺参数。

现在已经确定的影响 ABS 塑料可镀性能的成型过程因素如下：

a. 成型塑料的温度。试验表明，成型塑料温度高有利于塑料的流动，并可以保持塑料组分的分布符合设计的比例。同时可以减少成型微粒的变形，保持丁二烯的圆度和提高塑料的密度。

b. 注塑进料的速度。注塑速度以尽量慢一些为好，同样是为了提高丁二烯的圆度和增加塑料密度。

c. 注塑进料的压力。注塑进料的压力也应低一些好，可以防止过高压力产生过大的内应力。

d. 模具表面的温度。模具的温度高一些好，有利于塑料在模腔内的流动，提高密度。

成熟的电镀级 ABS 塑料制件的注塑成形工艺参数如下：

成形塑料的温度　　　　　250℃

注塑速度　　　　　　　　1.5s

注塑压力                40～80kg/cm²
模具温度                50℃～80℃

经过适当粗化后电镀获得的结合力为 2.20～2.5kg/cm²。

④ 影响结合力的其他因素。在掌握了注塑成形的正确工艺参数后，注塑前还有一些注意事项要认真对待，否则同样会影响镀层的结合力。

第一，要将 ABS 塑料进行去潮处理。如果没有对塑料进行去潮处理，在注塑成形时会在塑料表面残留气丝、分层、小泡等疵病。ABS 的含水率在 1‰ 以下，采用 80℃、2h 的烘干处理即可奏效。在烘干时，塑料在烘箱内的堆集不得超过 20～30mm。

第二，保证原料的纯正，不要混入色母料、杂料、灰尘等，同时回收的 ABS 塑料也不宜混入，否则都会影响电镀质量。

第三，尽量少用或不用脱模剂，因为过多的脱模剂虽然方便了产品脱模，却给电镀的粗化带来困难，特别是硅系脱模剂。

第四，模具必须保持干净，模腔内不要有残留的塑料。同时要保持模腔光洁，最好是在保证产品尺寸要求的前提下，对模腔进行抛光或研磨后，镀以脱模金属，如铬等。这样既可以提高模具寿命，又可以提高表面质量。

**2. ABS 塑料电镀工艺**

ABS 塑料电镀随着塑料技术和电镀技术的进步，有了一些新的产品和工艺出现，而且还在进一步发展。但是，就 ABS 塑料电镀整体而言，目前大量采用的仍然是最为通用和成熟的技术。这些技术和工艺基于对其原理的充分的研究和认识，并有大量实践支持，在试验和工业生产中都有很好的重现性。以下介绍的就是这组工艺。

**(1)通用工艺流程及操作条件**

① 前处理工艺。前处理工艺包括表面整理、内应力检查、除油和粗化，分述如下：

a. 表面整理。在 ABS 塑料进行各项处理之前，要对其进行表面整理，这是因为在塑料注塑成形过程中会有应力残留，特别浇口和与浇口对应的部位，会有内应力产生。如果不加以消除，这些部位会在电镀中产生镀层起泡现象。在电镀过程中如果发现某一件产品的同一部位容易起泡，就要检查是否是浇口或与浇口对应的部位，并进行内应力检查。但是为了防患于未然，预先进行去应力是必要的。一般性表面整理可以在 20% 丙酮溶液中浸 5～10s。去应力的方法是在 80℃ 恒温下用烘箱或者水浴处理至少 8h。

b. 内应力检查。在室温下将注塑成形的 ABS 塑料制件放入冰醋酸中浸 2～3min，然后仔细地清洗表面，晾干。在 40 倍放大镜或立体显微镜下观察表面，如果呈白色表面且裂纹很多，说明塑料的内应力较大，不能马上电镀，要进行去应力处理。如果呈现塑料原色，则说明没有内应力或具有很小内应力。内应力严重时，经过上述处理，不用放大镜就能够看到塑料表面的裂纹。

c. 除油。现在有很多商业的除油剂供选用，也可以采用以下配方进行配制：

磷酸钠                20g/L
氢氧化钠              5g/L
碳酸钠                20g/L

| 乳化剂 | 1mL/L |
|---|---|
| 温度 | 60℃ |
| 时间 | 30min |

除油之后，先在热水中清洗，然后在清水中清洗干净。再在5%的硫酸中中和后，再清洗，才可进入粗化工序。这样可以保护粗化液，使之寿命得以延长。

d. 粗化。ABS塑料的粗化方法有三类，即高硫酸型、高铬酸型和磷酸型。从环境保护的角度看，现在宜采用高硫酸型。

高硫酸型粗化工艺如下：

| 硫酸 | 80%（wt） |
|---|---|
| 铬酸 | 4%（wt） |
| 温度 | 50℃～60℃ |
| 时间 | 5～15min |

这种粗化液的效果没有高铬酸型的好，因此时间上长一些好。

高铬酸型粗化工艺如下：

| 铬酐 | 26%～28%（wt） |
|---|---|
| 硫酸 | 13%～23%（wt） |
| 温度 | 50℃～60℃ |
| 时间 | 5～10min |

这种粗化液通用性比较好，适合于不同牌号的ABS，对于含丁二烯较少的ABS塑料要适当延长时间或提高一点温度。

磷酸型粗化工艺如下：

| 磷酸 | 20%（wt） |
|---|---|
| 硫酸 | 50%（wt） |
| 铬酐 | 30g/L |
| 温度 | 60℃ |
| 时间 | 5～15min |

这种粗化液的粗化效果较好，时间也以长一点为好。但是由于成分多一种，成本也会增加一些，所以一般不大采用。

所有的粗化液的寿命是以所处理塑料制件的量和时间成正比的。随着粗化量的加大和时间的延长，三价铬的量会上升，粗化液的作用会下降，可以分析加以补加。但是当三价铬太多时，处理液的颜色会呈现墨绿色，要弃掉一部分旧液后再补加铬酸。

粗化完毕的制件要充分清洗。由于铬酸浓度很高，首先要在回收槽中加以回收，再经过多次清洗，并浸5%的盐酸后，再经过清洗方可进入后面的流程。

② 化学镀工艺。化学镀工艺包括敏化、活化、化学镀铜或者化学镀镍。由于化学镀铜和化学镀镍要用到不同的工艺，所以下面将分别介绍两组不同的工艺。

a. 化学镀铜工艺。

敏化工艺如下：

| 氯化亚锡 | 10g/L |
|---|---|

| 盐酸 | 40mL/L |
| 温度 | 15℃～30℃ |
| 时间 | 1～3min |

在敏化液中要放入纯锡块，可以抑制四价锡的产生。经敏化处理后的制件在清洗后要经过蒸馏水清洗才能进入活化，以防止氯离子带入而消耗银离子。

银盐活化工艺如下：

| 硝酸银 | 3～5g/L |
| 氨水 | 加至透明 |
| 温度 | 室温 |
| 时间 | 5～10min |

这种活化液的优点是成本较低，并且较容易根据活化表面的颜色变化来判断活化的效果。因为硝酸银还原为金属银活化层的颜色是棕色，如果颜色很淡，活化就不够，需要延长时间或者补加活化液。也可以采用钯活化法，这时可以用胶体钯法，也可以采用分步活化法。如果是胶体钯法，则敏化工艺可以不要，活化后加一道解胶。

钯盐活化工艺如下：

| 氯化钯 | 0.2～0.4g/L |
| 盐酸 | 1～3 mL/L |
| 温度 | 25℃～40℃ |
| 时间 | 3～5min |

经过活化处理并充分清洗后的塑料制件，可以进入化学镀流程。如果活化液没有清洗干净的制件进入化学镀液，将会引起化学镀液的自催化分解，这一点需加以注意。

具体工艺条件如下：

| 硫酸铜 | 7g/L |
| 氯化镍 | 1g/L |
| 氢氧化钠 | 5g/L |
| 酒石酸钾钠 | 20g/L |
| 甲醛 | 25mL/L |
| 温度 | 20℃～25℃ |
| pH | 11～12.5 |
| 时间 | 10～30min |

化学镀铜的最大问题是稳定性不高，所以要小心维护，采用空气搅拌的同时能够进行过滤较好。在补加消耗原料时，以1g金属需要4mL还原剂计算。

　b. 化学镀镍工艺。

敏化工艺如下：

| 氯化亚锡 | 5～20g/L |
| 盐酸 | 2～10mL/L |
| 温度 | 25℃～35℃ |
| 时间 | 3～5min |

活化工艺如下：

| | |
|---|---|
| 氯化钯 | 0.4～0.6g/L |
| 盐酸 | 3～6mL/L |
| 温度 | 25℃～40℃ |
| 时间 | 3～5min |

化学镀镍只能用钯作活化剂而很难用银催化，同时钯离子的浓度也要高一些。现在大多数已经采用一步活化法进行化学镀镍，也就是采用胶体钯法一步活化，并且由于表面活性剂技术的进步，在商业活化剂中，金属钯的含量已经大大降低，0.1g/L 的钯盐就可以起到活化作用。

化学镀镍具体工艺如下：

| | |
|---|---|
| 硫酸镍 | 10～20g/L |
| 柠檬酸钠 | 30～60g/L |
| 氯化钠 | 30～60g/L |
| 次亚磷酸钠 | 5～20g/L |
| pH(氨水调) | 8～9 |
| 温度 | 40℃～50℃ |
| 时间 | 5～15min |

化学镀镍的导电性、光泽性都优于化学镀铜，同时溶液本身的稳定性也比较高。平时的补加可以采用镍盐浓度比色法进行。补充时硫酸镍和次亚磷酸钠各按新配量的 50%～60% 加入即可。每班次操作完成后，可以用硫酸将 pH 调低至 3～4，这样可以存放较长时间而不失效。加工量大时每天都应当过滤，平时至少每周过滤一次。

**(2)电镀工艺** 电镀工艺分为加厚电镀、装饰性电镀和功能性电镀三类。

① 加厚电镀。由于化学镀层非常薄，要使塑料达到金属化的效果，镀层必须要有一定的厚度。因此要在化学镀后进行加厚电镀。同时，加厚电镀也为后面进一步的装饰性或者功能性电镀增加了可靠性，如果不进行加厚镀，很多场合化学镀在各种常规电镀液内会出现质量问题，主要是上镀不全或局部化学镀层溶解导致出现废品。

第一种加厚电镀工艺如下：

| | |
|---|---|
| 硫酸镍 | 150～250g/L |
| 氯化镍 | 30～50g/L |
| 硼酸 | 30～50g/L |
| 温度 | 30℃～40℃ |
| pH | 3～5 |
| 阴极电流密度 | 0.5～1.5A/dm² |
| 时间 | 视要求而定 |

第二种加厚电镀工艺如下：

| | |
|---|---|
| 硫酸铜 | 150～200g/L |
| 硫酸 | 47～65g/L |
| 添加剂 | 0.5～2mL/L |

　　阳极　　　　　　　　　　酸性镀铜专用磷铜阳极

　　阴极移动或镀液搅拌。

　　温度　　　　　　　　　　15℃～25℃

　　阴极电流密度　　　　　　0.5～1.5A/dm²

　　时间　　　　　　　　　　视要求而定

其中电镀添加剂可以用任何一种市场有售的商业光亮剂。

第三种加厚电镀工艺如下：

　　焦磷酸铜　　　　　　　　80～100g/L

　　焦磷酸钾　　　　　　　　260～320g/L

　　氨水　　　　　　　　　　3～6mL/L

　　pH　　　　　　　　　　　8～9

　　温度　　　　　　　　　　40℃～45℃

　　阴极电流密度　　　　　　0.3～1A/dm²

　　以上三种加厚电镀工艺，对化学镀镍都适用且较适宜。而化学镀铜则采用硫酸盐镀铜即可。

　　② 装饰性电镀。

　　a. 酸性光亮镀铜工艺如下：

　　硫酸铜　　　　　　　　　185～220g/L

　　硫酸　　　　　　　　　　55～65g/L

　　商业光亮剂　　　　　　　1～5mL/L

　　温度　　　　　　　　　　15℃～25℃

　　阴极电流密度　　　　　　2～5A/dm²

　　阴极移动。

　　阳极　　　　　　　　　　酸性镀铜用磷铜阳极

　　时间　　　　　　　　　　30min

　　b. 光亮镀镍工艺如下：

　　硫酸镍　　　　　　　　　280～320g/L

　　氯化镍　　　　　　　　　40～45g/L

　　硼酸　　　　　　　　　　30～40g/L

　　商业光亮剂　　　　　　　2～5mL/L

　　温度　　　　　　　　　　40℃～50℃

　　pH　　　　　　　　　　　4～5

　　阴极电流密度　　　　　　3～3.5A/dm²

　　时间　　　　　　　　　　10～15min

　　以上两种工艺都要求阴极移动或搅拌镀液，最好采用循环过滤，既可以搅拌镀液，又可以保持镀液的干净。

　　装饰性电镀可以是铜-镍-铬工艺，也可以只光亮铜再进行其他精饰，如刷光后古铜化处理；也可以在光亮铜后加镀光亮镍，再镀仿金等。

c. 装饰性镀铬工艺如下：

| | |
|---|---|
| 铬酸 | 280～360g/L |
| 氟硅酸钠 | 5～10g/L |
| 硅酸 | 0.2～1g/L |
| 温度 | 35℃～40℃ |
| 槽电压 | 3.5～8V |
| 阴极电流密度 | 3～10A/dm² |
| 时间 | 2～5min |

这是适合于塑料电镀的低温型装饰性镀铬工艺，但是由于铬的使用受到越来越多限制，以后将会有更多代铬镀层可供选用。

推荐的代铬镀工艺如下：

| | |
|---|---|
| 氯化亚锡 | 26～30g/L |
| 氯化钴 | 8～12g/L |
| 氯化锌 | 2～5g/L |
| 焦磷酸钾 | 220～300g/L |
| 代铬-90 添加剂 | 20～30mL/L |
| 代铬稳定剂 | 2～8mL/L |
| pH | 8.5～9.5 |
| 温度 | 20℃～45℃ |
| 阴极电流密度 | 0.1～1A/dm² |
| 阳极 | 纯锡板(0 号锡) |
| 时间 | 1～5min |

阴极移动或循环过滤。

代铬-90 添加剂是目前国内通用的商业添加剂。

d. 镀仿金工艺。金色以其华贵而漂亮的色彩是很多装饰件喜欢采用的色调，但是如果全部用真金来电镀，成本会很高，于是很早就有了仿金色替代真金色。用得最多的就是黄铜，也就是铜锌合金，采用铜锌合金可以镀出十分逼真的金色，并且可以调出 24K 或 18K 的色调。以下是一个经典的二元仿金合金电镀工艺：

| | |
|---|---|
| 氰化锌 | 8～10g/L |
| 氰化亚铜 | 22～27g/L |
| 总氰 | 54g/L |
| 氢氧化钠 | 10～20g/L |
| pH | 9.5～10.5 |
| 温度 | 30℃～40℃ |
| 阴极电流密度 | 0.3～0.5A/dm² |
| 阳极 | 铜锌合金(64 黄铜) |
| 时间 | 2～5min |

由于不同色调的需要，也有三元合金仿金电镀。还有因为环境保护需要而采用的

无氰仿金电镀工艺。各种仿金电镀工艺见表 10-2。

**表 10-2　各种仿金电镀工艺**

| 镀液成分与工艺条件 | 镀液类型及各成分含量(g/L)或工艺条件 | | | | | |
|---|---|---|---|---|---|---|
| | 1 | 2 | 3 | 4 | 5 | 6 |
| 氰化亚铜 | 16~18 | — | 15~18 | 10~40 | 20 | 20 |
| 焦磷酸铜 | — | 20~23 | — | — | — | — |
| 氰化锌 | 6~8 | — | 7~9 | 1~10 | 6 | 2 |
| 焦磷酸锌 | — | 8.5~10.5 | — | — | — | — |
| 焦磷酸钾 | — | 300~320 | — | — | — | — |
| 锡酸钠 | — | 3.5~6 | 4~6 | 2~20 | 2.4 | 5 |
| 氰化钠(总) | 36~38 | — | — | — | 50 | 54 |
| 氰化钠(游) | — | — | 5~8 | 2~6 | — | — |
| 碳酸钠 | 15~20 | — | — | — | 7.5 | — |
| 酒石酸钾钠 | — | 30~40 | 30~35 | 4~20 | — | — |
| 柠檬酸钾 | — | 15~20 | — | — | — | — |
| 氨水 | — | 适量 | — | — | — | — |
| 氢氧化钠 | — | 15~20 | 4~6 | — | — | — |
| 氨三乙酸 | — | 25~35 | — | — | — | — |
| pH | 10.5~11.5 | 8.5~8.8 | 11.5~12 | 10~11 | 12.7~13 | 12~13 |
| 温度/℃ | 15~35 | 30~35 | 20~35 | 15~35 | 20~25 | 45 |
| 阴极电流密度/(A/dm²) | 0.1~2.0 | 0.8~1.0 | 0.5~1 | 1~2 | 2.5~5 | 1~2 |
| 阳极锌铜比 | 7:3 | 7:3 | 7:3 | 7:3 | 7:3 | 7:3 |
| 阴极移动/(次/min) | — | 20~25 | — | — | — | — |
| 电镀时间/min | 1~2 | 1~3 | 1~2 | 1~2 | 1~10 | 0.5 |

塑料电镀仿金后，要注意充分清洗，并在温度为 60℃ 的热水中浸洗，干燥后要涂上防变色保护漆。因为仿金镀层的最大缺点就是容易变色，为了提高防变色能力，可以增加一个缓蚀剂处理：

苯骈三氮唑　　　　　　10~15g/L
苯甲酸　　　　　　　　5~8g/L
乙醇　　　　　　　　　300~400mL/L

| pH | 6～7 |
| --- | --- |
| 温度 | 50℃～60℃ |
| 时间 | 5～10min |

也可以采用钝化处理：

| 重铬酸钾 | 10～30g/L |
| --- | --- |
| 氯化钠 | 5～10g/L |
| 温度 | 室温 |
| 时间 | 10～30s |

钝化以后仍然需要进行涂膜增强其防变色性能。

**(3) 电镀常见问题与对策**

① 常见问题与对策。ABS塑料电镀想要获得完美的镀层，需从模具的设计、制造和 ABS 塑料的选用、注塑成型等一系列因素上下工夫。这里主要是从化学镀和电镀的角度给出常见故障的排除方法。

a. 化学镀层沉积不全。有规律的固定部位沉积不全，是内应力集中的表现，制件应该进行去应力处理。无规律、随机的出现沉积不全，第一要从粗化找原因，再有可能是活化不够，最后可能是化学镀效率下降，应针对找出的原因给予纠正。

b. 电镀层连同化学镀层起皮。粗化不足，常可见化学镀层光亮。局部固定部位起皮，则属于内应力在固定部位的影响，应加强粗化和去应力。

c. 镀层之间起皮。光亮镀层特别是光亮镍镀层内应力大，有可能是光亮剂失调，或者是镀镍液 pH 太高、中间镀层氧化、钝化引起表面镀层结合不良。需调整镀液和注意加强中间镀层的工序间活化，并经常更换活化液。镀铬时制件在镀槽内稍稍停留预热后再通电电镀。

d. 制件局部发生镀层溶解。挂具导电不良，发生"双极"现象，使局部成为阳极而溶解。注意挂具与制件要有两个以上的接点，并且一定要保证接触良好。

e. 镀层上有毛刺、麻点。可能是镀液不干净引起的物理杂质在表面沉积，也可能是铜粉和镀镍阳极泥的影响。措施是对镀液要定期过滤；阳极一律要采用阳极袋加以保护；生产过程中不打捞掉件或从底部搅动镀液；平时不用镀液时要加盖。

出现麻点多半是光亮镀镍液的 pH 偏低，使析氢加剧，还有表面活性剂不足也易出现这种情况。调整镀液 pH 到正常范围，添加表面活性剂如十二烷基硫酸钠等来减少氢的吸附。

f. 镀后制件发生变形。在 ABS 塑料电镀完成后，有时会发现有些制件有变形，以致影响装配或使用，如外框、罩壳、铭牌、有配合的构件等，如果发生变形，就会无法安装使用。

② 产生问题的原因。产生质量问题的原因有三类，一类是设计本身就不合理，存在设计缺陷；另一类是挂具设计不合理；还有一类是工艺控制不严格和操作不当。

模具设计要充分注意制件厚度和收缩率的关系，并考虑强度要求。在过薄的地方要有加强筋，还要有抵消应力的应变筋。强度增强了，抗变形性能也就随之增强。

挂具的支点要对称设置，并保持相同的张力。挂具张力不平衡，在经过温度较高的工序时，会产生变形，冷却后变形会固定下来，因此挂具的设计和制作都要合理。不要使镀件在某一个方向受力太大，可以加大支点接触面而减少支点张力。

在操作中严格按工艺要求管理各工序，不要超过规定的温度。电镀过程中发现挂具个别支点脱落要加以纠正，以免制件受力不均而变形。特别要加强对干燥烘箱的管理，经常检查恒温控制设备是否在有效状态，并经常用精确的水银温度计校验数字显示的烘箱温度。注意对有加温要求的工艺的温度监测，如粗化、光亮镀镍、镀铬等。

③ 不良镀层的退除。ABS 塑料电镀要想提高合格率，切忌在全部完工后再做终检，这时发现问题再返工，工时和材料的浪费都很大。因此要加强工序间检查，不让不良品流入下道工序，避免成品再返工。因为只有在前处理工序发现问题才易于纠正，如果待电镀完成后再返工，不仅浪费太大，并且退除镀层也会很麻烦。

ABS 塑料电镀制件可以允许返工后再镀，返工的制件在镀层退除后，可以不经粗化或减少粗化时间就进行金属化处理。但是这种返工以 3 次为限，有些制件可以返工 5 次，超过 5 次就不宜再进行电镀加工了。这时无论是结合力还是外观都会不合格。

镀层的退除，可以采用通用的办法，如在盐酸中退除镀铬层，在废的粗化液中退除铜镀层，在硝酸中退除银镍镀层等。

但是分步退镀的方法比较麻烦，且要占用几个工作槽。由于塑料本身不易发生过腐蚀问题，所以可以采用一步退镀的方法。这种方法适合于已经镀有所有镀层的制件，当然也适合镀有任一镀层的制件，具体工艺如下：

| | |
|---|---|
| 盐酸 | 50% |
| 双氧水 | 5～10mL |
| 温度 | 室温 |
| 时间 | 退尽所有镀层为止 |

双氧水要少加和经常补加，一次加入过多会放热严重而导致变形等问题。另外，对于镀有装饰性铬的镀层，可以先在浓盐酸中将铬退尽后再使用本退镀液。

## 10.2.2　PP 塑料电镀

### 1. PP 塑料电镀概况

PP 是聚丙烯（polypropylene）的简称。这是一种从石油、天然气裂化而制得丙烯后，再加以催化剂聚合而成的高分子聚合物（相对分子质量在 83 以上），是 20 世纪 60 年代才发展起来的新型塑料。其主要优点是密度小，仅为 $0.9\sim0.91\text{g/cm}^3$；耐热性能好，可在 100℃以上使用，有没有外力作用的情况下，150℃也不会变形；耐化学物质性能好，高频电性能优良，吸水率也很低，因此有很广泛的工业用途。可以制成各种容器，也可以作为容器衬里、涂层，以及机械零件、法兰、汽车配件等。缺点是收缩率高，壁厚部位易收缩凹陷，低温脆性大等。

由于 PP 塑料的成本比 ABS 塑料低，而其电镀性能仅次于 ABS 塑料，因此，在工业化电镀塑料中占第二位，并且随着 PP 塑料性能的进一步改善而有扩大的趋势。

PP 塑料电镀后的结合力也是很可观的，根据不同的试验方式测得的镀层结合力为 $0.7\sim3.6\text{kg/cm}^2$。这是可以与 ABS 塑料镀层的结合力相媲美的。

PP 塑料的机械强度和电性能在电镀后都有所提高。机械强度的增加率，以强度极限计，均为 25％；以弹性系数计，达数倍以上。耐热性能增加 10％～15％，如在 PP 塑料上镀镍 $30\mu m$、光亮镍 $7.5\mu m$、铬 $0.25\mu m$ 后，当受热达到其熔点 170℃ 时也不变形。

现在对 PP 塑料的电镀有两种类型，一种是对普通 PP 塑料的电镀。这种工艺适用于普通的 PP 塑料，保留了该塑料的优点，但是尺寸精度差，并且粗化比较麻烦。其实，即使是普通的 PP 塑料，只要掌握了工艺要点，仍然是可以成功地进行电镀加工的。另一种是电镀级 PP 塑料的电镀。这种进行了改进的 PP 塑料是专门为了适合电镀加工而设计的。在 20 世纪的 70～80 年代，我国还没有这种塑料。当时国内的所谓"改性聚丙烯"并不是针对电镀进行的改性，因此也不能当作电镀级塑料进行电镀加工。用于电镀的改性 PP 塑料具有如下优点：

① 收缩率降低，使尺寸精度得以保证。

② 耐热性能进一步提高。

③ 电镀后镀层与基体的结合力增强。

④ 镀后的外观更好。

改进的方法是在 PP 塑料中加入无机填料。根据填料的不同性质，使收缩率、结合力、粗化性、外观等有不同程度的改善。

结合力与镀层外观的关系是结合力越好，镀层的粗糙度会越高。反之，光洁如镜的镀层结合力就低。这和在 PP 塑料中添加的填料的性质、粒径大小、混合均匀的程度等都有关系。

一般来说，填充物的形状为无定形体时，表面较光洁。填料的粒径最好为 $0.5～5\mu m$。添加的比例也从 10％～40％ 不等。因此，粗化的工艺也要有不同的改变，多半是在温度、时间和粗化液组成上做一些调整。

**2. 普通 PP 塑料的电镀**

**(1)普通 PP 塑料的粗化**　利用普通 ABS 塑料粗化液来粗化普通 PP 塑料，虽然也可以获得粗化的表面，但是效果很差。同时，粗化的温度需要提高到 70℃～80℃，时间需要 10～20min。

为了提高 PP 塑料的粗化效果，改善普通 PP 塑料的可镀性，开发出了二次粗化法。二次粗化法的原理是根据压塑成型品表面的受力大、结晶排列紧密不易分解而提出的。经过预粗化之后，使非结晶部位发生选择性溶解，使得第二次粗化容易发生反应，而改善粗化的效果。二次粗化法的第一步也称为预粗化，通常是采用有机溶剂进行粗化。

① 预粗化使用的处理液是二甲苯，处理条件如下：

| 温度 | 时间 |
| --- | --- |
| 20℃ | 30min |
| 40℃ | 5min |
| 60℃ | 2min |
| 80℃ | 0.5min |

处理液也可以采用二氧杂环乙烷，但效果不如二甲苯好。要注意的是温度与时间

的关系。在适当的条件下预粗化后再粗化的 PP 塑料，电镀后的结合力比电镀级 PP 塑料的还要高。但是，预粗化使用有机溶剂，清洗干净很困难，带入第二次粗化液后，容易引起第二次粗化失效，这是一大缺点。作为补救的办法，是在预粗化后进行除油处理，具体工艺如下：

| | |
|---|---|
| 氢氧化钠 | 20～30g/L |
| 碳酸钠 | 20～30g/L |
| 磷酸钠 | 20～30g/L |
| 表面活性剂 | 1～2mL/L |
| 温度 | 60℃～80℃ |
| 时间 | 10～30min |

由于 PP 塑料的憎水性比 ABS 还严重，所以使表面亲水化是很重要的。有时为了达到 100%的表面湿润，在预粗化、除油后，再预粗化，直至完全亲水为止。

② 第二次粗化仍以铬酸-磷酸型为主，也分为高铬酸型和高磷酸型两种。

高铬酸型粗化工艺如下：

| | |
|---|---|
| 硫酸 | 400/L |
| 水 | 600/L |
| 铬酸 | 加至饱和 |

高磷酸型粗化工艺如下：

| | |
|---|---|
| 磷酸 | 600/L |
| 水 | 400/L |
| 铬酸 | 加至饱和 |

以上两种粗化的温度均以 70℃～80℃为宜，处理时间为 20～30min。

由于硫酸含量越高，铬酸溶解度越低，因此，随着硫酸浓度的升高，铬酸的浓度下降。硫酸浓度与铬酸溶解度的关系见表 10-3。

表 10-3　硫酸浓度与铬酸溶解度的关系

| 硫酸 | | $H_2O$ | | $CrO_3$ |
|---|---|---|---|---|
| 体积分数(%) | 质量分数(%) | 体积分数(%) | 质量分数(%) | g/L |
| 20 | 31 | 80 | 69 | 471 |
| 30 | 44 | 70 | 56 | 258 |
| 40 | 55 | 60 | 45 | 80 |
| 50 | 65 | 50 | 35 | 20 |
| 60 | 73 | 40 | 27 | 8.3 |
| 70 | 82 | 30 | 18 | 6.7 |

由表 10-3 可知，当硫酸的浓度达到 70%时，铬酸的溶解度只有 6.7g/L。

采用上述两种粗化工艺所获得的镀层结合力均在 1kg/cm² 以上。由于塑料电镀成败的关键是粗化效果的好坏，因此，对粗化工艺多下工夫是完全必要的。

**(2)普通 PP 塑料的电镀工艺**

① 工艺流程与前处理。普通 PP 塑料的电镀工艺的流程如下：

预粗化→清洗→除油→清洗→粗化→清洗→敏化→清洗→蒸馏水清洗→银活化→二次清洗→化学镀铜→清洗→电镀

如果是采用钯活化则敏化以后的流程如下：

清洗→钯活化→清洗→解胶→清洗→化学镀镍→清洗→电镀

预粗化、除油、粗化前面已经介绍过了。敏化液的浓度要适当提高，敏化工艺如下：

| | |
|---|---|
| 氯化亚锡 | 40g/L |
| 盐酸 | 40g/L |
| 温度 | 20℃ |
| 时间 | 1～5min |

活化可以用银，也可以用钯。但是从 PP 塑料的特点来看，以采用化学镀镍为好，这时可以采用以下活化液：

| | |
|---|---|
| 氯化钯 | 0.2g |
| 盐酸 | 3mL |
| 水 | 1000mL |

② 化学镀工艺。化学镀镍可以采用较高温度的酸性化学镀镍工艺，这样可以不用氨水调节 pH，也就避免了刺激性气味。

由于 PP 塑料的热变形温度较高，可以在较高温度的化学电镀液中进行化学镀，因此，可以选用化学镀镍工艺进行金属化处理。不采用化学镀铜的另一个理由是 PP 塑料对铜有过敏反应，即存在所谓"铜害"的问题。当 PP 塑料与铜直接接触时，在有氧存在的高温条件下容易发生性能变化。当然，改良型的 PP 塑料这方面较好一些。

酸性化学镀镍工艺如下：

| | |
|---|---|
| 硫酸镍 | 20～30g/L |
| 酒石酸钠 | 20～30g/L |
| 次亚磷酸钠 | 5～15g/L |
| 丙酸 | 1～4mL/L |
| pH | 4.5～5.5 |
| 温度 | 55℃～65℃ |

调节 pH 用丙酸和无水碳酸钠或氢氧化钠。

③ 电镀工艺。普通 PP 塑料电镀溶液可以采用 ABS 塑料电镀介绍的镀液，也可以用其他电镀工艺。因为 PP 塑料的耐热性能优于 ABS 塑料，所以对镀种的选择面要宽一些。

**3. 电镀级 PP 塑料的电镀**

**(1)电镀级 PP 塑料的粗化** 电镀级 PP 塑料由于加入了填充剂，使制件的尺寸精度、耐温性能、适用性能都有所提高，其粗化过程也变得相对简单一些。

电镀级 PP 塑料可以采用普通的粗化工艺，只需提高粗化液的温度即可。粗化的原理就是利用粗化液的强氧化作用使填料从表面结构中溶解出来而使表面微观粗糙化，与 ABS 塑料表面是类似的，但这些填料与 ABS 中的丁二烯是完全不同性质的物质，所以溶解的原理是不一样的。

建议使用以下粗化工艺：

| | |
|---|---|
| 铬酸 | $30\sim60g/L$ |
| 硫酸 | $500\sim700g/L$ |
| 温度 | $70℃\sim80℃$ |
| 时间 | $5\sim30min$ |

由于 PP 塑料的亲水性比较差，即使进行了充分的去油，也难免有形状复杂的部位发生不易亲水的现象。这些部位在化学镀时容易发生漏镀。为了防止发生这种情况，在粗化过程中要经常翻动被粗化制件，并且可以在粗化过程中取出清洗、再粗化这样反复进行粗化，效果会更好，当然这只适用于完全的手工操作。

**(2) 电镀级 PP 塑料的电镀工艺**　电镀级 PP 塑料的电镀工艺流程如下：

除油→清洗→5％硫酸中和→清洗→粗化→清洗→清洗→敏化→清洗→钯活化→清洗→化学镀镍→清洗→电镀

除油可以采用通用的除油工艺，粗化在前面已经介绍，敏化不用前面所说的高浓度的工艺，采用通用工艺即可。对于宜于粗化的表面，过高浓度的活化中心反而会降低镀层的结合力。

化学镀可以采用普通 PP 塑料所用的化学镀工艺，也可以用其他通用的工艺。电镀也同样没有严格的限制，这和电镀级 PP 塑料的性能较适合电镀是分不开的。

**(3) 影响电镀级 PP 塑料电镀质量的因素**　和其他非金属电镀一样，材料本身的影响是最重要的。不过对于 PP 塑料来说，普通和电镀级在成形中，成形条件变化的影响都不是很大。区别就在电镀级的收缩率要低一些，因此，塑压时的效果更好一些。

成形条件的影响和注意事项如下：PP 塑料在成形中主要注意成形冷却后产生的边刺问题。边刺在壁厚发生改变的地方极易产生，要想完全消除是很困难的，只能以减少这种边刺为目标。

通常，塑料温度越高，越容易发生边刺；注塑压力高时边刺减少；保压时间越长边刺越少；注塑速度慢时边刺也少；模具的温度也以低一些为好。

另外，为了防止在塑压过程中产生气丝，注塑前对原料要进行干燥处理，电镀级 PP 塑料尤其需要。干燥处理的条件如下：

| | |
|---|---|
| 温度 | $100℃\sim110℃$ |
| 时间 | $30\sim60min$ |

对于 PP 塑料电镀来说，影响质量特别是结合力的因素仍然是粗化。这也是所有非金属电镀的共同问题。因为结合力或者说镀层起不起泡是所有非金属电镀最为关心的问题，是非金属电镀有没有实用价值的一个重要指标。一旦结合力差，就没有了可用的价值。因此，对于普通 PP 塑料，预粗化是必不可少的工序。就是对于电镀级 PP 塑料，在粗化过程时也要反复几次粗化为好。

其他容易发生的质量问题与 ABS 塑料电镀有类似的地方，包括挂具、导电接点、镀液管理等，都可以参考 ABS 塑料电镀部分。

PP 塑料的最大优点是耐热性能好，镀层结合力高。由于成型方面的影响没有 ABS 塑料那样严重，因此，可以在较大型的制件上应用，同时也适合局部塑料电镀制件。

## 10.3 玻璃钢电镀

### 10.3.1 玻璃钢的结构与电镀级玻璃钢

合成树脂与玻璃纤维制成的复合材料由于有与钢铁相似的强度而被俗称为玻璃钢。这种复合材料在许多产品中都有应用，从各种交通工具到房屋装饰结构，从大型雕塑到小型工艺品；从工业产品到运动器材，都有用到这类复合材料。

玻璃钢的结构，除了有玻璃纤维作为增强材料外，其特点还在于能在合成玻璃钢的树脂中加入各种填料。正是这种填料的加入，使制作电镀级玻璃钢成为可能。这种结构特点使得玻璃钢制件可以仿照 ABS 塑料中因为分散有丁二烯球而易粗化的原理，在调配玻璃钢用树脂时，加入在粗化时易溶于酸的微粒作为填料，使之在粗化过程中由表面层溶出，进而达到表面粗化的目的。这些粗化的表面有如 ABS 塑料一样的微孔。金属镀层从这些微孔里生长起来，产生 ABS 塑料电镀中已经介绍过的"锚效应"，使镀层与玻璃钢基体的结合力得到增强。

适合作为电镀级玻璃钢填料的微粒是碱金属或碱土金属的盐，或第三、四周期中某些金属的盐，如钠盐、镁盐、铝盐、硅盐等。

对于手糊成型的玻璃钢，考虑到密度大的填料分散性不好，并且会有向地心方向的流动和沉淀现象，可以选用质轻和粒径小的填料，如碳酸镁；对于要求不是很高的则可以用钙盐；对于模压或浇灌的电镀玻璃钢则可以采用石料、石粉，如水磨石粉。

填料加入的比例，需要经过试验来确定。通常，填料与树脂的质量比为 1:3～5。这个比例与电镀级 ABS 塑料中丁二烯的含量是大致相当的。填料过多，树脂脆性增加，强度会有所下降，粗化效果反而不好。填料过少，则得不到理想的粗化表面，结合力会下降。因此，选取合适的填料和确定填料的加入量是制作电镀级玻璃钢的关键。需要注意的是不同密度的填料在相同的质量下体积是不一样的，因此，当采用密度小的填料时，质量比要采用下限。

后面所介绍的与玻璃钢电镀相关的技术与工艺，主要是针对环氧树脂和不饱合聚酯树脂玻璃钢制件的，但是也具有通用工艺的性质。当采用其他树脂时，只需针对不同的树脂在粗化上做些调整即可，后面的流程和工艺是可以完全通用的。

### 10.3.2 粗化的原理

可镀玻璃钢的粗化原理与电镀 ABS 塑料只是机械地类似。因为在 ABS 塑料中，丁二烯与其结构是形成共聚状态，只是在共聚体中保留了自己圆形的分子状态，需要在一定浓度的氧化性强的酸液中和在一定温度条件下，才会有粗化效果。而电镀玻璃钢中所添加的微粒与树脂之间是机械性混合物状态，其颗粒的大小都大于分子，并且一旦与酸液接触，很快就会发生反应。因此，如果采用与 ABS 塑料一样的粗化液，只要

1min 就能完成粗化。这是因为环氧树脂等塑料的耐酸性较差，从而为简化粗化工艺提供了方便。

当然，不是按电镀要求配制的玻璃钢制件在酸中虽然也能粗化表面，但这种粗化表面不是有无数凹坑的那种表面，而是呈无定形甚至起皮状的粗化，这种表面所镀得的镀层的结合力较差。并且不同树脂与酸的反应速度是不一样的，但作为高分子材料，任何树脂与酸的反应速度都比无机盐与酸的反应要慢一些。

显然，可镀玻璃钢正是利用树脂和无机金属盐填料与某种酸反应速度的差异，来获得表面粗化的效果。同时，由于玻璃钢填料的添加方式和加工方法，使这些无机微粒在最表层的量会相对较多，这些分散在最外层的微粒总有一个面或点直接形成了界面，一与酸接触，就会发生反应，这也是玻璃粗化速度比较快的原因之一。

溶解后的填料微粒所占的空位形成了表面微孔，正是这些微孔成为机械结合力的支持点，也就起到无数小锚的效果。

但是，这种较快的反应速度，在酸的浓度较高或处理的温度较高时，也会成为过粗化的原因。过粗化的玻璃钢表面可以明显用肉眼看出很多直径在 1mm 左右的小孔，这就是玻璃与 ABS 结构在过粗化中的不同反应。为了防止过粗化状态，对不同的树脂和填料制成的电镀玻璃钢要采用不同的粗化工艺。比较保险的做法是采用低浓度的酸长时间进行粗化。

### 10.3.3　玻璃钢电镀工艺

玻璃钢通用的电镀工艺流程如下：

表面整理→清洗→化学粗化→二次清洗→敏化→清洗→蒸馏水洗→银盐活化→二次清洗→化学镀铜→清洗→电镀加厚→清洗→进行其他精饰或电镀

1. 镀前处理

**(1)表面整理**　表面整理是一个比较重要的工序，如果引入流程质量管理，这里就是一个管理点。这是因为玻璃钢的成型特点决定了其表面的不一致性总是存在的。固化剂与成型树脂的均匀分散性如果不够，不同区域的固化速度就会不一样，应力状态也不一样。甚至出现局部的半固化或不能固化的现象。还有就是表面脱模剂的使用、胶衣的使用，都使其表面的微观状态比它成型塑料的表面要复杂得多。因此，所有电镀玻璃钢在电镀前，一定要有这个工序，以排除进入下道工序前能够排除的表面缺陷，包括用机械的方法去掉表面脱模剂，挖补没有完全固化的部位，对表面进行打磨等。有些大型构件采用石膏作模具时，要将黏附在表面的石膏完全去除。只有确认表面已经清理完全，所有不利于电镀或表面装饰的缺陷排除后，才能进行后面的流程。

**(2)除油**　对于玻璃钢制件，仍然可以采用碱性除油工艺。但是碱液的浓度不宜过高，推荐的工艺如下：

| | |
|---|---|
| 氢氧化钠 | 10～18g/L |
| 碳酸钠 | 30～50g/L |
| 磷酸钠 | 50～70g/L |
| 温度 | 55℃～65℃ |

| 时间 | 15～30min |

在实际生产过程中，经过除油后，还应当检查一次表面状态，看是否有在表面整理中没有发现的疵病，如乳胶脱模剂没有完全清除，经除油才显示出来，这时要进一步清理表面，再经除油后进入下一道工序。

**(3)粗化** 粗化可以有多种选择，这里介绍几种有实用价值的方法。当然最好是采用无铬粗化方法，这不仅是环境保护的需要，也是降低成本的需要。

① 铬酸-硫酸法工艺如下：

| 铬酸 | 200～400g/L |
| 硫酸 | 350～800g/L |
| 温度 | 60℃ |
| 时间 | 1～2min |

② 混酸法工艺如下：

| 硫酸(98%) | 500～750g/L |
| 氢氟酸(70%) | 80～180g/L |
| 温度 | 40℃～60℃ |
| 时间 | 5～15s |

③ 另一种混酸法工艺如下：

| 硫酸 | 300～450g/L |
| 氢氟酸 | 250～310g/L |
| 氟磺酸 | 140～240g/L |
| 温度 | 40℃～60℃ |
| 时间 | 15～90s |

④ 无铬粗化法工艺如下：

| 硫酸 | 300～500g/L |
| 温度 | 40℃～50℃ |
| 时间 | 15～30min |

无铬粗化经实践证明是较有效的粗化方法。其不仅没有采用严重污染环境的铬酸，也不使用有争议的磷酸。温度低时，还可以延长时间来达到粗化效果；加温可以强化粗化和缩短时间，但工作现场的酸雾会成为问题所以不可采用过高的温度。当然这种粗化液要求所加工的玻璃钢一定是按电镀级配制的树脂，否则达不到合格的粗化效果。

**(4)敏化** 建议采用以下敏化工艺：

| 氯化亚锡 | 50g/L |
| 盐酸 | 10mL/L |
| 温度 | 20℃～40℃ |
| 时间 | 5～10min |

这里采用了较高浓度的亚锡盐而用了较低浓度的盐酸，主要是为了使敏化离子能在表面有较多的吸附。只要表面除油充分并且有适当粗化的表面，也可以采用ABS塑料中的敏化工艺，也就是通用的敏化液。

敏化后要注意充分的清洗，防止有敏化液带到下道工序的活化液中，引起活化液分解而失效。

**(5)活化**　活化适合采用银盐活化法具体工艺如下：

| | |
|---|---|
| 硝酸银 | 0.5～10g/L |
| 氨水 | 加至溶液刚好透明 |
| 温度 | 室温 |
| 时间 | 5～10min |

同样可以用 ABS 塑料电镀的银活化工艺。特别是对于大型结构件，只有采用银盐才比较经济。并且当采用浇淋法时，银离子的浓度可以适当低一些。只有大批量、小型化的精密制件如小型工艺品和小结构件，才可以采用钯盐活化或胶体钯活化，否则是不经济的。

**(6)化学镀铜**　经过活化后的制件要尽快进入化学镀铜工艺，具体工艺如下。

| | |
|---|---|
| 硫酸铜 | 5g/L |
| 酒石酸钾钠 | 25g/L |
| 氢氧化钠 | 7g/L |
| 甲醛 | 10mL/L |
| pH | 12.8 |
| 温度 | 室温 |
| 时间 | 视表面情况而定 |

对于大型构件，其化学镀铜的时间要长一些，这是因为过大的表面积如果没有足够厚的化学铜镀层，构件远端的导电性能难以保证，在其后的电镀加工中会在难以避免的"双极"现象中导致局部溶解而使电镀层不完全。因此，对于大型玻璃钢电镀制件，在化学镀铜时要有足够的厚度，化学镀铜的时间要在 1～2h 甚至长达 4h。

**2. 加厚电镀与表面精饰**

**(1)加厚电镀**　玻璃钢电镀中的一个重要工序是对化学镀层进行加厚。理想的加厚镀液是中性或弱酸性的镀镍液，或者弱碱性的焦磷酸盐镀铜液。但是我们在实际生产过程中，考虑到方便和成本，仍然采用的是酸性光亮镀铜工艺：

| | |
|---|---|
| 硫酸铜 | 180～220g/L |
| 硫酸 | 30～40mL/L |
| 酸铜光亮剂 | 2～5mL/L |
| 阳极 | 酸性镀铜专用磷铜阳极 |

阴极移动或镀液搅拌。

| | |
|---|---|
| 温度 | 15℃～25℃ |
| 阴极电流密度 | 0.5～2.5A/dm² |
| 时间 | 视要求而定 |

对于最终镀层是铜镀层的制件，可以在一个镀槽内完成其电镀过程。只是在加厚电镀的开始阶段，要以小电流电镀一定时间并确定全部都有电镀层生成后，再调节到正常电镀密度范围。这和金属基体电镀要用冲击电流是完全相反的，否则将会使电镀

加工失败。因为玻璃钢电镀前表面的化学铜镀层都很薄，而电极与其接点的接触面积又较小。电流过大时，接点处很容易烧掉，造成不但镀不上镀层，还会使化学镀层溶解掉。镀铜用的光亮剂可以买到，不要求出光快而要求分散能力好。金属电镀因为不存在导电问题，出于效率考虑，往往要求出光快的光亮剂。但是，这种出光快的光亮剂的分散能力一般比较差。因此，要选用分散能力好（在电镀业里也称为走位好）的光亮剂。

在加厚电镀完成以后，就可以进行后面的精饰电镀。

**(2)表面精饰镀层** 加厚电镀的目的是为了让玻璃钢制件表面完成金属化被覆。经过加厚电镀以后，玻璃钢制件表面有了较厚（通常在 $10 \sim 30 \mu m$ 的铜镀层，再在这层铜镀层表面进行其他镀层的电镀就比较方便了。

表面精饰镀层要根据玻璃钢制件的使用目的和要求来确定。作为金属的常规装饰性镀层，大多数是采用光亮镀镍加装饰性镀铬，玻璃钢制件也可以采用这种表面镀层。但是，从玻璃钢制件的应用实际来看，镀装饰性铬的并不是很多，相当多的是镀仿金、仿古铜、仿古银等镀层。

① 仿金镀层。仿金镀层在前面的塑料电镀中已经有所介绍。为了获得的漂亮的仿金效果，要求底镀层比较光亮。由于玻璃钢的镀层一般情况下不能进行机械抛光处理，所以只能依靠光亮电镀层来作为仿金的底层。最好是用光亮镍镀层，也可以用酸性光亮铜镀层。无论是用铜镀层还是镍镀层，都要求光亮度高并且光亮度均匀，否则，镀出的仿金色达不到预期的效果。

目前较好的仿金镀层都是氰化物的铜锌锡三元合金镀层。但是随着氰化物的限制使用会越来越少，以下介绍几种非氰化物的仿金工艺。

a. 焦磷酸盐镀仿金工艺如下：

| | |
|---|---|
| 硫酸铜 | 25g/L |
| 硫酸锌 | 30g/L |
| 焦磷酸钾 | 200g/L |
| 乙二胺 | 6g/L |
| pH | 11 |
| 温度 | 50℃ |
| 阴极电流密度 | 0.5A/dm² |

b. 酒石酸盐镀仿金工艺如下：

| | |
|---|---|
| 硫酸铜 | 30g/L |
| 硫酸锌 | 12g/L |
| 酒石酸钾钠 | 100g/L |
| 氢氧化钠 | 50g/L |
| 三乙醇胺 | 12mL/L |
| 氨基磺酸钠 | 4g/L |
| pH | 12.5 |
| 温度 | 40℃ |

阴极电流密度　　　　　　　4A/dm²

②仿古铜镀层。仿古铜镀层是指的将铜镀层进行古色化处理，使制件表现出古色古香的气息。这是各种仿古艺术品或工艺品常用的表面精饰手段，在玻璃钢制件中比较多见。

仿古铜镀层可以分为两大类，一类是在原色铜镀层上进行的仿古处理；另一类是在铜合金也就是在黄铜或青铜镀层表面进行的仿古处理。所谓原色铜就是铜的本色，也就是常说的红铜或紫铜。在这种镀层上进行处理出的色彩再经表面涂饰透明防护膜，有很好的仿古装饰效果。并且这种方法的成本较低，只要酸性光亮镀铜结束后，对铜层进行黑化处理，再进行艺术处理就行了。

以下是一种经典的铜黑化工艺：

硫化钾　　　　　　　　　　30g/L
氢氧化钠　　　　　　　　　30g/L
温度　　　　　　　　　　　室温
时间　　　　　　　　　　　2min

除硫化钾外采用其化硫化物也可以，包括硫化钠、硫化铵等。并且要注意实际黑化过程中的颜色变化，因为这个过程会经历从其他颜色到黑色的变化，如果变黑后不及时取出清洗定色，会又回到其他颜色，导致制件的黑度不够而效果不理想。

对黑化后的镀铜制件进行艺术处理，其要点是对高光处和易摩擦的部位进行抛光或擦光处理，让其露出铜色，再经涂保护漆即可。

由于古代的铜器多数是青铜器，所生出的铜锈是以铜绿为主的杂色，要仿制出这种效果就必须镀铜合金。可以在仿金镀槽中进行加厚电镀，再进行表面处理。

以下是一种典型的孔雀绿处理工艺：

盐酸　　　　　　　　　　　5～35g/L
醋酸铜　　　　　　　　　　5～120g/L
碱式碳酸铜　　　　　　　　2～100g/L
硝酸铜　　　　　　　　　　5～30g/L
氯化铵　　　　　　　　　　5～150g/L
氯化钠　　　　　　　　　　30～180g/L

进行这种古铜化处理时，可以浸涂，也可以喷涂或擦拭，最好是进行两次处理，效果会更好。第一次处理后让其自然干燥，再进行第二次处理。为了使表面不再继续变化，需要进行定色处理，通常是涂透明清漆进行保护。

③仿古银镀层。仿古银时需要先镀上银白色镀层，再在白色镀层上进行仿古处理。以往在金属镀层上所用的是白铜锡合金或用锡镀层代银进行处理。而采用光亮镀锌作为底镀层，再经黑化和擦光处理，也获得了良好的效果。

采用酸性光亮镀锌，成本低而又基本无污染，具体工艺如下：

氯化锌　　　　　　　　　　60g/L
氯化钾　　　　　　　　　　180g/L
硼酸　　　　　　　　　　　30g/L

光亮剂　　　　　　　15mL/L
pH　　　　　　　　　5～6
温度　　　　　　　　10℃～55℃
阴极电流密度　　　　1～3A/dm²
锌镀层的黑化工艺如下：
铬酸　　　　　　　　30g/L
硫酸铜　　　　　　　45g/L
磷酸　　　　　　　　5mL/L
温度　　　　　　　　30℃
时间　　　　　　　　30s

锌镀层的厚度需保证在 10μm 以上。完成镀锌后，先在 1%～2% 的硝酸溶液中出光，水洗后再进行着色，出着色槽后在空气中要停留几秒钟，水洗后在 50℃ 下干燥，就可以获得有光泽的黑色。

对于仿古艺术处理，可以参照铜的仿古处理，就是对高光处进行擦光后，再定色，最后用清漆进行封闭处理。

### 3. 玻璃钢电镀常见的问题

**(1)粗化不足**　粗化是非金属电镀成功与否的关键工序。粗化不足的直接结果是使化学镀层沉积不全；或者虽然沉积是全的，但结合力很差，容易起皮、起泡。尤其是虽然有沉积完整的镀层但结合力不好的制件，其危害更大。因为这种质量问题有一定的隐蔽性，往往是在完全加工完成后才被发现。有些甚至是交付到用户以后才出现起泡等问题，给企业带来的损失较大。因此，对粗化工序的管理非常重要。

防止结合力不好的方法是注意粗化液的温度不要太低，并且保证有足够的粗化时间。当粗化液老化时，要即时调整或延长时间、提高温度。对于老化的粗化液最好弃置不用，而代之以新的粗化液。

**(2)敏化液中毒**　由于敏化过程是要使非金属表面具有还原能力，所以保持这种还原能力很重要。如果敏化液本身被氧化或者敏化后表面局部被氧化，这就是敏化液中毒，其失去了还原活化过程的效力，将使化学镀不能进行，出现完全没有镀层或很少、很稀薄。要严格防止其他化学物质混入敏化液，特别是氧化剂类杂质。对已经进行完成敏化的制件要即时转入活化工序，避免存放过长时间致使表面氧化而失去作用。即使是局部失效，也会使镀层沉积不全。敏化液不用时要加盖保存。

**(3)活化失效**　活化液由于采用的是贵金属盐配制，其浓度往往是不高的。因此，很多因素都会使活化液中的贵金属含量降到工艺要求的含量以下。特别是敏化液清洗不干净或不小心将敏化液等还原性物质混入活化液，都会使活化很快失效。而长期使用没有即时补充活化液，也会导致活化作用下降，表现为化学镀层沉积不出来或者沉积不完全。因此，敏化后进入活化前要认真清洗表面，特别是银盐活化前，要经蒸馏水洗过之后，再进入活化槽。以防止氯离子进入而消耗掉银离子。活化液不用时也要加盖，特别是银盐活化还要防止光化学还原，要避光操作和保存。

**(4)玻璃钢制件与挂具接触不良**　玻璃钢电镀制件往往是表面积比较大的产品，

如果挂具使用不当，很容易造成导电不良而使电镀失败。防止出现挂具接触不良的办法是在挂具上增加接触点和辅助连接线，使制件与电源有尽量多的连接点，保证电流在制件各个部位都正常导通。对于有些量大而又相对固定的制件要设计和制作专用的挂具。

**(5)电镀过程中发生局部镀层溶解**　这种现象特别容易在大面积制件上发生。除了由于导电接点少而导致接点电流过大发生烧坏接点，断电后化学溶解外，局部低电流密度区相对高电流密度区会呈现阳极状态，这是"双极"现象的一种，处于阳极状态的表面如果达到镀层的溶解电位就会发生镀层溶解。防止的方法是保证制件与电极有足够的连接点，并且连接点的接触面积要大一些，不能是点接触。同时在开始电镀时一定要用小电流进行电镀，等全部有了电镀层后再逐步加提高电流密度。电镀过程中还要经常观察被镀制件，一旦发现问题就要采取相应措施，以免电镀失败。

**(6)孔隙内残留电解液腐蚀电镀层**　在电镀完成后，由于水洗不够，导致有些没有洗干净的电镀液等滞留在制件的孔隙内，在适合的时机会从孔隙内流出来腐蚀镀层，轻则使镀层出现花斑，重则使镀层发生溶解，露出玻璃钢底层。包括非装饰面内的孔隙藏有的镀液都会对电镀后的质量构成威胁。防止的办法是在制作过程中要避免在制件中形成空洞。再就是在电镀完成之后进行充分的水洗，最好是用温水多洗几次，以使所有残液都被清净。清洗完成后要尽快干燥。

**(7)对局部电镀层出现问题的补救**　从质量控制的角度，不希望在电镀以后再发现问题，而是在每一道工序前都进行必要的检查，以免不合格品进入下道流程。但是，玻璃钢制件特别是电镀制件，有时有其特殊性，那就是有时只有一、两件制件，而又确实有加工难度，这时需要有补救措施。

最常见的玻璃钢电镀质量问题是局部电镀层破坏，如由于双极现象出现的溶解，化学镀沉积不全造成的漏镀，局部起皮造成的脱落等。如果制件的主要部位或大部分都是合格的，对于局部的问题补镀后用户可以接受，就可以采用这种补救措施。

补镀方法其实很简单，就是对需要补镀的地方用水砂纸擦光后，用吹风机吹干，然后再在这个部位涂上用紫铜粉调制的金属漆，再用吹风机吹干后，继续进行电镀就可以了。这时涂过金属导电漆的地方会慢慢重新镀上镀层，在镀层达到一定厚度后几乎就看不出来了。当然，当镀层较薄时，可以看见补镀的痕迹。

# 11　电镀层的退除

## 11.1　退除镀层的方法与原理

在电镀生产过程中，对于电镀质量不合格的产品，要进行返工重新电镀。在进行返工重镀前，将出现质量问题的镀层退除成为必不可少的步骤。因此，将已经镀上的不合格镀层进行退除处理，是完整的电镀工艺中的必要组成部分。同时，在进行工艺研发和镀层鉴定等技术开发时，也要经常用到退除镀层技术。这就使得电镀层的退除技术至少在当前不可缺少。

镀层退除方法可以分为物理方法、化学方法、电化学方法以及这些方法的综合利用等。镀层退除的主流方法是化学方法和电化学方法。

### 11.1.1　退除镀层的基本原理

#### 1. 化学退镀原理

化学退镀过程本质上也是金属的腐蚀过程。但是化学退镀的原理却并不是所谓的化学腐蚀，而是电化学腐蚀。我们说到化学退镀或金属的化学溶解，很容易将这一过程理解为化学腐蚀过程，这是一种误解。纯粹的化学腐蚀是金属由于与外部介质发生相互作用而发生的金属氧化过程，如金属在高温环境中与气体反应发生的腐蚀或者在与液体接触时发生的腐蚀。这种单纯化学腐蚀的最大特征是没有腐蚀电流产生。

但是，实际中大多数的金属腐蚀过程，特别是发生速度较快的金属溶解过程，都不是单纯的化学腐蚀过程，而是比较复杂的电化学腐蚀过程。在这些腐蚀过程中，有腐蚀电流产生，并且腐蚀电流的大小是衡量腐蚀速度的重要指标。

电化学腐蚀过程中有无数微电池在发生作用。腐蚀过程是一种能量的耗散，金属的化学溶解过程也是如此。而金属的退镀过程，即是典型的金属溶解过程。可以从分析金属的化学溶解过程来研究化学退镀过程。而金属的溶解过程本质上是金属的腐蚀过程，在这个过程中起作用的是腐蚀微电池。

**(1)影响金属表面呈现电化学不均匀性的因素**

① 金属化学成分的不均匀性。工业金属材料通常都含有一定量杂质，其中更多的是为了机械和化学的功能性需要而人为地加入某些微量元素。实际上绝对纯的金属不仅在冶金技术上难以做到，而且在应用中也无此必要。因此，很多金属材料本身就存在这种不均匀性，当处在腐蚀环境中时，这些杂质或不同金属即显示出不同的电极性能而形成诸多的微电池，在电解质的传导作用下分别发生阳极过程和阴极过程。那些处在电池阳极状态的区域就会发生金属的溶解。

② 金属组织的不均匀性。金属和合金微观结构不均一现象比较普通。例如，铸铁存在铁素体、渗碳体和石墨三相；固溶体合金的偏析；金属结晶的各向异性、错位以

及晶粒、晶界的存在等，导致不同结构区域的电位有所不同而出现电位差。

③金属物理状态的不均匀性。金属在机械加工等过程中由于受力和变形等因素，会处于不同的物理状态，出现内应力或应力残留，一般高应力区通常有较低的电位而成为阳极，容易受到破坏。

④金属表面防护层的不完整性。金属表面的防护层包括电镀层，由于存在孔隙或破损，会使底镀层或基体与镀层间的不同电位状态暴露在腐蚀环境中，可以说有金属镀层的金属材料处于电化学性能并不稳定的状态。对于阴极镀层，一旦发生腐蚀，对基体更为不利。

**(2)影响金属化学溶解过程的因素**　影响金属化学溶解过程的因素包括金属的性质、介质的组成和浓度、环境的温度和过程的时间等，我们分别加以讨论。

①金属的性质。不同金属具有不同的物理性质，如熔点、密度、电阻等，但与其耐蚀性最相关的性质是根据其在标准状态下相对氢电极的标准电极电位。根据金属的标准电极电位可以排列出金属的活泼顺序，这个金属的活泼顺序大致决定了金属在化学溶解时的行为特点。不能仅仅从金属的物理性质来判断金属的腐蚀行为。一些金属的密度、熔点相近，但是耐蚀性能却有很大差别，如铁、镍、钴、铬、钛等金属的密度和熔点都很高，但与同样是高密度和高熔点的金、银、铜等金属相比却更容易氧化。这主要是与这些金属的标准电位有关。

所有负电位的金属，也就是可以从酸中置换出氢的金属，其化学性质相对都是比较活泼的。有些如锌、铝等电位较负的金属还在腐蚀介质中表现出所谓两性金属的性质，遇酸呈现碱性性质，遇碱则又呈现酸性性质，即在酸性介质和碱性介质中都可以发生化学溶解，并且其反应速度较快。因此，不同的金属在溶解过程中会因为金属的本性而有不同的溶解行为。

②介质的组成和浓度。金属的化学溶解是在一定介质中进行的，如酸性溶液。这些可以溶解金属的溶液都有一定的组成和浓度。特别是对于退镀过程，只采用一种成分的化学物质作为退镀剂的情况较少。即使是单一成分的退镀剂，也会用到保护基体的缓蚀剂或增加溶解效果的润湿剂等。更多的是要加入络合剂或有一定抛光作用的添加剂。因此，这些不同组成的退镀液对退镀过程(速度和效果)会有明显的影响。

常用金属的性质及标准电极电位见表 11-1。同一种金属，以不同的价态溶解时，有着完全不同的电极电位，如锡以四价形式溶解时，相对氢是正电位($+0.05V$)，但当以二价锡溶解时，则是负电位($-0.140V$)。金属以什么价态溶解也与溶液的组成有关，这种现象在电化学退镀中更为明显。

**表 11-1　常用金属的性质及标准电极电位**

| 金属与电极 | 熔点/℃ | 密度/(g/cm³) | 电阻系数/(μΩ/cm) | 标准电极电位 /V(相对氢标准电极电位，25℃) |
|---|---|---|---|---|
| 金 Au/Au⁺ | 1063 | 19.3 | 2.21 | +1.7 |
| 铂 Pt/Pt²⁺ | 1772 | 21.45 | 10.5 | +1.2 |
| 钯 Pd/Pd²⁺ | 1555 | 12.0 | 10.8 | +0.83 |

续表 11-1

| 金属与电极 | 熔点/℃ | 密度/(g/cm³) | 电阻系数/(μΩ/cm) | 标准电极电位 /V（相对氢标准电极电位，25℃） |
|---|---|---|---|---|
| 铅 Pb/Pb⁴⁺ | 327 | 11.34 | 20.7 | +0.80 |
| 银 Ag/Ag⁺ | 960 | 10.5 | 1.58 | +0.799 |
| 铜 Cu/Cu²⁺ | 1083 | 8.91 | 1.63 | +0.34 |
| 锡 Sn/Sn⁴⁺ | 232 | 7.3 | 11.3 | +0.05 |
| H/H⁺ | — | — | — | 0.00 |
| 铁 Fe/Fe³⁺ | 1539 | 7.87 | 9.9 | −0.036 |
| 铅 Pb/Pb²⁺ | | | | −0.126 |
| 锡 Sn/Sn²⁺ | | | | −0.14 |
| 镍 Ni/Ni²⁺ | 1452 | 8.9 | 20 | −0.23 |
| 铟 In/In⁺ | 161 | 7.31 | 8.37 | −0.25 |
| 钴 Co/Co²⁺ | 1490 | 8.9 | 6.3 | −0.27 |
| 铟 In/In³⁺ | — | | — | −0.34 |
| 镉 Cd/Cd²⁺ | 321 | 8.65 | 7.25 | −0.402 |
| 铁 Fe/Fe²⁺ | | | | −0.44 |
| 铬 Cr/Cr³⁺ | 1830 | 7.14 | 13.1 | −0.71 |
| 锌 Zn/Zn²⁺ | 420 | 7.17 | 6.0 | −0.763 |
| 铝 Al/Al³⁺ | 657 | 2.70 | 2.72 | −1.66 |
| 钛 Ti/Ti²⁺ | 1800 | 4.5 | 89 | −1.75 |

③ 温度。温度是金属腐蚀的重要参数，对腐蚀速度有很大影响。在腐蚀理论中有以下关系式表述腐蚀速度与温度的关系：

$$M_{质量} = Ae^{-Q/RT}$$
(11.1)

式中，$M_{质量}$ 为溶解金属的质量；$A$ 为常数，可用 $\log A = \log M_{质量} + Q/2.303RT$ 确定；$Q$ 为反应活化能；$R$ 为气体常数；$T$ 为绝对温度。

根据上述关系式可以测得大部分金属的溶解质量与温度的关系如图 11-1 所示。

由图 11-1 可知，所有金属的溶解速度都随温度的升高而增加，这是一些退镀液需要加温的原因。但是加温退镀不仅存在一定质量风险，而且增加成本和消耗能量。因此，尽量在室温下完成退镀，必要时可适当延长一些时间。

④ 时间。所有金属的溶解量都与时间成正比。不管在什么情况下，时间都是金属溶解的重要参数。不过对于退镀过程，大部分退镀出现过腐蚀而导致的报废，都和没有控制退镀时间有关。密切关注退镀过程，控制退镀时间对于保证退镀质量是非常重要的。特别是在温度较高的场合，随着时间的增加，镀层退除的量会成倍增加，如

图 11-2 所示。由图 11-2 可知，经过相同的一段时间后，镀液温度为 75℃的退镀量是 20℃时的 3 倍。

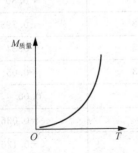

图 11-1　金属的溶解质量与温度的关系　　　图 11-2　金属溶解量与时间与温度的关系

现在电镀企业在生产工艺参数管理中已经普遍采用了时间报警器装置，退镀过程同样可以采用这种装置，将常规退镀的时间在时间继电器中进行设置，这样可以在处理时间到达时，得到鸣叫提示，以免超过工艺规定的时间而出现质量事故。

2. 电化学退镀原理

电化学退镀是在电解液中以被退镀制件为阳极进行的镀层金属溶解的过程，可以说电化学退镀或者说电解退镀是电镀的逆过程。

电镀过程是金属离子在作为阴极的制件表面获得电子而还原成金属的过程。如果采用的是电化学退镀方法，则过程正好与电镀过程相反，是金属镀层作为阳极从制件表面失去电子而成为金属离子的过程。

电镀：

$$M^{n+} + ne = M$$

退镀：

$$M - ne = M^{n+}$$

这组反应式里的 $M^{n+}$ 表示 $n$ 价的金属离子，$ne$ 表示 $n$ 个电子数，M 则是还原态的金属。

当然，就金属的氧化而言，也可以用上面所列的退镀化学式表达化学法的退镀过程。但是电化学还有一个电流效率的问题，即通过制件表面的电流不是全部都用来进行了镀层的氧化，而是在一定的条件下有其他氧化过程发生，其中最为常见的是 $OH^-$ 的氧化：

$$4OH^- - 4e = 2H_2O + O_2$$

事实上，电化学退镀过程在一定程度上与电镀过程中的阳极过程是相似的，但是不能完全与阳极过程类比。与金属的阳极过程不同的是，退镀所希望的金属溶解要有更高的速度而更少的副反应发生，并且不能出现钝化或高价位溶解现象。因此，电解速度是电化学退镀过程的一个重要指标。

根据法拉第第二定律，对电极过程而言，电极上每析出或溶解 1g 当量任何物质所需要的电量是相等的，都是 96500C，也即 26.8Ah。这对于我们用计算镀层厚度的公式来描述金属的阳极溶解是一样有效的，并且可以将计算镀层厚度的公式用于计算退除某一镀层厚度所需的时间。

$$\delta = \frac{K D_a t \eta_a \times 100}{60\gamma} \qquad (11.2)$$

式中，$\delta$ 为溶解金属的厚度($\mu$m)；$K$ 为电化当量（g/Ah）；$D_a$ 为阳极电流密度（A/dm$^2$）；$t$ 为电解时间隔(min)；$\eta_a$ 为阳极电流效率(%)；$\gamma$ 为退除金属的密度(g/cm$^3$)。

通过代换，很容易将电解时间作为所求的量：

$$t = \frac{K D_a \delta \eta_a \times 100}{60\gamma} \qquad (11.3)$$

即在已知镀层厚度的前提下，可以计算所需要电解退镀的时间。需要注意的是，在进行这种计算时，要取镀层厚度的最大值而不是平均值。

影响阳极溶解速度的因素和金属本身的电化学性能有关，通常以下几个因素会对溶解过程有影响。

**(1)金属的性质**　与化学退镀一样，金属的性质对电化学退镀过程是有影响的，这种影响在有外电场作用时，已经不只是电极电位的影响。实践证明，不同金属在发生阳极溶解时，溶解速度有很大差别。在通常的简单盐溶液中，碱金属、碱土金属、银等溶解较快；铁、钴、镍等溶解较慢；铜、锌、铅、锡等处在中速状态。在相同的极化情况下，它们的溶解速度相差很大，也可以说在相同的电流密度下，有些金属有较高的阳极过电位，如铁、钴、镍，而有些金属则有较小的阳极过电位，如铜、锌、锡等。这显然是金属的本质所决定的。

**(2)电解液的组成与浓度**　除了电化学因素外，电化学退镀液中金属离子的浓度和状态也对退镀效率有重要影响。当退镀溶液中的金属离子达到一定浓度时，将会对金属的进一步溶解形成阻力。这时如果有络合剂存在使游离的金属离子的浓度下降，则有利于金属的持续溶解直到所有的镀层都退除完毕。因此，很多电化学退镀液都要添加络合剂，以提高退镀液的效率和工作寿命。当然，也有不用络合剂的电解液，这时的退镀液要求对金属离子有较高的溶解度或者可以产生沉积从溶液中排出。

除了加入络合剂外，活化剂也可以提高金属的溶解速度。这类活化剂本身不参加电极反应，却可以提高金属溶解的速度，对提高退镀效率是有利的。

**(3)电流密度**　电学参数是电化学退镀的重要指标。电化学退镀时电流密度对退镀过程有着非常重要的影响，这与电镀时电流密度的影响是相似的。在一般情况下，阳极电流密度越大，金属溶解的速度也越大。但是，过大的电流密度有时会在增加阳极极化的同时，造成阳极的钝化。出现钝化后的阳极将不能发生金属的溶解，而有氧气的析出。因此，电化学退镀通常都要求在极化很小的情况下进行，以防止金属溶解过程中出现钝化现象。

在退镀实践中，有时由于退镀物面积不好确定，使控制电流密度有困难，往往会采用控制电压的办法来防止过大的电流通过电解槽。因此有的电化学退镀工艺提供的是电压指标而不是电流密度指标。

**(4)温度与时间**　　与化学退镀一样,在电化学退镀中,温度和时间基本上是与退镀速度成正比的。所有的电化学反应都在温度升高时反应速度增加,退镀过程也是如此。为了提高电化学退镀效率,不少退镀液都采用了加温的措施。

时间同样是影响退镀效果的因素。正常情况下,随着时间的延长,金属溶解的量增加。只有当出现钝化或副反应时,时间的影响才会打折扣。

**(5)电流效率**　　在电化学退镀过程中有可能出现副反应,对阳极过程而言,如果所有通过电极的电流完全用来进行金属的溶解,则这个电化学溶解过程的电流效率就是100%。但是,实际的阳极过程的电流效率不可能都是100%,而是低于或高于100%。当电流效率低于100%时,退镀的效率会有所下降,而高于100%,则很可能是在电化学溶解的同时发生了金属的化学溶解。

**3. 影响退镀的化学和电化学现象**

退镀既然是化学和电化学溶解过程,除了前面已经介绍的各种工艺参数的影响以外,还有一些化学和电化学现象对退镀过程也会有影响。

**(1)小孔腐蚀**　　小孔腐蚀也称为点蚀,在腐蚀电化学中属于典型的局部腐蚀现象,往往是金属的材料或物理状态不均匀引起的局部钝化状态的破坏。对于退镀过程来说,由于镀层的存在使镀件是典型的复相电极或多电极系统,因此很容易发生电偶腐蚀,并且会使腐蚀的速度和破坏的程度都得到加强。特别是对于阴极性镀层,由于绝大多数镀层都不同程度地存在孔隙,这些小孔受到腐蚀性介质侵蚀时,将使基体金属材料作为腐蚀电池的阳极而发生高速的溶解。往往会出现镀层还没有退除,基体已经受到点状腐蚀的现象。因此,防止发生小孔腐蚀是退镀过程中需加以控制的重点。

**(2)渗氢**　　大多数电镀制件的基体材料是钢铁。钢铁制件的退镀特别是在锌镀层的退镀是在酸性溶液中进行的,而所有金属在与酸反应时实际上是一种腐蚀过程,即金属的氧化过程,在这种过程中,使金属进入活性状态而溶解的是酸中的氢离子($H^+$),因此,氢离子也在腐蚀过程中起去极化剂的作用。

由于氢原子是所有化学元素中半径最小的原子,只有一个核子和电子,因而可以很容易地在所有物质的分子间穿行,这样,在金属表面被还原出来的氢原子会进入金属晶格而吸附在晶格当中,这就是所谓渗氢现象。渗氢的最大的危害是引起金属的氢脆。

氢脆泛指金属中溶入氢后所引起的一系列损伤而使金属力学性能劣化的现象,如静载下的滞后断裂(即应力腐蚀导致的氢脆)、钢中的发裂、白点、氢鼓泡等。钢镀件在酸性介质中退镀时,有大量的氢气析出,很容易引起氢脆。

**(3)表面钝化**　　化学或电化学退镀所要求的表面是完全活性化的表面。镀层退镀的理想状态是金属表面处于全面溶解状态,也称为金属的活性阳极溶解过程。但是,金属会在各种条件下处于钝化状态,这对金属溶解是不利的。钝化状态往往是在一定的电位下发生的,因此,在电化学退镀过程中容易发生钝化现象而影响到退镀过程。当然化学退镀液在工作一定时间或受到某种污染后,也会使退镀层处于全部或局部钝化状态。这些对退镀是不利的。

金属电化学溶解过程中出现钝化时的电位称为金属钝化电位,与之相应的电流密度则是钝化电流密度。处于钝化态的表面如果进一步升高电位，会出现新的电极反应，这时金属会以高价态溶解或出现新的电化学反应，如氧的电极反应。

钝化将使退镀过程停止并且会引起新的不需要的氧化过程发生。因此，绝大多数电化学退镀都在较低的电压下进行，防止电极进入钝化状态，以使金属的电化学溶解过程能顺利进行。

### 4. 退镀中的缓蚀剂

我们将只要添加很少的量于腐蚀介质中就能使金属的腐蚀速度显著降低的化学物质称为缓蚀剂。根据缓蚀剂的作用原理，可以分为界面型（intreface）缓蚀剂和相界型（interphase）缓蚀剂。

界面型缓蚀剂是通过缓蚀剂或其产物在金属表面吸附而形成表面膜，阻滞的腐蚀过程是阳极反应或阴极反应或同时阻止两极反应的进行，起到缓和腐蚀的作用。相界型缓蚀剂能与金属表面或其腐蚀产物作用生成三维的膜层，使金属与腐蚀介质隔离而抑制腐蚀过程，所以也称为成膜型缓蚀剂。

相界型缓蚀剂主要应用于中性或碱性溶液中，又可以分阳极缓蚀剂和阴极缓蚀剂两类。阳极缓蚀剂是通过腐蚀过程的阳极反应而在金属表面形成具有缓蚀作用的成相膜。这类缓蚀剂中很大一类是钝化剂，是可以在金属表面形成钝化膜的添加剂。而阴极缓蚀剂是通过腐蚀过程的阴极反应而在金属表面形成具有一定保护性能的膜，能与$OH^-$形成沉淀的金属离子。

在退镀过程中用得较多的是在酸性体系中的界面型缓蚀剂。所谓界面型缓蚀剂实际上是一类在表面有着特性吸附的表面活性剂，可分为离子型和非离子型两大类。离子型中又分为阴离子型表面活性剂、阳离子型表面活性剂和两性表面活性剂。

电镀中常用的缓蚀剂是非专用缓蚀剂，如乌洛托品（六亚甲基四胺，$C_6H_{12}N_4$）、硫脲（硫代尿素，$CH_4N_2S$）、甲醛（HCHO）等；也有采用专用缓蚀剂的，如专用于盐酸的缓蚀剂咪唑啉 IS-129（咪唑啉季铵盐混配物），用量仅为退镀液量的 0.3%；还有通用型酸用缓蚀剂 LX9-001，这是一种固体多用酸洗缓蚀剂，用于硝酸、盐酸、磷酸、氢氟酸、柠檬酸、氨基磺酸、草酸、酒石酸、羧基乙酸、EDTA 等十多种无机酸、有机酸和混合酸等的酸洗液、退镀液，可以对碳钢、铜、铝、钛、镍等金属基材有缓蚀作用。

需要注意的是，当在退镀工艺中采用了缓蚀剂时，在重镀时一定要增加一个电解去膜过程，以消除强力吸附在退镀表面的缓蚀剂，否则会对重新电镀时的镀层结合力产生不利影响。

## 11.1.2 退镀准备和资源配置

### 1. 退镀流程

在退镀实践中，有些退镀方法是有一定通用性的方法，但对有些镀种或产品，退镀方法却具有唯一性，即只能采用其中的某一种方法。在退镀故障中，方法错误导致的失败占有较大比例，因此，如何正确选用退镀的流程是一个重要的问题。

退镀的通用流程如下：

确认基体和最表面层→有表面膜→退膜→确认表面镀层→单一镀层→退镀

无表面膜→确认表面镀层→多层镀层→分步或一步退镀

**(1)确认基体和最表面层**　要想正确地选用合理的退镀方法并制定出合适的操作方案，首先需对将要退镀的制件有比较全面的认识。这就要先确认所要退镀的制件的基体是什么材料，表面是什么镀层，或表面有没有其他涂层或膜层。只有对这两项重要指标有了明确地认识，并且加以核实无误后，才能进入退镀的实际操作。

对于有产品图样或工艺文件的退镀件，可以通过查验图样或文件来确认基体和表面镀层。但是，就我国电镀业的现状而言，图样或文件与制件同样进入流程的情况还不是很普及，许多电镀加工现场没有这些相关资料，只是凭简单的列表式的派工单分配工作，只有产品名称（有时还用简称或习惯称呼）和实样。这样的产品出现返工时，会对退镀工作带来一些困难，如上期已经交出的产品，在本期有若干退回返工，但上期所用的基体材料与本期并不一样，如果按本期现场样品的材料退镀，就会出现问题。即使是钢铁制件，也会因高碳钢和低碳钢的区别而在退镀时有不同的处理工艺。

还有一些镀层的表面有用肉眼无法察觉的表面膜。现代制造业对制件的表面耐蚀性能提出的高要求，使原来有些镀层的耐蚀性达不到电镀标准的要求，只能借助表面膜技术来提高镀层的耐蚀性。因不能增加表面层厚度或改变镀层外观，于是这些膜就具有了透明和极薄的特点，有些只是单分子膜。这种看不见的极薄的膜层，对于退镀来说是一个很容易忽视而又影响退镀效果的阻挡层。如果对表面有无表面膜不进行确定，一旦有膜而不知道，就会给退镀带来不良影响。

**(2)确认镀层和镀层组合**　在确认了基体材料和表面状态后，所要确认的是表面金属镀层。如果是单一镀层，即可根据镀层的性质来选用合适的退镀工艺和方法。如果不是单一镀层，如装饰性多层镀镍，则要确认多层镍的组合情况，有没有铜打底等。然后根据所获得的镀层组合来选择退镀工艺或方法。

正常情况下，多层镀层也是可以通过图样或工艺文件资料进行确认的。但往往存在缺少资料或资料中标注不全、不规范情况，使现场操作人员无法获取完整的材料和表面处理信息，还是要通过各种物理或化学的方法临时检测来加以确定。

有些多层镀层由于有颜色的差别，通过物理方法就可以初步确定是多层镀，如镍镀层下的铜镀层。但是有些镀层不能仅仅凭肉眼观察进行判断，需要做进一步的镀层鉴别才能加以确定。

确认镀层特别是镀层组合对于退镀是非常重要的，对于需要分别退除的各种不同的镀层，如果不能确定镀层的性质，就无法选取合适的退镀方案。

在镀层确定以后，对镀层的厚度也要有所了解。不了解镀层的厚度，就难以确定退镀所需要的时间，只能随时取出观察，以防止过腐蚀现象发生。镀层厚度的信息除了从相关工艺文件上了解外，最主要的方法还是在现场对退镀件进行抽样测量，以便选择合理的退镀时间和工艺。

**(3)合理选择退镀方法和工艺**　在了解了基体材料和镀层或镀层的组合情况后，

就可以根据所获取的信息来选择退镀的方法和工艺。

对于新的基体材料或新的镀层组合，当没有现成的退镀工艺可以选用时，进行试验是必要的。试验液的选用可以参照相近或相似的基体或镀层的退镀工艺，在溶液浓度、温度、搅拌或电流密度、电压等因素上做出改变来试退镀。也可以试用化抛光液来进行退镀处理。

一种合理的退镀液是既有效而又可再生、寿命长的工作液。而有些有效的退镀液是不可再生的，或者是一次性使用的，这时要考虑的是一次装载量的问题，尽可能在一次性使用中发挥最大的效力，同时要考虑退除后的金属离子的回收方法。

能采用化学法退除镀层的应尽量采用化学法，能采用一步法退除镀层的尽量采用一步法。当然对于有些多层镀层，从资源回收和退镀质量保证等角度考虑，需要分步退除。例如，对于最外层是金、银等贵重金属的镀层，应该在专门的退镀液中退除贵金属后，再进行底镀层的退除，这样可以简化贵金属回收的工艺。

对于需要分步退除的多层镀层，要务必确定每一步的镀层退除干净后，才可进入下一个退镀流程。否则没有退除干净的外镀层会影响底镀层的退除，并且可能会给基体材料带来花斑等过腐蚀痕迹。

2. 退镀的资源配置

退镀的资源配置主要是符合工艺要求的设备和相关的原材料，还有相关的软件配置，包括人力资源和指导操作的文件化程序。虽然人力资源是最为重要的，但是在没有专门的人员设置的情况下，由电镀操作者临时从事退镀工作时，相关的文件配置就显得尤为重要了，包括退镀的操作指南，最好是在退镀现场有简明的流程标识和重要提示。

**(1)设备类**

① 槽体。退镀槽，包括加温和温度控制系统，对于电化学退镀则还包括一定功率的整流器和电极。退镀槽通常采用 PVC 材料，也有外加钢槽加固的套槽，间接加温也需要用套槽。水洗槽、回收槽通常采用 PVC 材料。

② 工具。工具包括挂具、不锈钢篮、塑料篮等装载工具，以及阴极板材料。

③ 环保与安全设备。具体包括现场排气装置、水处理装置（可与电镀水处理共用）；现场冲洗龙头、防护眼镜、橡胶手套、胶鞋等。

④ 化验检验设备。配备需要确定镀层和基体时的检测设备是必要的，但也可以在化验或工艺实验室共用这类设备。

**(2)原材料类** 退镀所用的原材料分为退镀常规化学原料和退镀专用化学原料两大类。

① 常规化学原料。主要是退镀所要用到的酸、碱、盐类等。酸类包括硫酸、硝酸、盐酸、磷酸、铬酸等；碱类则包括氢氧化钠、碳酸钠、磷酸钠等常用的碱类；以及经常会用到的络盐、缓冲 pH 的盐类等；还有非专用缓蚀剂等。

② 专用化学原料。有些退镀剂是作为商业产品提供给用户的，这时用的退镀剂就是专用化学原料，其产品的性能和效果由供应商保证，用户只需要按说明书和指导者的指导进行应用即可。另外也有专业的缓蚀剂等。

**(3)软件类**　所谓软件指的是管理流程和相关技术资源，包括退镀作业指导书、现场工艺流程、工作槽标识和工艺规范标识、退镀操作者岗位职责、退镀操作的安全和环保守则等。

**(4)人力资源**　对于大型和专业电镀企业，应该有专门人员负责退镀工作，也可以将退镀与金属回收、废水处理作为一个岗位加以设置，根据工作量和班次安排适当人员定岗工作。

在不能固定人员从事退镀工作时，可以由各生产线或各返工当事人定期进行各自的退镀工作；但一定要有指导性文件对工作状态加以控制。

无论是哪种人员配置，都必须对退镀人员进行相关的技术技能和安全生产知识培训，没有经过退镀知识培训的人员不能从事退镀工作。

**3. 退镀前的准备**

**(1)管理上的准备**　退镀是一项风险较大的工作，很容易造成产品报废。为了避免出现质量事故，在进行退镀前要有比较充分的准备，做好退镀前的准备工作会收到事半功倍的效果。

退镀前要确认退镀的流程。在确认所退制件的基体材料和所要退的是什么镀层或镀层组合后，才能根据所了解的情况来进行镀层的退除工作。

在了解基体材料和镀层的基础上，要知道所退镀件的数量和要求，再确认退镀设备和退镀液以及安全和环境保护设备都处于完好和可工作状态，这时才可以开始退镀工作。有些要求严格的行业或企业，还会要求有退镀登记记录，则应该填写相关表单。记录退镀的制件的名称、材料、数量、退镀原因和所退镀层情况等(表 11 - 2)。这对于精密和高价值类制件的退镀是必不可少的步骤。

表 11 - 2　镀层退镀记录

| 序号 | 镀件名称 | 图号 | 基体材料 | 镀层 | 退镀原因 | 数量 | 退镀情况 | 操作人 |
|---|---|---|---|---|---|---|---|---|
| 1 | | | | | | | | |
| 2 | | | | | | | | |
| 3 | | | | | | | | |
| ... | | | | | | | | |

对于存在疑问和不能确定的参数，要在搞清楚后再进行退镀操作。不能仅凭经验做出判断。有些要通过试验才能确定的项目，一定要进行多个试样试验证实后才能确定。在必要的时候还要进行未知镀层的鉴别或基体材料的鉴别，以防止出现误判而带来资源的浪费和不必要的损失。

**(2)镀层的确定**　退镀前应该知道自己将要退除的是什么镀层，也就是要确定所退的镀层是什么金属材料。如果不知道镀的是什么金属或合金，是无法进行镀层的退除的。

对于是自己的电镀的产品中的不良制件的退镀，是不存在这个问题的，但是，并不总是由电镀者本人来进行自己产品的退镀工作。因此，对于有些尚未对镀层进行识别的退镀件，要在进行镀层的鉴别后，才能根据镀层的性质选择退镀工艺来进行镀层的退除。

通常对于不了解的镀层，可以通过技术文件如随产品进入流程的图样上的涂覆标记或文字描述来了解，并且要按退镀操作规定的流程经有关人员确认后，才可投入退镀操作。

**(3)镀层厚度的确定** 镀层厚度是退镀时间的重要依据，但往往又是很容易被忽视的参数。由于不清楚镀层厚度而在退镀过程中出现过腐蚀的现象时有发生。因此，退镀前对所要退镀的制件的镀层厚度的了解，也是退镀前准备中必不可少的一个程序。

在正常情况下，镀层厚度的信息应该有文件加以说明，如电镀后的厚度检验报告，随电镀件同行的流程卡或图样对镀层厚度的要求等。但是有时这类数据是缺失的，这就需要通过测定来获取镀层厚度。

测定镀层厚度有很多方法，根据测试方法对镀层的作用的不同而可分为破坏性方法和非破坏性方法两大类；根据原理的不同则可分为化学或电化学法和物理法两大类。所有化学和电化学法都是破坏性方法，化学法因为精确性欠佳已经较少采用，而电化学法由于可以利用计算机对电溶解过程进行精密控制和监测，并进行数据处理和结果打印，现在较多采用但是，由于镀层经过测试后会受到破坏，因此，只适合于大批量产品的抽样测试或技术开发性测试。物理法大都是非破坏性方法，也有破坏性方法。最简单的物理测试是用千分尺对镀前和镀后的制件进行直接测量，但只适合于片状或可利用测尺的产品，且误差较大。现在已经开发出的是电磁或射线测试方法，适合于各种制件，但测试设备的费用较高。物理法中的破坏性方法是指金相法，需要将镀层制成金相试片，通过显微镜进行观测和测量。对于价值较高的产品需要做破坏性测试时，可以在同样工艺下取一试片与产品在同样条件下平行电镀加工，再对试片进行破坏性测试。这些不同的厚度测试法各有其优点和局限性，可以根据镀层的状况和测试的需要选用其中的一种或几种方法。

## 11.1.3 基体材料和镀层的鉴定

对于已经完成电镀的制件，由于不能直观地看到基体材料，对基体材料马上做出判断是很难的。当然对于大量生产而现场又有尚没有镀的相同产品的基体材料，有时可以做出判断。但是从科学管理的角度和从实际生产过程考虑，仅仅凭肉眼来判断所见到的金属材料的性质和组成是不可行的，如即使是钢材，也分为高碳钢、低碳钢或复合钢等。这些不同材料在退镀中如果不加区别的话，很容易给基体带来过腐蚀的问题。其他非铁金属合金同样存在不能仅凭外观或经验判断其组成的问题。因此，很多时候都需要通过鉴定来确定基体金属的性质和组成。

**1. 基体材料的化学鉴别法**

基体的化学鉴别采用的也是系统排除法，先准备鉴别用试液。基体金属鉴别试液见表 11-3。

表 11 - 3  基体金属鉴别试液

| 试液代号 | 试液组成 | 含量 |
|---|---|---|
| A 液 | $HNO_3$ | 100% |
| B 液 | $HNO_3 + H_2O$ | 1 : 1 |
| C 液 | $HNO_3 + H_2O$ | 6 : 11 |
| D 液 | HCl | 100% |
| E 液 | 铁氰化钾 | 10% |

再将基体以磁铁进行试验，如果基体显示出磁性，可按以下流程进行鉴别。

**(1) 呈强磁性**

① 加一滴 A 液，如果有反应且呈现浅绿色，可判定为镍；如果无反应则进行以下流程。

② 加一滴 B 液，按出现的现象分情况处理。

a. 反应快速且溶解物呈深褐色或黑色，可判定为 2.25 铬钢或碳钢。

b. 反应慢且先呈深褐色而后无色，可判定为 5 铬、0.5 锰钢。

c. 无反应可以进行以下流程。

③ 加一滴 C 液，按出现的现象分情况处理。

a. 有反应，深褐色然后清澈无色，可判定为 7～9 铬钢。

b. 无反应，清澈无色，可判定为 12 铬钢。

**(2) 呈弱磁性**

① 加一滴 A 液，如果有反应，先是绿色然后转蓝绿色，可能是镍铜合金。需要注意的是镍铜合金也可能无磁性，但与 A 液反应较慢，不像铜镍反应快。

② 加 A 液无反应，可制定为冷加工的 18/8 铬不锈钢。

**(3) 无磁性**

① 加一滴 A 液，按出现的现象分情况处理。

a. 反应快，试液呈蓝绿色，可判定为铜镍合金。

b. 反应慢，且呈现浅绿色，则可判定为镍钼合金。

c. 如果没有反应，可进行以下流程。

② 加两滴 D 液，按出现的现象分情况处理。

a. 反应快，呈深绿色，再加一滴 E 液，出现深蓝色，且水洗后蓝色变浅，可判定为 18/8 铬不锈钢。

b. 反应慢，呈绿色，再加一滴 E 液，出现深褐色，可判定为镍钼铬合金。

c. 反应慢，呈浅绿，再加一滴 E 液，出现浅褐色絮凝沉淀，则可判定为镍锡合金。

进行以上判定前，基体材料的表面要清洗干净，无油无锈。试验要取几个点平行进行，如果对测试结果有疑惑，可以再取样测试。实在难以确定时要再用物理的仪器测试法进行最后确定。

2. 镀层的化学鉴别法

镀层可以用化学分析的方法确定，实际上是采用的系统排除法，具体的方法如下：先用氧化镁粉和水调成的去油泥将待测表面拭洗干净，以除去表面的油污，经清水冲洗干净后，放入 1:1 的硝酸水溶液中浸泡 2min。按出现的现象进行判定。

**(1)镀层被硝酸溶解** 如果镀层被溶解，且出现以下现象，则可以分别根据所出现的现象进行判定。

① 出现蓝色或绿色溶液。

a. 出现蓝色。出现蓝色可能是铜或铜合金镀层，为了确认可进行以下操作：

将蓝色溶液蒸干，然后将残留物溶解于 1mL 20%（体积比）的硫酸溶液中，稀释至 100mL。在稀释后的溶液中放入一支经除油和除锈并清洗干净的小铁钉。经过一定时间后，如果铁钉表面出现红色金属置换膜，则可以确定镀层为铜或铜合金。

b. 出现绿色。出现绿色可能是镍镀层，但是要确认还需要做以下测试：

用浓氨水将溶液调成碱性，加入石蕊指示剂，再加入 1mL 1% 的丁二酮肟乙醇溶液。如果有红色或粉红色絮状沉淀，表明镀层是镍。

② 出现白色混浊溶液。出现白色混浊可能是锡，再通过另一种佐证法证明：将同样镀层的制件溶于浓盐酸内，加入固体卡可西林，如果出现紫红色，便证明是锡镀层。

③ 无色溶液。如果镀层溶解后为无色溶液，则可能是锌、银、铅或镉。

a. 锌的确定。加浓氨水和石蕊指示剂，在试验液呈碱性条件下加入 10% 的硫化钠，如果有白色絮状沉淀，就可确定是锌镀层。

b. 镉的确定。与锌同样的方法，在加入 10% 的硫化钠后，如果出现的是黄色的絮状沉淀，则表明是镉镀层。

c. 银的确定。加入 10% 的氢氧化钠溶液，以石蕊指示剂确定试验液显碱性，这时如果有黑色沉淀出现，则表明是银镀层。

d. 铅的确定。在确定不是锌和镉以后，如果用试验银的同样方法出现的是白色絮状沉淀，则这种镀层就是铅。

**(2)镀层不被硝酸溶解** 如果所测试的镀层不被硝酸溶解，表明镀层可能是铝、铬、金或铂族（钯、铂、铑）金属。

① 金的确定。当不被硝酸溶解而镀层又有颜色，可以确定这种镀层为金。需要注意的是金镀层并不一定总是黄金色，也会有紫金、红金、玫瑰色金等，容易造成错觉。

② 铝的确定。用 10% 的氢氧化钠溶液处理镀层，如果被侵蚀，则表明是铝。铝在硝酸中会出现钝化状态，因此也是不会溶解的。表面铝层可能是真空镀上去的也可能是热浸镀的。但铝镀层很容易在碱液中退除。

③ 铬的确定。用浓盐酸处理镀层，如果出现绿色溶液，则表明是铬。

④ 铂族金属的确定。如果既不溶于硝酸，又不溶于盐酸，也不溶于碱，且是白色镀层，则是铂族金属。

采用上述方法鉴别镀层，要确定所侵蚀的是镀层而不是基体金属。这一点很重要，否则，由于基体金属的干扰，会得不到正确的结论。正确的分析方法是将镀层从基体上剥离下来再做鉴别。

# 11.2　单金属镀层退除工艺

## 11.2.1　常用单金属镀层的退除工艺

### 1. 锌镀层的退除

锌镀层是钢铁制件应用最为广泛的防护性镀层，也是使用量最大的镀层。由于采用量大，且镀层成本相对其他金属镀层是最低的，因此，也是退镀发生率最高的镀层。又因为锌镀层的退除简单易行，通常只要有工业盐酸就可以了，导致对钢铁制件退锌镀层的管理大都比较粗放。

**(1)普通钢铁上的锌镀层的退除**　具体工艺如下：

| | |
|---|---|
| 盐酸 | 200～300mL/L |
| 温度 | 20℃～50℃ |
| 时间 | 退净为止，但在退净后要即时取出，防止在酸中过腐蚀和产生氢脆。 |

**(2)高碳钢、弹性钢等表面的锌镀层的退除**　具体工艺如下：

| | |
|---|---|
| 氢氧化钠 | 200～300g/L |
| 亚硝酸钠 | 100～200g/L |
| 温度 | 100℃ |
| 时间 | 退净为止 |

**(3)铝上锌镀层的退除**　具体工艺如下：

1 : 1 硝酸

| | |
|---|---|
| 温度 | 室温 |
| 时间 | 退净为止 |

### 2. 铬镀层的退除

镀铬基本上可以分为装饰性镀铬和镀硬铬两大类。而装饰性铬几乎都是镀在其他装饰性底镀层如光亮镍、多层镍或光亮铜或合金上的，因此，退除铬镀层也就要根据不同的底层或基体选用不同的配方。

**(1)钢铁基体光亮镍底层上的铬镀层的退除**

① 化学法工艺如下：

| | |
|---|---|
| 盐酸 | 50%（即1:1的盐酸） |
| 缓蚀剂（如乌洛托品） | 15～20g/L |
| 温度 | 30℃～50℃ |
| 时间 | 退净为止 |

② 碱性电化学法工艺如下：

| | |
|---|---|
| 氢氧化钠 | 30g/L |
| 碳酸钠 | 40g/L |
| 温度 | 20℃～50℃ |

| 阳极电解电压 | 6V |
|---|---|
| 时间 | 退净为止 |

不得将氯离子带入退镀槽，宜用去离子水配制。

**(2)铜及铜合金上铬镀层的退除** 具体工艺如下：

| 盐酸 | 10%～15% |
|---|---|
| 温度 | 10℃～35℃ |
| 时间 | 退净为止 |

**(3)锌、铝、钛合金上铬镀层的退除** 电化学法工艺如下：

| 碳酸钠 | 50g/L |
|---|---|
| 温度 | 10℃～35℃ |
| 阳极电流密度 | 2～3A/dm² |
| 时间 | 退净为止 |

**(4)精密钢铁件、铸钢等上铬镀层的退除** 电化学法工艺如下：

| 氢氧化钠 | 50g/L |
|---|---|
| 温度 | 10℃～35℃ |
| 阳极电流密度 | 3～5A/dm² |
| 时间 | 退净为止 |

3. 镍镀层的退除

**(1)钢铁上镍镀层的退除**

① 化学法工艺(一)如下：

| 氰化钠 | 70g/L |
|---|---|
| 间硝基苯磺酸钠 | 70g/L |
| 氨水 | 40mL/L |
| 温度 | 40℃～70℃ |
| 时间 | 退净为止 |

② 化学法工艺(二)如下：

| 硝酸 | 1000mL |
|---|---|
| 氯化钠 | 40g/L |
| 温度 | 40℃～60℃ |
| 时间 | 退净为止 |

③ 电化学法工艺如下：

| 硝酸铵 | 100g/L |
|---|---|
| 氨三乙酸 | 30g/L |
| EDTA 二钠 | 10g/L |
| 六次甲基四胺 | 20g/L |
| pH | 4～7 |
| 温度 | 10℃～35℃ |
| 阳极电流密度 | 5～20A/dm² |

| 槽电压 | 6～18V |
|---|---|
| 时间 | 退净为止 |

**(2)铜及铜合金上镍镀层的退除**

① 化学法工艺(一)如下：

| 硫酸(1.84) | 2份 |
|---|---|
| 硝酸（1.50） | 1份 |
| 温度 | 室温 |
| 时间 | 退净为止 |

② 化学法(黄铜)工艺(二)如下：

| 乙二胺 | 150～200mL/L |
|---|---|
| 硫氰酸钾 | 0.5～1g/L |
| 间硝基苯甲酸 | 55～75g/L |
| 温度 | 80℃ |

③ 化学法工艺(三)如下：

| 间硝基苯磺酸钠 | 70g/L |
|---|---|
| 硫氰酸钠 | 1g/L |
| 硫酸 | 60mL/L |
| 温度 | 80℃ |
| 时间 | 退净为止 |

**(3)其他金属基体上镍镀层的退除**

① 镁上镍镀层的退除工艺如下：

| 氢氟酸 | 15％ |
|---|---|
| 硝酸钠 | 2％ |
| 温度 | 室温 |

阳极电解退除。

② 锌和铝上镍镀层的退除工艺如下：

| 浓硫酸 | 全部为硫酸 |
|---|---|
| 温度 | 室温 |

阳极带电入槽，退镀制件要保持干燥，退镀后充分清洗并立即干燥。

③ 锌基铸件上镍镀层的退除工艺如下：

| 硫酸水溶液 | (浓度1.53～1.62g/mL) |
|---|---|
| 温度 | 室温 |
| 电压 | 6V |

阳极电解退除。

4. 铜镀层的退除

**(1)钢铁上铜镀层的退除**　钢铁上的铜镀层是阴极镀层，并且铜离子又很容易与钢铁基体发生置换反应而沉积到基体表面，容易造成退铜终点的误判，因此，钢铁上铜镀层的退除最常用的是氰化物退除工艺，这样可以不侵蚀基体而又将铜离子络合起来。但是，由于氰化物的剧毒性能，使其使用受到很严格的控制，从而需要有无氰的铜镀层的退除工艺。

① 电化学法工艺(一)如下：

| | |
|---|---|
| 硫化钠 | 120g/L |
| 温度 | 室温 |
| 电解电压 | 2V |
| 时间 | 退净为止 |

② 电化学工艺法(二)如下：

| | |
|---|---|
| 硝酸钾 | 150g/L |
| 硼酸 | 50g/L |
| pH | 5.4～5.8(用硝酸调) |
| 温度 | 室温 |
| 阳极电流密度 | 5～8A/dm² |

③ 化学法工艺如下：

| | |
|---|---|
| 浓硝酸加入氯化钠 | 40g/L |
| 温度 | 60℃～70℃ |
| 时间 | 退净为止 |

注意：采用本方法的退镀制件在退前要充分干燥，不得有水带入退镀槽，同时要有充分的排气设备，以抽走氮氧化物，并且抽走的气体要经过喷淋吸收处理才能排放。

**(2)其他金属上铜镀层的退除**

① 非铁金属上铜镀层的退除工艺如下：

| | |
|---|---|
| 硫化钠 | 210g/L |
| 硫磺 | 15g/L(加热至沸腾以溶解硫磺) |
| 工作温度 | 室温 |
| 时间 | 每次 5min(需要重复几次) |

每次到时取出观察，冲洗掉表面生成的硫化物，直到退至干净为止。

② 轻金属及其合金上铜镀层的退除工艺如下：

| | |
|---|---|
| 过硫酸铵 | 75g/L |
| 氨水 | 375mL/L |
| 温度 | 室温 |
| 时间 | 退净为止 |

③ 轻金属表面电化学法退铜工艺(一)如下：

| | |
|---|---|
| 硝酸钾 | 150～200g/L |
| 硼酸 | 40～50g/L |
| 温度 | 室温 |
| 阳极电流密度 | 5～8A/dm² |
| 时间 | 退净为止 |

④ 电化学法工艺(二)如下：

| | |
|---|---|
| 硝酸铵 | 100g/L |

| | |
|---|---|
| 氨三乙酸 | 50g/L |
| 六次甲基四铵 | 30g/L |
| 温度 | 50℃ |
| 阳极电流密度 | 5～15A/dm² |
| 时间 | 退净为止 |

### 5. 锡镀层的退除

**(1)钢铁基体上锡镀层的退除**

① 化学法工艺(一)如下:

| | |
|---|---|
| 氢氧化钠 | 80g/L |
| 间硝基苯磺酸钠 | 80g/L |
| 温度 | 85℃ |
| 时间 | 退净为止 |

② 化学法工艺(二)如下:

| | |
|---|---|
| 氢氧化钠 | 500g/L |
| 亚硝酸钠 | 200g/L |
| 温度 | 100℃ |
| 时间 | 退净为止 |

③ 化学法工艺(三)如下:

| | |
|---|---|
| 三氧化锑 | 20g/L |
| 盐酸 | 50% |
| 温度 | 20℃ |
| 时间 | 退净为止 |

④ 化学法工艺(四)如下:

| | |
|---|---|
| 氢氧化钠 | 270g/L |
| 醋酸铅 | 160g/L |
| 温度 | 40℃ |
| 时间 | 退净为止 |

⑤ 电化学法工艺(一)如下:

| | |
|---|---|
| 氢氧化钠 | 200g/L |
| 氯化钠 | 30g/L |
| 温度 | 80℃ |
| 阴极 | 不锈钢 |
| 阳极电流密度 | 1～5A/dm² |
| 时间 | 退净为止 |

⑥ 电化学法工艺(二)如下:

| | |
|---|---|
| 氢氧化钠 | 50～200g/L |
| 温度 | 30℃ |
| 阴极 | 不锈钢 |

阳极电流密度            $1\sim3A/dm^2$

时间            退净为止

**(2)铜及铜合金上锡镀层的退除**

① 化学法工艺(一)如下:

37%盐酸            (密度 1.19g/mL)

温度            60℃

时间            退净为止

② 化学法工艺(二)如下:

三氯化铁            $70\sim100g/L$

醋酸            $300\sim450mL/L$

温度            20℃

时间            退净为止

③ 化学法工艺(三)如下:

硫酸铁(90%)            100g/L

硫酸            100mL/L

温度            75℃

时间            退净为止

④ 电化学法工艺如下:

盐酸            10% (wt)

温度            40℃~60℃

阴极            铜片

阳极电流密度            $1\sim2A/dm^2$

时间            退净为止

**(3)铝及铝合金上锡镀层的退除**

① 化学法工艺(一)如下:

硝酸            $500\sim600g/L$

温度            室温

时间            退净为止

② 化学法工艺(二)如下:

硫化铵            75g/L

温度            60℃

时间            退净为止

## 11.2.2 贵单金属镀层的退除工艺

1. 银镀层的退除

**(1)铜或铜合金上银镀层的退除**

① 化学法工艺如下:

氰化钠            15g/L

| 双氧水 | 15～30g/L |
| --- | --- |
| 温度 | 室温 |
| 时间 | 退净为止 |

② 电化学法工艺如下:

| 氰化钾 | 50～100g/L |
| --- | --- |
| 阴极 | 不锈钢板 |
| 阳极电流密度 | 0.3～0.5A/dm² |
| 时间 | 退净为止 |

**(2)白色金属上银镀层的退除**　电解法工艺如下:

| 氰化钠 | 30g/L |
| --- | --- |
| 温度 | 室温 |
| 阴极 | 不锈钢 |
| 电压 | 4V |

阳极电解。

| 时间 | 退净为止 |
| --- | --- |

**(3)钢铁上银镀层的退除**　具体工艺如下:

| 硝酸钾 | 100～200g/L |
| --- | --- |
| 氨水 | 50～150mL/L |
| 温度 | 室温 |
| 阳极电流密度 | 0.5～1A/dm² |
| 时间 | 退净为止 |

**2. 金镀层的退除**

**(1)铜及铜合金上金镀层的退除**

① 化学法工艺(一)如下:

| 氰化钠 | 40～60g/L |
| --- | --- |
| 柠檬酸钠 | 40～60g/L |
| 间硝基苯磺酸钠 | 10～30g/L |
| 温度 | 90℃ |
| 时间 | 退净为止 |

② 化学法工艺(二)如下:

| 氰化钾 | 25～35g/L |
| --- | --- |
| 间硝基苯磺酸钠 | 15～25g/L |
| 温度 | 90℃ |
| 时间 | 退净为止 |

③ 电化学法工艺如下:

| 氰化钾 | 30～100g/L |
| --- | --- |
| 温度 | 40℃～60℃ |
| 阴极 | 不锈钢板 |

| 阳极电流密度 | 0.5～1.0A/Ldm² |
|---|---|
| 时间 | 退净为止 |

**(2)其他材料上金镀层的退除** 化学法工艺如下:

| 氰化钠 | 100g/L |
|---|---|
| 双氧水 | 15～30mL/L |
| 温度 | 室温 |

不可一次放入过多退镀件,防止反应的剧烈气泡和升温。

**3. 其他贵金属镀层的退除**

**(1) 铂镀层的退除** 由于铂镀层的稳定性极高,目前还没有在不损伤基体条件下退除铂镀层的工艺,只有通过破坏基体来回收铂镀层。

对于底层是镍、银、钢的制件,可用盐酸:硫酸=1:3(体积比)的试剂在室温下退除,或在镀液中用阳极溶解法退除,用石墨电极作阴极。

对于底层为钼的制件,可用硝酸:硫酸:水=1:3:2(体积比)的试剂在90℃高温退除。

**(2)铑镀层的退除** 铑镀层与铂镀层一样,还没有能在不破坏基体条件下退除铑镀层的方法,必须在破坏基体的情况下回收昂贵的铑镀层。

对于镍、银、钢底层上的铑镀层的退除,可以用盐酸:硫酸=1:3(体积比)的试剂在室温下退除;或在10%～20%的温硫酸电解液中,以铅作阴极进行阳极电解。当电流大时,铑镀层下的镍镀层通过铑镀层的气孔,使其表面溶解,从而剥离铑镀层。电化学法要使镍镀层和基体不受影响,较难控制。

对于难溶金属底层上的不合格铑镀层的退除,可用硝酸:硫酸:水=5:3:1(体积比)试剂在90℃高温退除;或用王水退除,一般难溶金属在王水中也溶解,而铑镀层对王水比较稳定,用这种方法可达到回收铑镀层的目的。

**(3)钯镀层的退除**

① 电化学法工艺如下:

| 氯化钠 | 53g/L |
|---|---|
| 亚硝酸钠 | 23g/L |
| pH | 4～5 |
| 温度 | 70℃ |
| 阴极 | 不锈钢 |
| 阳极电流密度期 | 7～9A/dm² |
| 时间 | 退净为止 |

用于黄铜等铜制件或银制件上钯镀层的退除。

② 化学法工艺如下:

| 浓硫酸 | 100mL/L |
|---|---|
| 硝酸钠 | 250g/L |
| 温度 | 60℃ |
| 时间 | 退净为止 |

用于铜基体上钯镀层的退除。

## 11.2.3　其他金属镀层的退除

**1. 镉镀层的退除**

**(1)铜或黄铜上镉镀层的退除**

① 化学法工艺(一)如下：

| | |
|---|---|
| 硝酸铵 | 120g/L |
| 温度 | 室温 |
| 时间 | 退净为止 |

② 化学法工艺(二)如下：

将240g/L的三氧化锑溶解于盐酸中，使与盐酸的比例为1∶4。

| | |
|---|---|
| 温度 | 室温 |
| 时间 | 退净为止 |

因为表面有可能产生锑泥，要注意观察。

③ 化学法工艺(三)如下：

| | |
|---|---|
| 盐酸 | 50～100g/L |
| 温度 | 室温 |
| 时间 | 退净为止 |

**(2) 钢铁上镉镀层的退除**

① 可以用铜或黄铜上镉镀层的退除化学法工艺(一)中的工艺，但硝酸铵可增至200g/L，且可以用于电化学法：

| | |
|---|---|
| 温度 | 40℃～60℃ |
| 阳极电流密度 | 5～10A/dm² |

② 化学法工艺如下：

| | |
|---|---|
| 铬酐 | 140～250g/L |
| 硫酸 | 3～4g/L |
| 温度 | 室温 |
| 时间 | 退净为止 |

注意：退镀液中的镉离子要进行回收和相关的处理，不能直接排放，以免污染环境。

**2. 铅镀层的退除**

**(1)铜或铜合金上铅镀层的退除**

① 化学法工艺(一)如下：

| | |
|---|---|
| 冰醋酸 | 330mL/L |
| 30%双氧水 | 50mL/L |
| 温度 | 室温 |
| 时间 | 退净为止 |

② 化学法工艺(二)如下：

| | |
|---|---|
| 氟硼酸 | 125mL/L |

| 30％双氧水 | 40mL/L |
|---|---|
| 温度 | 室温 |
| 时间 | 退净为止 |

**(2)钢上铅或铅锡镀层的退除**

① 采用醋酸铵法退除，醋酸铵的制法是以 80％的醋酸中和 1∶1 的氨水，每 100mL 过量添加醋酸 2mL。

| 温度 | 55℃～60℃ |
|---|---|
| 时间 | 5min |

② 电化学法工艺如下：

| 氢氧化钠 | 98g/L |
|---|---|
| 偏硅酸钠 | 75g/L |
| 酒石酸钾钠 | 53g/L |
| 温度 | 80℃ |
| 阳极电流密度 | 2～4A/dm² |

③ 电解法工艺如下：

| 硝酸钠 | 500g/L |
|---|---|
| pH | 6～10 |
| 温度 | 20℃～80℃ |
| 阳极电流密度 | 2～20A/dm² |

**(3)银上铅镀层的退除** 在 1000mL 冰醋酸中加入 53mL30％的双氧水。

| 温度 | 室温 |
|---|---|
| 时间 | 退净为止 |

注意退镀液中的铅离子需要经过处理后才能排放，防止污染环境。或者：

| 硫酸 | 100mL/L |
|---|---|
| 硝酸钠 | 250g/L |
| 温度 | 60℃ |
| 时间 | 退净为止 |

# 11.3 合金镀层的退除工艺

合金镀层由于有两种或两种以上的金属组成，其退镀过程比单一金属要复杂，因此采用络合剂退除法较为常见，且要考虑对基体材料不构成腐蚀。

## 11.3.1 铜锌合金(黄铜)镀层的退除

**(1)钢铁上黄铜镀层的退除**

① 化学法工艺(一)如下：

| 过硫酸铵 | 75g/L |
|---|---|
| 氨水 | 375mL/L |
| 温度 | 室温 |

| 时间 | 退净为止 |

② 化学法工艺(二)如下:

| 氨水 | 625mL/L |
| 双氧水 | 375mL/L |
| 温度 | 室温 |
| 时间 | 退净为止 |

③ 化学法工艺(三)如下:

| 氰化钠 | 30g/L |
| 双氧水 | 40mL/L |
| 温度 | 室温 |
| 时间 | 退净为止 |

这种方法由于用到了氰化物,存在安全和环境保护问题,且退镀液不稳定,每次用都要新配,因此一般不推荐使用。

④ 电化学法工艺(一)如下:

| 硝酸钾 | 100~150g/L |
| pH | 7~10 |
| 温度 | 20℃~50℃ |
| 阳极电流密度 | 5~10A/dm² |
| 阴极 | 不锈钢板 |

⑤ 电化学法工艺(二)如下:

| 氰化钠 | 25~50g/L |
| pH | 12~13 |
| 温度 | 50℃~65℃ |
| 阳极电流密度 | 1~1.5A/dm² |
| 阴极 | 不锈钢板 |

这种方法也存在安全和环境保护问题,但对基体不会造成腐蚀,是比较可靠的退镀方法。

**(2)其他基体上黄铜镀层的退除**

① 化学法工艺如下:

| 硝酸 | 1000mL |
| 氯化钠 | 40g/L |
| 温度 | 65℃~75℃ |
| 时间 | 随时观察,防止基体过腐蚀,特别是对于铜及铜合金基体。 |

注意不要将水带入槽中。

② 电化学法工艺如下:

| 硝酸铵 | 100g/L |
| 酒石酸钠 | 60g/L |
| pH | 10~11 |

温度　　　　　　　　　15℃～50℃
阳极电流密度　　　　　5～10A/dm²
阴极　　　　　　　　　不锈钢板

也可以采用钢铁上黄铜镀层的退除化学法工艺(三)的方法和电化学法工艺(二)的方法，即采用氰化物为退镀剂的方法。但要充分注意操作者和环境的安全。

### 11.3.2 铜锡合金镀层的退除

① 化学法工艺如下：

浓硝酸　　　　　　　　100%
加入氯化钠　　　　　　30～40g/L
温度　　　　　　　　　< 70℃
时间　　　　　　　　　退净为止(因退除速度快，所以要随时观察)

注意：不能有水分带入。

② 电化学法工艺(一)如下：

硝酸钾　　　　　　　　100～150g/L
pH　　　　　　　　　　7～10
温度　　　　　　　　　20℃～50℃
阴极　　　　　　　　　不锈钢板
阳极电流密度　　　　　5～10A/dm²

注意：经常调整 pH，温度也要控制在 50℃ 以内。

为防止对基体的腐蚀，可以采用以下化学退除工艺：

氰化钠　　　　　　　　25～50g/L
pH　　　　　　　　　　12～13
温度　　　　　　　　　50℃～65 ℃
阴极　　　　　　　　　不锈钢板
阳极电流密度　　　　　1～1.5A/dm²

③ 电化学法工艺(二)如下：

三乙醇胺　　　　　　　60～70g/L
硝酸钠　　　　　　　　15～20g/L
氢氧化钠　　　　　　　60～75g/L
温度　　　　　　　　　30℃～50℃
阴极　　　　　　　　　铁板或不锈钢板
阳极电流密度　　　　　1.5～2.5A/dm²

### 11.3.3 镍基合金镀层的退除

1. 镍钨合金镀层的退除

**(1)电化学法**

① 柠檬酸型工艺如下：

氯化钠　　　　　　　　100g/L

  柠檬酸　　　　　　　　10g/L

  pH　　　　　　　　　　0.8～1.5

  温度　　　　　　　　　室温

  阳极电流密度　　　　　$10A/dm^2$

②乳酸型工艺如下：

  氯化钠　　　　　　　　100g/L

  乳　酸　　　　　　　　10mL/L

  pH　　　　　　　　　　2.2～3.6

  温度　　　　　　　　　室温

  阳极电流密度　　　　　$10A/dm^2$

③琥珀酸型工艺如下：

  氯化钠　　　　　　　　100g/L

  琥珀酸　　　　　　　　20g/L

  pH　　　　　　　　　　5

  温度　　　　　　　　　室温

  阳极电流密度　　　　　$10A/dm^2$

**(2)化学法**

①四酸型工艺如下：

  硝酸　　　　　　　　　300mL/L

  硫酸　　　　　　　　　100mL/L

  磷酸　　　　　　　　　100mL/L

  醋酸　　　　　　　　　500mL/L

  温度　　　　　　　　　18℃～25℃

  时间　　　　　　　　　退净为止

②三酸型工艺如下：

  硝酸　　　　　　　　　300mL/L

  硫酸　　　　　　　　　100mL/L

  磷酸　　　　　　　　　100mL/L

  六次甲基四胺　　　　　10～20g/L

  温度　　　　　　　　　室温

2. 镍钴合金镀层的退除

**(1)化学法**　化学法工艺如下：

  间硝基苯磺酸钠　　　　60～70g/L

  硫氰酸钾　　　　　　　0.5～1g/L

  硫酸　　　　　　　　　50～60mL/L

  温度　　　　　　　　　80℃

**(2)电化学法**　电化学法工艺如下：

  硫酸　　　　　　　　　600mL/L

| 甘油 | $30\sim40mL/L$ |
|---|---|
| 温度 | 40℃ |
| 阳极电流密度 | $5\sim7A/dm^2$ |

### 3. 镍铁合金镀层的退除

**(1)化学法**

① 乙二胺型工艺如下:

| 间硝基苯磺酸钠 | 80g/L |
|---|---|
| 柠檬酸钠 | 80g/L |
| 乙二胺 | 40g/L |
| pH | $7\sim8$ |
| 温度 | 80℃ |

② 三乙醇胺型工艺如下:

| 间硝基苯磺酸钠 | 80g/L |
|---|---|
| 柠檬酸 | 50g/L |
| 三乙醇胺 | 20mL/L |
| pH | $9\sim10$ |
| 温度 | 70℃～80℃ |

③ 铵盐型工艺如下:

| 硫酸铵 | 30g/L |
|---|---|
| 硫氰酸铵 | 10g/L |
| pH | 9 |
| 温度 | 80℃ |

**(2)电化学法**　电化学法工艺如下:

| 盐酸 | 110mL/L |
|---|---|
| 硫酸 | 500mL/L |
| 焦磷酸钾 | 150g/L |
| 乙二胺 | 150g/L |
| 间硝基苯磺酸钠 | 90g/L |
| 六次甲基四胺 | 20g/L |
| 温　度 | 20℃ |
| 电压 | $6\sim12V$ |
| 阳极电流密度 | $15A/dm^2$ |
| 阴极 | 不锈钢板 |

### 4. 锡基合金镀层的退除

**(1) 锡镍合金镀层的退除**　由于锡镍合金镀层的耐化学腐蚀性较强,用化学法难以退除其镀层,因此多采用电化学退镀的方法。

① 适合于钢铁基体的电化学法工艺如下：

| | |
|---|---|
| 氢氧化钠 | 10g/L |
| 氰化钠 | 15g/L |
| 温度 | 80℃～90℃ |
| 阳极电流密度 | 3A/dm² |
| 阴极 | 铁板或不锈钢板 |

② 适合于铜及合金基体的电化学法工艺如下：

| | |
|---|---|
| 盐酸 | 10% |
| 温度 | 室温 |
| 阳极电流密度 | 16～30A/dm² |
| 阴极 | 不锈钢板 |

**(2)锡锌合金镀层的退镀**

① 化学法工艺如下：

| | |
|---|---|
| 氢氧化钠 | 100g/L |
| 氯化钠 | 23g/L |
| 温度 | 90℃ |
| 时间 | 退净为止 |

② 电化学工艺如下：

| | |
|---|---|
| 氢氧化钠 | 120g/L |
| 温度 | 室温 |
| 电压 | 6V |
| 阴极 | 不锈钢板 |

**(3)锡铅合金镀层的退除**　化学法工艺如下：

| | |
|---|---|
| 氟化氢铵 | 250g/L |
| 双氧水（30%） | 50mL/L |
| 柠檬酸 | 30g/L |
| 温度 | 室温 |
| 时间 | 3～5min |

**5. 其他合金镀层的退除**

**(1)锌铁合金镀层的退除**　具体工艺如下：

| | |
|---|---|
| 2:1的盐酸 | |
| 温度 | 室温 |
| 时间 | 退净为止 |

**(2)镍磷合金镀层的退除**

① 化学法工艺如下：

| | |
|---|---|
| 浓硝酸 | 1000mL |
| 氯化钠 | 40g/L |
| 温度 | 50℃～60℃ |

|  |  |
|---|---|
| 时间 | 退净为止 |

② 电化学法工艺如下：

|  |  |
|---|---|
| 铬酸 | 250～300g/L |
| 硼酸 | 25～30g/L |
| 温度 | 20℃～60℃ |
| 阳极电流密度 | 3～7A/dm² |

**(3)铅锡合金(含铅60%～94%)镀层的退除**　钢铁基体上铅锡合金镀层的退除化学法工艺如下：

|  |  |
|---|---|
| 氰化钠 | 70～100g/L |
| 防染盐 | 60g/L |
| pH | 11～12 |

注意：使用氰化物必须按照安全操作规程使用。

## 11.4　有机膜的退除

有些产品为了提高整体耐腐蚀能力，在电镀层外还要涂各种漆加以防护，如户外或较恶劣环境使用的产品、军工产品等。有些镀层是在涂漆过程中的烘烤流程出现起泡或结合力不良质量问题，这时要返工退镀，就要先退除油漆层。

还有一些镀层表面有极薄的防变色剂，甚至单分子膜层，也要先除掉后才能进行退镀。特别是后者，由于不容易鉴别，有时会漏退而为其后的退镀带来麻烦。为了区别，我们将有机涂料统称为漆膜，而将防变色剂、分子膜统称为薄膜。

**(1)油漆类膜退除剂**

① 通用快速脱漆剂配方如下：

|  |  |
|---|---|
| 醋酸异戊酯 | 20%（wt） |
| 醋酸丁酯 | 20% |
| 混合醇 | 30% |
| 四氯化碳 | 5% |
| 松节油 | 5% |
| 丙酮 | 5% |
| 液体石蜡 | 5% |
| 环己酮 | 5% |
| 乙醇 | 5% |

本配方适用于硝基漆、各种树脂漆、沥清漆、橡胶漆等老旧漆层的脱除，更能快速脱除各种新漆。但这种脱漆剂成分复杂，且易燃，在操作中一定要注意安全，通常只在退除老旧制件上的油漆时使用。

② 通用脱漆剂配方如下：

|  |  |
|---|---|
| 二氯甲烷 | 65%～85%（wt） |
| 甲酸 | 1%～6% |

| 苯酚 | 2%～8% |
|---|---|
| 乙醇 | 2%～8% |
| 乙烯树脂 | 0.5%～2% |
| 石蜡烛 | 0.5%～2% |
| 平平加 | 1%～4% |

本配方适合于氨基、丙烯基、酚醛、环氧、聚酯、乙烯、有机硅、聚氨酯等漆层的脱除。具有通用性强、脱漆效率高等特点，使用中注意安全，不要与皮肤直接接触。

③ 丙烯酸漆退除剂配方如下：

| 二氯甲烷 | 86%(wt) |
|---|---|
| 甲醇 | 4% |
| 石蜡 | 2% |
| 二甲基甲酰胺 | 8% |

这种退漆剂也有较高效率，$100\mu m$ 的漆层 20 min 左右即可以退除，为了防止挥发和有害气体的逸出，可以在表面加一些水（这种退漆剂密度大于水）来作隔离层。

④ 酚醛、环氧漆退除剂配方如下：

| 二氯甲烷 | 65%(wt) |
|---|---|
| 甲酸 | 5% |
| 石蜡 | 2% |
| 三氯乙烯 | 20% |
| 乙醇 | 8% |

**(2)清漆类膜退除剂**

① 碱性退漆剂配方及工艺如下：

| 氢氧化钠 | 200g/L |
|---|---|
| 葡萄糖酸钠 | 10g/L |
| 乙二醇 | 80g/L |
| 三聚磷酸钠 | 3g/L |
| OP-10 | 0.3 g/L |
| 温度 | 75℃ |
| 时间 | 退净为止(漆厚 30～40$\mu m$，约 3min 可退除) |

② 有机退除剂配方如下：

| 二氯甲烷 | 70% |
|---|---|
| 二甲醇乙缩甲醛 | 29% |
| 乳化剂 | 1% |

**(3) 薄膜的退除**　大多数薄膜可以在碱性除油剂中退除，包括油性膜和水性膜。对膜层较厚的薄膜则可以在碱性退漆剂中退除。

典型的碱性除油剂配方及工艺如下：

| 氢氧化钠 | 80～100g/L |
|---|---|
| 碳酸钠 | 50g/L |

| | |
|---|---|
| 磷酸钠 | 30g/L |
| OP-10 | 5mL/L |
| 温度 | 60℃ |

　　有些薄膜可以在电化学除油或超声波去油槽中进行除膜处理，类似于有较强表面活性添加剂的酸性镀铜工艺中所得铜镀层在进入下道工序前所进行的除膜处理，因为这时的表面膜基本上是单分子膜层，在这种去油工艺中可以很快退除。

　　通过以上介绍，我们可以了解，在进行金属镀层退除前，金属镀层的表面与电镀前处理一样，要求是无油污和活性化的。因此，在退镀前增加表面清洗和去油工序，也是合理的。这样，在完成了表面的清洗工作后，就可以进入以下的镀层退除流程。

# 12 电镀检测与试验

## 12.1 镀层检测与试验

### 12.1.1 镀层外观检测

#### 1. 镀层质量的分类

镀层质量好坏的评定由于设计要求不同而有不同的评定标准。但是，对于所有的镀层都有一个基本的评判标准，那就是结合力和基本外观质量。镀层结合力是所有镀层必须达到的最基本的标准，任何镀层如果在主要工作面出现起泡、脱皮等结合力不良现象，即为不合格。同样，如果表面镀层的色泽不均匀、发花、水渍严重，或出现边角粗糙等表面问题，也是不合格产品。因此评定镀层质量好坏首先是结合力情况和表面基本状态，然后才是相关的功能指标，这些指标的评定要依据相关标准进行，以便根据标准做出评定。评定的标准也可以是双方约定的指标，包括实物样本。

所有产品的生产都有质量检测和试验的过程，它们是生产活动中重要的过程。没有质量的产品就没有市场，也没有产品的改进和创新，电镀生产也是一样。不仅如此，由于电镀生产过程和电镀工艺本身的特殊性，使电镀产品质量的检测和试验比一般机械加工产品的质量检测和试验需要更多的专业知识。

对于电镀层的检测可以分为三大类。

**(1)外观检测** 不论是装饰性镀层、防护性镀层还是功能性镀层，外观都是镀层检测中首当其冲的项目。外观是镀层质量最直观的项目，外观不良一眼就可以看出，特别是装饰性镀层，对外观更是有特别严格的要求。当然外观检测还包括对色泽、亮度、水渍、起泡等多个项目的测试。

**(2)物理性能检测或试验** 这些检测包括结合力试验、厚度检测、孔隙率测定、显微硬度测试、镀层内应力试验、镀层脆性测试、氢脆性测试以及一些特殊要求的功能性测试，如焊接性能、导电性能、绝缘性能(氧化膜)等。

**(3)防护性能检测** 镀层防护性能检测包括耐蚀性能的检测和三防性能检测，如盐雾试验、腐蚀膏试验、腐蚀气体试验、人工汗试验、室外暴露试验、环境试验等。

从工艺流程的角度，电镀层的检测则可以分为前处理过程的检测与试验、镀层的检测与试验和后处理的检测与试验等。为了方便读者查阅，本书将以流程为序列来介绍电镀工艺和镀层的检测和试验技术。

#### 2. 装饰性镀层的质量标准

装饰性镀层是以表面外观为主要质量指标的镀层，所以表面的装饰性是质量检测的重要项目，但绝不是只限于表面的光亮度或装饰性，而且还涉及镀层的表面均匀度、镀层厚度、防变色性能等。因为装饰性镀层要保持交付后和使用中的装饰性能，所以并不是只对交付检验时的表面外观进行检测通过就可以了，而是要对其耐蚀性等进行检测，符合设计要求才能通过。因此，装饰性镀层的质量标准包括保持装饰性的质量指标，也就是防变色性能、耐蚀性能、耐磨性能等多项表面指标。

企业、行业和国家都对镀层的质量制定了相应的标准，如对于装饰性镀铬，就有国家标准 GB/T 9797—2005《金属覆盖层 镍＋铬和铜＋镍＋铬电沉积层》，其对镀层的质量做出了全面的要求，包括镀层的外观、光亮度、粗糙度等。

3. 具体外观检测项目

**(1)外观的常规检测**　镀层外观是所有电镀层质量检测最受关注的指标，尤其是对于非专业人士，只能从外观来判断镀层的好坏。并且对于任何一种镀层，不论是装饰性的还是功能性的，其外观都要达到电镀层基本的外观要求才能进行进一步的测试。所以，外观是电镀质量检测的第一关。

但是对于外观的检测，在实际过程中往往并没有严格按标准的要求进行，这里不是说检测者放宽了检测的标准，恰好相反，而是实际检测总是严于标准的要求。这在无形中增加了质量成本。

① 主要表面和非主要表面。很多企业没有对主要工作面和非主要表面进行区别，这样，只要是制件表面出现不符合外观要求的现象，就会被判定为不合格。特别对于出现了结合力不良现象的镀件，即使在非主要表面，也不会轻易放过的。当然对于有特殊指定要求有高结合力的产品，不论是主要表面或非主要表面，都不得有起泡等结合力不良现象。但是对于非主要表面的色泽差异、水渍等，应该是可以通过的。

所谓主要表面是指设计和实际使用中制件承担产品主要功能的部位，这些部位或有装饰性要求，或有强度性要求，或有其他功能性要求，在电镀过程中和电镀完成后，这些表面的镀层既要符合一般镀层的通用要求，又要符合设计所指定的功能要求。主要表面出现任何不合格，制件即为不合格。但是，很多产品的结构存在外表面和内表面等不同的表面状态，如果对所有的表面按同样的标准来制造，势必会增加制造成本，因此，电镀行业对电镀制件提出主要表面的同时，也提出了非主要表面。

非工作面是相对主要表面的一个概念，因此也可以称为非主要表面，是指制件中不直接承担设计所要求的性能的部位，通常是制件的背面、内表面、复杂结构的过渡性表面或主要表面的过渡性表面等。这些部位的镀层只要符合镀层的通用要求即可，有时还可以放宽一些要求，以降低生产成本和节约资源，如果对非主要表面也要求与主要表面一样符合设计的要求，会增加电镀加工的难度和增加资源的消耗，这在工业生产中是不可取的。

② 检验方法和设施。对外观进行检测时，对照度和检测人的眼睛距被检测样件的距离也是有规定的，如要求在白天自然光或相当于 40W 日光灯照度的光源下进行观察，人眼距被检测样件的距离要在 30cm 以上等。但是在实际检测外观的场合，照度都大大超过规定的光源，并且检测时的距离也都很近，甚至要用放大镜进行外观的观察，这种严格的检测当然是检测高质量外观产品的重要手段，但是会增加质量成本。

合适的方法是配置专用的电镀外观质量检测台，按要求安装日光灯管，但最好是安放在有自然采光的明亮的场所。检测台上有各种方便外观检测的设置，如转盘，透明方格板等。

③ 工艺允许缺陷。工艺允许缺陷是指由于电镀工艺的限制，在电镀加工过程中出现的不可克服的缺陷，在一定的范围内，不作为不合格的判定依据。工艺允许缺陷往往是由于镀件结构复杂和电镀工艺技术的限制而难以完全消除的缺陷，如深孔内可以允许一定孔深内没有镀层，或规定孔口向内的一定距离内有镀层即为合格等。但是工艺允许缺陷以不损失产品的使用功能为前提，是在不影响产品性能前提下的让步，要将消除和减少这种缺陷作为工艺改进的目标。

**(2) 表面粗糙度检测**　表面粗糙度是零件重要的特性之一，在计量科学中表面质量的检测中具有重要的地位。测量表面粗糙度常用的方法有比较法、光切法、干涉法、针描法和印模法等。目前，测量快速方便、测值精度较高、应用最为广泛的是采用针描法原理制造的表面粗糙度测量仪，其原理如下：当触针直接在制件被测表面上轻轻划过时，由于被测表面轮廓峰谷起伏，触针将在垂直于被测轮廓表面方向上产生上下移动，把这种移动通过电子装置把信号加以放大，然后通过打印机或其他输出装置将有关粗糙度的数据或图形输出。

**(3) 表面光亮度检测**　检测金属表面的光亮度可以采用光学的方法，或直接使用基于光学原理的表面光亮度测试仪来检测。

被测表面的光亮度通常是以入射光与反射光的比值来表示的，光亮度测试原理如图 12 - 1 所示。

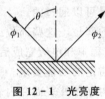

**图 12 - 1　光亮度测试原理**

光亮度采用下式计算：

$$G(\theta) = \phi_1 / \phi_2 \tag{12.1}$$

式中，$G$ 为光亮度，它是一定入射角 ($\theta$) 的入射光 $\phi_1$ 与反射光 $\phi_2$ 比值。在实际测试中，$\phi_1$ 通常是光源的亮度，$\phi_2$ 则是集光器收集到的光亮度。

光亮度的测试不止这一种方法，针对不同的表面会有一些不同的取角或不同的集光方式，包括有标准板对比等方法，因此，在进行镀层光亮度对比时，一定要指出光亮度的测试方法和测试条件，包括光源、入射角度等，否则是没有可比性的。

### 12.1.2　镀层厚度检测

检测镀层的厚度有多种多方法，但基本上可以分为物理法、化学法和电化学法三大类，镀层厚度检测方法分类见表 12 - 1。

**表 12 - 1　镀层厚度检测方法分类**

| 镀层厚度检测类别 | 镀层厚度检测方法 | 性质 |
|---|---|---|
| 物理法 | 直接测量法 | 非破坏性方法 |
| | 仪器测量法：磁性法、非磁性法、射线法、电镜法等 | 非破坏性方法 |
| | 金相测量法 | 破坏性方法 |

续表 12 - 1

| 镀层厚度检测类别 | 镀层厚度检测方法 | 性质 |
| --- | --- | --- |
| 化学法 | 化学溶解分析法 | 破坏性方法 |
| | 化学溶解称重法 | |
| | 化学溶解液流计时法 | |
| 电化学法 | 电化学阳极溶解法 | 破坏性方法 |

**1. 物理测厚法**

**(1) 物理测厚法的分类**　物理测厚法主要是指各种利用光学或电学仪器的测量法，这些方法多数是非破坏性的，但也有破坏性的方法，如直接测量法、金相法。根据测量的原理，物理测厚法可以分为以下几类：

① 直接测量法。由于非金属表面的镀层比较容易从基体上剥离，因此，可以将镀层从基体上剥离后，直接用千分尺测量镀层的厚度。这是破坏性方法，如果不能对产品进行破坏性测量，则可以制作与所镀制件平行操作的试样，对试样的厚度进行直接测量。对于平板式或圆形等可以用游标卡尺或千分尺测量的制件，也可以用镀前和镀后测量的差来获得厚度信息。直接测量法存在误差大和只能测较厚镀层及一定形状镀层的缺点，所以用途有限。

② 仪器测量法。现在已经有很多种采用仪器进行厚度测量的方法，如采用探头或测试头等对镀层进行直接测量的测厚仪，依据的原理有磁性法、涡流法、β 射线反向散射法、荧光 X 射线法等。仪器测厚法是目前比较普遍的测厚方法。

③ 金相法。金相法需要用带有测微目镜的金相显微镜，并由专业人员进行测量。试样的制作要求比较严格，否则会影响测试的精度。由于金相法有较高的准确度，因此也被作为出现镀层厚度争议时的仲裁法。由于金相法受测量仪器设备等的限制，因此在企业中不经常使用，但在科研中会经常用到。

**(2) 镀层厚度检测的取样原则**　由于镀层的分布受电流密度分布的影响，而电流分布又与镀件的几何形状有关，因此，镀件表面的镀层厚度是不均匀的。在进行镀层厚度测试时，如果不遵循一定的取样原则，就有可能使所测得的镀层厚度没有代表性，因此，在对制件镀层的厚度进行测试时，要根据镀件形状选取合适的检测点。

通常一个样件至少取 3 个检测点，这 3 个点的位置应该分别代表样件上的高电流密度区、低电流密度区和中间电流密度区，然后取这 3 个点的镀层厚度的算术平均值，作为所测得的镀层厚度的结果。如果要提高检测结果的精确度，就要取更多的有代表性的点，所取的点越多，精确度就越高，如在同一个电流区取 2 或 3 个点，然后综合所有点的取值再取其算术平均值。

判断制件不同电流密度的区域要根据电流一次分布的特点。对于平板形制件，中间的电流密度最低，而四角的电流密度最高，四边的电流密度居中。对于圆管状制件，两端为高电流区，中部为低电流区，从中部到端部的中间区则为居中的电流区域。总之，只要能判断出样件的不同电流区域，然后在不同的区域中取检测点，就能基本保证所测得的镀层厚度有代表性。

**(3) 物理测厚法分述**

① 磁性法。磁性法是将被测样与标准磁体之间的吸引力的变化来转换成镀层的厚度。这种方法只适用于对磁性能敏感的基体上的非磁性镀层，如钢铁基体上的铜、锌、锡等镀层，而钢制件上的镍镀层采用这种方法就不能很好地测量出结果。

磁性法的优点是可快速测量钢铁基体上的非磁性镀层厚度，其准确度可达85%～90%。但是被测件的粗糙度对测量结果有影响，而且如果被测件的基体很薄，如样件厚度小于0.25mm时，会有较大测量误差，这时可以在样件后另加一个与基体材料相同的厚一些的无镀层材料来减少误差。

磁性法的缺点是受磁性能要求的限制，所应用的基体材料和镀层有限。

② 涡流法。所谓涡流法是指通过探针使基体与导电材料表面一定厚度内发生瞬间振荡电流回路。涡流电流的强度受镀层的厚度和基体材料的导电性能的影响。当镀层减薄时，会有更高的涡流电流通过基体，而当镀层增厚时，通过基体的电流强度会减弱，据此可以计算出镀层厚度。

涡流法可以用于金属材料基体上的金属或非金属镀层的测厚，也可以用于非金属材料上的金属镀层的测厚，并且属于非破坏性测厚法，因此应用较广。在涂料层的测厚中应用更多，但镀层较薄时误差会较大。

③ β射线法。对于多种镀覆层与基体的组合，其厚度可以通过β射线反向散射仪来进行非破坏性厚度测量。当β粒子(快速电子)进入镀层时，粒子会与包括镀层在内的原子相互制约从而损失能量和偏离轨道。由于在轨道中与原子大量撞击的结果，很多粒子会从原来进入的镀层反向穿出，这就是反向散射。

β粒子和原子的撞击的几率随着轨道原子的数目的增多而增加，因此，对于给定密度的材料，具有一定的穿透速度。由于粒子在镀层和基体材料的穿透速度的差别，从而可以利用β射线反向散射的强度来测量镀层的厚度。

应用β射线反向散射方法测量镀层厚度，需要镀层与基体材料在原子序上有足够大的间隔。测量较小制件时，被测部位应保持不变，以消除试样几何形状的影响。β射线反向散射测量技术较多用于各种基体金属上贵金属的薄镀层如金、铑等的测量。

④ X射线法。X射线法是用射线激发物质产生状态变化而发出可测信息的检测方法。其原理是当被测物质经X射线或粒子射线照射后，由于吸收多余的能量而变成不稳定的状态，从不稳定状态要回到稳定状态，吸收了能量的物质必须将多余的能量释放出来，这种释放是以荧光或光的形态释放出来，从而提供了可供测量的信息。根据这一原理已制成了荧光X射线镀层厚度测量仪或成分分析仪。这类仪器就是测量这种被释放出来的荧光的能量及强度，来对试件进行定性和定量分析的。由于这种测试是非破坏性的，并且可以在很微小的面积上测量镀层厚度，因此是现在流行的高性能测厚仪器。

**2. 化学测厚法**

化学测厚法也称为化学溶解法，其原理是使用相应的化学试液溶解镀层，然后用称重或化学分析的方法测定镀层厚度，所测得的厚度是平均厚度。这种方法用在非金属基体上比在金属基体上可靠性更高一些，在印制电路板的化学镀层测厚中经常用到。用于金属基体上的检测时，一定要保证基体不被浸蚀或溶解。

测量可以用已经镀好的产品样件进行，也可以用预先制作的试片进行。当用样件时，要用体积或面积较小（质量在 200g 以内）的零件进行。先对样件进行称重，化学溶解后，清洗干净再称重。如果是用空白试片测量，则与有镀层的样件相反，要先对样件进行有机和化学除油，并对去样件先进行称重后，再电镀，然后对镀后的试片称重。这时的计算则是以镀后的质量减去镀前的质量，所得质量差即为镀层的质量。化学测厚法所用溶液和方法见表 12-2。

**表 12-2　化学测厚法所用溶液和方法**

| 镀层 | 溶液 | 含量/(g/L) | 温度/℃ | 测量方法 |
|---|---|---|---|---|
| 锌 | 硫酸<br>盐酸 | 50<br>17 | 18～25 | 称重法 |
| 镉 | 硝酸铵 | 饱和 | 18～25 | 称重法 |
| 铜 | 氯化铵<br>双氧水 | 100<br>2 | 18～25 | 称重法 |
| 镍 | 盐酸<br>双氧水 | 300<br>2 | 18～25 | 化学分析法 |
| 铬 | 盐酸 | 盐酸原液 | 20～40 | 称重法 |
| 银 | 硝酸<br>硫酸 | 1 份<br>19 份 | 40～60 | 化学分析法 |
| 锡 | 硝酸<br>硫酸亚铁 | 200<br>70 | 18～25 | 称重法 |

采用称重法的样件，在溶解完全后，取出样件清洗干净并经干燥和冷却后称重。可用感量为 0.01mg 的天平。最好是用分析天平。

采用化学分析法的样件，在溶解完全后，取出样件用蒸馏水冲洗，但冲洗水要留在化学溶解液内，然后分析溶液中的金属的质量。厚度的计算分别采用专门的方法。

① 称重法：

$$平均厚度(\mu m) = \frac{含镀层试样的质量(g) - 无镀层的试样质量(g)}{样件表面积(cm^2) \times 镀层金属密度(g/cm^3)} \times 10^4 \qquad (12.2)$$

② 化学分析法：

$$平均厚度(\mu m) = \frac{分析所得镀层的质量(g)}{样件表面积(cm^2) \times 镀层金属密度(g/cm^3)} \times 10^4 \qquad (12.3)$$

3. 电化学测厚法

电化学测厚法是目前应用最为广泛的方法，它是根据可溶性阳极在电解条件下溶解的原理，在被测镀件上取一个待测点，在这个点安装一个小型电解槽，在通电的情况下，让镀层作为阳极溶解，当到达终点时，阳极溶解电位会有一个明显的电位跃迁而指示终点，然后通过对这个小型面积上溶解的金属量的计算，换算成镀层的厚度，所以也称为电解测厚法或电量法。随着电子计算机技术的引入，在最新的电解测厚仪上可以直接读取经换算后的镀层厚度，并且可以打印测试验结果。

电化学测厚法所采用的测试溶液要求对镀层没有化学溶解，且阳极电流效率为100%。电解法的优点是对极薄的镀层也可以有测量结果，并且可以用于多层镀层的一次性分镀层测定。同时，这种方法与基体材料无关，与是否为磁性镀层也无关，对温度的敏感性不像化学测厚法那样高。唯一的缺点是这种方法是破坏性的，不过经检测后的制件仍可以返工后再用。因此电化学测厚法是现在普遍采用的方法，现在已开发出多种功能的电解测试仪。

4. 镀层厚度的计算

镀层厚度是可以通过电沉积参数进行计算的，这就是所谓镀层厚度的理论值。这个值可以用来验证镀液的各种性能，包括电流效率、沉积速度和成本核算等，具体计算公式详见 1.3.2 节。

根据厚度计算公式，可以计算出在一定电流密度下电镀一定时间的镀层厚度，也可以计算得到某个厚度需要电镀多长时间。

## 12.1.3　镀层性能测试

1. 镀层结合力的测试

镀层结合力是电镀性能所有指标中最重要的指标。同一种基体上的不同镀层，结合力的性质会有所不同；不同基体上的同一种镀层，也会有不同的结合力。例如，钢铁表面的镀层和非铁金属表面的镀层与非金属表面镀层的结合力，就有明显的区别。而同样是酸性铜镀层，在钢铁表面和铜合金表面的结合力，也会有明显的不同。这说明在不同的场合，镀层结合力会以不同的力为其主要的结合方式。

用于检测镀层结合力的方法有弯曲法、锉边法、划痕法、冷热循环法、粘接拉力法和模拉法等。常用的是弯曲法，即将待测的试片制成长 100mm、宽 25mm、厚 1mm 的长方形，然后按需要测试的镀种和工艺进行电镀，清洗、干燥后在台钳上以 $R=$ 4mm 的角度让试片反复弯曲 180°，直至断裂，裂口处镀层无脱落为结合力良好。

(1)拉力法　拉力法是定量测定镀层结合力的方法。将试片上的镀层与一个断面为 1cm² 的立方金属柱用强力胶粘接到一起，然后沿粘接的正方形的边将镀层刻断至试片基体。再以拉力机将这个小方柱从镀片上拉脱，这时拉力机拉力指针的读数就是镀层结合力的数值，单位为 kg/cm²。这种方法常用于检测塑料电镀层与基体的结合力。

(2)热震试验　热震试验也称为热冲击试验、高低温循环试验，常用于检测特殊材料的电镀结合力，如铝上电镀、锌合金材料电镀、塑料电镀等。该试验是将样件在具有一定温差的环境中进行温度的交变试验，检测镀层经过这种不同温度环境的变化后结合力的变化情况。所取温度的差值根据材料的耐热性不同而有所不同，如塑料上电镀的热震试验，高温不应超过 80℃，低温则可以是 0℃ 或更低。对于非铁金属材料，除了考虑材料的耐受力外，还要结合产品的使用环境来设计热震的温度范围，有时会在低至 -40℃ 和高达 230℃ 的环境进行热震试验。有些特殊环境使用的产品，则有更高的温度要求，如在发动机环境工作的制件，在往返大气层的航天器外部的制件等，需要更高温度的考验。

**(3)简单的结合力试验方法**　在电镀生产现场，有时需要即时了解所获得镀层的结合力情况，以便采取措施对工艺进行调整，这时可以采用简单的方法测试镀层结合力。例如，划痕法，用小刀在镀层表面纵横交错地划若干条线，要划至基体金属材料，交叉格子内的镀层如果有脱落，则表示结合力有问题。对于可以用手工或手钳折弯的制件，可以通过来回地折弯直至断裂，观察其断面有无镀层脱落，来判断镀层结合力情况。这种方法也用来定性地检测镀层的脆性。

**2. 镀层脆性的检测**

镀层脆性是影响镀层质量的一个重要指标，特别是在各种电镀添加剂应用越来越多的情况下，镀层的脆性问题更加突出。因此对镀层的脆性进行检测，以保证镀层质量和找到降低脆性的方案和开发低脆性镀层是很重要的工作。

检测脆性的原理是将镀有待测镀层的试片或圆丝，受力变形后出现裂纹时，观察镀层的状态，常用的方法有杯突法、弯曲法、缠绕法等。

**(1)杯凸法**　杯凸法属于仪器测试方法，属于半定量测试，由于需要专业的设备和准备标准度片等，在电镀工作现场很少用到，在现场常用的方法是弯曲法、缠绕法等。所谓凸突，就是给被测样件加外力的冲头的形状是一个杯状凸起，与冲头对应的外模则是一个比冲头直径大一些的圆孔。试片在受压成形过程中会向圆孔内凹下去一个与冲头一样的杯状坑。直至镀层产生开裂为终点。以这个坑的深度(mm)来表示脆性的程度，坑越深，表示镀层的脆性越小。采用杯凸法测试镀层脆性，一般需要制作专门的试片，来模拟实际电沉积物的脆性。不同厚度或大小的试片选用不同的冲头和外模的直径，杯凸法中试片厚度与冲头直径的关系见表12-3。

表 12-3　杯凸法中试片厚度与冲头直径的关系

| 类型 | 试片厚度/mm | 试片宽度/mm | 冲头直径/mm | 外模孔径/mm |
| --- | --- | --- | --- | --- |
| 1 | ≤2 | 70～90 | 20 | 27 |
| 2 | >2～4 | 70～90 | 14 | 27 |
| 3 | <1.5 | 30～70 | 14 | 17 |
| 4 | <1.5 | 20～30 | 8 | 11 |
| 5 | <1.0 | 10～20 | 3 | 5 |

**(2)弯曲法**　弯曲法是将镀有镀层的试片夹在台虎钳上，为了防止钳口伤到试片，可以在钳口垫上布料等软片，然后对试片做90°弯曲，直至试片出现裂纹，注意镀层在脆性较大时，不到90°就会出现裂纹，这时要记下弯曲的角度。如果90°一次没有出现裂纹，则增加次数，并记下开始出现裂纹的次数，这些可以作为镀层脆性程度的相对比较参数。有时需要有放大镜观察裂纹状态。需要注意的是，不要将镀层脆性与镀层结合力混为一谈，在结合力较差时，经过弯曲试验，会出现镀层脱落情况，这不一定

是脆性引起的。因此，制作测试脆性的试片时，要保证镀层与基体有良好的结合力，最好对试片进行化学除油后，再进行超声波除油和电解除油，并进行强效的表面酸蚀和活化，再进行电镀。

**(3)缠绕法**　还有一种简便的方法是取不同直径的圆棒，在其上用镀了镀层的铁丝或铜丝进行缠绕，通常是缠绕十圈或更多，用放大镜观察其表面镀层开裂的情况，如果某一直径没有出现开裂，就改用直径较小的圆棒来做，通过的直径越小，则镀层的脆性也就越小。

除了上述方法外，最为简便的方法是将镀了镀层的试片拿在耳边进行弯曲，听其发出的变形时的声音，脆性越大，变形脆裂的声音越大。这是很粗略的方法，并且试片要比较薄且有一定刚性。

3. 镀层内应力的测试

镀层内应力是镀件在电镀过程中由于金属结晶的微观分子间作用力不均衡而产生的一种平衡力。由于不是受外力引起的应力，所以称为内应力。这种内应力在宏观上表现为对镀层或基体整体的压力或张力，微观上则使镀层的硬度和脆性有所变化。镀层内应力是镀层性能的一项重要指标，测量镀层内应力对于了解镀层的力学性能有重要参考价值。

镀层内应力测试现在已经有多种仪器可以进行。这些测试方法所依据的原理是在薄金属片上进行单面电镀后，由于镀层的不同内应力而使试片发生变形而弯曲，再根据试片弯曲的程度等参数来计算出相应的内应力。

**(1)条形阴极法**　条形阴极法是一种可供现场管理的实用测试方法。取长×宽×厚＝200mm×10mm×0.15mm 的纯铜试片，经退火处理以消除机械加工产生的内应力，小心进行除油和酸洗后，将试片的一个面进行绝缘处理，然后在被测试镀液内，让试片受镀面竖直地平行于阳极，按被测镀液的工艺要求进行电镀。完成电镀后，对试片进行清洗和低温干燥后，根据其变形情况来判断镀层产生内应力的情况。

如果试片仍然保持平直，可以认为镀层的内应力为零；如果试片向有镀层的这一面弯曲，也就是有绝缘层的一面向外凸起，这就表示镀层有张应力；如果是向相反的方向变形，则表示镀层有压应力。这个测试方法还可以得出定量的结果，由于弯曲度是弹性模数(应力和应变之比)的函数，只要将镀层的厚度也加以测量，再将变形的试片的末端偏离垂直线的距离也测量出来，就可以利用公式计算出镀层内应力：

$$S = \frac{E(t^2 + dt)Y}{3d\,L^2} \tag{12.4}$$

式中，$S$ 为镀层内应力(kg/cm²)；$E$ 为基体材料的弹性模数(kg/cm²)，纯铜 $E=1.1\times 10^6$ kg/cm²)；$t$ 为试片厚度(cm)；$d$ 为镀层的平均厚度(cm)；$L$ 为试片电镀面的长度(cm)；$Y$ 为试片末端偏离垂线的距离(cm)。

**(2)螺旋收缩仪法**　螺旋收缩仪法是一种经典的测试镀层内应力的方法。这种方法是利用螺旋形金属试片在电镀时其曲率半径发生的变化进行测试的。

测试的方法是将符合一定规格要求的螺旋形不锈钢带经表面清洗、干燥后，将螺旋内壁涂上绝缘漆，称重；然后将这种螺旋带的一端固定在螺旋收缩仪上，另一端为自由端；再将这种连接有测试仪的螺旋试件浸入镀液进行电镀。

由于单面镀层的应力导致样件的曲率变化，由螺纹试片的另一端相连接的齿轮放大，从指针上就可以读取相应的数值，这种数值可以相对地表示应力的大小。要了解镀层内应力的绝对值，则需要先测出仪器的偏转常数，然后将所得的指针偏转值和偏转常数通过换算，得出应力绝对值。

**(3)简单测定镀层内应力的方法**　将前面介绍的标准的条形阴极法加以简化后，可用来定性地了解镀层的内应力。取一条长120mm、宽8mm的薄铜片，铜片的厚度不要超过0.2mm。将该铜片经除油和酸蚀后干燥，然后在铜片的一面均匀地涂上一层聚氯乙烯清漆，使这个面不能镀上镀层。然后在要测试的镀液内进行电镀，电镀时让试片竖直地放在镀槽中，上端固定，受镀面向着阳极。随着镀层的增长，试片会发生弯曲，如果镀层向阳极方向弯曲，也就是向有镀层的一面内弯，这时镀层有张应力；如果试片向着没有镀层的一面弯曲，则镀层有压应力。通过添加剂、温度、pH等工艺条件的调整，可以使镀层应力得到调整，当两种应力相抵为零时，镀出的试片不会发生弯曲，而弯曲的幅度越大，说明应力越大。

4. 氢脆检测

由于电镀过程包括酸洗过程都会给基体金属材料造成氢脆，为了研究或防止氢脆，需要对金属的氢脆情况进行检测，以获取相关信息。常用的检测氢脆的方法有往复弯曲试验法和延迟破坏试验法。

**(1)往复弯曲试验法**　往复弯曲试验法对低脆性材料比较灵敏，可以用于对不同基体材料在经过相同的电镀工艺处理后的氢脆程度进行比较，也可以对相同的基体材料上的不同电镀工艺的氢脆程度进行比较。这种试验的方法是取一个待测试片，其尺寸规格为150mm×13mm×1.5mm，表面粗糙度$Ra = 1.6\mu m$，对试片进行热处理使之达到规定的硬度。然后用往复弯曲机让试片在一定直径的轴上以一定速度的进行缓慢的弯曲试验，直至试片断裂。弯曲方式有90°往复弯曲和180°单面弯曲两种，前一种方式应用较多，弯曲的速度是0.6°/s；如果是单面弯曲则所取的速度为0.13°/s。评价的方法是将弯曲试验至断裂时的次数乘以角度，以获得弯曲角度的总和，其角度总值越大，氢脆越小。

检测时要注意以下几点：

① 试片在进行热处理后如果有变形，应静压校平，不可以敲打校正，否则会使试片的内应力增加，影响试验结果。

② 为了防止应力影响，电镀前应进行去应力，在电镀后则要进行除氢处理，这时检测的是残余氢脆的影响。

③ 弯曲试验时所用的轴的直径的选用很重要，因为评价这种试验结果的量化指标与轴径有关，对于小的轴径，则弯曲至断裂的次数就会少一些，具体选用什么轴径要通过对基体材料的空白试验来确定，并且在提供数据时要指明所用的轴径，否则参数没有可比性。

**(2)延迟破坏试验**　延迟破坏试验是一种灵敏度较高的试验方法，适用于高强度钢制品的氢脆检测。这种氢脆测试也是在试验机上进行的，所用的试验机为持久强度试验机或蠕变试验机，检测样件在这种试验机上受到小于破坏程度应力的作用，观测直到发生断裂时的时间。如果到规定的时间尚没有发生断裂，即为合格。这种试验需要采用按一定要求制作的标准测试验棒，并且每次要使用三支同样条件的样件做平行试验，以使结果更为可信。

氢脆样件棒的形状和尺寸要求如图 12 - 2 所示，其中关键部位就是处于样件中间轴径最小的地方(直径 4.5±0.05mm)。如果有较为严重的氢脆，断裂就从这里发生。

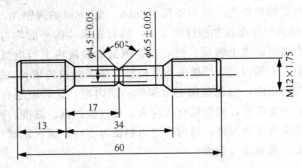

**图 12 - 2　氢脆样件棒**

样件应先退火后再加工为接近规定尺寸的初件，然后经热处理达到规定的抗拉强度后，再加工到精确尺寸。样件在电镀前要消除应力，其工艺与电镀件的真实电镀过程相同。镀层的厚度要求在 12μm 左右。试验所用的负荷是进行空白测试时的 75%。如果经过 200h 仍不断裂，即为合格。

**(3)弹性制件氢脆的检测**　如果说氢脆是钢铁制件的重要隐患，那么则是弹性制件的大敌。因此，对弹性制件的氢脆检测要求很严格，特别是弹簧垫圈类弹性制件，需要做例行试验来检测氢脆性能。弹簧垫圈的氢脆检测方法如下：将抽样出来的弹簧垫圈装入同一直径的螺杆上，每个螺杆上装入 10～15 个垫圈，再在两端拧上螺母，在台虎钳上用扳手收紧螺母，使弹簧垫圈的开口收平。放置 24h 后，松开螺母，用 5 倍放大镜检查受测试的垫圈产生裂纹的数目，结果以脆断率表示：

$$脆断率 = \frac{b}{a} \times 100\% \tag{12.5}$$

式中，$a$ 为受试垫圈总数；$b$ 为产生裂纹或断裂个数。

每批受试的件数可根据抽样标准的规定抽取，一般不少于 50 个。其通过率要求在98%以上，也就是说允许的脆断数只能在 2%以下，否则为不合格。

**5. 镀层耐磨性能试验**

耐磨性能是指镀层等材料耐受磨损的性能。检测镀层耐磨性能常用的方法有落砂试验法和往复磨损实验法。

**(1)落砂试验法**　落砂试验是检测镀层耐磨性能的一种试验方法。该方法是让有研磨作用的砂粒从一定高度落下冲击镀层或其他涂覆层的表面，直至基体材料露出为终点，记下到终点的时间，以此表示和比较镀层的耐磨性能。落砂试验法的装置如图 12 - 3 所示。

砂粒可以采用碳化硅类粉末，粒径在 35～42 目左右。注意碳化硅粉末的使用次数不能超过 400 次。从砂粒落下的出口到试片表面的距离为 1000mm，其间有一根 850mm 的玻璃导砂管，防止砂粒散落，以保证砂粒落在试片表面在直径为 10mm 的圆形范围内。砂粒的下落速度为 450g/min，试片与砂粒落下的方向呈 45°角。

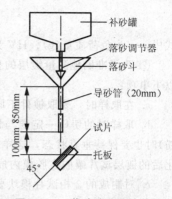

**(2)往复磨损试验法** 往复磨损试验法采用专门的摩擦试验机进行，这种摩擦试验机是以机械传动的方式让一个个摩擦头在一定距离内以一定频率做往复的运动，摩擦头上可以定量地加载一定重量。这样，对样件设定相同摩擦参数进行试验，即可获得相应的材料耐磨损结果(可用镀层穿透见底为终点)。

图 12-3 落砂试验法的装置

也可以采用简便的方法进行，取一块粗棉布，包在面积为 2cm×2cm、厚度为 0.5cm 的木片上，然后将 1000g 的重物(如砝码)安放在其上，用拉杆来回推拉 1000 次，以不变色、无脱落色斑为合格。

6. 镀层硬度测试

硬度是材料的力学性能之一，一般认为是表示固体材料表面抵抗弹性变形、塑性变形或破断的能力，它是表征材料的弹性、塑性、形变强化率、强度和韧性等不同物理量组合的一种综合性能指标。测定硬度的方法有压入法、弹性回跳法和划痕法等。根据试验方法的不同，可用不同的量值来表示硬度，如布氏硬度、洛氏硬度、肖氏硬度、维氏硬度等。

**(1)金属镀层的硬度测试** 由于镀层的厚度通常都只有十几微米，用普通的方法难以获得准确的硬度值，因此检测镀层的硬度通常采用显微硬度测试法。

显微硬度是在显微镜下采用压痕法对金属材料进行硬度测量时获得的硬度值，一般用 HV 表示，单位是 kg/mm²。

将待测镀层镀至 30μm 以上，可直接用显微硬度计的压头对镀层进行测量，但基体的硬度要与镀层的硬度接近，比较可靠的方法是将镀片制成断面金相磨片，让压头在镀层的横断面上取值，再进行计算。计算的依据是压头所加的压力(如 10g 或者 20g)与压坑对角线的关系，如下式所示：

$$HV = \frac{1854 \times P}{d^2} \qquad (12.6)$$

式中，HV 为显微硬度值(kg/mm²)；$P$ 为负荷值(g)；$d$ 为压痕对角线长度(μm)。

① 对显微硬度计有以下要求：

a. 放大倍率在 600 倍以上。

b. 测微目镜分度值为 0.01mm。

c. 负荷质量范围 10～200g。

具体的负荷质量应根据镀层的厚度和镀层的估计硬度值求出：

$$m = \frac{HV\delta^2}{7.4176} \qquad (12.7)$$

式中，$m$ 为负荷质量(g)；HV 为估计的硬度值(kg/mm²)；$\delta$ 为镀层厚度值($\mu$m)。

② 为了准确地测量镀层的显微硬度，必须做好镀层的金相试片模块，具体应注意以下事项：

a. 在取样时，要取镀件不同厚度部位的镀层，以求其算术平均值。

b. 取样时的切口一定要与镀面垂直，并且在装入模具加固化粉(通常为酚醛树脂粉)时也要保持垂直状态，这样才能保证固化后试片镀层的横截面平行于观测镜头。固化后的镀层试片镶嵌在胶模内成为金相试片模块。

c. 对制成的金相试片模块要进行抛光处理，同时为了使镀层与基体之间、镀层与镀层之间边界清楚，还应在观察前对模块上的试片进行弱腐蚀。如果基体与镀层之间的金属颜色比较接近，最好在二者之间电镀一层其他颜色的镀层来作为边界区分线，如在银白色基体与镀层之间镀铜。

**(2)显微测试样的腐蚀**　金相试片在经抛光后，需要经过适当腐蚀，才能用来进行显微镜观测，否则金属组织的金相结构会不清晰而妨碍观察。常用的金相腐蚀液有如下几种：

① 对于钢上的镍或铬镀层：

| | |
|---|---|
| 硝酸(密度 1.42g/mL) | 5% |
| 乙醇 (95%) | 95% |

② 对于铜和铜合金上的镍，包括钢、锌及锌基合金上的铜底层：

| | |
|---|---|
| 氨水(密度 0.90g/mL) | 50% |
| 双氧水(3%) | 50% |

③ 对于钢上的锌或镉镀层，或者锌基合金上的镍镀层：

| | |
|---|---|
| 铬酐 | 200g/L |
| 硫酸钠 | 15g/L |

对于浸蚀完成的试片，要充分清洗干净，干燥、冷却后，再以带有标尺的测微目镜的显微镜检验。

**(3)表面膜的硬度测试**　表面膜的硬度与金属镀层的硬度是不一样的，因此，不可能用测量金属镀层硬度的方法来测定表面膜的硬度。现在普遍采用的表面膜硬度的测试方法是借用铅笔来进行测试。(参照 GB 6739—2006《色漆和清漆铅笔法测定漆膜硬度》)。

这种测试法是以一定质量( 1kg 的负载)的砝码加在作为测头的铅笔上，铅笔的硬度由 6H～6B 递减，校准水平后，使端口磨平的铅笔与被测面成 45°角，铅笔走速 1mm/s，对样板表面划出若干道痕，每道痕的长度约 8mm，将划过的样板置于 11W 日光灯下，用 10 倍放大镜进行观察，以未划伤镀膜的最高铅笔硬度来表示该膜层的表面硬度。

7. 表面防变色性能检测

表面防变色性能试验是检测镀层防变色性能或检验防变色剂效果的试验。常用的有环境暴露试验和腐蚀性气体加速变色试验两类。

　　环境暴露试验有标准的环境试验场试验，也有工作现场简易的环境试验。而腐蚀性气体加速变色试验则多采用硫化氢气体试验法。所有这些试验的量化指标都是以时间结合表面变色程度进行考察的，防变色时间越长越好。

　　在电镀企业常用到的方法是在工作现场的简单环境试验法，在电镀生产场所或电镀工艺试验室，无论是在工作中还是在停止工作后，这些场所的空气中都会散布有腐蚀性气体分子或颗粒。特别是在停止工作后，由于排气系统也停止了工作，这种场所的大气比普通环境有更浓的腐蚀成分，因此，放在这种环境中的镀层，变色会比正常环境快得多，因此可以作为镀层防变色试验的环境。具体的做法是将按一定试验要求制成的有编号的试样做初始状态的观察和记录（或拍摄）后，再在室内某一个不易受到干扰的地方悬挂起来，每天（或一个约定时间段）观测一次，对表面变色情况做记录，直到最后一片完全变色为终点，比较这些试片变色的程度和时间，从而得出防变色性能相对最好的那一组工艺参数和电镀条件。

　　另一种在实验室进行的方法是硫化氢气体试验法，如果只是单位内部的产品或工艺的性能比较，可以采用简易的腐蚀气体试验，如果要取得有可比性的结果，则要按照硫化氢试验的标准方法进行试验。

　　简易的腐蚀气体试验对所用的容器的容量和所用化学原料的级别和用量不做准确的计量要求，从而可以简化试验准备的时间，同时节约一部分资源。具体做法是先用塑料板材做好一个支架，大小可以用 2L 以上容量的烧杯反扣盖住。在支架上悬挂预先准备好的防变色试验的试片。在一个 100mL 的小烧杯内装一些硫化钠（$Na_2S$），再倒入一些 3% 左右的磷酸二氢钾（$KH_2PO_4$）溶液，将开始进行放气反应的烧杯和支架一起用大烧杯罩住，开始记录时间并观察试验变色情况，从而选取防变色性能好的镀层或电镀及后处理工艺。

## 12.2　电镀工艺的检测

### 12.2.1　镀前处理检测

#### 1. 镀前处理检测的必要性

　　镀前处理是电镀过程中重要的流程，但又是在实际生产中易被忽视的流程，很多电镀企业对电镀过程有很严格的监控，但对前处理则是粗放的管理，没有分析监测和工艺控制，从而导致电镀质量特别是镀层结合力难以保证。事实上镀前处理的检测可收到事半功倍的效果，电镀生产过程控制应该将前处理检测列为重要工序控制点。

　　镀前处理根据镀件的要求不同而有不同的工艺要求。对于装饰性镀层，对基体的表面粗糙度要有量化的要求，必要时要进行粗糙度的检测。而对所有的镀层都要监控的一个前处理指标是镀件表面的除油效果，需要通过一定的检测或试验来确认其状态。严格的镀前处理还包括镀件材质的确认试验等，即使这些试验不是常用的，但也应是必备和必须掌握的。

#### 2. 除油质量检测

　　要检测表面除油效果实际上是对表面亲水化程度进行检测，除为了科学实验和机理研究的需要进行的表面润湿角等仪器的测量外，表面除油效果的检测基本上是采用经验法。因为在电镀现场配备亲水角测量仪是不现实的，而经验的方法简单易行，所以是常用的方法。

**(1)表面亲水性观察**　表面亲水观察就是将经除油后的制件在清水中浸渍后取出，观察水在表面的停留状态。完全亲水的表面会有一层均匀的水膜，多余的水流下后，表面仍然是完全湿润的。如果有局部除油不好，那里就会出现水花或油斑，即水膜会出现一些基本上是圆形的不湿润区域；如果是大部分除油不好，制件表面基本上为不亲水，从清水中取出后表面的水会很快滴下而不湿润。

**(2)白色纸巾揩擦**　白色纸巾揩擦是用白色干净的纸巾对除油后的表面进行揩擦，再看纸巾表面是否有油污痕迹，如果是除油干净的表面，纸巾上只有水渍，而除油不干净的表面，在纸巾上会有油污的痕迹。极薄的油膜是透明的，用肉眼无法看到，但用纸巾揩后，油污被收集到纸巾上而容易显现出来。

**(3)对比法**　对电化学除油的效果进行试验是对电化学除油剂进行评价的一种方法，这种试验通常是一种系列化对比方法，并且需要制成镀片对结合力进行定量评价，来间接评价除油的效果。同时要以普通化学除油或某种已知的电化学除油剂做平行的对比。

将同一种油污状态的试片在不同除油工艺中进行除油，当然其中包括被测试验的电化学除油工艺，可以同时准备多种工艺方案，如阴极除油、阳极除油、阴阳极联合除油等。然后对除油完成的试片进行同样工艺条件下的电镀，再对镀层结合力进行检测，以评价不同方案的电化学除油的效果。

如果只需要做简单的对比，可以将中度油污的试片进行化学除油后，以前面介绍的经验方法进行表面亲水观察，会发现有局部油花现象，然后再进行电化学除油，即可发现表面完全亲水。

**3. 表面酸蚀程度的定量检测**

为了认识浸酸的作用和对酸蚀程度有定量的描述，可对金属的酸蚀程度进行测试。这在前处理酸蚀工艺的评价中需要用到，在检测缓蚀剂效果时也会用到。

酸蚀定量测试通常采用的是失重法，即将样片在酸蚀前进行干燥、称重，然后在一定条件下进行酸蚀，取出后经清洗和干燥后，再称重，以初始质量减去酸蚀后的质量，其差值就是酸蚀失去的金属材料的质量，这个方法可以比较准确地描述金属在某种酸中发生酸蚀时失去的金属的质量，是有可比性的，但是它对失去的金属的表面分布不能提供任何帮助。无论是均匀腐蚀还是点蚀都只能是失去金属的量化。因此，有时还需要通过表面粗糙度的变化来对酸蚀过程进行描述，以确定某些酸洗过程是不是同时具有抛光的功能等。

金属腐蚀的质量指标可通过下式加以计算：

$$K = \frac{G_0 - G_1}{S \cdot t}$$

(12.8)

式中，$K$ 为腐蚀的失重指标（g/m²·h）；$G_0$ 为样件腐蚀前的初始质量（g）；$G_1$ 为样件腐蚀后清除了腐蚀产物后的质量（g）；$S$ 为样品的表面积（m²）；$t$ 为腐蚀的时间（h）。

### 12.2.2　电镀工艺的检测

#### 1. 分散能力测试

分散能力又称均镀能力，是电镀液很重要的工艺参数之一。对于分散力好的镀液，即使是形状复杂的零件，也能在表面获得分布比较均匀的镀层。常用检测分散能力的方法是远近阴极法，是在一定规格的长方形槽（通常是长 240mm、宽 50mm、高 55mm）中，将面积为两块 50mm×50mm 称重过的阴极试片分别放置在槽内两端的端面，然后在槽中与阴极平行放置一片大小与阴极一样的阳极，使阳极的一面距阴极的距离是另一面距阴极的距离的 1 倍（也可以是 2 倍或 4 倍，但不常用）。放入待测镀液后，电镀一定时间，再取出阴极试片分别称重，按下式计算出该镀液的分散能力：

$$T = \frac{K - M_{近}/M_{远}}{K - 1} \times 100\% \tag{12.9}$$

式中，$T$ 为分散能力；$K$ 为远阴极离阳极的距离与近阴极离阳极的距离之比；$M_{近}$、$M_{远}$ 为近阴极上镀层的质量和远阴极上镀层的质量。

由上述公式可知，最好的分散能力为 100%，即 $M_{近} = M_{远}$，而最差的分散能力为 0，也就是 $M_{近}/M_{远} = K$，这时近阴极区镀层的质量与远阴极区镀层质量的比正好等于它们距离的比。由于这个方法直观地反应了镀液的分散能力，因而成为常用的测试方法。

#### 2. 深镀能力检测

深镀能力也称为覆盖能力，我国目前常用的方法是管形内孔法。这种方法是取一根孔径为 10mm、长度为 100mm 的紫铜管，置于装有待测镀液的长方形试验槽中，让管孔两端与槽内两端的阳极相距 50mm，电镀一定时间后，取出清洗干净并干燥后，沿中轴线剖开，测量镀层镀进管内的深度，按下式计算深镀能力：

$$深镀能力 = \frac{镀进深度(mm)}{管子长度(mm)} \times 100\% \tag{12.10}$$

由于管长通常都是取 100mm，因此，所镀进的深度也就是所得的百分数值，如镀进 15mm，也就是有 15% 的深度能力。也有主张将两端的镀进深度相加来计算，这时的值会增加一倍左右（因为有时两边的深度并不总是相等的）。

#### 3. 覆盖能力检测

虽然深镀能力也称为覆盖能力，但管形阴极法还是偏于测量管形制件的覆盖能力。为了更直观地测量镀液的覆盖能力，可用凹孔试验法用来测试覆盖能力。如图 12 - 4 所示，采用条形钢制成截面为 25mm×25mm、长 200mm 的阴极试验条，在一个面上钻 10 个直径为 12.5mm 的孔。孔之间的中心距为 18.75mm，第 1 个孔的深度为 1.25mm，其后的孔深依次加深，加深的尺寸以直径的 10% 为单位的倍数，因此第 2 孔深为 2.5mm，第 3 孔深为 3.75mm，直到第 10 个孔的深度等于孔的直径 12.5mm。

测试前要将这种阴极进行充分除油和酸蚀，清洗干净后活化，再开始入试验槽测试。电镀一定时间（通常是达到要求的镀层厚度所需要的时间）后，观察全部被镀层覆盖的孔数。如果有 7 个孔内全部都有镀层，这种镀液的覆盖能力就可定为 70%，以此类推。

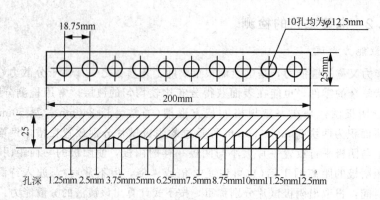

**图 12 - 4   测试镀液覆盖能力的凹孔试验法**

*4. 镀液的沉积速度检测*

镀层的沉积速度是指单位时间内所镀得的镀层的厚度。在电镀过程中，影响镀层厚度的因素较多，因此，在描述镀层的沉积速度时，要有一些限定条件，如是采用的什么镀液(工艺)；是在什么电流密度条件下电镀，所用镀液的电流效率如何等，这样才可以使电镀的速度有可比性。具体测量镀层厚度时，在确定了这些因素后，取单位面积的试片经前处理、干燥后称重，然后在单位时间内电镀，再经清洗后干燥、冷却、称重。将所得质量减去初始质量，即得所沉积的金属的质量，再除以单位面积和所用时间，即可得单位时间的镀层厚度。

可以用相关公式验证所测的沉积速度：

$$\upsilon = \frac{\delta}{t} = \frac{M\,i\eta}{0.6nFd} \tag{12.11}$$

式中，$\upsilon$ 为镀液沉积速度($\mu m/h$)；$\delta$ 为镀层平均厚度($\mu m$)；$t$ 为时间(min、h)；$M$ 为金属的摩尔质量(g/mol)；$i$ 为电流密度($A/dm^2$)；$\eta$ 为电流效率(%)；$n$ 为电沉积反应中单一离子还原为金属原子时所得的电子数目；$F$ 为法拉第常数，$F = 26.8Ah/mol$；$d$ 为所测金属的密度($g/cm^3$)。

## 12.2.3   镀层的其他性能检测

*1. 表面焊接性能检测*

在电子镀件中，镀层的焊接性能是一项重要指标。不同的镀层对同一种焊料的亲和力是不同的，同一种镀层在不同状态下对焊料的亲和力也是不同的，如镀层中的杂质和含量、结晶状态等，都会影响镀层与焊料的亲和力，因此经常需要对镀层进行焊接性能的测试。

常用的检测方法是焊料流布面积法，取同样质量和体积的焊料，放置在待测镀层的表面，待测镀层试片要平放，保证焊料在熔化后只能平行流布而不向某一方向倾流。然后将放有这种焊料的试片放入恒温箱中在 250℃下烘烤 2min，然后取出，冷却后用面积仪测量焊料流布的面积。焊料流布的面积越大，这种镀层的焊接性能就越好。

另一种测试方法是考核镀层达到最佳焊接效果的时间，将焊料置于焊料锅内，保持熔融状态，并保持温度在250℃，然后将接受测试的同样尺寸规格的镀层试片在浸入了相同焊剂后，全部浸入焊料锅内，按不同的时间取出，通常以秒为单位，选用1～10s为范围。以在最短的时间内可以全部被焊料"润湿"为最好。这种试验的好处是可以找到最适合焊接的镀层工艺。因为在实际焊接操作中，电烙铁在焊接件上停留的时间越短越好，一旦时间拖长，热量会向制件其他部位传递，这样不仅会影响焊接质量，增加焊接难度，也可能影响制件的其他部件，同时生产效率也会下降。因此，考核可焊性指标，加入时间因素是必要的。

2. 表面电阻检测

表面电阻现在已经普遍采用表面电阻检测仪进行测量，这种仪器可测量样件表面电阻及样件接地电阻；电阻值可以采用数量级方式显示；其测量范围为100～1000Ω。根据其测量的原理，分为直接测量法和电桥测量法。

直接测量法比较简单，是在被测表面取两个点，然后用万用表测试两个点之间的阻值，它只适合于表面阻值较高的绝缘性表面。

电桥法也称为惠斯登电桥法，其测量原理如图12-5所示，是比较通用的方法。

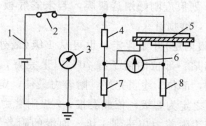

**图 12 - 5　惠斯登电桥法测量原理**

1. 电源 2. 开关 3. 电压表 4. 十进制可调标准电阻 $R_B$ 5. 试样电阻 $R_X$
6. 检流计 7. 十进制可调标准电阻 $R_A$ 8. 标准电阻 $R_N$

测量时，调节 $R_A$、$R_B$ 使电桥平衡，即使流过检流计中的电流为零，此时

$$R_X = R_B \cdot R_N / R_A$$

惠斯登电桥一般用于测量 $10^{12}$ Ω 以下的电阻，并且，无法观察电化电流随时间变化的情况。

3. 被镀件表面有机膜的检测

**(1)表面膜有无的简单鉴定**　为了提高金属镀层表面的防变色性能和抗手指纹性能，现在普遍在镀层表面涂上一层极薄的透明膜层，这种膜层对表面的改性作用是很明显的。这种水溶性有机膜层有时只是有机分子大小的厚度，用肉眼是看不到的，因此需要对表面是否有这种膜层进行确认。

一种简单的确认方法是采用表面亲水情况来间接证明有膜存在。金属镀层一般也不亲水，但是表面有膜和没有膜的疏水程度是有区别的。如果表面存在有机膜，就会完全不亲水。

另一种鉴别方法是金属置换还原法。采用这种方法首先要确定镀层金属是哪一种，其后才能根据置换反应的电位序列来选择适合进行置换反应的试液。试液选择一般有以下原则：当镀层是比铜的标准电位负的金属时，可以采用硫酸铜试液进行试验，如果表面不发生置换出铜的现象，就说明表面有膜层，即使出现花斑状置换铜层，也说明有某种膜层，只是已经不完整。当有完整的铜置换层时，就表明这种镀层表面没有防护膜。当镀层是铜镀层或电位与铜的标准电位接近时，则要用到银盐的溶液来进行置换试验，有防护膜层时将不会有银层置换出现或出现得很缓慢，相反则很快会发生银的置换析出。

**(2)表面有机膜结合力检测**　镀层表面有机膜的结合力可以采用测量油漆结合力的方法加以测量，通常采用的是划圈法和方格剥离法。

① 划圈法。国家标准 GB 1720—1979《漆膜附着力测定法》规定了划圈法测定漆膜附着力的方法。按照划痕范围内的漆膜完整程度进行评定，以 7 级表示。步骤是将按国家标准 GB 1727—1992《漆膜一般制备法》制备的马口铁板固定在测定仪上，为确保划透漆膜，酌情添加砝码，按顺时针方向，以 80～100r/min 均匀摇动摇柄，以圆滚线划痕，标准圆长 7～8cm，取出样板，评级。操作时应注意以下几点：

a. 测定仪的针头必须保持锐利，否则无法分清 1、2 级的分别，应在测定前先用手指触摸感觉是否锋利，或在测定十几块试板后酌情更换。

b. 先试着刻划几圈，划痕应刚好划透漆膜，若未露底板，酌情添加砝码，但不要加得过多，以免加大阻力，磨损针头。

c. 评级时可从 7 级（最内层）开始评定，也可从 1 级（最外层）评级，按顺序检查各部位的漆膜完整程度，如某一部位的格子有 70% 以上完好，则认为该部位是完好的，否则认为是坏损的。例如，部位 1 漆膜完好，附着力最佳，定为 1 级；部位 1 漆膜坏损而部位 2 完好，附着力次之定为 2 级；依此类推，7 级附着力最差。

通常要求比较好的底漆附着力应达到 1 级，面漆的附着力可在 2 级左右，附着力不好，膜易与物件表面剥离而失去涂装的作用和效果。

② 划格法。划格法按照 GB 9286—1998《色漆和清漆漆膜的划格试验》进行，试验工具是划格测试器，它是具有 6 个切割面的多刀片切割器，由高合金钢制成，切刀间隙 1mm。将试样涂于试片上，待干透后，用划格测试器平行拉动 3～4cm，有 6 道切痕，应切穿漆膜；然后用同样的方法与前者垂直，切痕 6 道，这样形成许多小方格。用软刷从对角方向刷 5 次或用胶带粘于格子上并迅速拉开，用 4 倍放大镜检查试验涂层的切割表面，并与说明和附图进行对比定级。切割边缘完全平滑，无一格脱落 0 级；在切口交叉处涂层有少许薄片分离，但划格区受影响明显不超过 5% 为 1 级；切口边缘或交叉处涂层脱落明显大于 5%，但受影响不大于 15% 为 2 级；膜层沿边缘部分或全部以大碎片脱落，在 15%～35% 之间为 3 级；依此类推，0 级附着力最佳，一般超过 2 级在防腐涂料中就认为附着力达不到要求。

# 12.3　霍尔槽试验

## 12.3.1　霍尔槽

### 1. 霍尔槽及规格

如图 12-6 所示，霍尔槽试验装置是美国的 R. O. Hull 于 1939 年发明的用来进行电镀液性能测试的试验用小槽。它的特点是将小槽制成一个直角梯形，使阴极区成一个锐角，阴极的低电流区就处于锐角的顶点。这一结构特点使从这种镀槽中镀出的试片上的电流密度分布出现由低到高的宽幅度的连续性变化，镀层的表面状态也与这种电流分布有关，从而可以通过一次试镀，就获得多种镀层与镀液的信息。因此，霍尔槽自诞生以来，一直都是电镀工艺试验中的常用设备，其使用是电镀工艺技术人员必须掌握的基本试验技术。

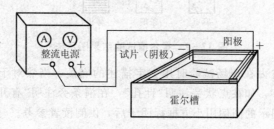

**图 12 - 6　霍尔槽试验装置**

标准的霍尔槽配置是一台 5A 的整流电源，一套电源线，一个霍尔槽，另外还有附加设备，如具有加温、打气搅拌、记时等功能配件。

霍尔槽的容量根据需要有很多种，但是最常用的是可以装 250mL 镀液的标准霍尔槽。

2. 霍尔槽的电流分布

霍尔槽的特点主要就是其独特的结构定义了阴极试片上的电流密度分布。霍尔槽的阴极试片大小是确定的，现在普通采用尺寸为 100mm×65mm 大小的黄铜片（厚度为 0.5mm 左右）。将其放入霍尔槽的阴极区后，试片的一端是在小槽的尖角部位，另一端则在离阳极较近的梯形的短边。

这种位置特点，使霍尔槽试片两端距阳极的距离产生差别，加上在角部的屏蔽效应，使同一试片上从近阳极端和远阳极端的电流密度有很大的差异，并且电流密度的分布呈现由大（近阳极）到小（远阳极）的线性分布。根据通过霍尔槽总电流的大小的不同，其远近两端电流密度的大小差值达 50 倍。这样，从一个试片上可以观测到很宽电流密度范围的镀层状态，从而为分析和处理镀液故障提供出许多有用的信息。

例如，一个很好的镀种的镀液，如优秀的光亮镀镍液，其霍尔槽试片全片都呈光亮镀层，高电流区和低电流区几乎没有差别，而一旦低电流区出现灰黑色，就有可能是有金属杂质污染了镀液。通过设定的多组试验，与标准的镀液比较，就可以判断出镀液中出现的问题。

3. 霍尔槽试片的标识方法

对于从霍尔槽镀出的试片，为了直观地表达出试片的状态，通常用图示的方法表示，再辅以简单的文字以对表面状态进行描述。霍尔槽试验结果图示法如图 12 - 7 所示。

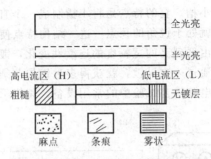

**图 12 - 7　霍尔槽试验结果图示法**

用图示法可以省去在现场试验时用文字描述的麻烦，当然对于临时约定的图示，要辅助以简明的文字，如在点状旁注明"针孔"，在横条旁注明"有开裂"等。在书写技术报告时，则应将图示的图例用小方框标明于后，供阅读者参考。

### 12.3.2　霍尔槽试验方法

#### 1. 试验前的准备

霍尔槽试验是电镀工艺中的基本试验方法，正确地操作对于电镀技术和电镀生产的现场管理是非常重要的。在进行霍尔槽试验前，应该做好相应的准备工作，以便顺利进行霍尔槽试验。

**(1)设备准备**　使用霍尔槽前应该检查所有试验的设备和材料的准备情况。首先要检查整流电源是否正常，霍尔槽是否清洗干净，并试水保证完好。然后将标准的霍尔槽试片、试验用活化液、清洗水等准备好。试验时要保证霍尔槽的阴、阳极与电源有正确和可靠的连接，不可以中途断电或接触不良，否则需要重做。

**(2)试验液准备**　如果要对现场的镀液进行试验，要从工作液中取出有代表性的镀液试样，通常取 1L 试液。试验中如果原始试验液发生改变，如调整过 pH、添加过光亮剂等，当重复或重新试验时，都要取用原液。

对于需要重新配试验液的，尽量只按基本组成和标准含量配制一定的量(1~2L)，以便取用方便而又不浪费。

**(3)确定总电流和时间**　根据所做试验项目的需要，确定进行霍尔槽试验的工作总电流，通常是 1A、2A 这样的整数值。根据不同的镀种或试验目的，也可用 0.5A、1.5A 等电流值。每片电镀的时间以分钟为单位，常用的时间是 5min，也可以根据需要确定一个时间。

#### 2. 霍尔槽试验

进行霍尔槽试验时，在霍尔槽中放入相应的阳极后，从取样镀液中取出 250mL，注入霍尔槽，再放入阴极试片，接通电源后，调到设定的电流值，开始计时，并观察阴极试片的反应状况。需要模拟阴极移动或打气时，要进行搅拌或打开空气泵。

注意每次试验的通电时间和电流大小一定要准确，断电后取出试片要在回收水中先洗过，再用清水清洗，然后在热水中清洗。取出用吹风机吹干，再进行观察和记录。对于需要保存的试片，在清洗干净并经防变色处理后，再干燥，用塑料膜或袋保护。

也可涂防变色剂，以方便与以后的试片对比。

对有疑问的试验结果，要进行平行的重现性试验，以确定试验结果的准确性。

3. 正确进行霍尔槽试验的要点

在使用霍尔槽进行试验时，会出现一些不规范的随意性操作，使所得到的信息不准确。为了获得准确的试验信息，在进行霍尔槽试验时，应该注意以下要点：

① 首先要采用标准的霍尔槽试验设备，也可自己做，但其尺寸和大小都必须符合标准的要求。

② 用于试验的镀液要取自待测镀液，液量要准确，且每次所取试验液只能做 2 片试片，次数多了镀液会发生变化，与取样镀液不是同一种配比，导致所做的结果会有偏差。

③ 阳极一定要标准，厚度不可超过 5mm，也可以用不溶性阳极，这时只能镀一片来作为样片。

④ 要预先准备好试片，对试片要进行除油和活化处理，下槽前同样要活化和清洗干净，镀后也要清洗干净并用吹风机吹干后，再进行观察。

⑤ 养成边做边记录的好习惯，对试验参数和试片状况都要有准确的记录。

## 12.3.3　霍尔槽试验应用举例

1. 用霍尔槽做光亮剂性能相关试验

光亮剂是光亮电镀中必不可少的添加剂，是光亮镀种管理的关键成分，因此采用霍尔槽对光亮剂进行试验是常用的管理手段，也是开发光亮剂和光亮镀种工艺的常用手段。采用霍尔槽可以对光亮剂的光亮效果、光亮区的电流密度范围、光亮剂的消耗量和补加规律等做出判断。

当采用霍尔槽进行光亮剂性能等相关的试验时，首先要采用标准的镀液配方和严格的电镀工艺规范，以排除其他非添加剂的因素对试验的干扰。常用的方法是每个批次的试验采用一次配成的基础镀液，镀液的量要大于试验次数要用到量，基础镀液采用化学纯或与生产工艺相同级别的化工原料配制，并且不能往基础液中添加任何光亮剂，以保证试验结果的准确性和可靠性。

在准备好镀液和试片后，可以取试验基础液注入霍尔槽，然后再按试验项目的要求将镀液的工艺参数调整到规定的范围，先不加入光亮剂做出一个空白试片，留作对比用。再加入规定量的待测光亮剂，通电试验。对于光亮镀种，常用的总电流是 2A，时间为 5min，镀好取出后，要迅速清洗干净，最后一次用纯净水，然后用吹风机吹干后，观测表面状况并做好记录，再将试片放进干燥器保存。为了方便以后对比，每做一个试片都要有标识贴在试片上，记录编号、试验条件等参数。

做完空白试验后的试验液一般只能再做 2 个试片，同一工艺参数和含量的试片通常也要求做 2 次，以排除偶然性。在每换一次新镀液时，都要做空白试验。为了提高效率，可以一次配置多次试验的基础液，这样只做一次空白试片就可以代表这批试液的状态。

第一次添加光亮剂的量可按说明书的标准量投入，以判断光亮剂的基本水平；然后再按过量加入，看超量的影响，再做 1/3 量和 1/2 量的试片，以了解不足量的影响，最后还要做光亮剂的消耗量。

常见的错误做法是取了一次基础试验液后，就一直往里加光亮剂来做试验，从少到多用同一镀液做多片。因为霍尔槽的容量太少，每镀一片镀液变化较大，如果一直往下做，镀液的成分已经发生量变，后边做的与前面做的已经没有可比性，试验结果就会出偏差。

另外，用霍尔槽可以根据镀层厚度变化情况来判断光亮剂的用量是否正常。方法如下：取待测镀液置于霍尔槽中，以 2A 的总电流镀 30min，温度要与镀槽中的一致。镀后水洗，但不要出光和钝化。干燥后用霍尔槽电流分布尺找出 $0.43\ A/dm^2$ 和 $8.64\ A/dm^2$ 两个点，测出这两个点的厚度，再计算这两个厚度的比值，其比值应为 1.5～2.25。低于 1.5，表示光亮剂的含量偏高；高于 2.25，表示光亮剂的含量不足。但是要注意的是，影响这两个点厚度差别的因素很多，要根据镀槽的具体情况结合测试结果综合加以判定。因此这种方法只是一种参考，其所依据的原理是当添加剂过多时，会进一步改善镀层的分布，而添加剂不足时，则分散能力也会有所下降。

**2. 用霍尔槽做金属杂质影响和排除的试验**

用霍尔槽做金属杂质的影响的试验可以有两种方法，一种是空白对比试验法，另一种是故障镀液排除法。

空白试验法是先将怀疑有杂质影响的镀液做出一个霍尔槽试片，留作对比用。再取新配的与镀液相同组成和含量的试验液做出空白试片，再往里加入已知的杂质金属，对比已知杂质含量试片与故障镀液试片，直到找到与故障镀液相同的试片条件，即可测知镀液中金属杂质的类别。这种空白对比试验法由于杂质采用的是已知杂质，所以结果和杂质的量都可以准确地测出。但是，这种方法只适合对镀液中的杂质是什么有大致的了解，或已经知道杂质是什么而要确定含量大约是多少的情况。如果对杂质是什么无法估计，用空白试验的效率会很低。

故障液排除法。首先也是取故障镀液做出故障液的现状试片，然后对镀液进行杂质排除的例行处理，如小电流电解一定时间后，再用电解后的镀液做霍尔槽试验，如果有所好转，则可以进一步确定电解时间来最终排除，如果作用不明显，则要采用其他排除法，如金属置换沉淀法，这在镀锌中常用到，用锌粉可以将其他重金属杂质还原出来沉淀排除。总之，每采取一种措施，就用处理后的镀液做一次霍尔槽试验，以验证处理结果。由于一片霍尔槽试片所传达的信息比一般试镀要多得多，所以采用霍尔槽试验来排除杂质效果较好。

**3. 用霍尔槽确定工艺参数**

利用霍尔槽可以确定最佳的工艺参数，这主要是进行温度、电流密度、不同主盐浓度或不同 pH 等可调节因素的组合。要根据经验和基本理论常识列出所试验的组合，并对试验项目做出试验流程和记录表格，然后以标准镀液在不同工艺参数下进行试验，所对应每种工艺参数的组合都可以找到对应的镀片状态，最好的一组所对应的参数，就是可以用于生产的电镀工艺参数。

当然在选定了一个参数组合后，还要对这组参数进行重现性试验，确定有良好的重现性后，才能用于生产。

还可以用霍尔槽测试镀液或镀层的各种性能，如分散能力、镀层厚度分布等。

**(1)用霍尔槽做镀液分散能力的试验** 利用霍尔槽做镀液分散能力的试验，需要适当延长电镀时间，以利于对已经镀好的霍尔槽试片进行不同电流密度区域的镀层厚度的测试。一般可镀 10～15min，电流强度可以选取在 0.5～3A。电镀完成后对试片清洗干净后干燥，然后用铅笔在试片中间横向划一条直线（与试片等长，即 100mm），并将这条线分为 10 等份，每份有 10mm 宽度，去掉两端边上的区间，然后由低电流区向高电流区编成 1～8 号，在这每个编号的中间取点进行厚度测量，分另记为 $\delta_1$，$\delta_2$，…，$\delta_8$，然后以下式计算其分散能力：

$$T = \frac{\delta_i}{\delta_1} \times 100\% \tag{12.12}$$

式中，$\delta_i$ 为从 $\delta_1$ 到 $\delta_8$ 的镀层厚度相加后除以 8 的平均镀层厚度；$\delta_1$ 为最高电流密度区的镀层厚度。

**(2)用霍尔槽试片检测镀层厚度分布** 可以用霍尔槽试片进行镀层厚度分布的测量，不过需要注意的是霍尔槽试片上的电流密度范围虽然很宽，但整个试片的长度却是有限的，这样只能在试片上取若干个点来分别代表不同电流密度的区间，通常可以取 5～10 个点，这些点从高电流区到低电流区均匀分布，并且要除掉试片两端各 1cm 的部位。从这些不同点得到的镀层厚度，基本上就代表了不同电流密度下在同一时间内所能镀得的厚度值。

# 13   电镀质量与标准

## 13.1   电镀的质量要求与质量标准

### 13.1.1   电镀的质量要求

#### 1. 镀层质量的通用要求

对于用于防护和装饰的电镀层，在电镀行业和制造业有着通用的质量要求，也可以说是基本的和默认的要求。当然，对于市场需要的各种各样的产品，对镀层会有不同的要求，但基本上有如下几点：

① 镀层要完整，不能有漏镀现象，镀层的色泽要均匀，不能有条痕、发花、水迹等外观缺陷。因为无论是从装饰还是防护的角度，不完整和外观不良的镀层都是不合格的。

② 镀层要与基体有良好的结合力，镀层与镀层之间也要有良好的结合力，能在使用中经受冲击、碰撞、振动、弯曲及变形加工等都不脱落。简单地说镀层不能起泡、起皮，尤其不能在交付以后，在存放和使用中起泡或起皮，这是严重的不合格现象。

③ 镀层的成本要合理。不能一味加厚镀层来符合质量要求而不计成本，更不能一味降低成本而牺牲镀层质量，寻找合理的镀层组合是质量的一项重要指标，同时与成本有关联。

由于这些要求对于任何电镀产品都是适用的，因此，在没有特别说明的时候，都会按这些基本要求来验收产品。而在制定任何电镀标准时，不管是专业或特殊要求的产品，通常都是在这些基本要求的基础上再提出其他要求的。

#### 2. 镀层质量的专业要求

镀层质量的专业要求通常是与产品的要求相关，如汽车产品、电子产品等都有不同的要求。

以装饰性镀层要求为例，有一些需要镜面光亮的镀层需要对基体进行打磨和抛光，电镀后表面要达到镜面光亮，这时对外观的要求和检测都是非常严格的，包括流程中的包装要求，都有相应规定，是质量保证的重要组成部分。

又如，汽车的防护性要求非常严格。因为汽车是全天候和在恶劣环境中使用的产品，镀层的防护性能就要非常好，这时多采用多层镀层和高耐蚀性的合金镀层或复合镀层。其质量要求也就会有相应的耐腐蚀试验的合格时间要求，如有些汽车产品的耐腐蚀盐雾试验时间要求在500h以上，这是极为严格的要求。

而电子产品则对镀层的电性能指标有严格要求。例如，电子接插件对接触电阻和镀层耐磨损性能都有严格要求，需要以专业的电镀工艺来满足这些要求。

针对不同行业的专业需要，行业通常会制定出相应的行业标准来规范质量要求，以便指导生产的正常进行。

**3. 镀层质量的特殊要求**

除了通用的质量要求和专业的质量要求外，还有一些产品会有特殊的质量要求，这类要求一般是没有标准指导的，需要委托方和加工方双方商定。

例如，电镀后是否需要除氢处理，这是弹性制件电镀面临的一个重要问题。对于弹性产品或对脆性敏感的镀层，都应该在电镀后加一个去氢工序，以将镀层或基体内渗入的氢原子赶出来。这种情况，双方要约定去氢后允许镀层表面因为高温烘烤而出现的颜色改变等。

如果某些产品采用局部电镀的工艺，则要约定局部镀层的检验要求，规定允许或不允许出现的缺陷。对非装饰性镀层则可以约定非主要表面的允许缺陷，以提高产品的合格率等。

特殊的质量要求往往同时附有特殊的工艺文件，以保证这些质量要求获得技术支持。例如，对于腔体内、孔内的镀层有要求时，往往要在电镀过程中采取使用辅助阳极的办法。否则，这类特殊要求难以做到，质量也就无法保证。

## 13.1.2　电镀的标准体系

电镀标准与其他行业一样，也与国际和国内的标准体系接轨，建立有相应的标准体系。这种标准体系以其管辖的范围分成若干级别，依次为国际标准、国家标准、行业标准和企业标准4个级别。

**1. 国际标准**

现在通行的国际标准是由国际标准化组织（International Organization for Standardization，ISO）特定的。由 ISO 制定的标准涵盖了各行各业，相应地也建立了与各行各业对应的分支委员会。这类机构包括涵盖了电镀标准的技术委员会。我国电镀标准现在也基本上是等同采用 ISO 国际标准。

除了 ISO 国际标准组织，还有国际电工委员会（IEC）和国际电信联盟（ITU）制定的标准，以及国际标准化组织确认并公布的其他国际组织制定的标准。国际标准在世界范围内统一使用。另外，一些先进国家的国家标准由于其先进性和权威性也被国际上引用为标准，如美国军用标准（MIL-STD）、美国材料与试验协会标准（ASTM）等。

**2. 国家标准**

我国的电镀标准体系和其他行业一样，由企业标准、行业标准和国家标准构成。其中国家标准现在基本上是等同或等效采用相应的 ISO 标准，少数是参照执行 ISO 标准。

我国电镀业所依据的标准经过了一个转换和发展的过程，开始是采用前苏联的标准，随后在 20 世纪 70 年代由各工业部主持制定了各自的行业标准，如机械工业部的标准和电子工业部的标准等。改革开放后，我国电镀标准开始与国际接轨，基本上都是等效采用相应的 ISO 国际标准，现在则大多数等同采用了 ISO 标准而形成了系列化的国家标准（GB）。

标准与技术有密切的联系，反应一个时期和一个国家的普遍的技术水准，因此，标准会随着技术和工艺水平的进步和提高而会有所修改，包括质量指标、检测方法等。还有些标准由于社会情况变化而将非强制性标准升级为强制性标准，如 GB/T 12305.6—1997《金属覆盖层 金和金合金电镀层的试验方法 第 6 部分：残留盐的测定》就是修订后增加的内容。它是 20 世纪 90 年代中期提出的对电镀层表面残留盐的测定，反映出电镀表面质量的细化和测试技术的进步。金属镀层表面的残留盐是在显微镜下才能观测到的物质，凭肉眼是无法观测到的，所以很容易忽略，但是许多镀层的变色就是这种残留盐潮解后成为腐蚀液而产生的质量问题，特别是孔隙内的残留盐，是产生点蚀的原因。因此，将镀层表面残留盐做出规定，是镀层质量控制的技术进步在标准上的反映。

**3. 行业标准和企业标准**

**(1)行业标准**　行业标准是同一个行业为了规范本行业产品、服务而制定的标准。在我国，由于一直实行机械工业部管理体制，行业是按部属模式划分的，因而出现了部颁标准，如机械工业部标准(JB)、电子工业部标准(SJ)、轻工业部标准(QB)等，这些都属于行业标准。这与国际上完全按行业本身的特点制定的标准有些不同。随着改革开放的深入发展，中国行业和企业的国际化已经是大势所趋，与国际接轨的行业标准也开始制定出来。电镀的行业标准在国内较多采用的是 JB(机械)和 SJ(电子)两个行业的标准，这和这两个行业涵盖了我国当时体制下大多数国营企业的局面是有关的，当时的行业组织和技术活动也以这两大系统为主，这种格局的影响一直延续至今。

**(2)企业标准**　事实上对于标准的推广和执行，最重要的单位是企业。随着我国制造业的国际化，现在已经有越来越多的企业认识到在企业开展标准化工作的重要性。许多企业建立起了自己的标准体系，设置有标准化室等标准管理机构，对提高企业的竞争力起到了良好的保障作用。

应该承认，我国企业的标准化意识还不是很强烈；对标准的认识还存在偏差；标准化人才严重不足；标准化方面的资料和信息很不均衡，一方面国家建立有与国际接轨的标准化机构，出版有大量标准文本，但只有很少的专业人士在使用，另一方面是大部分企业和用户，不了解和不懂得用标准来维护企业和用户的权益。

因此，认识和建立企业的标准化体系，对于电镀企业是非常有益的。

① 企业标准体系。标准体系是由标准组成的系统。企业标准体系以技术标准为主体，包括管理标准和工作标准。

标准体系包括现有标准和预计应发展标准。现有标准体系反映出当前的生产、科技水平，生产社会化、专业化和现代化程度，经济效益，产业和产品结构，经济政策，市场需求，资源条件等。预计应发展标准中展示出规划应制定标准的发展蓝图。

企业应按 GB/T 15496—2003《企业标准体系要求》的要求建立企业标准体系，加以实施，并持续评审与改进，保持其有效性。建立企业标准体系总的要求如下：

a. 企业标准体系应以技术标准体系为主体，以管理标准体系和工作标准体系相配套。

b. 应符合国家有关法律、法规，实施有关国家标准、行业标准和地方标准。

c. 企业标准体系内的标准应能满足企业生产、技术和经营管理的需要。

d. 企业标准体系应在企业体系的框架下制定。

e. 企业标准体系内的标准之间相互协调。

f. 管理标准体系、工作标准体系应能保证技术标准体系的实施。

g. 企业标准体系应与其他管理体系相协调并提供支持。

企业和标准体系内的标准范围包括国家标准、行业标准、地方标准和企业标准。

《中华人民共和国标准化法》第二章第六条中规定:"企业生产的产品没有国家标准和行业标准的,应当制定企业标准,作为组织生产的依据。企业的产品标准须报当地政府标准化行政主管部门和有关行政主管部门备案。已有国家标准或者行业标准的,国家鼓励企业制定严于国家标准或者行业标准的企业标准,在企业内部适用。法律对标准的制定另有规定的,依照法律的规定执行。"支持企业针对自己的产品制定严于国家标准和行业标准的标准,并且应该到标准行政主管部门备案。

② 企业标准的分类。

a. 技术标准。技术标准(technical standard)是指对标准化领域中需要协调统一的技术事项所制定的标准。

对企业而言,企业技术标准包括生产对象、生产条件、生产方法以及包装、储运等技术要求。企业技术标准的存在形式可以是标准、规范、规程、守则、操作卡、作业指导书等。企业技术标准的表现形式可以是纸张、计算机磁盘、光盘或其他电子媒体、照片、标准样品或它们的组合。

b. 产品标准。产品标准是指对产品结构、规格、质量和检验方法所做的技术规定,它可以规定一个产品或同一系列产品应满足的要求,以确定其对用途适应性的标准。产品可以是软件、硬件、流程性材料或服务等。

产品质量标准在企业内是生产活动的主要依据,在企业外则是表示产品质量的水平和尺度,是用户验收、使用、维护、贸易洽谈和质量仲裁等的技术依据。

根据产品标准的功能,产品标准可分为产品出厂标准和产品内控标准两类。

产品出厂标准是指作为企业产品生产、交付检验、验收和仲裁检验用的标准,是生产企业对消费者和产品质量责任承诺。这是建立企业标准体系的关键,也是技术标准子体系的中心。产品出厂标准必须符合《中华人民共和国标准化法》要求的合法标准。

企业标准虽然是最基层的标准,但是,重要的企业标准也可以成为被引用的行业标准,如国际上知名的跨国公司的企业标准,很多追随企业和供应链上的企业,都要参照或引用。

由于企业标准是最具有产品针对性和要求严格的标准,因此,有些企业的标准只对内发布,有些内控的指标是保密的。这种不对外发布也不备案但是要求内部严格遵守的标准,就是企业的内控标准。内控标准属于商业机密,也体现一个企业的管理水平。内控标准从表面上会提高质量成本,但是企业由此获得的产品质量和信誉的提升所产生的经济效益和社会效益,远大于投入。有些企业由于处于技术领先地位,可以将别人还达不到的内控标准作为自己的产品特点加以宣示,从而赢得更多的市场。

## 13.1.3 常用电镀标准

为了规范电镀生产,保证电镀产品质量,国家针对电镀过程的技术要求制定了相应的国家标准。电镀技术国家标准目录见表13-1。

表 13 - 1　电镀技术国家标准目录

| 技术领域 | 标准号 | 标准名称 |
|---|---|---|
| 术语及前处理<br>技术规范 | GB/T 3138—1995 | 金属镀覆和化学处理与有关过程术语 |
| | GB/T 12611—2008 | 金属零(部)件镀覆前质量控制技术要求 |
| | GB/T 13911—2008 | 金属镀覆和化学处理标识方法 |
| 铜、镍、铬镀<br>层技术规范 | GB/T 9797—2006 | 金属覆盖层 镍＋铬和铜＋镍＋铬电镀层 |
| | GB/T 9798—2005 | 金属覆盖层 镍电沉积层 |
| | GB/T 11379—2008 | 金属覆盖层 工程用铬电镀层 |
| | GB/T 12332—2008 | 金属覆盖层 工程用镍电镀层 |
| | GB/T 12333—1990 | 金属覆盖层 工程用铜电镀层 |
| | GB/T 12600—2005 | 金属覆盖层 塑料上镍＋铬电镀层 |
| | GB/T 13913—2008 | 金属覆盖层化学镀镍-磷合金镀层规范和试验方法 |
| | GB/T 9791—2003 | 锌、镉、铝-锌合金和锌-铝合金的铬酸盐转化膜 试验方法 |
| | GB/T 9792—2003 | 金属材料上的转化膜 单位面积膜质量的测定 重量法 |
| | GB/T 9799—2011 | 金属及其他无机覆盖层 钢铁上经过处理的锌电镀层 |
| | GB/T 9800—1988 | 电镀锌和电镀镉层的铬酸盐转化膜 |
| | GB/T 13322—1991 | 金属覆盖层 低氢脆镉钛电镀层 |
| | GB/T 13346—2012 | 金属及其他无机覆盖层 钢铁上经过处理的镉电镀层 |
| | GB/T 13825—2008 | 金属覆盖层 黑色金属材料热镀锌层 单位面积质量称量法 |
| | GB/T 13912—2002 | 金属覆盖层 钢铁制件热浸镀锌层 技术要求及试验方法 |
| 金、银镀层<br>技术规范 | SJ/T 11104—1996 | 金属覆盖层 工程用金和金合金电镀层 |
| | SJ/T 11105—1996 | 金属覆盖层 金和金合金电镀层试验方法 第1部分：镀层厚度测定 |
| | SJ/T 11106—1996 | 金属覆盖层 金和金合金电镀层的试验方法 第2部分：环境试验 |

续表 13-1

| 技术领域 | 标准号 | 标准名称 |
|---|---|---|
| 金、银镀层技术规范 | SJ/T 11107—1996 | 金属覆盖层 金和金合金电镀层的试验方法 第3部分：孔隙率的电图像试验 |
| | SJ/T 11108—1996 | 金属覆盖层 金和金合金电镀层的试验方法 第4部分：金含量的试验 |
| | SJ/T 11109—1996 | 金属覆盖层 金和金合金电镀层的试验方法 第5部分：结合强度试验 |
| | GB/T 12305.6—1997 | 金属覆盖层 金和金合金电镀层的试验方法 第6部分：残留盐的测定 |
| | SJ/T 11110—1996 | 金属覆盖层 工程用银和银合金电镀层 |
| | SJ/T 11111—1996 | 金属覆盖层 银和银合金电镀层试验方法 第1部分：镀层厚度的测定 |
| | SJ/T 11112—1996 | 金属覆盖层 银和银合金电镀层试验方法 第2部分：结合强度试验 |
| | GB/T 12307.3—1997 | 金属覆盖层 银和银合金电镀层的试验方法 第3部分：残留盐的测定 |
| 其他镀层技术规范 | GB/T 12599—2002 | 金属覆盖层 锡电镀层 技术规范和试验方法 |
| | GB/T 15519—2002 | 化学转化膜 钢铁黑色氧化膜 规范和试验方法 |
| | GB/T 17461—1998 | 金属覆盖层 锡-铅合金电镀层 |
| | GB/T 17462—1998 | 金属覆盖层 锡-镍合金电镀层 |
| 镀层常用厚度测量方法 | GB/T 4955—2005 | 金属覆盖层 覆盖层厚度测量 阳极溶解库仑法 |
| | GB/T 4956—2003 | 磁性基体上非磁性覆盖层 覆盖层厚度测量 磁性法 |
| | GB/T 4957—2003 | 非磁性基体金属上非导电覆盖层 覆盖层厚度测量 涡流法 |
| | GB/T 6462—2005 | 金属和氧化物覆盖层厚度测量显微镜法 |
| | GB/T 11378—2005 | 金属覆盖层 覆盖层厚度测量 轮廓仪法 |
| | GB/T 13744—1992 | 磁性和非磁性基体上镍电镀层厚度的测量 |
| | GB/T 16921—2005 | 金属覆盖层 覆盖层厚度测量 X射线光谱方法 |

续表 13 - 1

| 技术领域 | 标准号 | 标准名称 |
|---|---|---|
| 镀层物理力学性能试验方法 | GB/T 5270—2005 | 金属基体上的金属覆盖层 电沉积层和化学沉积层 附着强度试验方法评述 |
| | GB/T 9790—1988 | 金属覆盖层及其他有关覆盖层维氏和努氏显微硬度试验 |
| | GB/T 12609—2005 | 电沉积金属覆盖层和有关精饰计数检验抽样程序 |
| | GB/T 15821—1995 | 金属覆盖层 延展性测量方法 |
| | GB/T 16745—1997 | 金属覆盖层产品钎焊性的标准试验方法 |
| | GB/T 17720—1999 | 金属覆盖层 孔隙率试验评述 |
| | GB/T 17721—1999 | 金属覆盖层 孔隙率试验 铁试剂试验 |
| | GB/T 18179—2000 | 金属覆盖层 孔隙率试验 潮湿硫(硫华)试验 |
| 机械产品环境条件工业腐蚀 | GB/T 6461—2002 | 金属基体上金属和其他无机覆盖层 经腐蚀试验后的试样和试件的评级 |
| | GB/T 14165—2008 | 金属和合金大气腐蚀试验 现场试验的一般要求 |
| | GB/T 6465—2008 | 金属和其他无机覆盖层 腐蚀膏腐蚀试验(CORR 试验) |
| | GB/T 6466—2008 | 电沉积铬层 电解腐蚀试验(EC 试验) |
| | GB/T 9789—2008 | 金属和其他非有机覆盖层 通常凝露条件下的二氧化硫腐蚀试验 |
| | GB/T 10125—2012 | 人造气氛腐蚀试验 盐雾试验 |
| | GB/T 14092.5—2009 | 机械产品环境条件 工业腐蚀 |
| | GB/T 11377—2005 | 金属和其他无机覆盖层储存条件下腐蚀试验的一般规则 |
| | GB/T 14293—1998 | 人造气氛腐蚀试验 一般要求 |
| | GB/T 15957—1995 | 大气环境腐蚀性分类 |
| 废弃物排放与环境保护标准 | GB 20425—2006 | 污水综合排放标准 |
| | GB 20426—2006 | 煤炭工业污染物排放标准 |
| | GB/T 16716.1—2008 | 包装废弃物第 1 部分处理和利用通则 |

续表 13-1

| 技术领域 | 标准号 | 标准名称 |
|---|---|---|
| 安全与其他 | GB 5083—1999 | 生产设备安全卫生设计总则 |
| | GB 16483—2008 | 化学品安全技术说明书内容和项目顺序 |
| | GB 17915—1999 | 腐蚀性商品储藏养护技术条件 |
| | GB 18568—2001 | 加工中心 安全防护技术条件 |

## 13.2 认识和掌握电镀标记方法

### 13.2.1 正确使用镀层标记的意义

将正确使用镀层标记作为一个问题提出来，是因为在实际生产中，随便标记镀层的现象非常普遍。这种在加工图样和委托加工单证上随意进行镀层标记的情形是绝不可以接受的。除了少数管理规范的企业，很多制造商对自己图样上镀层的表示方法漠不关心。乱写的标记方法很容易造成理解出错而导致电镀错误镀层，这种事情时有发生。

例如，我们现在采用的是与 ISO 国际标准等效的镀层标记方法，所有标记是采用英文单词的首字母或缩略语，金属材料和镀层则采用的是化学元素符号，但是仍然有一些人采用原来的汉语拼音，这会导致将拼音字母当成英文字母，从而弄错镀层。至于厚度标记、镀层组合标记出错的就更多。因此，正确使用镀层标记方法就成为电镀从业人员的一项基本而又重要的要求。

采用标准规定的标记方法，不只是方便了我国各行各业正确使用电镀标记符，避免出现差错而导致质量事故，而且可以与国际接轨，对推动中国制造的国际化具有重要意义。同时，也是提高制造效率和降低生产成本的重要措施。

### 13.2.2 现行国家标准电镀层标记方法

1. 镀覆及化学处理标识的组成

本小节内容选自标准中的同样标题中的表述，表格也选自国家标准中的表格。

金属镀覆及化学处理标识通常由以下四个部分组成：

第一部分包括镀覆方法，该部分为组成标识的必要元素。

第二部分包括执行的标准和基体材料，该部分为组成标识的必要元素。

第三部分包括镀层材料、镀层要求和镀层特征，该部分构成了镀覆层的主要工艺特性，组成的标识随工艺特性变化而变化。

第四部分包括每部分的详细说明，如化学处理的方式、应力消除的要求和合金元素的标注。该部分为组成标识的可选择元素。

单金属多层镀覆及化学后处理的通用标识见表 13-2。

表 13 - 2　单金属多层镀覆及化学后处理的通用标识

| 基本信息 | | | | 底镀层 | | | 中镀层 | | | 面镀层 | | |
|---|---|---|---|---|---|---|---|---|---|---|---|---|
| 镀覆方法 | 标准代号 | — | 基体材料 | / | 底镀层 | 最小厚度 | 底镀层特性 | 中镀层 | 最小厚度 | 中镀层特性 | 面镀层 | 最小厚度 | 面镀层特性 | 后处理 |

注：典型标识示例"电镀层 GB/T 9797－Fe/Cu20a Ni30b Cr mc"。

该镀层标识表示：在钢铁基体上镀覆 20μm 延展并整平铜＋30μm 光亮镍＋0.3μm 微裂纹铬。

2. 镀层标识说明

① 镀覆方法应用中文表示。为便于使用，常用中文电镀、化学镀、机械镀、电刷镀、气相沉积等表示。

② 标准代号为相应镀覆层执行的国家标准代号或者行业标准代号；如不执行国家或行业标准则应标识该产品的企业标准代号，并注明该标准为企业标准，不允许无标准代号产品。

③ 标准代号后连接用短横杠"－"。

④ 基体材料用符号表示。常用基体材料的表示符号见表 13 - 3，对合金材料的镀覆必要时还必须标注出合金元素成分和含量。

表 13 - 3　常用基体材料的表示符号

| 材料名称 | 符号 | 材料名称 | 符号 |
|---|---|---|---|
| 铁、钢 | Fe | 镁及镁合金 | Mg |
| 铜及铜合金 | Cu | 钛及钛合金 | Ti |
| 铝及铝合金 | Al | 塑料 | PL |
| 锌及锌合金 | Zn | 其他非金属 | 宜采用元素符号或通用名称英文缩写 |

⑤ 当需要底镀层时，应标注底镀层材料、最小厚度(μm)。底镀层有特征要求时应按典型标识规定注明底镀层特征符号；如无特征要求，则表示镀层无特殊要求，允许省略底镀层特征符号。对合金材料的镀覆层必要时还必须标注出合金元素成分和含量。如不需要底镀层，则不需标注。

⑥ 当需要中镀层时，应标注中镀层材料、最小厚度(μm)，中镀层有特征要求时应按典型标识规定注明中镀层特征符号；如无特征要求，则表示镀层无特殊要求，允许省略中镀层特征符号。对合金材料的镀覆层必要时还必须标注出合金元素成分和含量。如不需要中镀层，则不需标注。

⑦ 应标注面镀层材料及最小厚度($\mu m$)标识。面镀层有特征要求时应按典型标识规定注明面镀层特征符号。对合金材料的镀覆层必要时还必须标注出合金元素成分和含量。如无特征要求，则表示镀层无特殊要求，则应省略镀层特征符号。

⑧ 镀层后处理为化学处理、电化学处理和热处理，标识方法见后述典型标识规定。

⑨ 必要时需标注合金镀层材料的标识，二元合金镀层应在主要元素后面加括号标注主要元素含量，并用一横杠连接次要元素，如 Sn(60)-Pb 表示锡铅合金镀层，其中锡质量含量为 60%。合金成分含量无需标注或不便标注时，允许不标注。三元合金标注出二种元素成分的含量，依次类推。

## 13.2.3 典型镀覆层的标识示例

**(1)金属基体上镍铬和铜镍铬电镀层标识示例** 铜、镍、铬镀层特征符号见表13-4。

表 13-4 铜、镍、铬镀层特征符号

| 镀层种类 | 符号 | 镀层特征 |
|---|---|---|
| 铜镀层 | a | 表示镀出延展、整平铜 |
| 镍镀层 | b | 表示全光亮镍 |
| | p | 表示机械抛光的瓦特镍或半光亮镍 |
| | s | 表示非机械抛光的瓦特镍、半光亮镍或缎面镍 |
| | d | 表示双层或三层镍 |
| 铬镀层 | r | 表示普通铬(即常规格) |
| | mc | 表示微裂纹铬 |
| | mp | 表示微孔铬 |

注：mc 为微裂纹铬，常规厚度为 $0.3\mu m$，某些特殊工序要求较厚的铬镀层约为 $0.8\mu m$，在这种情况下，镀层标识应包括最小局部厚度，如 Cr mc(0.8)。

示例一：电镀层 GB/T 9797—Fe/Cu20a Ni30b Cr mc。

标识说明：在钢铁基体上镀覆 $20\mu m$ 延展并整平铜＋$30\mu m$ 光亮镍＋$0.3\mu m$ 微裂纹铬。

示例二：电镀层 GB/T 9797—Zn/Cu20a Ni20b Cr mc。

标识说明：在锌合金基体上镀覆 $20\mu m$ 延展并整平铜＋$20\mu m$ 光亮镍＋$0.3\mu m$ 微裂纹铬。

示例三：电镀层 GB/T 9797—Cu/Ni 25s Cr mp。

标识说明：在铜合金基体上镀覆 $25\mu m$ 半光亮镍＋$0.3\mu m$ 微孔铬。

示例四：电镀层 GB/T 9797—Al/Ni 20s Cr r。

标识说明：在铝合金基体上镀覆 $20\mu m$ 缎面镍＋$0.3\mu m$ 常规铬。

**(2)塑料上镍铬电镀层标识**

示例一：电镀层 GB/T 12600—pl/Cu15a Ni10b Cr mp(或 mc)。

标识说明：在塑料基体上镀覆 $15\mu m$ 延展并整平铜＋$10\mu m$ 光亮镍＋$0.3\mu m$ 微孔或

微裂纹铬。

示例二：电镀层 GB/T 12600－pl/Ni20dp Ni20d Cr mp。

标识说明：在塑料基体上镀覆 20μm 延展镍＋20μm 双层镍＋0.3μm 微孔铬。说明："dp"表示从专门预镀溶液中电镀延展性柱状镍镀层。

**(3)金属基体上装饰性镍、铜镍电镀层标识**

示例一：电镀层 GB/T 9798－Fe/Cu20a Ni25s。

标识说明：钢铁基体上镀覆 20μm 延展并整平铜＋25μm 缎面镍。

示例二：电镀层 GB/T 9798－Fe/Ni30p。

标识说明：钢铁基体上镀覆 30μm 半光亮镍。

示例三：电镀层 GB/T 9798－Zn/Cu10a Ni15b。

标识说明：锌合金基体上镀覆 10μm 延展并整平铜＋15μm 全光亮镍。

示例四：电镀层 GB/T 9798－Cu/Ni 10b。

标识说明：铜合金基体上镀覆 10μm 全光亮镍。

**(4)钢铁上锌电镀层、镉电镀层的标识**　钢铁上锌镀层、镉镀层的标识中，有关电镀锌和电镀镉后铬酸盐处理的表示符号见表 13－5。

**表 13－5　电镀锌和电镀镉后铬酸盐处理的表示符号**

| 后处理名称 | 符　号 | 分　级 | 类　型 |
|---|---|---|---|
| 光亮铬酸盐处理 | c | 1 | a |
| 漂白铬酸盐处理 | | | b |
| 彩虹铬酸盐处理 | | 2 | c |
| 深处理 | | | d |

示例一：电镀层 GB/T 9799－Fe/Zn 25 c1a。

标识说明：在钢铁基体上电镀锌层至少 25μm，电镀后镀层光亮铬酸盐处理。

示例二：电镀层 GB/T 9799－Fe/Cd 8 c2c。

标识说明：在钢铁基体上电镀镉层至少 8μm，电镀后镀层彩虹铬酸盐处理。

**(5)工程用铬电镀层标识**　工程用铬电镀层特征符号见表 13－6。

**表 13－6　工程用铬电镀层特征符号**

| 铬电镀层的特征 | 符　号 |
|---|---|
| 常规硬铬 | hr |
| 混合酸液中电镀的硬铬 | hm |
| 微裂纹硬铬 | hc |
| 微孔硬铬 | hp |
| 双层铬 | hd |
| 特殊类型铬 | hs |

为确保镀层与基体金属之间的结合力良好，工程用铬在镀前和镀后有时需要热处理。镀层热处理特征符号见表 13-7。

表 13-7 热处理特征符号

| 热处理特征 | 符号 |
|---|---|
| 表示消除应力的热处理 | sr |
| 表示降低氢脆敏感性的热处理 | er |
| 表示其他热处理 | ht |

示例一：电镀层 GB/T 11379-Fe/Cr50hr。

标识说明：在钢铁基体上直接电镀厚度为 $50\mu m$ 的常规硬铬。

示例二：电镀层 GB/T 11379-Al/Cr250hp。

标识说明：在铝合金基体上直接电镀厚度为 $250\mu m$ 的微孔硬铬。

示例三：电镀层 GB/T11379-Fe/Ni10sf/Cr25hr。

标识说明：在钢铁基体上电镀底镀层为 $10\mu m$ 厚的无硫镍＋(面镀层)$25\mu m$ 的常规硬铬电镀层。

示例四：电镀层 GB/T 11379-Fe/(sr(210)2)/Cr50hr//(er(210)22)。

标识说明：在钢铁基体上电镀厚度为 $50\mu m$ 的常规硬铬电镀层，电镀前在 210℃ 下进行消除应力的热处理 2h，电镀后在 210℃ 下进行降低脆性的热处理 22h。

说明：① 铬镀层及面镀层和底镀层的符号，每一层之间按镀层的先后顺序用斜线"/"分开。镀层标识应包括镀层的厚度($\mu m$)和热处理要求。工序间不作要求的步骤应用双斜线"//"标明。② 镀层热处理特征标识，如"(sr(210)1)"表示在 210℃ 下消除应力时间为 1h。

**(6)工程用镍电镀层标识** 不同类型的镍电镀层的符号、硫含量及延展性标识见表 13-8。为确保镀层与基体金属之间的结合力良好，工程用镍在镀前和镀后有时需要热处理。

表 13-8 不同类型的镍电镀层的符号、硫含量及延展性标识

| 镍电镀层的类型 | 符号 | 硫含量(质量分数)(%) |
|---|---|---|
| 无硫 | sf | ＜0.005 |
| 含硫 | sc | ＞0.04 |
| 镍母液中分散微粒的无硫镍 | pd | ＜0.005 |

示例一：电镀层 GB/T 12332-Fe//Ni50sf。

标识说明：在碳钢基体上电镀最小局部厚度为 $50\mu m$、无硫的工程用镍电镀层。

示例二：电镀层 GB/T 12332-Al//Ni75pd。

标识说明：在铝合金基体上电镀最小局部厚度为 $75\mu m$、无硫的、镍层含有分散颗粒的工程用镍电镀层。

示例三：电镀层 GB/T 12332—Fe/(sr(210)2)/Ni25sf/(er(210)22)。

标识说明：在钢基体上电镀最小局部厚度为 $25\mu m$、无硫的工程用镍电镀层。电镀前在 210℃下进行消除应力的热处理 2h，电镀后在 210℃下进行降低脆性的热处理 22h。

说明：镍或镍合金镀层和面镀层和符号，每一层之间按镀层的先后顺序用斜线"/"分开。镀层标识应包括镀层的厚度($\mu m$)和热处理要求。工序间不作要求的步骤应用双斜线"//"标明。

## 13.3　电镀过程的质量控制

### 13.3.1　ISO 9000 与新的质量理念

随着全球化进程的加快，国际标准化组织于 20 世纪 80 年代开始关注具有普遍价值的质量标准问题，最终通过了 ISO 9000 国际质量标准体系文件。随后全球掀起了执行 ISO 9000 热。我国也不例外，但很快，这一标准就得到了修订，以符合现代质量理念。

ISO 9000 在全球得以推广的一个重要原因，是用户普遍要求供应商提供通过了评审的 ISO 9000 的论证资料。用户需要成了推动国际质量体系标准的重要动力，而让顾客满意则已经是最新的质量管理理念。

长期以来，人们都把质量问题仅仅当作一个技术问题，说到改进质量就仅仅从技术角度去考虑。随着知识经济的发展和生产力的不断提高，人们对产品的需求已经从单一技术性发展到了技术经济性并扩展到精神领域，而且满足精神需求的产品或产品特性所占的比例已大大超过满足生理需求所占的比例。同时，随着物质生活的日益丰富，越来越将质量的重心和判定权从组织一方转移到顾客手上，顾客满意已经成为评价产品质量好坏的唯一标准。这就使质量观念发生了很大的变化——从检验质量观到符合性质量观，最终形成了以顾客满意为核心的全新的质量观念。因此电镀生产管理中的质量管理，也要以顾客满意为标准。那就是加工的产品是否符合顾客的要求。

实施了 ISO 9000 管理的企业，对用户的一个重要承诺是可持续改进。这是一个非常重要的承诺。因为任何质量体都是建立在既定资源和过去信息基础上的。但情况发生变化和有新的信息时，体系必须能够做出反应，对发生的问题加以总结和改进，避免重犯同样的错误。

可持续改进还包括对新工艺和新需要的响应。电镀企业采用新工艺和开辟新镀种是经常性工作，这是不同顾客提出的不同要求所致。保持这种持续改进的能力，是非常重要的。

还有一种情况是用户根据最终用户提出的意见反馈到电镀加工企业，而提出的新的质量检验标准和要求。电镀企业应该能够满足这类要求，这也是针对市场的变化保持可持续改进能力的一个重要方面。例如，出口到不同地区产品的耐腐蚀要求会有所不同，同一种汽车零件镀锌产品，适用于不同国家的标准时，耐盐雾试验时间是不同的。这时如果不对工艺加以改进，要达到长达数百小时的耐盐雾试验能力，是很困难的。

### 13.3.2 镀前预检

电镀质量的全面控制要从来料的管理做起。所谓来料，就是需要进行电镀的制件。

来料管理中，用户送来的待电镀件的预检非常重要。如果没有来料管理制度，容易出现一些不应该出现的错误，如产品出错、镀层出错等。同时，需要对电镀件有较多的认识，否则，即使有来料检验制度，也会出现误判或漏检，或者发现不了隐蔽的或潜在的质量问题。

对于不同的基体金属材料或同一种材料的不同表面状态，其前处理的工艺是有所不同的。没有对不同材料表面性能的认识，就不可能对其后的电镀流程提出合理的建议，从而避免因特殊材料的前处理困难造成的质量事故。

在委托进行电镀加工时，应提供所需加工的电镀件的文件资料，最重要的是图样资料。完整的图样资料除了有关于产品的外形多面视图和尺寸外，还包括产品的材质的名称、牌号、合金成分、表面积、质量等信息，在表面涂覆栏内标有镀覆标记。对表面有特别要求的在图样上还要有专门标记，如局部不镀等。其他特别要求也应在图样的文字说明中加以强调，让加工方通过识图，就可以对来料情况有比较全面和清楚的认识。

面对这些形形色色的电镀件，电镀企业一定要建立自己的来料登记制度，不管有没有图样，都要进行详细的登记，以备存查(表13-9)。如果有电子信息管理系统，这种表单还要能与电镀工艺和电镀生产部门共享。

表13-9 电镀加工来料登记表

| 序号 | 日期 | 委托单位 | 电话 | 产品名称 | 材质 | 表面积 | 镀覆要求 | 备注 | 交付 |
|---|---|---|---|---|---|---|---|---|---|
|  |  |  |  |  |  |  |  |  |  |
|  |  |  |  |  |  |  |  |  |  |
|  |  |  |  |  |  |  |  |  |  |

表13-9中的备注栏是注明有无特殊要求的，交付一栏则属于事后的监督。这样可以让各流程部门从表中获得来料的最基本的信息。有什么疑问可以随时与委托单位联系。同时，这个表单还一目了然地反映每天的产品进出情况，是电镀生产管理中很有用的一份表单。当然这只是一个例子，电镀企业和部门还可以设计适合自己具体情况的表单，增减表头中的内容，如还可以有质量、特殊要求、领用人等。总之其作用是让一份表单传达尽量多的信息，让加工方多一些对电镀件的了解。

### 13.3.3 具体过程的质量控制

**1. 前处理的控制**

研究表明，造成电镀不合格的原因中，80%～90%是前处理不合格。由此可知，电镀质量控制的要点是镀前处理，是从除油、去氧化皮到精细除油、活化的过程的严格控制。对于钢铁电镀件，只有当用白色的纸巾去揩被处理后的表面而只有无色的水痕时，才能认为前处理是合格的。

在电镀现场了解前处理是否合格的另一个经验方法是，观察被处理的表面是否完全亲水化。如果将一件经电镀前处理后的制件从水中取出时，表面的水很快就化开而出现不亲水的花斑，那说明前处理没有达到质量要求，需要重新再进行处理，直到表面完全亲水。这种方法适合于所有材料，包括非金属电镀材料。

**2. 工序中的自检**

质理管理的过程控制是指从起点到终点的全过程的控制，终点是用户。如果完全由专职的质量控制人员来做这些过程控制工作，需要用到大量的质检人员，这是不现实的。因此，将自检纳入质理管理体系是非常必要的。

每一个工序的操作者都应该是上一道工序质量的检验者。需注意的要点是，自检不只是检查自己的工作，更是对上一道工序的检验。

实行这种新的自检的要点是不让不合品流入下一道工序。这样可以避免出现镀完以后再返工的现象。电镀过程中的返工，比镀完以后再返工不仅容易很多，而且浪费也大大减少。

让每个工序成为上道工序的检验者，就等于为电镀产品质量管理设置了多道关卡，可以使电镀加工的最终交付趋向于零缺陷。

**3. 检验、包装与库存**

即使实行了前处理的严格控制和全流程的自检，也不能完全杜绝很小几率的漏检。因此，包装前的终检仍然是重要的。对于大批量的产品，即使终检，也只能是按统计方法进行抽检。抽检合格，就认为被抽检的批次是合格的。

完成终检后的包装是交付前质量管理的盲区。对于已经检验合格的产品，包装不当，仍然存在造成不合格的风险。用不戴手套的手直接接触产品进行包装，很容易在有些镀层表面留下难以消除的手印，尤其是镀银、镀锡、镀镍等产品。因此，包装流程一定要有严格的操作规定，防止终检合格的产品出现不合格。

包装的另一个风险是包装材料不当导致的不合格。采用有挥发性物质的包装材料，会导致镀层变色。

最后，不合适的库存条件也会导致不合格，这是产品交付前的最后一个存在质量风险的地方。对于存放不当造成的不合格事例也很多。包括转运过程导致的不合格，也时有发生，如运送中的碰撞造成的机械损伤等。典型的运送导致的不合格是经过海运到达交付港后，开箱检查发现全部电镀层都变色或生锈。

# 14　电镀安全与环境保护

## 14.1　电镀与安全

### 14.1.1　电镀生产中的安全知识

电镀生产过程要用到很多化学用品，包括常用的三酸、两碱和各种金属的盐和试剂、有机溶剂等，这些化学用品多数都有毒，特别是强酸和强碱等强腐蚀性化学用品，从采购到运输、使用、储存都有严格的规定。操作人员必须接受安全生产教育并经考试合格后才能上岗。

电镀生产过程中的安全知识归纳起来有碱性溶液操作安全知识、酸性溶液操作安全知识、氰化物操作安全知识及其他有关(有机溶剂、机械、动力设备)的安全知识。

1. 碱性溶液操作安全知识

电镀生产中涉及碱性化学用品的工序有化学除油、电解除油、氧化及非铁金属精密制件去油等。碱液对人的皮肤和衣服有较强的黏附性及腐蚀性，因此在生产中使用碱溶液时，应掌握如下的安全操作知识。

① 操作温度(除氧化溶液外)一般不宜超过 80℃，以免碱液蒸汽雾粒外逸，影响操作环境和伤害操作者的皮肤和衣服。

② 应配备抽风设备或添加气雾抑制剂。

③ 操作时，制件进出溶液的速度应缓慢，严防碱液溅出伤人。

④ 氧化物溶液加温时，用铁棍将其表面硬壳破碎，防止内压作用溅出的碱液伤人。

⑤ 操作时必须配备好防护用品，女同志一定要戴工作帽。

⑥ 碱液粘在皮肤或衣服时，应立即用水冲洗干净。皮肤可用 2% 左右的醋酸或 2% 的硼酸溶液中和后清洗干净，待皮肤干燥后涂以甘油、医用凡士林、羊毛脂或橄榄油等。若吸入体内，只有轻微的感觉不适，可内服 1% 的柠檬酸溶液，多饮牛奶、黏性米汤。严重灼伤者，送医院治疗。

2. 酸性溶液操作安全知识

常用的酸性溶液有硫酸、硝酸、盐酸、氢氟酸、铬酸以及混合酸等。这些酸性溶液腐蚀性很强，对环境污染严重，对人体危害也较大，因此操作时应掌握如下的安全操作知识。

① 操作者应熟悉各种酸的特性。

② 配制和使用酸液时，应有抽风装置，操作者应佩戴相应的防护用具。

③ 配制单酸的酸性溶液时，必须是先加水、后加酸。配制混合酸性溶液时，应先加密度小的酸，后加密度大的酸，如配硫酸、硝酸和盐酸的混合酸时，它们的加料顺

序是先把盐酸加入水中,再加硝酸,然后再加硫酸。

④ 宜在室温条件下使用浓硝酸,以防止分解污染环境。

⑤ 细小通孔管状制件需用浓硝酸腐蚀时,应将制件完全浸入,不得一端插入酸液中,避免酸液和生成气体从管内向外喷射伤人。

⑥ 发现酸液溅在皮肤上时,立即用水冲洗干净,可用2%左右的硫代硫酸钠或2%左右的碳酸钠溶液洗涤,然后用水洗净,再涂以甘油或油膏。若轻微吸入体内,可饮大量的温水或牛奶。严重灼伤者,冲洗后立即送医院治疗。

3. 氰化物操作安全知识

氰化物的毒性很重,操作不当,会危急人的生命,因此必须严格遵守各项安全操作制度。

① 必须严格遵守氰化物剧毒品的存放和领用制度。存放氰化物等剧毒化学品的库房必须有严格的安全措施,并且是双人双锁保管,有领用审批和签字制度,有明确的用途和去向。

② 操作者必须是接受过使用氰化物安全教育并经考核合格的人员,要求熟悉氰化物的特性和它的危害性,操作前必须穿戴好防护用品,操作时一定要集中注意力。

③ 使用氰化物电解液时,必须具备良好的通风装置,应该是先开抽风机,然后操作。

④ 氰化物遇酸类物质产生反应生成剧毒的氢氰酸气体,影响环境和安全生产,因此氰化物不能摆放在酸类物质的附近,酸类溶液不能与氰化物溶液共用抽风系统。

⑤ 制件进入氰化物溶液之前,必须将酸类物质彻底清洗干净(特别是有盲孔的或袋状的制件),以杜绝酸液带进氰化物溶液中。

⑥ 配制和添加氰化物时速度应缓慢,一方面使它能在溶液中充分扩散起反应,同时要避免溶液外溅。为了减少氰化物的分解挥发,防止环境的污染,溶液的温度不宜超过60℃。

⑦ 盛过和使用过氰化物的容器和工具,必须用硫酸亚铁溶液做消毒处理后,再用水彻底冲洗干净(专用于盛装氰化物)。凡含有氰化物的废水、废渣等都应进行净化处理,经处理符合排放标准后,才能排放。

⑧ 操作者皮肤有破伤时,不得直接操作氰化物。清理氰化物电解液中的阳极板时,必须在湿润状态下先中和,清洗后再进行。清理时必须戴好手套。

⑨ 严禁在工作地区吸烟、吃食物。下班后应更换工作服。一切防护用品不准带离工作场所,应放在专用的更衣柜内。下班后应漱口,用10%的硫酸亚铁清洗手和皮肤。每天下班后必须洗澡,防护用品应做到勤清洗。

⑩ 氰化物有苦杏仁味,发现有中毒迹象,可内服1%的硫代硫酸钠溶液,并立即送医院救护。

## 14.1.2　其他安全事项

1. 有机物使用安全

① 由于有机溶剂易挥发,闪点低,因此严禁按近火源。需升温时,应采用水浴或

蒸汽加温。附近应有隔绝火源措施，容器应有密封盖。

②　有机涂料烘干时，注意打开排气孔，防止爆炸，烘干设备应有防爆措施。

③　在扑救易燃有机物火灾时，一般不宜用水，可用二氧化碳、四氯化碳、沙土。如果易燃物密度大于水或能溶解于水，可用水扑救。毒性较大的气体，应戴防毒面具。

2. 压力设备使用安全

①　受压器件应经常保持安全阀的完好，如发现故障，不得开启，检修完好后才能使用。

②　蒸汽阀门开启与闭合时防止操作过度，否则易损坏阀门引起漏气伤人。

③　使用转动设备时，切勿用手抓住强迫停车，应自然停稳后，才能装卸制件。

④　生产场地应整齐、清洁。人行道畅通无阻。配备完好的消防、安全设施，并注意妥善保管。

3. 电器设备使用安全

①　所有电器设备都要有良好的接地措施。

②　电器开关一律接有保险装置，湿手不能开关电器。

③　严禁将镀液、酸碱液溅入电器设备。

④　电器设备出现故障应该立即切断电源，并通知电工人员进行维修。非电工人员不得擅自拆解电器设备。

## 14.1.3　电镀防护用品的正确使用及保管

电镀防护用品是保护操作者，以利于安全生产的人身防护用品。对防护用品应正确使用，以节约资源。

1. 电镀防护用品内容

电镀工艺属于化学、电化学加工工业，经常接触有腐蚀性、毒性的物品，因此电镀操作者的劳动保护用品应是耐酸、耐碱、防毒的。其中包括：

①　耐酸碱的工作帽、工作服、围裙及防水靴。

②　防护眼镜、口罩或防毒面具。

③　工作手套，必要时用耐酸碱手套，一般防止导电部分过热烫手可用纱布手套或布手套。

④　存放防护用品的专用更衣柜。

2. 使用防护用品注意事项

①　防护用品只能在工作时间内使用，不得带回家或穿戴出入公共场所。

②　防护用品只能是起防护作用，决不能随意将防护用品浸入电镀生产中的化学溶液中。即使沾有这些化学物品也应及时或定期洗涤干净。

③　不得使用不耐磨或软质用品去接触尖棱、摩擦性较严重的物件。

④　不得用不耐热的防护用品去接触高温物件。

⑤　保持操作范围的场地畅通，消除有尖角、棱刃的障碍物，以免挂、划破防护用品。电镀工作场所不准带有色的平光眼镜。

## 14.2　电镀与环境污染

### 14.2.1　电镀生产对环境的影响

电镀生产过程对环境造成污染的因素比较多，但主要是从排水中排出的各种污染物。如重金属离子、络合剂、表面活性剂、有机物、清洗剂等。电镀工艺过程对环境的影响见表14-1。

表 14-1　电镀工艺过程对环境的影响

| 工艺过程 | 产生的有害物质 | 对环境的影响及危害 |
|---|---|---|
| 除油 | 碱雾、含碱废水 | 使水体 pH 上升；刺激和伤害呼吸道；含磷化合物和表面活性剂使水体富化、缺氧等 |
| 酸洗 | 酸雾和含酸废水 | 酸雾对皮肤、黏膜、呼吸道有害；使水体 pH 下降，水中 pH 低于 5 时，大多数鱼类死亡 |
| 镀锌 | 含锌化合物 | 锌盐有腐蚀作用，能损伤胃肠、肾脏、心脏及血管；水中含锌量超过 10mg/L，可引起癌症，浓度仅 0.01mg/L 就可使鱼类死亡 |
| 镀镉 | 含镉废水 | 镉进入人体后，主要积累于肾和脾脏内；能引起骨节变形或断裂；0.2mg/L 可使鱼类死亡 |
| 镀铬、铝铬酸盐氧化 | 铬雾、水中的三价铬和六价铬离子 | 铬中毒时能皮肤及呼吸系统溃疡，引起脑炎及肺癌；铬化合物对水生物有致死作用，并能抑制水体的自净，特别是六价铬危害最大，浓度为 0.01mg/L 就能致水生物死亡 |
| 镀镍 | 溶液蒸汽、废水中含镍化合物 | 镍中毒时引起皮炎、头痛、呕吐、肺出血、虚脱，甚至导致癌症；镍化合物的浓度为 0.07g/L 时对水生物有毒害作用 |
| 镀铜 | 废水中的含铜化合物 | 铜能抑制酶的作用，并有溶血作用；铜中毒引起脑病、血尿、腹痛和意识不清等；铜对水生物毒性较大，浓度 0.1mg/L 可使鱼类死亡 |
| 镀铅、铅锡合金 | 废水中的含铅化合物、氟化氢气体 | 铅可在人体内积累，每天摄入超过 0.3mg，就可以积累致引起贫血、神经炎、肾炎等；对鱼的致死量为 0.1mg/L；吸入氟化氢气体会刺激鼻喉，引起肺炎、氟骨症 |
| 氰化物电镀 | 含氰废水、含氰废气、氰氢酸 | 氰化物是剧毒物，0.1g 的氰化物就会致人死亡，0.3mg/L 就会致鱼死亡；吸入氰氢酸可导致喉痒、头痛、恶心、呕吐，严重时心神不宁、呼吸困难、抽搐甚至停止呼吸 |

### 14.2.2 电镀污染物排放标准

为了防止电镀等化工工艺生产排放的污水对环境造成污染，我国的环境保护法对工业排放水中的污染物的排放浓度做出了规定。第一类污染物排放标准见表14-2，第二类污染物排放标准见表14-3。第一类污染物是指能在环境或动植物体内积累，对人体健康产生长远不良影响的物质。第二类污染物是指其长远影响远小于第一类的污染物。

**表14-2　第一类污染物排放标准**

| 污染物 | 最高允许浓度/(mg/L) |
|---|---|
| 总汞 | 0.05 |
| 烷基汞 | 不得检出 |
| 总镉 | 0.1 |
| 总铬 | 1.5 |
| 六价铬 | 0.5 |
| 总砷 | 0.5 |
| 总铅 | 1.0 |
| 总镍 | 1.0 |
| 苯并芘 | 0.00003 |

**表14-3　第二类污染物排放标准**　　　　　　(mg/L)

| 污染物 | 一级标准 | | 二级标准 | | 三级标准 |
|---|---|---|---|---|---|
| | 新扩建 | 现有 | 新扩建 | 现有 | |
| pH | 6～9 | 6～9 | 6～9 | 6～9 | |
| 色度(稀释倍数) | 50 | 80 | 80 | 100 | |
| 悬浮物 | 70 | 100 | 200 | 250 | 400 |
| 生化需氧量(BOD) | 30 | 60 | 60 | 80 | 300 |
| 化学需氧量(COD) | 100 | 150 | 150 | 200 | 30 |
| 石油类 | 10 | 15 | 10 | 20 | 30 |
| 动植物油 | 20 | 30 | 20 | 40 | 100 |
| 挥发酚 | 0.5 | 1.0 | 0.5 | 1.0 | 2.0 |
| 氰化物 | 0.5 | 0.5 | 0.5 | 0.5 | 1.0 |
| 硫化物 | 1.0 | 1.0 | 1.0 | 2.0 | 2.0 |
| 氨氮 | 15 | 25 | 25 | 40 | — |
| 氟化物 | 10 | 25 | 25 | 15 | 20 |

续表 14-3

| 污染物 | 一级标准 | | 二级标准 | | 三级标准 |
|---|---|---|---|---|---|
| | 新扩建 | 现有 | 新扩建 | 现有 | |
| 磷酸脂（以 P 计） | 0.5 | 1.0 | 1.0 | 2.0 | — |
| 甲醛 | 1.0 | 2.0 | 2.0 | 3.0 | — |
| 苯胺类 | 1.0 | 2.0 | 2.0 | 3.0 | — |
| 硝基苯类 | 2.0 | 2.0 | 3.0 | 5.0 | 5.0 |
| 阴离子合成洗涤剂 | 5.0 | 10 | 10 | 15 | 20 |
| 铜 | 0.5 | 0.5 | 1.0 | 1.0 | 2.0 |
| 锌 | 2.0 | 2.0 | 4.0 | 5.0 | 5.0 |
| 锰 | 2.0 | 5.0 | 2.0 | 5.0 | 5.0 |

### 14.2.3　电镀中的三废及其危害

电镀生产过程中所产生的废水、废气、废渣，简称为三废。

**1. 废水**

电镀生产过程中产生的废水，是排放量最大和对环境影响最直接的污染物。由于电镀过程流程长，涉及的工序多，而每道工序又都要用到各种化学用品，每道工序又都必须清洗干净才能进入下道工序。这样使得电镀废水不仅量大，而且成分复杂，往往含有多种有害物质，直接排放肯定会对环境造成污染。有些影响还是长期的和难以消除的，如各种重金属离子，在水体中会积累，在人体内也会发生积累，一旦达到一定浓度，就会发生危害，而一旦发生危害，就难以排除。

除了重金属外，水的 pH、水中的各种有机物和表面活性剂等，都对环境有严重威胁。

**2. 废气**

电镀过程中产生的废气主要是前处理过程中的各种酸雾、碱雾和加热的蒸汽，还有就是电镀过程中的阴极析气带出的含有镀液的析出气体。

各种酸碱雾主要对操作环境造成污染，直接危害操作者的皮肤和鼻咽部位。有些对周边的环境也会造成污染，使树木枯死。电镀析出的气体以镀铬最为严重，因为镀铬的电流效率只有 12% 左右，大量的析氢使镀铬时的酪酸雾成为严重的污染物。现在进行的三价铬镀技术推广和代铬镀层的研发，都是为了最终取消镀铬。

氰化物镀种如氰化镀铜、氰化镀锌、氰化镀银等的析出气体都是有毒的。在有取代技术和工艺时，应该实行无氰电镀工艺。

**3. 废渣**

电镀生产过程中产生的废渣主要是废水处理后在分离沉淀池沉淀的含重金属盐的污泥。电镀生产过程中的直接废渣则包括阳极泥、镀缸底脚、废弃挂具、扎丝、磨光粉尘等可回收垃圾。

沉淀污泥因为含有多种金属离子的盐类，处理起来比较麻烦。现在已经有专业的电镀废弃物回收企业，可从各种电镀废料中回收金属。

# 14.3 电镀三废的治理

## 14.3.1 废水的治理

理想的电镀废水治理模式是电镀污水的零排放系统。但是，这种模式至今都没有能够得到普及和推广。究其原因，是电镀用水量太大并且水体中的污染物又太多且复杂，要想分流治理，成本将很高。电镀实现零排放的另一个困难是对水质的要求较高，回用水如果不能完全恢复到初始状态，除了用于前处理的清洗外，在电镀件的清洗中是不能用的。因为会影响渡液和镀件表面质量。而要使回用水恢复到初始状态，以现在的水处理技术，成本太高。因此，至今只有非常单一或专业的极少数电镀生产线，用到了零排放技术。但是，这种模式是电镀废水处理的发展方向，随着水处理技术的进步和成本的降低，尤其是通过回收水中的非铁金属来补偿水处理费用，这种技术终将会普及起来。

### 1. 反渗透法

电镀废水处理的方法有许多种，首先要求在电镀现场对排放水要进行分流收集和分别处理，这样可以提高处理的效率和效果。对废水进行处理的同时，还要对废水中的金属离子加以回收利用，特别是像贵重金属的回收。很多镀金、银的电镀企业都已经建立起槽边回收系统，在排放前就将回收水和清洗水中的金或银进行了回收。

对排放水中的镍离子，通常可以用离子交换法、反渗透法和电渗析等方法加以回收。但是，离子交换法的处理浓度不能太高，当废水中镍离子浓度超过 200mg/L 时，就不宜采用。比较适用的方法为反渗透法。

反渗透法是一种膜分离技术，这种技术实际上是仿生学的成果。人们很早就知道肠衣和膀胱膜等能够分离食盐和水，这种膜将盐和水分离的现象被称为渗透现象。这种膜称半透膜。最先利用这一原理的技术是海水的淡化。

利用反渗透法处理废水的原理是，用膜将电镀废水与清水隔开。在废水一侧加上一个大于渗透压的压力，则废水中的水分子会逆向透过膜层透过到清水一侧。含镍废水在高压泵的作用下，镍盐被膜截留而只让水通过。这样不断持续，便可以达到分离出镍盐和净化水的目的。反渗透法处理含镍废水流程见如图 14-1 所示。

反渗透膜主要有醋酸纤维膜，可以根据需要制成管式、卷式和空心纤维式三种。醋酸纤维膜主要由醋酸纤维、甲酰胺和丙酮三种材料合成。甲酰胺起成孔作用，丙酮为溶剂。卷式醋酸纤维反渗透元件将半透膜、导流层、隔网按一定顺序排列粘合成后卷在有排孔的中空管上，形成反渗透器。废水从一端进入隔网层，在经过隔网时，在外界压力下，一部分水通过半透膜的孔渗透到导流层内，再顺导流层的水管流到中心管的排孔，经中心管排出。被阻隔的部分为浓缩了的含镍盐溶液，可以经分析后投入电铸槽回用，或用作电解精炼为金属镍。

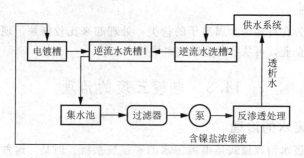

**图 14-1 反渗透法处理含镍废水流程**

**2. 混合废水的处理**

现在新建的大中型电镀企业的废水处理一般都会采用分流和分类治理的模式，但是一些老企业和小型电镀厂，其废水的量和所含废弃物相对少一些，没有必要对废水进行分流和分类收集，而是采取混合废水的处理方法，这样可以缩短水处理流程，方便水的回用。

混合废水处理可以简化处理流程，提高水的回用率。电镀混合废水处理和回用的流程如图 14-2 所示。电镀混合废水首先进入调节池，加入硫酸亚铁等还原剂对废水中高价金属离子进行还原，以利于后续的沉淀处理。还原处理后的废水用泵抽入反应池，加入石灰等碱类，使金属离子生成氢氧化物，然后用泵抽至固液分离池沉淀，经充分沉淀后，分离室内的水可以抽入回用水净化池，经调整 pH 至 7 以后进入电镀清洗供水系统。

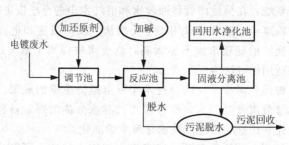

**图 14-2 电镀混合废水处理和回用的流程**

沉淀池中的污泥可进入脱水过程，脱下的水可进入反应池回用，剩余的污泥中包含各种金属的氢氧化物，可以交由专业回收电镀污泥的环境保护处理部门做进一步的处理。进一步的处理包括再利用和热化学处理。

对于不同的电镀废水可以选择采用物理法、化学法、电化学法、离子交换法、膜分离法等进行处理。对于要求回用的水可以用上述几种方法组合进行处理。处理方法的选择要考虑企业的实际情况，包括投资能力和长远的规划情况。在达标的前提下，要以操作简便、成本低和易于升级换代为好。

## 14.3.2 废气的治理

对于电镀生产过程中含有粉尘的废气，一般采用喷淋除尘法，即利用喷淋塔对通过的含粉尘废气进行除尘处理。效果最好的是过滤法，但这种方法只适合于粉尘含量低且颗粒细小的粉尘；也可采用机械除尘法，适合于粗粒和量大的粉尘，利用重力、惯性或离心的方法来将粉尘从空气中分离出来，但这种方法的效果要差一些。

对于在电镀前处理和电镀过程中产生的酸雾的治理，现在常用的方法首先是抑制现场的排放量，即利用各种酸雾抑制剂技术，在酸洗槽或镀槽（主要是镀铬）中加入酸雾抑制剂，从而大大地降低酸雾的排放量。例如，镀铬在采用了铬雾抑制剂后，现场几乎没有铬雾排出，即使有排出，也很稀薄，再经喷淋吸收处理，就可以基本将铬雾的影响消除。

废气治理中常用的塔设备主要有以下 4 种。

1. 喷淋塔

喷淋塔的原理是让通过抽风系统排出的酸雾，通过管道由塔的下方进入塔内，而中和用的碱水从塔顶部向下分级喷淋。碱水要形成大小合适的液滴，以充分与上行的酸雾接触而发生中和反应。气体在喷淋塔横截面上的平均流速一般为 0.5～1.5m/s，我们称这种平均流速为空塔速度。气流在通过筛板等塔内构件时会受到一定阻力，这种阻力的大小以 Pa 为单位。喷淋塔的优点是阻力小，结构简单，塔内无运动部件，缺点是吸收率不高，适合有害气体浓度低和处理的气体量不大的情况。

2. 填料塔

填料塔是在喷淋塔的基础上改进的设备，在喷淋塔内填充适当的填料就成了填料塔。放入填料的目的是增加气液的接触面积。当吸收液从上往下喷淋时，沿填料表面下降而湿润了填料，气体上升则通过填料表面而与液体接触发生中和反应。

填料可以是实体，也可以是网状体。常用的实体填料有瓷质小环和波纹填料等。填料的置入除了支承板上的前几层用整砌法放置外，其他层随意堆放。填料塔的空塔速度一般是 0.5～1.5m/s，每米填料层的阻力一般为 400～600Pa。填料塔结构简单，阻力小，是目前用得较多的一种净化气体的设备。

3. 浮球塔

浮球塔的原理是在塔内的筛板上放置一定数量的小球。气流通过筛板时，小球在气流的冲击下浮动旋转，并互相碰撞，同时吸收从上往下喷淋的中和水，使通过球面的气体与之反应，使气体中混入的酸雾被吸收。由于球面的液体不断更新，气体不断向上排放，使过程得以连续进行。这种小球通常是用聚乙烯或聚丙烯制作的，直径为 25～38mm。浮球塔的空塔速度为 2～6m/s，每段塔的阻力为 400～1600Pa。

浮球塔的优点是风速高，处理能力大，体积小，吸收效率高；缺点是随着小球的运动，有一定程度的返混，并且在塔内段数多时阻力较大。

4. 筛板塔

筛板塔也称为泡沫塔，这是因为其特点是在每层筛板上保持一定厚度的中和液，中和液由上向下喷淋在每一个筛板上形成一定液位的水池后，再溢出流往下一层筛板。筛板上有一些可以让气体通过的小孔，气体从孔中进入溶液后生成许多小泡，使气液发生中和反应，达到净化气体的效果。

筛板上的液体要保持在 30mm 左右。空塔速度为 $1.0\sim3.5\mathrm{m/s}$，随气流速度的不同，筛板上的液层呈现不同的气液混合状态。当出现大量泡沫时，气液有最大的接触面积，这时的效果是最好的。为了能达到这种泡沫状态，筛板的开孔率为 $10\%\sim18\%$，孔径为 $3\sim8\mathrm{mm}$。筛孔过小，不仅加工困难，而且容易堵塞；过大，则液面难以保持，也不利于生成气泡。同时筛板的安装也一定要保持水平，以利于液面高度的均匀，提高吸收效率。

筛板塔的优点是设备简单，吸收率高；缺点是筛孔容易堵塞，操作不稳定，只适用于气液负荷波动不大的场合，并且在气体流量较大时，这种方法的成本较低。

### 14.3.3　废渣的治理

电镀污泥是电镀废水处理过程中产生的排放物，其中含有大量的铬、镉、镍、锌等有毒重金属，成分十分复杂。在我国《国家危险废物名录》所列出的 47 类危险废物中，电镀污泥占了其中的 7 大类，是一种典型的危险废物。目前，由于我国电镀行业存在厂点多、规模小、装备水平低及污染治理水平低等诸多问题，大部分电镀污泥仍只是进行简单的土地填埋，甚至随意堆放，对环境造成很大影响。

电镀污泥处理技术包括固化/稳定化技术、热化学处理技术、有价值金属回收技术和材料化技术等。其中热化学处理技术将成为未来电镀污泥处理领域内的一个重要研究方向。

所谓热化学处理是在特定的窑炉内对电镀污泥进行脱水、加热和分解。利用这种方法处理电镀污泥可以有效去除各种金属离子。但这种方法一方面需要专业的设备和装置；另一方面需要有一定的规模才能有效地运转。因此不是每个电镀企业都能自行进行这种处理。所以，合理的做法是建立专业的电镀污泥回收处理企业，专门从事由各个电镀企业回收固定废弃物，包括电镀水处理沉淀出的污泥，集中进行热化学处理。各个电镀企业只需划定固定地方收集这类废弃物，由专业机构统一回收处理。

# 附　　录

## 附录 1

### 常用电镀化合物的分子式及金属含量(以金属元素第一字母为序)

| 化合物名称 | 分子式 | 相对分子质量 | 金属含量(%) |
|---|---|---|---|
| 氰化金 | $AuCN$ | 232.66 | 84.8 |
| 三氯化金(无水) | $AuCl_3$ | 303.57 | 65 |
| 三氯化金 | $AuCl_3 \cdot H2O$ | 321.59 | 61.3 |
| 氰化金钾(无水) | $KAu(CN)_2$ | 288.33 | 68.3 |
| 氰化金钾 | $KAu(CN)_2 \cdot 2H_2O$ | 324.36 | 60.7 |
| 氰化金钠 | $NaAu(CN)_2$ | 272.21 | 72.5 |
| 金氯酸 | $HAuCl_4 \cdot 4H_2O$ | 412.10 | 47.9 |
| 氰化银 | $AgCN$ | 133.9 | 80.5 |
| 硝酸银 | $AgNO_3$ | 169.89 | 63.65 |
| 氯化银 | $AgCl$ | 143.34 | 75.3 |
| 氰化银钾 | $KAg(CN)_2$ | 199.01 | 54 |
| 三氯化铝(无水) | $AlCl_3$ | 133.34 | 20.2 |
| 三氯化铝 | $AlCl_3 \cdot H_2O$ | 241.43 | 11.1 |
| 氧化铝 | $Al_2O_3$ | 101.94 | 52.9 |
| 硫酸铝钾(无水) | $AlK(SO_4)_2$ | 258.19 | 10.4 |
| 硫酸铝钾 | $AlK(SO_4)_2 \cdot 12H_2O$ | 474.38 | 5.7 |
| 二十四水硫酸铝钾 | $AlK(SO_4)_2 \cdot 24H_2O$ | 690.57 | 3.9 |
| 硫酸铝(无水) | $Al_2(SO_4)_3$ | 342.12 | 15.8 |
| 硫酸铝 | $Al_2(SO_4)_3 \cdot 18H_2O$ | 666.41 | 8.1 |
| 硫酸铝铵 | $(NH_4)Al_2(SO_4)_2 \cdot 24H_2O$ | 906.64 | 5.9 |
| 碳酸钡 | $BaCO_3$ | 197.37 | 69.6 |
| 氯化钡 | $BaCl_2 \cdot H_2O$ | 244.31 | 56.2 |
| 氢氧化钡 | $Ba(OH)_2 \cdot 8H_2O$ | 315.50 | 43.7 |

续表

| 化合物名称 | 分子式 | 相对分子质量 | 金属含量(%) |
|---|---|---|---|
| 氰化钡 | $Ba(CN)_2 \cdot 2H_2O$ | 225.42 | 60.9 |
| 硝酸钡 | $Ba(NO_3)_2$ | 261.38 | 52.6 |
| 硫酸钡 | $BaSO_4$ | 233.42 | 58.9 |
| 硫化钡 | $BaS$ | 169.42 | 81.2 |
| 三氯化铋 | $BiCl_3$ | 315.37 | 66.3 |
| 三氧化二铋 | $Bi_2O_3$ | 466.00 | 89.7 |
| 氰化镉 | $Cd(CN)_2$ | 164.43 | 68.4 |
| 氟硼酸镉 | $Cd(BF_4)_2$ | 296.05 | 37.9 |
| 硝酸镉 | $Cd(NO_3)_2 \cdot 4H_2O$ | 308.49 | 36.4 |
| 氧化镉 | $CdO$ | 128.41 | 87.5 |
| 硫酸镉 | $CdSO_4$ | 208.47 | 54.0 |
| 硫酸钴铵 | $Co(NH_4)_2(SO_4)_2 \cdot 6H_2O$ | 395.24 | 14.9 |
| 碳酸钴 | $CoCO_3$ | 118.95 | 49.5 |
| 氯化钴 | $CoCl_2 \cdot 6H_2O$ | 237.95 | 24.8 |
| 氟硼酸钴 | $Co(BF_4)_2$ | 232.58 | 25.3 |
| 硫酸钴 | $CoSO_4 \cdot 7H_2O$ | 281.11 | 21.0 |
| 醋酸铜 | $Cu(CH_3COO)_2 \cdot H_2O$ | 199.67 | 31.8 |
| 碱式碳酸铜 | $CuCO_3Cu(OH)_2$ | 221.17 | 67.4 |
| 氯化铜 | $CuCl_2$ | 134.48 | 47.3 |
| 氟硼酸铜 | $Cu(BF_4)_2$ | 237.21 | 26.8 |
| 硝酸铜 | $Cu(NO_3)_2 \cdot 3H_2O$ | 241.63 | 26.3 |
| 氧化铜 | $CuO$ | 79.57 | 79 |
| 焦磷酸铜 | $Cu_2P_2O_7 \cdot 3H_2O$ | 349 | 35.8 |
| 硫酸铜 | $CuSO_4 \cdot 5H_2O$ | 249.71 | 25.4 |
| 氯化亚铜 | $CuCl$ | 99.03 | 64.2 |
| 氰化亚铜 | $CuCN$ | 89.59 | 70.9 |
| 氰化铜钾 | $K_2Cu(CN)_3$ | 219.78 | 29.0 |
| 三氯化铁 | $FeCl_3 \cdot 6H_2O$ | 270.32 | 20.7 |
| 三氯化铁(无水) | $FeCl_3$ | 162.22 | 34.4 |
| 氯化亚铁 | $FeCl_2$ | 144.78 | 38.6 |
| 三氟化铁 | $FeF_3$ | 112.85 | 49.6 |

**续表**

| 化合物名称 | 分子式 | 相对分子质量 | 金属含量(%) |
|---|---|---|---|
| 氟硼酸铁 | $Fe(BF_4)_3$ | 316.31 | 17.6 |
| 硝酸铁 | $Fe(NO)_3 \cdot 9H_2O$ | 404.02 | 13.8 |
| 氧化铁 | $Fe_2O_3$ | 157.7 | 69.9 |
| 4水氯化亚铁 | $FeCl_2 \cdot 4H_2O$ | 198.83 | 28.1 |
| 2水氯化亚铁 | $FeCl_2 \cdot 2H_2O$ | 144.78 | 38.6 |
| 铁氰化钾 | $K_3Fe(CN)_6$ | 329.25 | 16.9 |
| 硫酸铁铵 | $FeSO_2(NH_4)SO_4 \cdot 6H_2O$ | 392.16 | 14.2 |
| 氟硼酸亚铁 | $Fe(BF_3)_2$ | 230 | 24.2 |
| 亚铁氰化钾 | $K_4Fe(CN)_6$ | 422.39 | 13.4 |
| 硫酸亚铁 | $FeSO_4 \cdot 7H_2O$ | 278.03 | 20.1 |
| 氢氧化镓 | $Ga(OH)_3$ | 120.75 | 57.7 |
| 氯化汞 | $HgCl_2$ | 271.52 | 74.0 |
| 氰化汞 | $Hg(CN)_2$ | 252.65 | 79.4 |
| 氰化汞钾 | $KHg(CN)_3$ | 317.73 | 63.2 |
| 硝酸汞 | $Hg(NO_3)_2 \cdot H_2O$ | 342.65 | 58.6 |
| 氧化汞 | $HgO$ | 216.61 | 92.7 |
| 硫酸汞 | $HgSO_4$ | 296.67 | 67.7 |
| 氯化亚汞 | $HgCl$ | 236.07 | 84.8 |
| 硝酸亚汞 | $HgNO_3 \cdot H_2O$ | 342.65 | 58.6 |
| 硫酸亚汞 | $Hg_2SO_4$ | 497.28 | 80.5 |
| 三氯化铟 | $InCl_3 2$ | 221.13 | 51.9 |
| 氟硼酸铟 | $In(BF_4)_3$ | 375.22 | 30.6 |
| 氢氧化铟 | $In(OH)_3$ | 165.78 | 69.5 |
| 硫酸铟 | $In2(SO_4)_3$ | 517.70 | 66.5 |
| 氨基磺酸铟 | $In(SO_3NH_2)_2$ | 403.3 | 28.5 |
| 四氯化铱 | $IrCl_4$ | 334.93 | 57.6 |
| 三氯化铱 | $IrCl_3$ | 299.47 | 64.5 |
| 碳酸镁 | $MgCO_3$ | 84.33 | 28.8 |
| 氯化镁 | $MgCl_2$ | 95.23 | 25.5 |

续表

| 化合物名称 | 分子式 | 相对分子质量 | 金属含量（%） |
|---|---|---|---|
| 氟化镁 | $MgF_2$ | 62.32 | 39.0 |
| 氢氧化镁 | $Mg(OH)_2$ | 58.34 | 41.7 |
| 高锰酸钾 | $KMnO_4$ | 158.03 | 34.7 |
| 二氧化锰 | $MnO_2$ | 86.93 | 68.2 |
| 二氯化锰 | $MnCl_2 \cdot 4H_2O$ | 197.91 | 27.2 |
| 硫酸锰 | $MnSO_4 \cdot H_2O$ | 169.01 | 32.5 |
| 醋酸镍 | $Ni(CH_3COO)_2 \cdot 4H_2O$ | 248.84 | 23.6 |
| 硫酸镍铵 | $NiSO_4(NH_4)_2SO_4 \cdot 6H_2O$ | 394.99 | 14.9 |
| 碱式碳酸镍 | $2NiCO_3 \cdot 3Ni(OH)_2 \cdot 4H_2O$ | 587.58 | 50.0 |
| 氯化镍 | $NiCl_2 \cdot 6H_2O$ | 237.70 | 24.7 |
| 氰化镍 | $Ni(CN)_2 \cdot 4H_2O$ | 182.79 | 32.1 |
| 氰化镍钾 | $KNi(CN)_4 \cdot H_2O$ | 288.97 | 22.7 |
| 氟硼酸镍 | $Ni(BF_4)_2$ | 232.33 | 25.2 |
| 甲酸镍 | $Ni(HCOO)_2 \cdot 2H_2O$ | 184.76 | 31.8 |
| 氢氧化镍 | $Ni(OH)_2$ | 92.71 | 63.3 |
| 氧化镍 | $NiO$ | 78.6 | 74.69 |
| 氨基磺酸镍 | $Ni(SO_3NH_2)_2$ | 250.85 | 23.4 |
| 硫酸镍 | $NiSO_4 \cdot 7H_2O$ | 280.87 | 20.9 |
| 氯化钠钯 | $PdCl_2 \cdot 2NaCl \cdot H_2O$ | 348.57 | 30.6 |
| 氯化钯 | $PdCl_2 \cdot 2H_2O$ | 213.65 | 49.9 |
| 氰化钯 | $Pd(CN)_2$ | 158.72 | 67.1 |
| 硝酸钾钯 | $K_2Pd(NO_3)_4$ | 368.92 | 28.9 |
| 氯化铂 | $PtCl_4 \cdot 2HCl \cdot 6H_2O$ | 518.08 | 37.7 |
| 铼酸 | $HReO_4$ | 251.32 | 74.7 |
| 铼酸钾 | $KReO_4$ | 289.41 | 64.4 |
| 氢氧化铑 | $Rh(OH)_3$ | 153.94 | 66.8 |
| 磷酸铑 | $RhPO_4$ | 197.89 | 52.0 |
| 硫酸铑 | $Rh_2(SO_4)_3$ | 494.01 | 20.8 |
| 三氯化锑 | $SbCl_3$ | 228.13 | 53.4 |

**续表**

| 化合物名称 | 分子式 | 相对分子质量 | 金属含量(%) |
|---|---|---|---|
| 三氟化锑 | $SbF_3$ | 178.76 | 68.1 |
| 三氧化二锑 | $Sb_2O_3$ | 291.52 | 83.5 |
| 三硫化二锑 | $Sb_2S_3$ | 339.70 | 71.7 |
| 五硫化二锑 | $Sb_2S_5$ | 403.82 | 60.3 |
| 二氧化硒 | $SeO_2$ | 110.96 | 71.2 |
| 二氯化锡 | $SnCl_2 \cdot 2H_2O$ | 225.65 | 52.7 |
| 氟硼酸锡 | $Sn(BF_4)_2$ | 292.34 | 40.6 |
| 硫酸亚锡 | $SnSO_4$ | 214.76 | 55.3 |
| 氧化亚锡 | $SnO$ | 134.70 | 88.1 |
| 三氧化钨 | $WO_3$ | 231.92 | 79.3 |
| 氯化锌铵 | $ZnCl_2 \cdot 2NH_4Cl$ | 243.29 | 26.9 |
| 氯化锌 | $ZnCl_2$ | 136.29 | 47.9 |
| 氰化锌 | $Zn(CN)_2$ | 117.39 | 55.7 |
| 氟硼酸锌 | $Zn(BF_4)_2$ | 239.02 | 27.4 |
| 氧化锌 | $ZnO$ | 81.38 | 80.4 |
| 硫酸锌 | $ZnSO_4 \cdot 7H_2O$ | 287.56 | 22.8 |

## 常见电镀表面积的测量和计算

| 图形名称 | 图形示例 | 计算方法 |
|---|---|---|
| 正方形 | | 面积＝$A^2$＝边长自乘 |
| 长方形 | | 面积＝$A \times B$＝长×宽 |
| 三角形 | | 面积＝$1/2 \times A \times B$＝1/2底边长×高 |
| 平行四边形 | | 面积＝$A \times B$＝底边长×高 |
| 梯形 | | 面积＝$1/2 \times (A+C) \times B$<br>＝1/2×(下底＋上边)×高 |
| 正六边形 | | 面积＝$3/2 \times A \times B$<br>＝3/2×边长×高 |
| 圆形 | | 面积＝$0.785 \times D^2$<br>＝0.785×直径的平方 |
| 椭圆 | | 面积＝$0.785 \times A \times B$<br>＝0.785×长径×短径 |

续表

| 图形名称 | 图形示例 | 计算方法 |
|---|---|---|
| 抛物线弓形 | | 面积＝2/3×A×B＝2/3×底×高 |
| 球体 | | 表面积＝3.14×$D^2$<br>＝3.14×直径的平方 |
| 正立方体 | | 表面积＝6×$A^2$＝6×边长的平方 |
| 长立方体 | | 表面积＝2(AB＋BC＋AC)<br>＝2(长×宽＋宽×高＋长×高) |
| 圆柱体 | | 管形面积＝2(3.14×D×A)<br>＝2(3.14×直径×高)<br>实心表面积＝上式+1.57×$D^2$ |
| 圆锥体 | | 表面积＝1/2×3.14×D×A＋0.785×$D^2$<br>＝1/2×底圆周长×斜边长＋底面积<br>如果是空心则不加底面积，而将表面积×2 |
| 截顶圆锥体 | | 表面积＝1.57×(D＋d)×A＋0.785×($D^2$＋$d^2$)<br>＝上下底边和的1/2×斜边长＋上下底面积的和<br>如果是空心，则不加上下底面积，而将表面积×2. |
| 相贯体(举例) | | 表面积＝($S_1$＋$S_2$＋$S_3$)－圆柱体$S_2$底环形面积<br>任何相贯体都可以如例分解为相关图形再相加并减去连接部位的面积 |